高等院校精品课程系列教材

自动检测技术

第3版

刘传玺 袁照平 程丽平 主编

刘瑞国 毕训银 娄伟 姜海燕 参编

Automatic Detection Technology Third Edition

机械工业出版社
China Machine Press

图书在版编目（CIP）数据

自动检测技术 / 刘传玺，袁照平，程丽平主著 . —3 版 . —北京：机械工业出版社，2015.8
（2025.1 重印）
（高等院校精品课程系列教材）

ISBN 978-7-111-50828-1

I. 自… II. ①刘… ②袁… ③程… III. 自动检测 – 高等学校 – 教材 IV. TP274

中国版本图书馆 CIP 数据核字（2015）第 156985 号

　　本书介绍自动检测技术的基础知识、检测器件及系统设计，强调系统性、实用性和先进性。主要内容包括：检测技术的基础知识，传统传感器，新型传感器，信号的转换与调理，传感器与微机接口及系统信号输出，现代检测技术，自动检测系统的设计。每章后都附有习题与思考题。

　　本书可作为高等院校工业自动化、电气自动化、电子信息工程、机电一体化技术、测控技术及仪表、机械制造及自动化等专业本、专科生的教材，也可作为机电类其他专业学生的教材或参考书。

出版发行：机械工业出版社（北京市西城区百万庄大街 22 号　邮政编码：100037）
责任编辑：曲　熠　　　　　　　　　　　　　　责任校对：董纪丽
印　　刷：北京建宏印刷有限公司
开　　本：185mm×260mm　1/16　　　　　　　版　　次：2025 年 1 月第 3 版第 10 次印刷
书　　号：ISBN 978-7-111-50828-1　　　　　　印　　张：20.75
　　　　　　　　　　　　　　　　　　　　　　定　　价：45.00 元

客服电话：（010）88361066　68326294

第 3 版前言

检测技术作为信息学科的一个分支,与计算机技术、自动化控制技术等一起构成了完整的信息技术学科。在人类进入信息时代的今天,一切社会活动都是以信息获取与信息转换为中心的,以传感器为核心的检测系统就像神经和感官一样,源源不断地向人类提供宏观与微观世界的种种信息,成为人们认识自然、改造自然的有利工具,广泛地应用于工业、农业、国防和科研等领域。目前,自动检测技术已成为高校大部分工科专业学生的必修专业基础课。

本书第 1 版于 2008 年 1 月出版发行后,编写组在广泛听取同行、专家及广大读者意见的基础上,结合山东省省级精品课程建设及山东省省级教改项目"应用技术主导型自动化本科专业教学改革与实践"研究工作,于 2012 年 2 月修订出版了第 2 版。第 2 版出版发行三年多来,编写组继续广泛听取各方意见及建议,认为现在有必要对本书做进一步的修改与完善。在第 3 版的修订过程中,重点是突出内容的系统性、实用性和先进性。在系统性方面,注重信号从传感到采集、转换、处理、传输、记录、显示整个过程中各环节的有机结合;在实用性方面,针对每一种传感器以及检测系统后续各环节,在介绍其基本原理的基础上提供典型且实用的应用范例;在先进性方面,有选择性地将工程应用中的部分新技术、新方法编入教材。同时,我们对本书的整体结构也做了适当调整。一是将原来第 3 章中"传感器的智能化与微型化"一节调整至第 6 章,与原第 6 章的"现场总线"和"虚拟仪器"两节内容共同构成新的第 6 章——"现代检测技术",并拓展了现场总线的内容,突出智能传感器与现场总线的结合;二是将原第 8 章改为附录 A 供读者参考,不再作为讲授内容。

修订后的第 3 版共 7 章,主要内容包括:第 1 章,检测技术的基础知识;第 2 章,传统传感器;第 3 章,新型传感器;第 4 章,信号的转换与调理;第 5 章,传感器与微机接口及系统信号输出;第 6 章,现代检测技术;第 7 章,自动检测系统的设计。每章后都附有习题与思考题。

本次修订的编写组成员包括:山东科技大学的刘传玺、袁照平、程丽平、刘瑞国、姜海燕,淮海工学院的毕训银,山东农业大学的娄伟。主编为刘传玺、袁照平、程丽平,参编为刘瑞国、毕训银、娄伟、姜海燕。其中,刘传玺编写了第 2 章,袁照平编写了第 3 章,程丽平编写了第 6 章,刘瑞国编写了第 5 章,毕训银编写了第 4 章,娄伟编写了第 7 章,姜海燕编写了第 1 章及附录部分。全书由刘传玺负责统稿,袁照平负责审校并和姜海燕共同负责制作电子课件。

在本书的修订和出版过程中,得到了许多兄弟院校、相关企业及其技术专家的大力支持和帮助,也得到了机械工业出版社有关专家的指导和支持,在此表示真挚的谢意。同时,对本书参考文献中的有关作者致以诚挚的感谢。

由于编者水平所限,书中错误及不妥之处在所难免,恳请广大读者提出宝贵意见。

编　者

2015 年 6 月

第 2 版前言

检测技术作为信息学科的一个重要分支，与计算机技术、自动控制技术等一起构成了信息技术的完整学科。以传感器为核心的检测系统就像神经和感官一样，源源不断地向人类提供宏观与微观世界的种种信息，成为人们认识自然、改造自然的有利工具，广泛地应用于工业、农业、国防和科研等领域。自动检测技术已成为高校大部分工科专业学生的必修专业基础课。

本书第 1 版自 2008 年 1 月出版以来，得到了广大同行、专家和读者的支持及充分肯定，并于 2010 年被中国煤炭教育协会评选为"第一届煤炭高等教育优秀教材二等奖"。该书出版三年来，编写组成员在广泛听取同行、专家及广大读者意见和建议的同时，也对该课的教改进行了深入的研究。特别是山东科技大学于 2010 年承担了山东省省级教改项目《应用技术主导型自动化本科专业教学改革与实践》后，课题组将该专业的主干课程之一《自动检测技术》的教改作为这项省级教改项目的子课题，进行了广泛的调研和深入的分析论证，并对现行使用的《自动检测技术》教材提出了再版的修订方案：一，在结构体系保持原有总体框架及特色的前提下将部分内容重新归类，对排列顺序作适当调整；二，在内容安排上作适当增加与删减；三，将应用举例部分更新为更贴近当前生产、生活中工程应用的新技术实例。

在第 2 版编写中，对第 1 版内容作了较大篇幅的充实、修订与调整，主要修改变动的内容是：第 1 章中增加了检测系统的动态特性分析；第 2 章中增加了常用流量计一节内容；对原第 4 章信号的转换与调理进行扩充后调整为第 4 章信号的转换与调理和第 5 章传感器与微机接口及系统信号输出两章内容；将原第 8 章检测技术的发展方向与第 9 章虚拟仪器系统的应用合并为第 6 章现场总线与虚拟仪器；将原第 5 章检测系统中的抗干扰技术合并到第 7 章自动检测系统的设计；将原第 6 章自动检测技术应用举例更新调整为第 8 章工程应用典型产品与系统简介。

修订后的第 2 版全书共 8 章，第 1 章：检测技术的基础知识；第 2 章：传统传感器；第 3 章：新型传感器；第 4 章：信号的转换与调理；第 5 章：传感器与微机接口及系统信号输出；第 6 章：现场总线与虚拟仪器；第 7 章：自动检测系统的设计；第 8 章：工程应用典型产品与系统简介。每章后面都附有习题与思考题。

本次修订对编写成员也进行了充实和重新分工，由山东科技大学刘传玺、王以忠、袁照平任主编，王进野、程丽平、胡新颜、朱蕾任副主编。其中刘传玺编写了第 2 章，王以忠编写了第 1、4 章，袁照平编写了第 7 章，王进野编写了第 8 章，程丽平编写了第 6 章，胡新颜编写了第 5 章，朱蕾编写了第 3 章。全书由刘传玺统稿，袁照平负责校对并和朱蕾制作了电子课件。

本书由山东力创科技公司的郝振刚教授担任主审，郝教授对本书的总体结构和内容构成进行了全面审阅，特别对工程应用方面的内容提出了许多宝贵的修改建议，在此表示衷心的感谢。

本书在编写和出版过程中得到了山东力创科技有限公司、翰司纬仪表公司、山东省尤洛卡自动化装备股份有限公司等企业及其技术专家的大力支持和帮助，也得到了机械工业出版社有关专家的指导和支持，在此表示真挚的谢意。同时，对本书参考文献中的有关作者致以诚挚的感谢。

由于编者水平所限，书中错误及不妥之处在所难免，恳请广大读者提出宝贵意见。

编　者
2011 年 8 月

第 1 版前言

随着我国经济的飞速发展和教育改革的不断深化，教育结构向着适应经济发展的方向不断调整。在这一调整过程中，应用型本科作为普通高等教育的一个单独的类型被划分出来，随之而来的是应用型本科教学中教材建设问题。本书就是针对应用型本科而编写的一部教材。

自动检测技术是整个自动化技术中的重要基础，是一门理论与实践结合十分密切的技术基础课程，在整个自动化技术学科体系中占有非常重要的地位。检测技术是科学实验和工业生产活动中对信息进行获取、传递、处理的一系列技术的总称。检测的基本任务就是获取有用的信息，通过借助专门的仪器、设备，设计合理的实验方法以及进行必要的信号分析与数据处理，从而获得与被测对象有关的信息，最后将其结果提供显示或输入其他信息处理装置、控制系统。本课程主要是培养学生综合运用检测技术的基本理论和知识来分析和解决工程实际问题的能力。

本书共9章，第1章：检测技术的基本知识；第2章：传统传感器，包括传感器基础知识、电阻式传感器、电容式传感器、电感式传感器、压电式传感器、磁电式传感器、热电式传感器；第3章：新型传感器，包括气敏和湿敏传感器、霍尔传感器、感应同步器、磁栅式传感器、热电型红外线传感器、光电式传感器、光纤传感器、图像传感器、传感器的智能化与微型化等内容；第4章：检测系统中信号的转换与调理；第5章：检测系统中的抗干扰技术；第6章：自动检测技术应用举例；第7章：自动检测系统的设计；第8章：自动检测技术的发展方向；第9章：虚拟仪器系统的应用。每章均附有习题和思考题。

本书由山东科技大学刘传玺、袁照平任主编，参加编写的有王进野、胡新颜、朱蕾。其中第1、2、3章由刘传玺编写，第4章由袁照平、王进野合编，第5章由王进野编写，第6章由胡新颜、朱蕾合编，第7、8章由袁照平编写，第9章由胡新颜编写。全书由刘传玺负责统稿。袁照平、朱蕾负责电子课件的制作。

在本书编写的过程中，参考了一些相关教材和文献资料，在此向所有参考文献的作者表示衷心的感谢。同时得到山东科技大学有关部门的领导和同志们的支持与帮助，在此一并表示感谢。本书的出版得到了机械工业出版社有关专家的指导和支持，在此也表示诚挚的谢意。

本书编写的过程中，力求做到体系结构完整，内容丰富精炼，突出实用性与先进性，叙述方法由浅入深。本书可作为高等院校电气自动化、电子信息工程、机电一体化技术、测控技术与仪表等专业的教材，也可作为机电类其他相关专业学生的教材或参考书。

编　者
2007 年 8 月

教 学 建 议

课程的地位、作用和任务

本课程是测控技术与仪器、工业自动化、电气工程及其自动化、电子信息工程、机电一体化等专业的基础课程，目的是让学生了解自动检测系统的基本组成与特性，传感器基本原理、结构、性能及应用。通过本课程的理论教学和实验实训等实践性教学，使学生能够掌握各种传感器的选型和应用、自动检测系统的设计与构建以及测试结果的处理方法。

学生通过本课程的学习，获得传感器与检测技术必要的基本理论、基本知识、基本工程设计与应用能力，为从事工程技术工作和科学研究工作奠定基础。

课程总体安排

先修课程与要求

本课程教学工作应安排在"电工基础""模拟电路""数字电路""微机原理"等课程学习后，一般以第 6 学期学习为宜。

课程教学环节及组成

本课程是理论教学和实验实训教学相结合，条件允许的情况下安排课程设计和现场教学等。

课程学时及分配

课程总学时：64 学时，其中，理论教学 42 学时，实验实训（含现场教学及参观）教学 22 学时。

理论教学的内容与基本要求

章节	课程教学内容与要求	建议学时
第 1 章 检测技术的基础知识	**教学内容**：检测系统的组成、静态特性和动态特性；误差的定义、表示方法、指示仪表精度等级的规定；误差的分类及消除方法。 **教学重点**：检测系统静态特性指标，测量误差的表示方法、精度等级的含义，各类误差产生的原因及消除方法。 **基本要求**：要求学生了解检测系统的组成及基本特性，掌握测量误差的表示方法及精度等级含义，了解三类误差产生的原因，学会对粗大误差的判别及对随机误差和系统误差的消除方法。	教学：4

章节	课程教学内容与要求	建议学时
第2章 传统传感器	**教学内容**：传感器基础知识，包括含义、作用、选型原则及特性，电阻式传感器、电容式传感器、电感式传感器、压电式传感器、磁电式传感器、热电式传感器、常用流量计等各种传统传感器的基本原理、结构、特点、测量电路及典型应用举例。 **教学重点**：各种传感器基本原理、结构特点、测量电路及应用。 **基本要求**：掌握各种传感器的工作原理、结构形式、应用选型、测量电路及电路连接方式。 **实验实训内容**：电阻应变式传感器特性验证（含测量电桥应用）、电容式传感器、电感式传感器、磁电感应式传感器、霍尔传感器性能测试及应用。	教学：14 实验（含实训）：8
第3章 新型传感器	**教学内容**：气敏和湿敏传感器的转换原理、结构，气敏电阻传感器的测量电路、应用举例；感应同步器、磁栅式传感器的结构及工作原理，输出信号的鉴别方式；热电性红外传感器的测温原理、结构类型及应用注意事项；光电效应、光电器件结构及工作原理，光电器件特性及应用；光纤结构及传光原理，光纤传感器的类型、原理及应用；超声波传感器的结构、工作原理及应用；CCD图像传感器的基本结构和工作原理及应用。 **教学重点**：传感器的原理、结构、特点、测量电路及应用注意事项。 **基本要求**：掌握各种传感器的工作原理、结构类型及特点，应用选型方法，配套测量电路及连接方法。 **实验内容**：感应同步器、光电传感器、光纤传感器、超声波传感器性能测试及应用。	教学：6 实验：6
第4章 信号的转换与调理	**教学内容**：测量放大器、隔离放大器的组成及原理；信号的转换，包括V/I、I/V、V/F等转换器的基本构成及工作原理；信号的调制与解调，滤波电路的基本构成等。 **教学重点**：典型测量放大器的应用，程控增益放大器的基本构成及工作原理，信号转换器的基本原理及典型应用，信号调制解调的基本原理及应用。 **基本要求**：熟悉测量放大器的特点及典型测量放大器的接线，程控增益放大器的基本组成及原理，了解各种信号转换电路的工作原理，了解信号的调制与解调的基本方式及应用，了解四种滤波器的特性及基本构成电路。	教学：4
第5章 传感器与微机接口及系统信号输出	**教学内容**：输入、输出通道的结构类型及特点，多路模拟开关常用芯片的结构及开关作用原理，采样保持器的结构原理及主要技术参数，A/D转换器的主要类型及主要技术参数，接口电路的应用实例；系统信号输出的分类及显示类、指示类和记录类输出方式简介。 **教学重点**：多路模拟开关结构及原理，采样保持电路的作用、原理及主要技术参数，A/D和D/A转换器的主要类型及技术参数。 **基本要求**：了解输入、输出通道的结构类型及特点，掌握多路模拟开关及常用芯片的结构、工作原理及特性，掌握采样保持器工作原理及主要参数，了解A/D和D/A转换器的主要类型及主要技术指标，了解信号输出的类型，熟悉显示类、指示类和记录类输出的具体输出方式。	教学：4

章节	课程教学内容与要求	建议学时
第6章 现代检测技术	**教学内容**：传感器智能化和微型化的概念、特点及实现方法；现场总线的定义、技术特征及分类，现场总线的体系结构及典型现场总线简介，包括 CAN 总线、LonWorks 总线、ProfiBUS 总线、HART 总线、FF 总线、DeviceNet 总线等；现场总线控制系统及应用举例；虚拟仪器的基本概念及构成，虚拟仪器的开发平台图形化语言 LabVIEW 基本应用，虚拟仪器整体设计基本步骤及设计举例。 **教学重点**：智能传感器的基本构成及实现方法，现场总线的体系结构及各种常用现场总线的特点，虚拟仪器的基本构成，图形化语言 LabVIEW 基本应用。 **基本要求**：了解智能传感器的特点、基本构成及实现方法，了解现场总线的体系结构及常用现场总线的特点，熟悉虚拟仪器的基本构成，掌握虚拟仪器整体设计步骤，了解 LabVIEW 的基本应用。	教学：6
第7章 自动检测系统的设计	**教学内容**：介绍自动检测系统的设计原则及设计的一般步骤，分析检测系统中的干扰产生的原因、传播路径及抗干扰措施，举例介绍测控系统设计。 **教学重点**：自动检测系统的设计原则及设计方法步骤。 **基本要求**：掌握自动检测系统的设计原则及方法步骤，能够设计简单的检测系统。 **实训内容**：自动检测系统的设计	教学：4 实训（小设计或现场教学）：8

成绩考核方式与评分要求

本课程的总成绩由平时成绩、理论考试成绩和实验成绩三部分组成，其中，平时成绩占 20％，理论考试成绩占 60％，实验实训成绩占 20％。

平时成绩由课堂考勤、提问、作业等方面的情况综合评定，理论考试成绩通过闭卷考试方式评定，实验实训成绩由每次实验实训完成情况及实验实训报告等情况综合评定。

目　　录

第 **1** 章

检测技术的基础知识

1.1 概述

1.1.1 检测技术的含义、作用和地位

在各项生产活动和科学实验中，为了了解和掌握整个过程的进展及其最后结果，经常需要对各种基本参数或物理量进行检查和测量，从而获得必要的信息，作为分析判断和决策的依据，可以认为检测技术就是人们为了对被测对象所包含的信息进行定性的了解和定量的掌握所采取的一系列技术措施。随着人类社会进入信息时代，以信息的获取、转换、显示和处理为主要内容的检测技术已经发展成为一门完整的技术学科，在促进生产发展和科技进步的广阔领域内发挥着重要作用。其主要应用如下：

1) 检测技术是产品检测和质量控制的重要手段。借助于检测工具对产品进行质量评价是检测技术重要的应用。传统的检测方法只能将产品区分为合格品和废品，起到产品验收和废品剔除的作用，是被动检测方法，不能预先防止废品的出现。在传统检测技术基础上发展起来的主动检测技术或称为在线检测技术使检测和生产加工同时进行，可及时地用检测结果对生产过程进行主动控制，使之适应生产条件的变化或自动地调整到最佳状态。这样检测的作用已经不只是单纯检查产品的最终结果，而且要掌控和干预造成这些结果的原因，从而进入质量控制的领域。比如，在机械制造工业中，需要测量位移、尺寸、力、振动、速度、加速度等机械量参数，利用非电量电测仪器监视刀具的磨损和工件表面的变化，防止机床过载，控制加工过程的稳定性。在化工行业中，需要在线检测生产过程的温度、压力、流量、物位等热工参数，实现对工艺过程的有效控制，确保生产过程能正常高效地进行，确保安全生产，防止事故发生。

2) 检测技术在大型设备安全经济运行监测中应用广泛。电力、石油、化工、机械等行业的一些大型设备通常在高温、高压、高速和大功率状态下运行，保证这些设备安全运行在国民经济中具有重大意义。为此，通常设置故障监测系统以对温度、压力、流量、转速、振动和噪声等多种参数进行长期动态监测，以便及时发现异常情况，加强故障预防，达到早期诊断的目的。这样做可以避免严重的突发事故，保证设备和人员安全，提高经济效益。即使设备发生故障也可以从监测系统提供的数据中找出故障原因，缩短检修周期，提高检修质量。另外，在日常运行中，这种连续监测可以及时发现设备故障前兆，采取预防性检修。随着计算机技术的发展，这类监测系统已经发展成故障自诊断系统，可利用计算机来分析、判断和处理检测信息，及时诊断出设备故障并自动报警或采取相应的对策。

3) 检测技术和装置是自动化系统中不可缺少的组成部分。任何生产过程都可以看作是由"物流"和"信息流"组合而成，反映物流的数量、状态和趋向的信息流则是人们管理和控制物流的依据。人们为了实现有目的的控制，首先必须通过检测来获取有关信息，然后才能进行分析、判断，从而实现自动控制。所谓自动化，就是用各种技术工具与方法代替人来完成检测、分析、判断和控制工作。一个自动化系统通常由多个环节组成，分别完成信息获取、信息转换、信息处理、信息传送及信息执行等功能。在实现自动化的过程中，信息的获取与转换是极其重要的组成环节，只有精确及时地将被控对象的各项参数检测出来并转换成易于传送和处理的信号，整个系统才能正常地工作。因此，自动检测与转换是自动化技术中不可缺少的组成部分。

4) 检测技术的完善和发展推动着现代科学技术的进步。人们在自然科学各个领域内从事的研究工作，一般是利用已知的规律对观测、试验的结果进行概括、推理，从而对所研究的对象取得定量的概念并发现它的规律性，然后上升到理论。因此，现代化检测手段所达到的水平在很大程度上决定了科学研究的深度和广度。检测技术达到的水平越高，提供的信息越丰富、越可靠，科学研究取得突破性进展的可能性就越大。此外，理论研究的一些成果，也必须通过实验或观测来加以验证，这同样离不开必要的检测手段。

从另一方面看，现代化生产和科学技术的发展也不断地对检测技术提出新的要求和课题，成为促进检测技术向前发展的动力。科学技术的新发现和新成果不断应用于检测技术中，也有力地促进了检测技术自身的现代化。

检测技术与现代化生产和科学技术的密切关系，使它成为一门十分活跃的技术学科，几乎渗透到人类的一切活动领域，发挥着越来越重要的作用。

1.1.2　自动检测系统的组成

一个完整的检测系统或检测装置通常是由电源、传感器、信号处理电路、显示记录装置、传输通道等几部分组成，有时还有数据处理仪器及执行机构等部分，分别完成信息获取、转换、显示和处理等功能，检测系统的组成如图 1-1 所示。

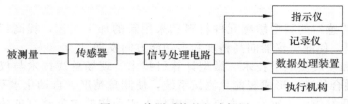

图 1-1　检测系统的组成框图

1. 传感器

传感器是指将被测量（一般为非电量）转换为另一种与之有确定对应关系并便于测量的量（一般为电量）的器件，又称为探测器、换能器等。

传感器使检测系统与被测对象直接发生联系，它处于被测对象和检测系统的接口位置，是信息输入的主要窗口，它为检测系统提供必要的原始信息。它是整个检测系统极其重要的环节，其获得的信息正确与否，关系到整个检测系统的精度。

2. 信号处理电路

通常传感器输出的信号是微弱的，还不能满足显示记录装置或执行机构的要求。信号处理电路的作用就是将传感器的输出信号转换成易于测量、具有一定功率的电压、电流或频率等信号。根据需要和传感器的类型，信号处理电路不仅能进行信号放大，还能进行阻抗匹配、微分、积分、线性化补偿等信号处理工作。随着半导体器件与集成技术在传感器中的应用，已经实现了将传感器的敏感元件与传导调理转换电路集成在同一芯片上的传感器模块和集成电路传感器。

3. 显示记录及数据处理装置

显示记录装置是检测人员和检测系统联系的主要环节，检测人员通过显示记录装置了解和掌握数据大小及变化的过程。

目前常用的显示装置有模拟显示、数字显示和图像显示。模拟显示是利用指针对标尺的相对位置表示被测量数值的大小，如各种指针式电气测量仪表、模拟光柱等。数字显示是用发光二极管（LED）和液晶（LCD）等以数字的形式显示读数。图像显示一般用 CRT 或 LCD 屏幕来显示数据或显示被测参数的变化曲线，有时还可用图表及彩色图等形式反映多组检测数据。

记录仪的主要作用是记录被测量的动态变化过程，常用的记录仪有笔式记录仪、光线示波器、磁带记录仪、快速打字机等。

数据处理装置用来对检测结果进行处理（如 A/D 转换）、运算、分析，它利用计算机完成数据处理和控制执行机构的工作。

所谓执行机构通常是指各种继电器、电磁铁、电磁阀门、伺服电动机等在电路中起通断、控制、调节、保护等作用的电气设备。许多检测系统能输出与被测量有关的电流或电压信号，以驱动这些执行机构，从而为自动控制系统提供控制信号。

1.1.3 检测技术的发展趋势

科学技术的迅猛发展，对检测技术提出了更高的要求，同时，又为检测技术的发展创造了条件。检测技术的发展趋势主要表现在以下几个方面：

1）不断提高检测系统的测量精度、量程范围、延长使用寿命、提高可靠性等。

2）应用新技术和新的物理效应，扩大检测领域。

3）采用微型计算机技术，使检测技术智能化。

4）不断开发新型、微型、智能化传感器，如智能传感器、生物传感器、高性能集成传感器等。

5）不断开发传感器的新型敏感元件材料和采用新的加工工艺，提高仪器的性能、可靠性，扩大应用范围，使测试仪器向高精度和多功能方向发展。

6）不断研究和发展微电子技术、微型计算机技术、现场总线技术与仪器仪表和传感器相结合的多功能融合技术，形成智能化测试系统，使测量精度、自动化水平进一步提高。

7）不断研究开发仿生传感器，主要是指模仿人或动物的感觉器官的传感器，即视觉传感器、听觉传感器、嗅觉传感器、味觉传感器、触觉传感器等。

8）参数测量和数据处理的高度自动化。

1.2 检测系统的基本特性

检测系统的特性一般是指检测系统输入量和输出量关系的特性，分为静态特性和动态特性。

当被测量不随时间变化或变化很慢时，可以认为检测系统的输入量和输出量都与时间无关，表示输入量和输出量之间关系的是一个不含时间变量的代数方程，由此方程确定的检测系统性能参数特性称为静态特性。

当被测量随时间变化很快时，输入量和输出量就有一个动态关系，表示这一关系的是一个含有时间变量的微分方程，由此方程确定的检测系统对快速变化的被测量的响应特性称为动态特性。

1.2.1 静态特性

1. 灵敏度

灵敏度是指传感器或检测系统在稳态下，输出量变化值与输入量变化值的比值。用 K 来表示灵敏度，即

$$K = \frac{\mathrm{d}y}{\mathrm{d}x} \approx \frac{\Delta y}{\Delta x} \qquad (1-1)$$

式中，x 为输入量；y 为输出量。

如果检测系统输出和输入之间是线性关系，则灵敏度 K 是一个常数；否则，它将随输入量的变化而变化。从图 1-2 可见，曲线越陡，灵敏度越高，曲线上任一点处的灵

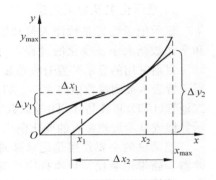

图 1-2 检测系统灵敏度

敏度就是在该点所作的曲线切线的斜率。

如果输入和输出的变化量有不同的量纲，则灵敏度也是有量纲的。例如，输入量为温度（℃），输出量为电压（mV），则灵敏度的量纲为 mV/℃。如果输入量和输出量是同类量，则灵敏度是无量纲的，此时也可把灵敏度理解为放大倍数。

提高灵敏度，可得到较高的测量精度，但测量范围窄，稳定性也会变差。

2. 分辨力

分辨力是指检测仪表能精确检测出被测量的最小变化的能力。输入量从某个任意值（一般为非零值）缓慢增加，直到可以测量到输出的变化为止，此时的输入量的增量就是该测量仪表的分辨力。

分辨力可用绝对值表示，也可用量程的百分数表示。一般模拟式仪表的分辨力规定为最小刻度分度值的一半；数字式仪表的分辨力一般可以认为是该表最后一位的一个字。有时也可把仪表的最大绝对误差看作该仪表的分辨力。

分辨力说明检测仪表响应与分辨输入量微小变化的能力，分辨力越好，其灵敏度越高。

3. 线性度

线性度又称非线性误差，是指检测系统实际的输入-输出特性曲线与拟合直线之间最大偏差和满量程输出的百分比。即

$$\gamma_L = \frac{\Delta L_{max}}{y_{max} - y_{min}} \times 100\% \tag{1-2}$$

式中，ΔL_{max} 为非线性最大误差；$y_{max} - y_{min}$ 为量程范围。

如图 1-3 所示，由于线性度是以拟合直线为基准线而得出的，所以选取的拟合直线不同，其线性度也不同。拟合直线的选取有多种方法，如拟合直线通过实际特性曲线的起点和满量程点，称为端基拟合直线，由此得到的线性度称为端基线性度；连接理论曲线坐标零点和满量程输出点的直线称为理论拟合直线，由此得到的线性度称为理论线性度。

4. 迟滞

迟滞是指检测系统在输入量增大（正向）和输入量减小（反向）行程间，输入-输出特性曲线不一致的程度。即同样大小的输入量，检测系统在正反行程中，往往对应两个大小不同的输出量，这两个不同输出量的最大差值 Δm 与满量程输出量的百分比即为迟滞量，如图 1-4 所示。

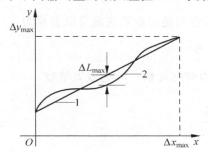

图 1-3　线性度示意图
1—拟合直线；2—实际特性曲线

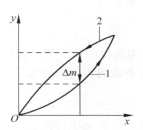

图 1-4　迟滞特性示意图
1—正向特性；2—反向特性

产生迟滞的主要原因是仪表元件存在能量的吸收和传动机构的摩擦，间隙及紧固件的松动等。一般希望检测系统的迟滞越小越好。

5．稳定性

稳定性包含稳定度和环境影响量两个方面。稳定度是指检测装置在所有条件恒定不变的情况下，在规定时间内能维持其示值不变的能力，一般用示值的变化量和时间的长短的比值来表示。例如，某仪表示值电压在所有条件不变的情况下，在 8 h 内的最大变化量为 1.3 mV，其稳定度可写成 1.3 mV/8 h。环境影响量是指由于外界环境因素的变化而引起的仪表示值变化的变化量。造成环境影响量的因素有温度、湿度、气压、电源电压或频率、电磁场等。表示环境影响量时要同时写出示值偏差及造成这一偏差的影响因素的大小。例如，温度每变化1℃引起示值变化 0.3 mV，其环境影响量可表示为 0.3 mV/℃；又如电源电压变化±5％时，引起示值变化 0.02 mA，其环境影响量可表示为 0.02 mA/±5％V。检测系统的稳定性越好，其抗干扰的能力越强。

检测系统的静态特性还包括重复性、可靠性、死区等参数。

1.2.2 动态特性

检测系统要具有良好的动态特性，才能较精确地测出被测量的大小和随时间变化的规律。否则，会引起较大的动态误差。

在实际检测工作中，检测系统的动态特性通常由实验得出。系统对标准输入信号的响应与对任意输入信号的响应之间存在一定的关系，可根据系统对一些标准信号的响应来评定它的动态特性。例如，在时域内，常采用阶跃信号来分析系统的瞬态响应；在频域内，常采用正弦输入信号来分析系统的频率响应等。

对检测系统的动态特性的理论研究，通常是先建立系统的数学模型，通过拉氏变换找出传递函数表达式，再根据输入条件得到响应的频率特性，并以此来描述系统的动态特性。

描述测量系统的动态特性的数学模型一般有微分方程、传递函数和频率特性三种形式。由于系统的动态特性是由其系统本身固有的属性决定的，因此对于线性测量系统而言，只要知道其中一种数学模型，就可以推导出其他两种形式的数学模型。

1．常见测量系统的数学模型

常见的测量系统都是一阶或二阶的，任何高阶系统都可以等效为若干个一阶和二阶系统的串联或并联。因此，分析并了解一阶和二阶系统的特性是分析和了解高阶复杂系统特性的基础。

（1）一阶系统

不论是热力学、电学系统，还是力学系统，若它们是一阶系统就可以表示为

$$\tau \frac{dy}{dt} + y = Kx \tag{1-3}$$

式中，y 为系统的输出量；x 为系统的输入量；τ 为时间常数；K 为放大倍数。

一阶系统的传递函数为

$$H(s) = \frac{K}{\tau s + 1} \tag{1-4}$$

一阶系统的频率特性为

$$H(\omega) = \frac{K}{j\omega\tau + 1} \tag{1-5}$$

（2）二阶系统

不论是热力学、电学系统，还是力学系统，若它们是二阶系统就可以由标准形式的二阶微分方程来表示，即

$$\frac{1}{\omega_0}\frac{\mathrm{d}^2 y}{\mathrm{d}t^2} + \frac{2\xi}{\omega_0}\frac{\mathrm{d}y}{\mathrm{d}t} + y = Kx \tag{1-6}$$

式中，ω_0 为系统固有的角频率；ξ 为阻尼比；K 为静态灵敏度。

对力学系统有

$$\omega_0 = \sqrt{\frac{k}{m}}, \quad \xi = \frac{b}{2\sqrt{mk}}, \quad K = \frac{1}{k}$$

对电学系统有

$$\omega_0 = \frac{1}{\sqrt{LC}}, \quad \xi = \frac{R}{2}\sqrt{\frac{C}{L}}, \quad K = 1$$

二阶系统的传递函数为

$$H(s) = \frac{K}{\frac{1}{\omega_0^2}s^2 + \frac{2\xi}{\omega_0}s + 1} \tag{1-7}$$

二阶系统的频率特性为

$$H(\omega) = \frac{K}{\left[1 - \left(\frac{\omega}{\omega_0}\right)^2\right] + \mathrm{j}2\xi\frac{\omega}{\omega_0}} \tag{1-8}$$

2. 测量系统的动态特性

由前面的分析可知，一阶系统的特性参数是时间常数 τ，二阶系统的特性参数是固有角频率 ω_0 与阻尼比 ξ。知道这些特性参数的值，就可以建立系统的数学模型，再通过适当的数学运算，就可以计算出系统对任一输入信号的输出响应。尽管这些特性参数取决于系统本身的固有特性，可以有理论设定，但最终必须由实验测定，称为动态标定。为了便于统一比较和容易获取，标定时通常选定两种输入形式的输入信号，即正弦信号和阶跃信号，相应地，测定动态特性的表述也有两种形式，即时域阶跃响应特性和频域频率特性。

（1）测量系统的时域特性

以阶跃信号激励为例，分析一阶和二阶传感器的动态特性。

1）一阶测量系统的时域特性。

设一阶测量系统的传递函数为

$$H(s) = \frac{K}{\tau s + 1} \tag{1-9}$$

当输入一个单位阶跃信号时，系统的输出信号为

$$y(t) = k(1 - \mathrm{e}^{-\frac{1}{\tau}}) \tag{1-10}$$

相应的响应曲线如图 1-5 所示。由图可见，一阶测量系统存在惯性，阶跃响应不能立即复现输入的阶跃信号，而是从零开始按指数规律上升，输出信号初始上升斜率为 $1/\tau$。显然时间常数 τ 是衡量一阶测量系统动态响应速度的重要参数，τ 越小，响应速度越快，也即测量系统的惯性越小。

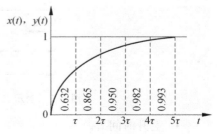

图 1-5 单位阶跃响应曲线

根据测量系统的输出特性曲线，可以选择以下几个特征时间点作为动态性能指标。

- 时间常数 τ：输出 $y(t)$ 由零上升到稳态值 y_s 的 63% 所需的时间。

- 调节时间 t_s：输出 $y(t)$ 由零上升到并保持在与稳态值 y_s 的偏差的绝对值在 $\pm 2\%$ 或 $\pm 5\%$ 的范围内所需的时间。
- 延迟时间 t_d：输出 $y(t)$ 由零上升到并保持在稳态值 y_s 的一半所需的时间。
- 上升时间 t_r：输出 $y(t)$ 由 $10\% y_s$ 上升到 $90\% y_s$ 所需的时间。

对于一阶测量系统，时间常数是非常重要的性能指标，显然时间常数越大，系统到达稳态的时间就越长，其动态性能就越差。因此，应尽可能减小时间常数，以减小系统的动态误差。

2）二阶测量系统的时域特性。

设二阶测量系统的传递函数为

$$H(s) = \frac{Y(s)}{X(s)} = \frac{\omega_0^2}{s^2 + 2\xi\omega_0 s + \omega_0^2} \tag{1-11}$$

当输入为单位阶跃函数时，系统的输出与固有角频率 ω_0 及阻尼比 ξ 密切相关。固有频率 ω_0 由系统结构参数决定，ω_0 越大，测量系统响应速度越快；当 ω_0 为常数时，系统响应速度取决于阻尼比 ξ。图 1-6 为二阶测量系统的单位阶跃响应曲线，阻尼比直接影响系统输出信号的振荡次数及超调量。$\xi = 0$ 时，为临界阻尼，超调量为 100%，产生等幅振荡；$\xi > 1$ 时，为过阻尼，无超调，也无振荡，但达到稳态输出所需的时间比较长；$\xi < 1$ 时，为欠阻尼，产生衰减振荡，输出达到稳态值所需的时间随 ξ 的增加而减

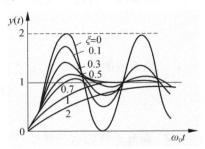

图 1-6 二阶系统的阶跃响应曲线

小；$\xi = 1$ 时，达稳态输出所需的时间最短。工程中通常取 $\xi = 0.6 \sim 0.8$，此时最大超调量为 $2.5\% \sim 10\%$，其稳态响应时间也较短。

图 1-7 为表示二阶测量系统性能指标的单位阶跃响应曲线，二阶系统的主要性能指标如下。

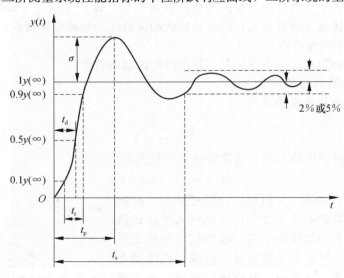

图 1-7 表示二阶测量系统性能指标的单位阶跃响应曲线

- 上升时间 t_r。
- 延迟时间 t_d。
- 峰值时间 t_p：响应曲线达到超调量的第一个峰值所需要的时间。
- 调节时间 t_s：响应曲线达到并永远保持在一个允许误差范围内所需的最短时间。用

稳态值的百分数（通常取 5% 或 2%）作为误差范围。

- 超调量 σ：输出响应的最大偏离量 $y(t_p)$ 与终值 $y(\infty)$ 之差的百分比，即

$$\sigma = \frac{y(t_p) - y(\infty)}{y(\infty)} \times 100\%$$

式中，$y(t_p)$ 为输出的最大值；$y(\infty)$ 为输出的稳态值。

上升时间和峰值时间用来评价系统的响应速度；调节时间是同时反映响应速度和阻尼程度的综合性指标；而超调量则是评价系统的阻尼程度。

（2）测量系统的频域特性

当系统输入的激励信号为正弦信号时，则按系统的频率响应特性研究其动态特性。

1）一阶系统的频域响应。

一阶系统频域响应特性曲线如图 1-8 所示。

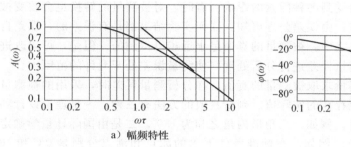

a）幅频特性   b）相频特性

图 1-8 一阶系统频率响应特性

由此可见，时间常数 τ 越小，频率响应特性越好；当 $\omega\tau \ll 1$ 时，$A(\omega) \approx 1$，$\varphi(\omega) \approx 0$，表示系统输出与输入呈线性关系，且位差很小，输出能真实反映输入的变化规律。

2）二阶系统的频域响应。

二阶系统频率响应特性曲线如图 1-9 所示，二阶测量系统频率响应特性的好坏主要取决于系统的固有频率 ω_0 和阻尼比 ξ：$\xi < 1$、$\omega_0 \gg \omega$ 时，$A(\omega) \approx 1$、$\varphi(\omega)$ 很小，幅频特性平直，输出与输入呈线性关系，此时测量系统的输出能真实再现输入信号。通常设计测量系统时，使其阻尼比 $\xi < 1$，固有频率 ω_0 至少应大于被测信号频率 ω 的 3~5 倍。若被测信号为多频谐波信号时，系统的固有频率理论上应高于输入信号谐波中最高频率 ω_{max} 的 3~5 倍；考虑到在整个频谱内，频率越高，幅值越小，灵敏度越低，因而固有频率的选择应根据测量需要综合考虑。

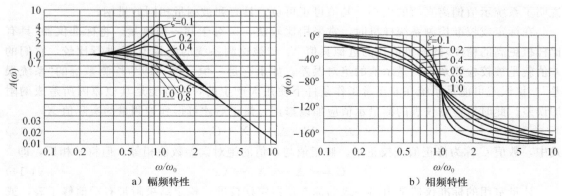

a）幅频特性   b）相频特性

图 1-9 二阶测量系统频率响应特性曲线

3）频域特性指标。

衡量测量系统对正弦信号激励响应的频域特性指标主要如下。

- 通频带：是系统输出量保持在一定值（幅频特性曲线上相对与幅值衰减 3 dB）内所对应的频率范围。
- 工作频带：系统输出幅值误差为 $\pm 5\%$（或 $\pm 10\%$）时所对应的频率范围。
- 相位误差：在工作频带范围内输出量的相位偏差应小于 $5°$（或 $10°$）。

1.3 测量误差及消除方法

1.3.1 测量误差的概念

测量误差是指检测结果与被测量的客观真值的差值。在检测过程中，被测对象、检测系统、检测方法和检测人员都会受到各种因素的影响。有时，对被测量的转换也会改变被测对象原有的状态，造成测量误差。由误差公理可知：任何实验结果都是有误差的，误差自始至终存在于一切科学实验和测量之中，被测量的真值是永远难以得到的。但是，可以改进检测装置和检测手段，并通过对测量误差进行分析处理，使测量误差处于允许的范围内。

测量的目的是希望通过测量求取被测量的真值。在分析测量误差时，采用的被测量真值是指在确定条件下被测量客观存在的实际值。判断真值的方法有三种：一是理论设计和理论公式的表达值，称为理论真值。例如，三角形内角之和为 $180°$。二是由国际计量学确定的基本的计量单位，称为约定真值。例如，在标准条件下水的冰点和沸点分别是 $0℃$ 和 $100℃$。三是精度高一级或几级的仪表与精度低的仪表相比，把高一级仪表的测量值称为相对真值。相对真值在测量中应用最为广泛。

1.3.2 误差的表示方法

检测系统（仪器）的基本误差通常有以下几种表示形式。

1. 绝对误差

检测系统的测量值（即示值）X 与被测量的真值 X_0 之间的代数差值 Δx 称为检测系统测量值的绝对误差，即

$$\Delta x = X - X_0 \tag{1-12}$$

式中，真值 X_0 可为约定真值，也可是由高精度标准仪器所测得的相对真值。绝对误差 Δx 说明了系统示值偏离真值的大小，其值可正可负，具有和被测量相同的量纲。

在标定或校准检测系统样机时，常采用比较法，即对于同一被测量，将标准仪器（具有比样机更高的精度）的测量值作为近似真值 X_0 与被检测系统的测量值 X 进行比较，它们的差值就是被校检测系统测量示值的绝对误差。如果它是一恒定值，即为检测系统的"系统误差"。该误差可能是系统在非正常工作条件下使用而产生的，也可能是其他原因所造成的附加误差。此时对检测仪表的测量示值应加以修正，修正后才可得到被测量的实际值 X_0。

$$X_0 = X - \Delta x = X + C \tag{1-13}$$

式中，数值 C 称为修正值或校正量。修正值与示值的绝对误差数值相等，但符号相反，即

$$C = -\Delta x = X_0 - X \tag{1-14}$$

计量室用的标准仪器常由高一级的标准仪器定期校准，检定结果附带有示值修正表，或修正曲线 $C = f(x)$。

2. 相对误差

检测系统测量值(即示值)的绝对误差 Δx 与被测参量真值 X_0 的比值,称为检测系统测量值(示值)的相对误差 δ,常用百分数表示,即

$$\delta = \frac{\Delta x}{X_0} \times 100\% = \frac{X - X_0}{X_0} \times 100\% \tag{1-15}$$

这里的真值可以是约定真值,也可以是相对真值(工程上),在无法得到本次测量的约定真值和相对真值时,常在被测参量(已消除系统误差)没有发生变化的条件下重复多次测量,用多次测量的平均值代替相对真值。用相对误差通常比用绝对误差更能说明不同测量的精确程度,一般来说相对误差值小,其测量精度就高。

在评价检测系统的精度或测量质量时,有时利用相对误差作为衡量标准也不很准确。例如,用任一确定精度等级的检测仪表测量一个靠近测量范围下限的小量,计算得到的相对误差通常比测量接近上限的大量(如 2/3 量程处)得到的相对误差大得多。故引入引用误差的概念。

3. 引用误差

检测系统测量值的绝对误差 Δx 与系统量程 L 之比值,称为检测系统测量值的引用误差 γ。引用误差 γ 通常仍以百分数表示。

$$\gamma = \frac{\Delta x}{L} \times 100\% \tag{1-16}$$

比较式(1-15)和式(1-16)可知:在 γ 的表示式中用量程 L 代替了真值 X_0,使用起来虽然更为方便,但引用误差的分子仍为绝对误差 Δx,当测量值为检测系统测量范围的不同数值时,各示值的绝对误差 Δx 也可能不同。因此,即使是同一检测系统,其测量范围内的不同示值处的引用误差也不一定相同。为此,可以取引用误差的最大值,既能克服上述的不足,又更好地说明了检测系统的测量精度。

4. 最大引用误差(或满度最大引用误差)

在规定的工作条件下,当被测量平稳增加或减少时,在检测系统全量程所有测量值引用误差(绝对值)的最大者,或者说所有测量值中最大绝对误差(绝对值)与量程的比值的百分数,称为该系统的最大引用误差,用符号 γ_{max} 表示。

$$\gamma_{max} = \frac{|\Delta x_{max}|}{L} \times 100\% \tag{1-17}$$

最大引用误差是检测系统基本误差的主要形式,故也常称为检测系统的基本误差。它是检测系统最主要的质量指标,能很好地表征检测系统的测量精度。

5. 精度等级

工业检测仪器(系统)常以最大引用误差作为判断精度等级的尺度。人为规定:取最大引用误差百分数的分子作为检测仪器(系统)精度等级的标志,也即用最大引用误差去掉正负号和百分号后的数字来表示精度等级,用符号 G 表示。

为统一和方便使用,国家标准 GB776—76《测量指示仪表通用技术条件》规定,测量指示仪表的精度等级 G 分为 0.1、0.2、0.5、1.0、1.5、2.5、5.0 七个等级,这也是工业检测仪器(系统)常用的精度等级。检测仪器(系统)的精度等级由生产厂商根据其最大引用误差的大小并以选大不选小的原则就近套用上述精度等级得到。

1.3.3 误差的分类

为了便于误差的分析和处理,可以按误差的规律性将其分为三类,即系统误差、随机误

差和粗大误差。

1. 系统误差

在相同的条件下，对同一物理量进行多次测量，如果误差按照一定规律出现，则把这种误差称为系统误差（system error），简称系差。系统误差可分为定值系统误差（简称定值系差）和变值系统误差（简称变值系差），数值和符号都保持不变的系统误差称为定值系差。数值和符号均按照一定规律变化的系统误差称为变值系差。变值系差按其变化规律又可分为线性系统误差、周期性系统误差和按复杂规律变化的系统误差。如图 1-10 所示，其中 1 为定值系差，2 为线性系统误差，3 为周期系统误差，4 为按复杂规律变化的系统误差。

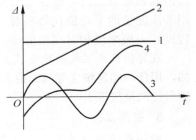

图 1-10　系统误差示意图

系统误差的来源包括仪表制造、安装或使用方法不正确，测量设备的基本误差、读数方法不正确以及环境误差等。系统误差是一种有规律的误差，故可以通过理论分析采用修正值或补偿校正等方法来减小或消除。

2. 随机误差

当对某一物理量进行多次重复测量时，若误差出现的大小和符号均以不可预知的方式变化，则该误差为随机误差（random error）。随机误差产生的原因比较复杂，虽然测量是在相同条件下进行的，但测量环境中温度、湿度、压力、振动、电场等总会发生微小变化，因此，随机误差是大量对测量值影响微小且又互不相关的因素所引起的综合结果。随机误差就个体而言并无规律可循，但其总体却服从统计规律，总的来说随机误差具有下列特性。

1）对称性：绝对值相等、符号相反的误差在多次重复测量中出现的可能性相等。

2）有界性：在一定测量条件下，随机误差的绝对值不会超出某一限度。

3）单峰性：绝对值小的随机误差比绝对值大的随机误差在多次重复测量中出现的机会多。

4）抵偿性：随机误差的算术平均值随测量次数的增加而趋于零。

随机误差的变化通常难以预测，因此也无法通过实验方法确定、修正和清除。但是通过多次测量比较可以发现随机误差服从某种统计规律（如正态分布、均匀分布、泊松分布等）。

3. 粗大误差

明显超出规定条件下的预期值的误差称为粗大误差（abnormal error）。

粗大误差一般是由于操作人员粗心大意、操作不当或实验条件没有达到预定要求就进行实验等造成的，如读错、测错、记错数值、使用有缺陷的测量仪表等。含有粗大误差的测量值称为坏值或异常值，所有的坏值在数据处理时应被剔除掉。

4. 测量精度

测量精度是从另一角度评价测量误差大小的量，它与误差大小相对应，即误差大，精度低；误差小，精度高。测量精度可细分为准确度、精密度和精确度。

1）准确度，表明测量结果偏离真值的程度，它反映系统误差的影响，系统误差小，则准确度高。

2）精密度，表明测量结果的分散程度，它反映随机误差的影响，随机误差小，则精密度高。

3）精确度，反映测量中系统误差和随机误差综合影响的程度，简称精度。精度高，说明准确度与精密度都高，意味着系统误差和随机误差都小。

测量的准确度与精密度的区别，由图 1-11 可知，若靶心为真实值，图中黑点为测量值，则图 1-11a 表示准确却不精密的测量，图 1-11b 表示精密却不准确的测量，图 1-11c 表示既准确又精密的测量。一般来说，工程测量中，占主要地位的是系统误差，应力求准确度高，所以人们习惯上又把精度称为准确度。而在精密测量中由于已经采取一定的措施（如改进测量方法，改善测量条件）减小或消除了系统误差，因而随机误差是主要的。

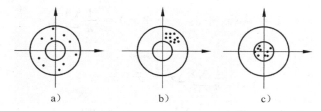

图 1-11　测量的准确度与精密度

1.3.4　误差处理

1. 随机误差及其处理

随机误差与系统误差的来源和性质不同，所以处理的方法也不同。由于随机误差是由一系列随机因素引起的，因而随机变量可以用来表达随机误差的取值范围及概率。若有一非负函数 $f(x)$，其对任意实数有分布函数 $F(x)$

$$F(x) = \int_{-\infty}^{x} f(x)\mathrm{d}x \tag{1-18}$$

称 $f(x)$ 为 x 的概率分布密度函数。

$$P\{x_1 < x < x_2\} = F(x_2) - F(x_1) = \int_{x_1}^{x_2} f(x)\mathrm{d}x \tag{1-19}$$

式(1-19)为误差在 $(x_1，x_2)$ 之间的概率，在测量系统中，若系统误差已经减小到可以忽略的程度后才可对随机误差进行统计处理。

（1）随机误差的正态分布规律

实践和理论证明，大量的随机误差服从正态分布规律。正态分布的曲线如图 1-12 所示。图中的横坐标表示随机误差 $\Delta x = x_i - x_0$，纵坐标为误差的概率密度 $f(\Delta x)$。应用概率论方法可导出

$$f(\Delta x) = \frac{1}{\sigma\sqrt{2\pi}}\exp\left[-\frac{1}{2}\frac{\Delta x^2}{\sigma^2}\right] \tag{1-20}$$

式中，特征量 σ 为

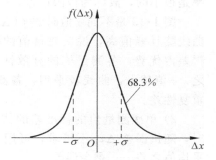

图 1-12　随机误差的正态分布曲线

$$\sigma = \sqrt{\frac{\sum\Delta x_i^2}{n}}(n \to \infty)$$

σ 称为标准差，其中 n 为测量次数。

（2）真实值与算术平均值

设对某一物理量进行直接多次测量，测量值分别为 $x_1，x_2，x_i，\cdots，x_n$，各次测量值的随机误差为 $\Delta x_i = x_i - x_0$。将随机误差相加

$$\sum_{i=1}^{n} \Delta x_i = \sum_{i=1}^{n} (x_i - x_0) = \sum_{i=1}^{n} x_i - n x_0$$

两边同除 n 得

$$\frac{1}{n} \sum_{i=1}^{n} \Delta x_i = \frac{1}{n} \sum_{i=1}^{n} x_i - x_0 \qquad (1\text{-}21)$$

用 $\bar{x}$ 代表测量列的算术平均值

$$\bar{x} = \frac{1}{n}(x_1 + x_2 + \cdots + x_n) = \frac{1}{n} \sum_{i=1}^{n} x_i \qquad (1\text{-}22)$$

式(1-21)改写为

$$\frac{1}{n} \sum_{i=1}^{n} \Delta x_i = \bar{x} - x_0$$

根据随机误差的抵偿特征，即 $\lim\limits_{n \to \infty} \dfrac{1}{n} \sum\limits_{i=1}^{n} \Delta x_i = 0$，于是 $\bar{x} \to x_0$。

可见，当测量次数很多时，算术平均值趋于真实值，也就是说，算术平均值受随机误差影响比单次测量小，且测量次数越多，影响越小。因此可以用多次测量的算术平均值代替真实值，并称为最可信数值。

（3）随机误差的估算

1）标准差。标准差 σ 定义为 $\sigma = \sqrt{\sum\limits_{i=1}^{n} (x_i - x_0)^2 \Big/ n}$，它是在一定测量条件下随机误差最常用的估计值。其物理意义为随机误差落在 $(-\sigma, +\sigma)$ 区间的概率为 68.3%。区间 $(-\sigma, +\sigma)$ 称为置信区间，相应的概率称为置信概率。显然，置信区间扩大，则置信概率提高。置信区间取 $(-2\sigma, +2\sigma)$、$(-3\sigma, +3\sigma)$ 时，相应的置信概率 $P(2\sigma) = 95.4\%$、$P(3\sigma) = 99.7\%$。

定义 3σ 为极限误差，其概率含义是在 1 000 次测量中只有 3 次测量的误差绝对值会超过 3σ。由于在一般测量中次数很少超过几十次，因此，可以认为测量误差超出 $\pm 3\sigma$ 范围的概率是很小的，故称为极限误差，一般可作为可疑值取舍的判定标准。

图 1-13 是不同 σ 值时的 $f(\Delta x)$ 曲线。σ 值越小，曲线陡且峰值高，说明测量值的随机误差集中，小误差占优势，各测量值的分散性小，重复性好。反之，σ 值越大，曲线较平坦，各测量值的分散性大，重复性差。

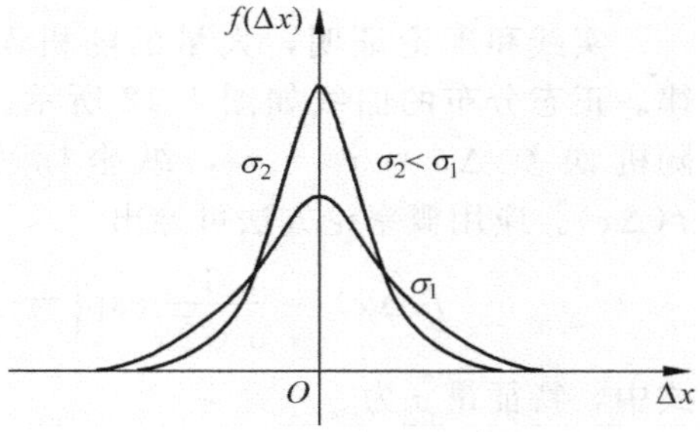

2）单次测量值的标准差的估计。由于真值未知时，随机误差 Δx_i 不可求，可用各次测量值与算术平均值之差——剩余误差

$$v_i = x_i - \bar{x} \qquad (1\text{-}23)$$

图 1-13　不同 σ 的概率密度曲线

代替误差 Δx_i 来估算有限次测量的标准差，得到的结果就是单次测量的标准差，用 $\hat{\sigma}$ 表示，它只是 σ 的一个估算值。由误差理论可以证明单次测量的标准差的计算式为

$$\hat{\sigma} = \sqrt{\frac{\sum\limits_{i=1}^{n} (x_i - \bar{x})^2}{n-1}} = \sqrt{\frac{\sum\limits_{i=1}^{n} v_i^2}{n-1}} \qquad (1\text{-}24)$$

这一公式称为贝塞尔公式。

同理，按 v_i^2 计算的极限误差为 $3\hat{\sigma}$，$\hat{\sigma}$ 的物理意义与 σ 的相同。当 $n \to \infty$ 时，有 $n-1 \to n$，则 $\hat{\sigma} \to \sigma$。在一般情况下，对于 $\hat{\sigma}$ 和 σ 的符号并不加以严格的区分，但是 n 较小时，必须采用贝塞尔公式计算 $\hat{\sigma}$ 的值。

3) 算术平均值的标准差的估计。在测量中用算术平均值作为最可信赖值，它比单次测量得到的结果可靠性高。由于测量次数有限，因此 $\bar{x}$ 也不等于 x_0。也就是说，$\bar{x}$ 还是存在随机误差的，可以证明，算术平均值的标准差 $S(\bar{x})$ 是单次测量值的标准差 $\hat{\sigma}$ 的 $\frac{1}{\sqrt{n}}$ 倍，即

$$S(\bar{x}) = \frac{\hat{\sigma}}{\sqrt{n}} = \sqrt{\frac{\sum\limits_{i=1}^{n} v_i^2}{n(n-1)}} \tag{1-25}$$

式(1-25)表明，在 n 较小时，增加测量次数 n，可明显减小测量结果的标准差，提高测量的精密度。但随着 n 的增大，减小的程度越来越小；当 n 大到一定数值时 $S(\bar{x})$ 就几乎不变了。

2. 粗大误差的判别与坏值的舍弃

在重复测量得到的一系列测量值中，如果混有包含粗大误差的坏值，必然会歪曲测量结果。因此，必须剔除坏值后，才可进行相关的数据处理，从而得到符合客观情况的测量结果。但是，也应当防止无根据地随意丢掉一些误差大的测量值。对怀疑为坏值的数据，应当加以分析，尽可能找出产生坏值的明确原因，然后再决定取舍。实在找不到产生坏值的原因，或不能确定哪个测量值是坏值时，可以按照统计学的异常数据处理法则，判别坏值并加以舍弃。其基本思路是给定一个置信概率，然后确定相应的置信区间，凡超出此区间的误差被认为是粗大误差。相应的测量值就是坏值，应予以剔除。

统计判别法的准则很多，在这里我们介绍拉依达准则（3σ 准则）和格罗布斯准则。

（1）拉依达准则

设对被测量进行等精度测量，独立得到 x_1，x_2，$\cdots$，x_n，算出其算术平均值 $\bar{x}$ 及剩余误差 $v_i = x_i - \bar{x}(i=1, 2, \cdots, n)$，并按贝塞尔公式算出标准误差 σ，若某个测量值 x_b 的剩余误差 $v_b(1 \leqslant b \leqslant n)$ 满足下式

$$|v_b| = |x_b - \bar{x}| > 3\sigma \tag{1-26}$$

则认为 x_b 是含有粗大误差的坏值，应予剔除。

使用此准则时应当注意，在计算 $\bar{x}$、v_b 和 σ 时，应当使用包含坏值在内的所有测量值。按照式(1-26)剔除坏值后，应重新计算 $\bar{x}$ 和 σ，再用拉依达准则检验现有的测量值，看有无新的坏值出现。重复进行，直到检查不出新的坏值时为止。此时，所有测量值的剩余误差均在 3σ 范围之内。

拉依达准则简便，易于使用，因此得到广泛应用。但它是在重复测量次数 $n \to \infty$ 的前提下建立的，当 n 有限，特别是 n 较小时，此准则并不可靠。

（2）格罗布斯准则

当测量数据中某数据 x_i 的残差满足

$$|v_i| > g(\alpha, n)\hat{\sigma} \tag{1-27}$$

时，该测量数据会有粗大误差，应予以剔除。

式中，$g(\alpha, n)$ 为格罗布斯准则鉴别系数，与测量次数 n 和显著性水平 α 有关，见表 1-1；显著性水平 α 一般取 0.05 或 0.01，置信概率 $P = 1 - \alpha$；$\hat{\sigma}$ 为测量数据的误差估计值，按贝塞尔公式计算。

应该注意，剔除一个粗大误差后应重新计算 $\hat{\sigma}$ 值，然后再进行判别，反复检验直到粗大误差全部剔除为止。

表 1-1　格罗布斯准则的 $g(\alpha, n)$ 数值表

n	$\alpha = 0.01$	$\alpha = 0.05$	n	$\alpha = 0.01$	$\alpha = 0.05$
3	1.155	1.153	17	2.785	2.475
4	1.492	1.462	18	2.821	2.504
5	1.749	1.672	19	2.854	2.532
6	1.944	1.822	20	2.884	2.557
7	2.097	1.938	21	2.912	2.580
8	2.221	2.032	22	2.939	2.603
9	2.323	2.110	23	2.963	2.624
10	2.410	2.176	24	2.987	2.644
11	2.485	2.234	25	3.009	2.663
12	2.550	2.285	30	3.103	2.745
13	2.607	2.331	35	3.178	2.811
14	2.659	2.371	40	3.240	2.866
15	2.705	2.409	45	3.292	2.914
16	2.747	2.443	50	3.336	2.956

3. 系统误差的消除方法

对于系统误差，尽管它的取值固定或按一定规律变化，但往往不易从测量结果中发现它的存在和认识它的规律，也不可能像对待随机误差那样，用统计分析的方法确定它的存在和影响，而只能针对具体情况采取不同的处理措施，对此没有普遍适用的处理方法。总之，系统误差虽然是有规律的，但实际处理起来往往比无规则的随机误差困难得多。对系统误差的处理是否得当，很大程度上取决于测量者的知识水平、工作经验和实验技巧。

为了尽力减小或消除系统误差对测量结果的影响，可以从两个方面入手。首先，在测量之前，必须尽可能预见一切可能产生系统误差的来源，并设法消除它们或尽量减弱其影响。例如，测量前对仪器本身性能进行检查，必要时送计量部门检定，取得修正曲线或表格；使仪器的环境条件和安装位置符合技术要求的规定；对仪器在使用前进行正确的调整；严格检查和分析测量方法是否正确等。其次，在实际测量中，采用一些有效的测量方法，来消除或减小系统误差。下面介绍几种常用的方法。

（1）交换法

在测量中，将引起系统误差的某些条件（如被测量的位置等）相互交换，而保持其他条件不变，使产生系统误差的因素对测量结果起相反的作用，从而抵消系统误差。

例如，以等臂天平称量时，由于天平左右两臂长度的微小差别，会引起称量的恒值系统误差。如果被称物与砝码在天平左右秤盘上交换，称量两次，取两次测量平均值作为被称物的质量，这时测量结果中就不含有因天平不等臂引起的系统误差。

（2）抵消法

改变测量中的某些条件（如测量方向），使前后两次测量结果的误差符号相反，取其平均值以消除系统误差。

例如，千分卡尺有空行程，即螺旋旋转时，刻度变化，量杆不动，在检定部位产生系统误差。为此，可从正反两个旋转方向对线，顺时针对准标志线读数为 d，不含系统误差时值为 α，空行程引起系统误差 ε，则有 $d=\alpha+\varepsilon$；第二次逆时针旋转对准标志线读数 d'，则有 $d'=\alpha-\varepsilon$。于是正确值 $\alpha=(d+d')/2$，正确值 α 中不再含有系统误差。

（3）代替法

这种方法是在测量条件不变的情况下，用已知量替换被测量，达到消除系统误差的目的。

仍以天平为例，如图 1-14 所示。先使平衡物 T 与被测物 X 相平衡，则 $X=\dfrac{L_2}{L_1}T$；然后取下被测物 X，用砝码 P 与 T 达到平衡，得到 $P=\dfrac{L_2}{L_1}T$，取砝码数值作为测量结果。由此得到的测量结果中，同样不存在因 L_1、L_2 不等而带来的系统误差。

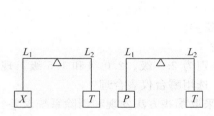

图 1-14　代替法消除系统误差示意图

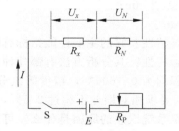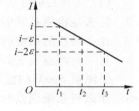

图 1-15　对称测量法应用

（4）对称测量法

这种方法用于消除线性变化的系统误差。下面通过利用电位差计和标准电阻 R_N，精确测量未知电阻 R_x 的例子来说明对称测量法的原理和测量过程。

如图 1-15 所示，如果回路电流 I 恒定不变，只要测出 R_N 和 R_x 上的电压 U_N 和 U_x，即可得到 R_x 值

$$R_x=\frac{U_x}{U_N}R_N \tag{1-28}$$

但由于 U_N 和 U_x 的值不是在同一时刻测得的，而且电流 I 在测量过程中发生变化时，就引入了线性系统误差。在这里把电流的变化看做均匀地减小，与时间 t 呈线性关系。

在 t_1、t_2 和 t_3 三个等间隔的时刻，按照 U_x、U_N、U_x 的顺序测量。时间间隔为 $t_2-t_1=t_3-t_2=\Delta t$，相应的电流变化量为 ε。

$$\left.\begin{array}{l}\text{在 } t_1 \text{ 时刻}\quad R_x \text{ 上的电压}\quad U_1=IR_x\\[4pt]\text{在 } t_2 \text{ 时刻}\quad R_N \text{ 上的电压}\quad U_2=(I-\varepsilon)R_N\\[4pt]\text{在 } t_3 \text{ 时刻}\quad R_x \text{ 上的电压}\quad U_3=(I-2\varepsilon)R_x\end{array}\right\} \tag{1-29}$$

解此方程组可得

$$R_x=\left(\frac{U_1+U_3}{2U_2}\right)R_N \tag{1-30}$$

这样按照等距测量法得到的 R_x 值，已不受测量过程中电流变化的影响，消除了因此而

产生的线性系统误差。

在上述过程中，由于三次测量时间间隔相等，t_2 时刻的电流值恰好等于 t_1、t_3 时刻电流值的算术平均值。虽然在 t_2 时刻，我们只测了 R_N 上的电压 U_2，但 $(U_1+U_3)/2$ 正好相当于 t_2 时刻 R_x 上的电压。这样就很自然地消除了电流 I 线性变化的影响。

（5）补偿法

在测量过程中，由于某个条件的变化或仪器某个环节的非线性特性都可能引入变值系统误差。此时，可在测量系统中采取补偿措施，自动消除系统误差。

例如，热电偶测温时，冷端温度的变化会引起变值系统误差。在测量系统中采用补偿电桥，就可以起到自动补偿作用。

习题与思考题

1-1　试比较下列测量的优劣：

    （1）$x_1 = 65.98 \pm 0.02$ mm；

    （2）$x_2 = 0.488 \pm 0.004$ mm；

    （3）$x_3 = 0.009\,8 \pm 0.001\,2$ mm；

    （4）$x_4 = 1.98 \pm 0.04$ mm。

1-2　什么是检测系统的静态特性？它的主要性能指标有哪些？

1-3　什么是检测系统的动态特性？其分析方法有哪几种？

1-4　有三台测温仪表，量程均为 $0 \sim 600$℃，精度等级分别为 2.5 级、2.0 级和 1.5 级，现要测量 500℃的温度，要求相对误差不超过 2.5%，选用哪台仪表合理？

1-5　什么叫系统误差？产生系统误差的原因是什么？可采取哪些方法发现和消除系统误差？

1-6　什么叫随机误差？服从正态分布的随机误差有哪些特性？

1-7　什么是粗大误差？粗大误差的判别与坏值舍弃的方法有哪些？

第 **2** 章

传统传感器

2.1 传感器基础知识

2.1.1 传感器的定义与分类

传感器是一种能把特定的被测信号按一定规律转换成某种可用信号输出的器件或装置，以满足信息的传输、处理、记录、显示和控制等要求。这里"可用信号"是指便于处理、传输的信号，一般为电信号，如电压、电流、电阻、电容、频率等。在我们每个人的生活里，处处都在使用着各种各样的传感器。空调遥控器等所使用的是红外线传感器；电冰箱、微波炉、空调机温控所使用的是温度传感器；家庭使用的煤气灶、燃气热水器报警所使用的是气体传感器；家用摄像机、数码照相机、上网聊天视频所使用的是光电传感器；轿车所使用的传感器就更多，如速度、压力、油量、爆震传感器，角度线性位移传感器等。这些传感器的共同特点是利用各种物理、化学、生物效应等实现对被测信号的测量。由此可见，传感器包含两个不同的概念，一是检测信号，二是能把检测的信号转换成一种与被测量有对应的函数关系的、便于传输和处理的物理量。

国家标准《传感器通用术语》中，对传感器的定义作了这样的规定："传感器是指能感受（或响应）规定的被测量并按一定的规律转换成可用输出信号的器件或装置。"

广义上说，传感器是指在测量装置和控制系统输入部分中起信号检测作用的器件。

狭义上把传感器定义为能把外界非电信息转换成电信号输出的器件或装置。人们通常把传感器、敏感元件、换能器、转换器、变送器、发送器、探测器的概念等同起来。

一般情况下，对某一物理量的测量可以使用不同的传感器，而同一传感器又往往可以测量不同的多种物理量。所以，传感器从不同的角度有许多分类方法。目前一般采用两种分类方法：一种是按被测参数分类，如对温度、压力、位移、速度等的测量，相应的有温度传感器、压力传感器、位移传感器、速度传感器等；另一种是按传感器的工作原理分类，如按应变原理工作式、按电容原理工作式、按压电原理工作式、按磁电原理工作式、按光电效应原理工作式等，相应的有应变式传感器、电容式传感器、压电式传感器、磁电式传感器、光电式传感器等。本教材主要按传感器的工作原理分类介绍。

2.1.2 传感器的性能指标

在检测控制系统和科学实验中，需要对各种参数进行检测和控制，而要达到比较优良控制性能，则必须要求传感器能够感测被测量的变化并且不失真地将其转换为相应的电量，这种要求主要取决于传感器的基本特性。由于传感器是检测系统的重要组成部分，其基本特性及性能指标与检测系统类似，在此不再重复介绍。

2.1.3 传感器的选用原则

现代传感器在原理与结构上千差万别，如何根据具体的测量目的、测量对象以及测量环境合理地选用传感器，是在进行某个量的测量时首先要解决的问题。当传感器确定之后，与之相配套的测量方法和测量设备也就可以确定了。测量结果的成败，在很大程度上取决于传感器的选用是否合理。选用传感器时应考虑的因素很多，但选用时不一定能满足所有要求，应根据被测参数的变化范围、传感器的性能指标、环境等要求选用，侧重点有所不同。通常，选用传感器应从以下几个方面考虑。

1. 根据测量对象与测量环境确定传感器的类型

要进行一次具体的测量工作，首先要考虑采用何种原理的传感器，这需要分析多方面的因素之后才能确定。因为，即使是测量同一物理量，也有多种原理的传感器可供选用，究竟哪一种原理的传感器更为合适，则需要根据被测量的特点和传感器的使用条件考虑以下一些具体问题：量程的大小；被测位置对传感器体积的要求；测量方式为接触式还是非接触式；信号的引出方法，有线或无线传输；传感器的来源，国产还是进口，还是自行研制；价格能否承受。在考虑上述问题之后就能确定选用何种类型的传感器，然后再考虑传感器的具体性能指标。

2. 灵敏度的选择

通常，在传感器的线性范围内，希望传感器的灵敏度越高越好。因为只有灵敏度高时，与被测量变化对应的输出信号的值才比较大，有利于信号处理。但要注意的是，传感器的灵敏度高，与被测量无关的外界噪声也容易混入，也会被系统放大，影响测量精度。因此，要求传感器本身应具有较高的信噪比，尽量减少从外界引入干扰信号。

传感器的灵敏度是有方向性的。当被测量是单向量，而且对其方向性要求较高时，则应选择其他方向灵敏度低的传感器；如果被测量是多维向量，则要求传感器的交叉灵敏度越低越好。

3. 频率响应特性

传感器的频率响应特性决定了被测量的频率范围，必须在允许频率范围内保持不失真的测量条件，实际上传感器的响应总有一定延迟，希望延迟时间越短越好。

传感器的频率响应高，可测的信号频率范围就宽，而频率响应低的传感器可测信号的频率较低。

在动态测量中，应根据信号的特点（稳态、瞬态、随机等）选择传感器的响应特性，以免产生过大的误差。

4. 线性范围

传感器的线性范围是指输出与输入呈直线关系的范围。从理论上讲，在此范围内，灵敏度保持定值。传感器的线性范围越宽，则其量程越大，并且能保证一定的测量精度。在选择传感器时，当传感器的种类确定以后首先要看其量程是否满足要求。

但实际上，任何传感器都不能保证绝对的线性，其线性度也是相对的。当所要求测量精度比较低时，在一定的范围内，可将非线性误差较小的传感器近似看作线性的，这会给测量带来极大的方便。

5. 稳定性

传感器使用一段时间后，其性能保持不变的能力称为稳定性。影响传感器长期稳定性的因素除传感器本身的结构外，主要是传感器的使用环境。因此，要使传感器具有良好的稳定性，传感器必须具有较强的环境适应能力。

在选择传感器之前，应对其使用环境进行调查，并根据具体的使用环境选择合适的传感器，或采取适当的措施，减小环境的影响。

传感器的稳定性有定量指标，在超过使用期限后，在使用前应重新进行标定，以确定传感器的性能是否发生变化。

在某些要求传感器能长期使用而又不能轻易更换或标定的场合，所选用的传感器稳定性要求更严格，要能够经受住长时间的考验。

6. 精度

精度是传感器的一个重要性能指标，它关系到整个测量系统的测量精度。传感器的精度越高，其价格越昂贵。因此，传感器的精度只要满足整个测量系统的精度要求即可，不必选得过高。这样就可以在满足同一测量目的的诸多传感器中选择比较便宜和相对简单的传感器。

如果测量的目的是定性分析，则选用重复精度高的传感器即可，不宜选用绝对量值精度高的；如果是为了定量分析，必须获得精确的测量值，就需选用精度等级能满足要求的传感器。

为了提高测量精度，平时正常显示值要在满刻度的50％左右来选定测量范围（或刻度范围）。总之，应从传感器的基本工作原理出发，注意被测对象可能产生的负载效应，选择具有如下特性的传感器：1）既能适应被测物理量，又能满足量程、测量结果的精度要求；2）可靠性高、通用性强，有尽可能好的静态性能和动态性能，以及较强的适应环境的能力；3）有较高的性价比和良好的经济性。

2.1.4　传感器的发展方向

随着人类探知领域和空间的拓展，使得人们需要获得的电子信息种类日益增加，而传感器技术所涉及的知识非常广泛，渗透到各个科学领域。它是利用物理定律和物质的物理、化学和生物特性，将非电量转换成电量。所以，采用新技术、新工艺、新材料来达到高质量的转换效能，是传感器的发展方向。

目前，传感器技术的主要发展方向是：开展基础研究、探索新课题；开发新材料、新工艺；集成化和智能化。

1. 探索新课题

利用物理现象、化学反应和生物效应是各种传感器工作的基本原理，所以探索新课题是发展传感器技术的重要工作，是研究新型传感器的重要基础，其意义极为深远。例如，为了满足超低温技术开发的需要，利用超导体的约瑟夫逊效应已开发出能检测 10^{-6} K 超低温传感器；核磁共振仪的测磁灵敏度已达到胎儿的心脏磁场值 $C = 10^{-11}$ T，但要检测脑磁场值 $C = 10^{-12}$ T，只有 SQVID 器件才能实现；利用热电偶测温最高可达 3 000 ℃，辐射温度传感器原则上最高可测 10^5 K，而测量可控聚核反应的理想温度（10^8 K）就是目前要探索的新课题。

2. 开发新材料

传感器材料是传感器技术的重要基础，人们不断开发新型传感器材料，以制造出各种新型传感器。如人造的陶瓷传感器材料可在高温环境中使用，弥补了半导体传感器材料难以承受高温的缺陷。半导体氧化物可以用来制造各种气体传感器。还有不少有机材料具有特殊的特性，也和陶瓷材料一样，越来越受到高度重视。

3. 集成化

集成传感器是新型传感器的重要发展方向，随着微生产工艺的不断提高，可将敏感元件、转换电路、放大电路及温度补偿电路等集成在一个芯片上。它具有体积小、重量轻、性能稳定、响应速度快等优点；同时，成本较低，可批量生产。所以集成化也是传感器的一个重要发展方向。

4. 智能化

智能化传感器是一种带微处理器的传感器，它兼有检测、判断和信息处理等功能。如日本丰田研究所开发的离子传感器，芯片尺寸只有 2.5 mm×0.5 mm，仅用一滴血液就能同时

快速检测出 Na^+、K^+ 和 H^+ 的浓度。美国霍尼尔公司的 ST—3000 型智能传感器，其芯片尺寸为 3 mm×4 mm×2 mm。采用半导体工艺，在同一芯片上制作 CPU、EPROM 和静压、压差、温度等敏感元件，从而开创了智能一体化的新途径。

传感器技术是现代科技的前沿技术，是现代信息技术的三大支柱之一，其水平高低是衡量一个国家科技发展水平的重要标志之一。传感器产业也是国内外公认的具有发展前途的高技术产业，以其技术含量高、经济效益好、渗透能力强、市场前景广等特点为世人瞩目。

2.2 电阻式传感器

电阻式传感器是把被测量，如位移、压力、力、力矩等非电量的变化转换为电阻值的变化，然后通过测量该电阻值实现检测非电量的一种传感器。电阻式传感器种类较多，本节介绍电阻应变式传感器、电位器式传感器两种。

2.2.1 电阻应变式传感器

电阻应变式传感器是一种利用电阻应变片将应变或应力转换为电阻的传感器，它具有测量精度高、动态响应好、使用方便、适用性强等优点。可用于测量应变、力、压力、位移、加速度、力矩等参数。

根据敏感元件的材料形状不同，电阻应变式传感器的应变片可分为金属应变片和半导体应变片两种。金属应变片有金属丝式、金属箔式和金属薄膜式；半导体应变片有扩散型、体型和薄膜型。

电阻应变式传感器主要由电阻应变片和测量电路两部分组成。

1. 金属应变片

(1) 金属应变效应

电阻应变片的工作原理是基于金属的应变效应。金属丝的电阻随着它所受的机械形变(拉伸或者压缩)的大小而发生相应的变化，这个现象就称为金属的电阻应变效应。图 2-1 所示是一种金属电阻丝，设其电阻值为 R，电阻率为 ρ，截面积为 A，长度为 l，则其电阻值的表达式为 $R=\rho l/A$。其中，ρ 为电阻率(Ω·m)；l 为电阻丝长度(m)；A 为电阻丝截面积(m^2)。

沿整条电阻丝长度作用均匀应力时，ρ、l、A 的变化引起电阻 R 的变化。假设电阻丝受到拉力作用，它将沿轴线方向伸长，设伸长量为 Δl，横截面积相应减小 ΔA，电阻率的变化为 $\Delta \rho$，则电阻的相对变化量为

$$\frac{\Delta R}{R} = \frac{\Delta \rho}{\rho} + \frac{\Delta l}{l} - \frac{\Delta A}{A} \qquad (2-1)$$

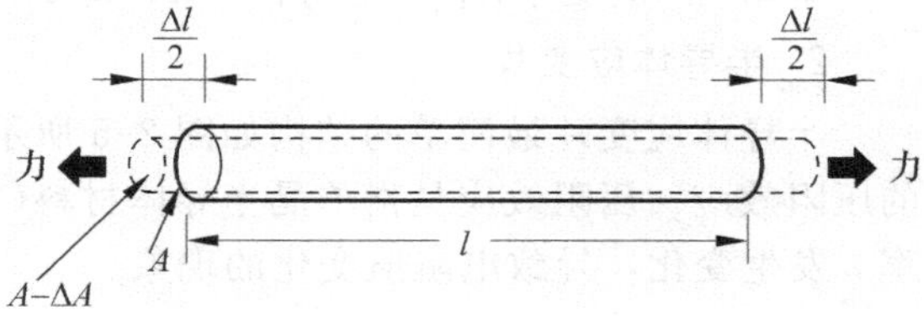

图 2-1 金属丝的应变效应

对于半径为 r 的圆导体，$A=\pi r^2$，$\Delta A/A = 2\Delta r/r$。在弹性范围内 $\Delta l/l = \varepsilon$；$\Delta r/r = -\mu\varepsilon$；$\Delta \rho/\rho = \lambda\sigma = \lambda E\varepsilon$，代入式(2-1)中可得 $\frac{\Delta R}{R} = (1+2\mu+\lambda E)\varepsilon$。其中，$\varepsilon$ 为导体的纵向应变，其数值一般很小，常以微应变度量(μ m/m)；μ 为电阻丝材料的泊松比，一般来说，金属的泊松比 $\mu=0.3\sim0.5$；λ 为压阻系数，与材质有关；σ 为应力值；E 为材料的弹性模量。$(1+2\mu)\varepsilon$ 表示由几何尺寸变化而引起的电阻的相对变化量，$\lambda E\varepsilon$ 表示由材料的电阻率的变化而引起的电阻的相对变化量。不同属性的导体，这两项所占的比例相差很大。

通常把单位应变引起的电阻值的相对变化称为电阻丝的灵敏系数，用 K 表示，则有

$$K = \frac{\Delta R/R}{\varepsilon} = 1 + 2\mu + \lambda E \tag{2-2}$$

K 与金属丝材料和电阻丝形状有关。显然，K 越大，单位纵向应变所引起的电阻值相对变化越大，应变片越灵敏。大量实验证明，在电阻丝拉伸极限内，电阻的相对变化与应变成正比，即 K 为常数。所以，式(2-2)也可以写成 $\frac{\Delta R}{R} = K\varepsilon$。

大多数电阻丝在一定的形变范围内，不管是拉伸还是压缩，其灵敏系数都保持不变，当超过一定范围时将发生改变。

（2）金属电阻应变片的结构

常用的金属电阻应变片有丝式和箔式两种。

丝式应变片的结构如图 2-2 所示。把一根高电阻率的金属丝(康铜或镍铬合金等制成，直径为 0.025 mm 左右)绕成栅形，粘贴在绝缘基片和覆盖层之间，由引出导线接到外电路。

箔式应变片如图 2-3 所示，是用光刻、腐蚀工艺制成很薄的栅状金属箔片，其线条均匀，尺寸准确，阻值一致性好。箔片的厚度约为 $0.003 \sim 0.010$ mm，散热好，允许通过较大的电流。图 2-4 所示为各式金属电阻应变片花形图。

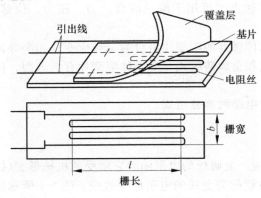

图 2-2　丝式应变片的结构

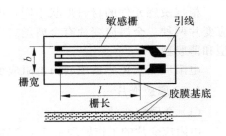

图 2-3　箔式应变片的结构

金属电阻应变片的标准电阻有 60Ω、120Ω、350Ω、600Ω、$1\,000\Omega$ 等，其中常用的是 120Ω。

2. 半导体应变片

半导体应变片最简单的结构如图 2-5 所示。半导体应变片的工作原理是基于半导体材料的压阻效应。压阻效应是指单晶半导体材料(如 P-Si，N-Si)沿某方向受到外力作用时其电阻率 ρ 发生变化，导致电阻值变化的现象。

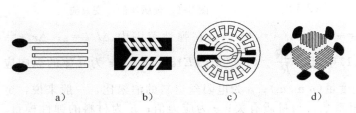

图 2-4　各式金属电阻应变片花形图

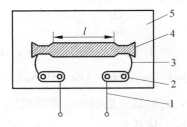

图 2-5　半导体应变片(体型)
1—外引线；2—焊接板；3—内引线；
4—P-Si；5—胶膜衬底

半导体材料具有一些特殊的性质，如在压力、温度、光辐射作用下及掺入杂质后，会使半导体电阻率 ρ 发生很大变化。

分析表明，单晶半导体在外力作用下，原子点阵排列规律发生变化，导致载流子迁移率及载流子浓度的变化，从而引起电阻率的变化。式（2-2）中，$(1+2\mu)\varepsilon$ 项是由几何尺寸变化引起的，$\lambda E\varepsilon$ 是由电阻率变化引起的。对于半导体而言，后者远远大于前者，它是半导体应变片电阻变化的主要部分。因此，式（2-2）可写成

$$\frac{\Delta R}{R} = \lambda E\varepsilon \tag{2-3}$$

式中，λ 为沿 L 向的压阻系数（m^2/N）；E 为半导体材料的弹性模量（Pa）；ε 为沿 L 向的应变。

半导体应变片灵敏度

$$K = \frac{\Delta R/R}{\varepsilon} = \lambda E \tag{2-4}$$

K 值比金属电阻应变片大 50～70 倍。

目前国产的半导体应变片大都采用 P 型和 N 型硅材料制作，其结构有体型、薄膜型、扩散型，如图 2-6 所示。

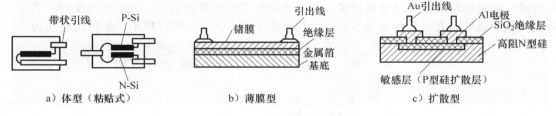

a）体型（粘贴式）　　b）薄膜型　　c）扩散型

图 2-6　半导体应变片

体型半导体应变片分为一般型、温度自补偿型、灵敏度补偿型、高电阻值型、超线性型和 P-N 组合型。高电阻值型其阻值为 2～10 kΩ，可加较高电压；超线性型适用于大应变范围；P-N 组合型具有较好的温度特性和线性度，适用于普通钢做弹性元件的场合。

薄膜型半导体应变片是利用真空沉积技术将半导体材料沉积在带有绝缘层的试件上或蓝宝石上制作而成，灵敏度约为 30，电阻值为 120～160 Ω，非线性误差约为 0.2%，使用温度范围为 -150～200℃，也是一种粘贴式应变片。

扩散型半导体应变片是在硅材料的基片上用集成电路工艺制成的扩散电阻（P 型或 N 型）构成的。其特点是稳定性好，机械滞后和蠕变小。其线性度较金属丝应变片和体型半导体应变片差，灵敏度和温度系数与体型相同，都比金属和薄膜型大。

半导体应变片最突出的优点是灵敏度高，机械滞后小，横向效应小，体积小，使用范围广。最大的缺点是热稳定性差；因掺杂等因素影响，灵敏度离散度大；在较大应变作用下，非线性误差大等。

3. 测量电路

由于机械应变一般都很小，要把微小应变引起的微小电阻变化测量出来，同时要把电阻相对变化 $\Delta R/R$ 转换为电压或电流的变化。因此，需要有专用测量电桥用于测量应变变化而引起的电阻变化。根据电桥供电电压的性质，测量电桥可以分为直流电桥和交流电桥；如果按照测量方式，测量电桥又可以分为平衡电桥和不平衡电桥。下面介绍直流电桥。

（1）直流电桥的平衡条件

直流电桥如图 2-7 所示，E 为供电电源，R_1、R_2、R_3 及 R_4 为桥臂电阻，R_L 为负载电阻。当 $R_L \to \infty$ 时有

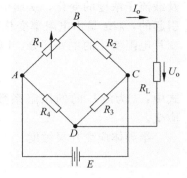

$$U_o = E\left(\frac{R_1}{R_1 + R_2} - \frac{R_4}{R_3 + R_4}\right) \tag{2-5}$$

当电桥平衡时，$U_o = 0$，则有

$$R_1 R_3 = R_2 R_4 \tag{2-6}$$

或

$$\frac{R_1}{R_2} = \frac{R_4}{R_3} \tag{2-7}$$

式（2-6）和式（2-7）就是直流电桥的平衡条件。

显然，欲使电桥平衡，其相邻两臂电阻的比值应相等，或相对两臂电阻的乘积相等。

图 2-7 直流电桥

（2）电压灵敏度

令 R_1 为电阻应变片，R_2，R_3，R_4 为电桥固定电阻，这就构成了单臂电桥。应变片工作时，其电阻值变化很小，电桥相应输出电压也很小，一般需要加入放大器放大。由于放大器的输入阻抗比桥路输出阻抗高很多，所以电桥输出近似开路情况。当产生应变时，若应变电阻变化为 ΔR_1，其他桥臂固定不变，电桥输出电压 $U_o \neq 0$，则电桥不平衡输出电压为

$$U_o = E\left(\frac{R_1 + \Delta R_1}{R_1 + \Delta R_1 + R_2} - \frac{R_4}{R_3 + R_4}\right) = E\frac{\Delta R_1 R_3}{(R_1 + \Delta R_1 + R_2)(R_3 + R_4)}$$

$$= E\frac{\dfrac{R_3}{R_4}\dfrac{\Delta R_1}{R_1}}{\left(1 + \dfrac{\Delta R_1}{R_1} + \dfrac{R_2}{R_1}\right)\left(1 + \dfrac{R_3}{R_4}\right)} \tag{2-8}$$

设桥臂比 $n = R_2/R_1$，通常 $\Delta R_1 \ll R_1$，忽略分母中的 $\Delta R_1/R_1$ 项，并考虑到电桥平衡条件 $R_2/R_1 = R_3/R_4$，则式（2-8）可写为

$$U_o = E\frac{n}{(1+n)^2}\frac{\Delta R_1}{R_1} \tag{2-9}$$

电桥电压灵敏度定义为

$$K_u = \frac{U_o}{\dfrac{\Delta R_1}{R_1}} = E\frac{n}{(1+n)^2} \tag{2-10}$$

从式（2-10）可以看出：

1）电桥电压灵敏度正比于电桥供电电压 E，供电电压越高，电桥电压灵敏度越高，而供电电压的提高受到应变片允许功耗的限制，所以要作适当选择。

2）电桥电压灵敏度是桥臂电阻比值 n 的函数，恰当地选择桥臂比 n 的值，保证电桥具有较高的电压灵敏度。

令 $\mathrm{d}K_u/\mathrm{d}n = 0$，即

$$\frac{\mathrm{d}K_u}{\mathrm{d}n} = \frac{1 - n^2}{(1+n)^4} = 0 \tag{2-11}$$

可求得 $n = 1$ 时，K_u 有最大值。即在电桥电压确定后，当 $R_1 = R_2 = R_3 = R_4$ 时，电桥电压灵敏度 K_u 最高，即

$$U_{\circ} = \frac{E}{4} \cdot \frac{\Delta R_1}{R_1} \qquad (2-12)$$

$$K_{umax} = \frac{E}{4} \qquad (2-13)$$

可以看出，当电源电压 E 和电阻相对变化量 $\Delta R_1/R_1$ 一定时，电桥的输出电压及其灵敏度也是定值，并且与各桥臂电阻值大小无关。

同理可以证明

对于双臂电桥

$$U_{\circ} = \frac{E}{2} \cdot \frac{\Delta R}{R_1} \qquad (2-14)$$

$$K_{umax} = \frac{E}{2} \qquad (2-15)$$

对于全臂电桥

$$U_{\circ} = E \cdot \frac{\Delta R}{R} \qquad (2-16)$$

$$K_{umax} = E \qquad (2-17)$$

4. 温度误差与温度补偿

由于温度变化所引起的应变片电阻变化与试件(弹性敏感元件)应变所造成的电阻变化几乎有相同的数量级，如果不采取必要的措施克服温度变化的影响，测量精度将无法保证。因此要对其进行温度补偿，主要有三种方法：桥路补偿、应变片自补偿和热敏补偿。

（1）桥路补偿

桥路补偿也称为补偿片法。应变片通常是作为平衡电桥的一个臂测量应变。如图 2-8a 所示，R_1 为工作片，R_2 为补偿片，R_3 和 R_4 为固定电阻。R_1 粘贴在试件上需要测量的位置，R_2 粘贴在与 R_1 相同的材料上，并置于相同的环境温度下，如图 2-8b 所示。当温度变化时，R_1 和 R_2 由于粘贴在相同的材料上和置于相同的环境温度中，因此由于温度而引起的阻值变化也相同，即 $\Delta R_1 = \Delta R_2$。这种补偿方法有两个缺点：1) 两个应变片只有一个是工作片，利用率只有 50%；2) 要求工作片与应变片处于同一温度场中，感受相同的温度，对于变化梯度较大的温度场来说，很难达到温度补偿的目的。因此，在结构允许的情况下，可以不另设补偿块，而将应变片直接粘贴在被测试件上，如图 2-8c 所示，这种方法又称为差动补偿法。将 R_1 和 R_2 分别接入电桥的相邻两臂，因温度变化引起的电阻变化 ΔR_1 和 ΔR_2 的作用相互抵消，这样就起到了温度补偿的作用，图 2-8d 所示为对应补偿桥路。

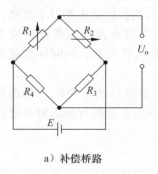

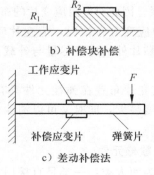

a）补偿桥路 b）补偿块补偿 c）差动补偿法 d）补偿桥路

图 2-8 桥路补偿法

（2）应变片自补偿

粘贴在被测部位上的是一种特殊应变片，当温度变化时，产生的附加应变为零或者相互抵消，这种特殊的应变片称为温度自补偿应变片。下面介绍两种自补偿应变片。

1）选择式自补偿应变片。这种方法是首先确定被测试件材料，然后选择合适的应变片敏感栅材料制作温度自补偿应变片，使温度对弹性件的影响与对应变片的影响相互抵消，从而实现温度补偿。很显然，该方法中某一类温度自补偿应变片只能用于一种材料上，局限性很大。

2）双金属敏感栅自补偿应变片。图 2-9 所示为双金属敏感栅自补偿应变片。这种应变片也称为组合式自补偿应变片，它是利用两种电阻丝材料的电阻温度系数不同（一个为正，一个为负）的特性，将两者串联绕制成敏感栅。

若两段敏感栅 R_1 和 R_2 由于温度变化而产生的电阻变化为 ΔR_{1t} 和 ΔR_{2t}，大小相等且符号相反，就可以实现温度补偿。电阻 R_1 和 R_2 的比值关系可以由下式决定：

$$\frac{R_1}{R_2} = \frac{-\Delta R_{2t}/R_2}{\Delta R_{1t}/R_1} \tag{2-18}$$

（3）热敏补偿

图 2-10 所示为电阻应变片热敏电阻补偿法的电路。热敏电阻 R_t 处在与应变片相同的温度条件下，当应变片的灵敏度随温度升高而下降时，热敏电阻 R_t 的阻值下降，从而补偿由于应变片变化引起的输出下降。

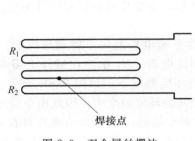

图 2-9 双金属丝栅法

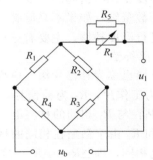

图 2-10 热敏电阻补偿法

5. 电阻应变片的布片与组桥

电阻应变片是将外力作用引起的应变转换成电阻值的变化，再通过测量电桥将电阻值的变化转化为电压信号，从而确定外力的大小。所以应变片粘贴的位置合理与否，接入电桥的方式恰当与否等均会影响最终的测量结果。因此对电阻应变片的布片与组桥应该遵循以下原则：

1）根据弹性元件受力后的应力应变分布情况，应变片应该布置在弹性元件产生应变最大的位置，且沿主应力方向贴片；贴片处的应变尽量与外载荷呈线性关系，同时注意使该处不受非待测力的干扰影响。

2）根据电桥的和差特性，将应变片布置在弹性元件具有正负极性的应变区，并选择合理的接入电桥方式，以使输出灵敏度最大，同时又可以消除或减小非待测力的影响并进行温度补偿。

6. 电阻应变式传感器常用弹性敏感元件

电阻应变式传感器的应用又分为两大类：一类是直接用来测定结构的应变或应力，即直接将应变片粘贴在被测构件的预定部位上，可以测得构件的拉应力、压应力、扭矩或弯矩

等，为结构设计、应力校核或构件破坏的预测等提供可靠的实验数据；另一类是将应变片粘贴于弹性敏感元件上，作为测量力、位移、压力、加速度等物理参数的传感器，弹性元件在被测物理量的作用下，得到与被测量成正比的应变，然后由应变片转换为电阻的变化，再通过电桥转换为电压输出。

（1）电阻应变式力传感器

电阻应变式力传感器根据弹性元件的不同形状可制成柱形、环形、悬臂梁式等，如图2-11所示。

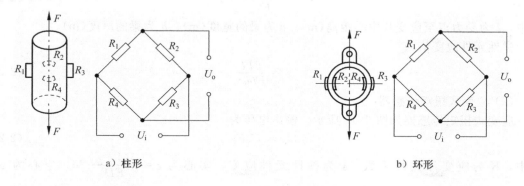

a）柱形　　　　　　　　　　　b）环形

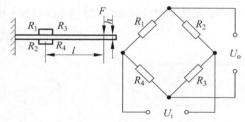

c）悬臂梁式

图2-11　力传感器

1）柱形力传感器：柱形力传感器如图2-11a所示，弹性元件分为实心和空心柱体两种结构。测试时，一般将应变片对称地粘贴在柱体表面的中间部分。输出电压 U_o 为

$$U_o = \frac{K+(1+\mu)U_i}{2AE} \cdot F \tag{2-19}$$

式中，A 为柱形截面积（m^2）；圆柱 $A=\frac{\pi}{4}d^2$，d 为圆柱直径或圆筒内径（m）；当为圆筒时 $A=\frac{\pi}{4}(D^2-d^2)$，D 为圆筒外径；当为方柱时 $A=ab$，a、b 为方柱边长（m）；E 为弹性模量（Pa）；F 为被测力（N）；μ 为泊松系数；K 为应变片的灵敏系数；U_i 为电桥电源电压（V）。

弹性元件应变值为

$$\varepsilon = \frac{F}{AE} \tag{2-20}$$

2）环形力传感器：环形弹性元件可分为圆环形和扁环形结构，图2-11b为圆环形结构。其输出电压为

$$U_o = \frac{1.092KRU_i}{b\delta^2 E} \cdot F \tag{2-21}$$

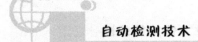
式中，R 为圆环半径（m）；δ 为圆环厚度（m）；b 为圆环宽度（m）。

弹性元件应变值为

$$\varepsilon = \frac{1.092FR}{b\delta^2 E} \quad (R > 20\delta) \tag{2-22}$$

3）悬臂梁式力传感器：如图 2-11c 所示，在梁固定端附近的上、下表面各粘贴两个应变片，并接成全桥工作方式。其输出电压为

$$U_\text{o} = \frac{6KlU_\text{i}}{Ebh^2} \cdot F \tag{2-23}$$

式中，l 为受力点至应变片中心距离（m）；b 为梁的宽度（m）；h 为梁的厚度（m）。

弹性元件应变值为

$$\varepsilon = \frac{6Fl}{Ebh^2} \tag{2-24}$$

（2）应变式扭矩传感器

应变式扭矩传感器如图 2-12 所示。输出电压为

$$U_\text{o} = U_\text{i}K\varepsilon \tag{2-25}$$

式中，K 为应变片灵敏系数；ε 为弹性元件应变，实心为 $\varepsilon = \dfrac{5(1+\mu)}{ED^3}M$，空心为 $\varepsilon = \dfrac{16(1+\mu)D}{\pi E(D^2+d^2)}M$；$D$ 为轴外径（m）；d 为轴内径（m）；M 为扭矩（N·m）；μ 为泊松系数。

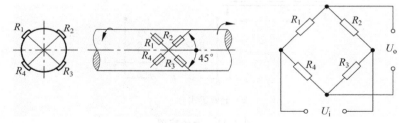

图 2-12　应变式扭矩传感器

7. 电阻应变式传感器应用

（1）汽车踏板力传感器

图 2-13 所示为汽车踏板力传感器结构示意图，其探头采用了轮辐式结构。驾驶员下踩作用力通过盖板传递到轮轴，使其下沉，并通过辐条、轮辋传递给踏板，达到制动目的。但踏板受到制动器的反作用力，限定轮辋的持续下移，而使探头中出现轮辋、轮轴间的相对位移，从而使辐条产生变形，应变片即发生变形，通过桥组即可实现踏板力的精确测量。

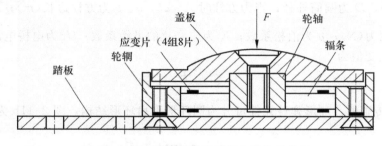

图 2-13　汽车踏板力传感器探头结构示意图

汽车踏板力传感器安装在汽车踏板上，靠近发动机、起动电机和汽车音响等强干扰源，工作环境不佳；同时，驾驶员和各种试验项目的要求不同，电桥的输出信号变化范围大。因此，要求信号检测电路具有低噪声、低零漂、高抗噪声及大范围增益可调等性能。

（2）电阻应变式测力仪

电阻应变式测力仪是目前应用较为普遍的一种测力仪，在车、铣、钻、磨等加工中均有采用。这种测力仪的优点是：灵敏度高，可测切削力的瞬时值；应用电补偿原理，可以消除切削分力的相互干扰，使测力仪结构大大简化。

图 2-14 所示为八角环式车削测力仪。从切削原理可知，实际切削力几乎都需要二维或三维坐标表达。例如车削外圆时，切削力 F 可分解为进给力 F_x、背向力 F_y、主切削力 F_z。车削测力仪的作用就是实现二维或三维切削力的精确确定。

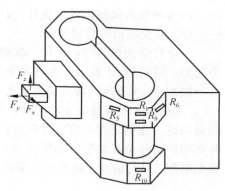

当八角环式车削测力仪车削工件时，进给力 F_x 使四个环受到切向力，背向力 F_y 使四个环受到压应力，而主切削力 F_z 则使上面环受到拉伸、下面环受到压缩。

八角环弹性元件实际上是由圆环演变而来的，如图 2-15 所示。在圆环上施加单向径向力 F_y 时，圆环各

图 2-14　八角环式车削测力仪

处的应变不同，其中在与作用力成 39.6°处（图中 B 点）应变等于零，称为应变节点。在水平中心线上则有最大应变，因此，将应变片 $R_1 \sim R_4$ 贴在中心线上时，R_1 和 R_3 受张应力，R_2 和 R_4 受压应力。

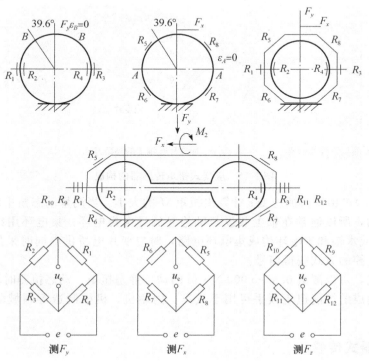

图 2-15　圆环与八角环

如果圆环一侧固定，另一侧受切向力，此时，应变节点在与着力点成 90°的地方(图中 A 点)。若将应变片贴在 39.6°处，则 R_5 和 R_7 受张应力，R_6 和 R_8 受压应力。

这样，当圆环上同时有 F_x 和 F_y 作用时，将应变片 $R_1\sim R_4$、$R_5\sim R_8$ 组成电桥，就可以互不干扰地测出 F_x 和 F_y。

由于圆环不易固定夹紧，实际上常采用八角环代替。当 h/r(h 为环的厚度，r 为环的平均半径)比较小时，八角环近似于圆环，F_y 作用下的应变节点在 39.6°处。随 h/r 增大，此角度增大，当 $h/r=0.4$ 时，应变节点在 45°处，所以一般八角环应变片贴在 45°处。

八角环测力仪使用效果良好，目前被广泛采用。

(3) 应变式扭矩传感器

一个杆受到扭转时，在任一横截面上两侧剪应力所形成的力矩称为扭矩。轴的转矩也称为扭矩，以符号 M 表示。由材料力学可知，受到纯扭矩的截面上，受力状况与位置有关。在与轴线成 45°方向的各点受力最大，此为主应力 σ 方向，而且 σ 在数值上等于最大剪应力 τ_{max}。主应力 σ 可通过应变片测量，所以可获得最大剪应力 τ_{max}。图 2-16a 所示为扭矩传感器测量系统。在测量时，应变片应沿轴线成 45°及 135°方向粘贴，通常用四个参数相同的应变片在轴的对称位置粘贴，如图 2-16b 所示，并按图 2-16c 的方式接入电桥的四个臂。电桥的输出电压 ΔU 与应变 ε 成正比，所测的应变与扭矩有下列关系：

$$\varepsilon = \frac{1+\mu}{E}\sigma = \frac{1+\mu}{EW}M \tag{2-26}$$

式中，σ 为主应力；μ 和 E 为轴材料的泊松比和弹性模量；M 为扭矩；W 为轴截面的抗扭模量。

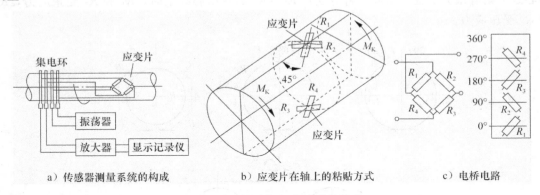

a) 传感器测量系统的构成　　b) 应变片在轴上的粘贴方式　　c) 电桥电路

图 2-16　应变式扭矩传感器的构成

通过式(2-26)可由测得的应变 ε 计算出扭矩 M 的大小。当测量动态扭矩时，由于应变片要和轴一起转动，所以通常在轴上装设与轴绝缘的导电集电环，集电环用纯铜制成，用石墨-铜合金电刷或水银和集电环构成集电环电路，对应变片电桥供电同时采集电桥的输出信号，也可以用遥控的方式获得信号。

用这种方式，可以测量 0.5～5 000 N·m 的动、静态扭矩。动态检测时转速一般不超过 1 000 r/min。制成的智能扭矩扳手可用于汽车、内燃机、机械制造等领域的螺栓紧固测量控制。

2.2.2　电位器式传感器

电位器式传感器主要用来测量位移，通过其他敏感元件(如膜片、膜盒、弹簧管等)将非电量(如力、位移、形变、速度、加速度等)的变化量变换成与之有一定关系的电阻值的变化,通过对电阻值的测量达到对非电量测量的目的。电位器式传感器主要分为两类:线绕式和非线绕式,主要用于非电量变化较大的测量场合。

1. 线绕电位器式位移传感器

线绕电位器式传感器的核心是线绕电位器。图2-17是常用电位器式传感器的结构原理图,该类传感器主要是由触点机构和电阻器两部分组成。由于触点的存在,为了保证测量精度,要求被测量有一定的输出功率。

当电源电压 U_i 确定以后,由于电刷沿着电阻器移动 x,输出电压 U_o 就产生相应变化,并有

$$U_o = f(x) \tag{2-27}$$

这样,电位器就将输入的位移量 x 转换成相应的电压 U_o 输出。

如图2-17a所示为线性位移传感器,它的骨架截面积处处相等,且由材料均匀的导线按照等节距绕制而成,此时电位器单位长度上的电阻值处处相等,x_{max} 是其总长度,总电阻为 R_{max},当电刷行程为 x 时,对应于电刷移动量 x 的电阻值 R_x 为

$$R_x = \frac{x}{x_{max}} \cdot R_{max} \tag{2-28}$$

若把它作为分压器使用,且假定加在电位器 A、B 之间的电压为 U_{max},则输出电压为

$$U_x = \frac{R_x}{R_{max}} \cdot U_{max} \tag{2-29}$$

如图2-17b所示为电位器式角度传感器。若将其作电阻器使用,则电阻与角度的关系为

$$R_\alpha = \frac{\alpha}{\alpha_{max}} \cdot R_{max} \tag{2-30}$$

若作为分压器作用,则有

$$U_\alpha = \frac{\alpha}{\alpha_{max}} \cdot U_{max} \tag{2-31}$$

线性绕线式电位器理想的输入输出关系遵循以上四式。

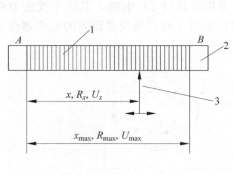

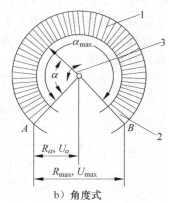

a)位移式   b)角度式

图2-17 线绕电位器式传感器示意图

1—电阻丝;2—骨架;3—滑臂

如图2-18所示是线性绕线电位器示意图。因为

$$R_{max} = 2\frac{\rho}{S}(b+h)n$$

$$x_{max} = nt$$

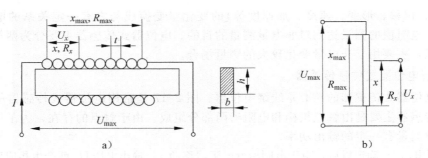

图 2-18　线性绕线电位器示意图

所以其电阻灵敏度为

$$K_R = \frac{R_{max}}{x_{max}} = \frac{2\rho(b+h)}{St} \tag{2-32}$$

电压灵敏度为

$$K_u = \frac{U_{max}}{x_{max}} = \frac{2\rho(b+h)}{St} \cdot I \tag{2-33}$$

式中　ρ——导线电阻率，单位为 Ωm；

S——导线横截面面积，单位为 m^2；

n——绕线电位器总匝数；

h、b——分别为骨架的高与宽，单位为 m；

t——绕线节距，单位为 m。

由式(2-32)和式(2-33)可以看出，线性绕线电位器的电阻灵敏度和电压灵敏度除了与电阻率 ρ 有关，还与骨架尺寸 h 和 b、导线截面积 S、绕线节距 t 等参数有关；电压灵敏度与流过电位器的电流 I 的大小也有关系。

当有直线位移或角位移发生时，电位器的电阻值就会改变，如果外接测量电路，就可以测量出电阻变化，从而通过数学公式变换而求得位移量。如图 2-19 所示是电位器传感器接有不同指示仪表的典型电路。图 2-19a 所示为采用流比计 LB 电路，其抗干扰能力强，输出可反映输入的极性；图 2-19b 所示为桥型电路，采用了两只角位移输入的电位器传感器，灵敏度比较高，测量范围比较大。

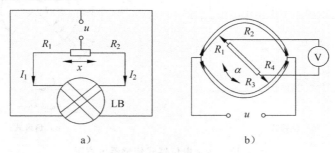

图 2-19　电位器传感器接有不同指示仪表的典型电路

x—直线位移；α—角位移

2. 非线绕电位器式位移传感器

非线绕电位器又叫函数电位器，是电位器式传感器的发展方向。主要有以下几种：

（1）合成膜电位器

合成膜电位器的变阻器是由电阻液喷涂在绝缘骨架表面上形成电阻膜而制成的。电阻液是由石墨、炭黑、树脂等材料配制而成，经过烘干聚合，在骨架上形成电阻膜。这种电位器的优点是：分辨率高、阻值范围广、耐磨性好、工艺简单、成本低，其线性度为1%左右，修刻后可以提高到0.1%左右；其主要缺点是：接触电阻大、抗潮湿性差和噪声较大。

（2）金属膜电位器

金属膜电位器是在玻璃或胶木基片上，分别用高温蒸镀和电镀方法，涂覆一层金属膜或金属复合膜。用于制作金属膜的合金有铑锗、铂铜、铂铑锰等，而复合膜则是由一层金属和一层氧化物膜合成，如铑膜和氧化锡膜加氧化钛膜等。使用金属复合膜的目的在于提高膜层的阻值和耐磨性，金属合金膜阻值高，而金属氧化膜耐磨。

金属膜电位器的优点是：电阻温度系数可达$(0.5 \sim 1.5) \times 10^{-4}/℃$，工作温度可以在150℃以上，分辨力高，摩擦力矩小；缺点是：功率小，耐磨性差，阻值不高（$1 \sim 2$ MΩ）。

（3）导电塑料电位器

这种电位器又称为实心电位器，它的电阻元件是由塑料粉及导电材料（金属合金、石墨、炭黑等）粉压制而成。其优点是：耐磨性好，寿命长，其电刷可以允许较大的接触力，适于在振动、冲击等恶劣条件下工作；其缺点是：接触电阻大，容易受温度和湿度影响，精度不高。

（4）光电电位器

这是一种新型的无接触式电位器，以光束代替传统的电刷。其优点是：无摩擦和磨损，提高了仪器精度、寿命和可靠性，阻值范围宽（500 Ω～2 MΩ），分辨率远远高于一般电位器。其缺点是：输出阻抗较高而需要匹配；光束所照射的光导材料中有一定电阻，相当于提高了接触电阻；输出电流较小；结构复杂；工作温度目前最高才能达到150℃；线性度也不够高。

3. 电位器式传感器常用的压力变换弹性敏感元件

在工业生产中，经常需要测量气体或液体的压力，变换压力的弹性敏感元件形式很多，在此介绍几种可与电位器式传感器配合使用的常用压力变换弹性敏感元件。

（1）弹簧管

弹簧管又称波登管，它是弯成各种形状的空心管子（大多数弯成C形），它一端固定、一端自由，如图2-20a所示。弹簧管能将压力转换为位移，其工作原理如下：

弹簧管截面形状多为椭圆形或更复杂的形状，压力p通过弹簧管的固定端导入弹簧管的内腔，弹簧管的另一端（自由端）由盖子密封，并借助盖子与传感器的传感元件相连。在压力作用下，弹簧管的截面力图变成圆形，截面的短轴力图伸长、长轴缩短，截面形状的改变导致弹簧管趋向伸直，直到与压力的作用相平衡为止（见图2-20a中的虚线）。由此可见，利用弹簧管可以把压力转移为位移。C形弹簧管灵敏度较低，但过载能力较强，因此常作为测量较大压力的弹性敏感元件。

（2）波纹管

波纹管是一种表面上有许多同心环波形皱纹的薄壁圆管。它的一端与被测压力相通，另一端密封，如图2-20b所示。

波纹管在压力作用下将会伸长或缩短，所以利用波纹管可以把压力变换成位移。波纹管的灵敏度比弹簧管高得多。在非电测量中，波纹管的直径一般为$12 \sim 160$ mm，被测压力范围约为$10^2 \sim 10^6$ Pa。

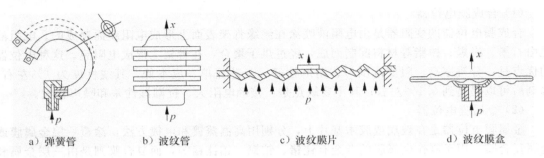

a) 弹簧管   b) 波纹管   c) 波纹膜片   d) 波纹膜盒

图 2-20 变换压力的弹性元件

（3）波纹膜片和膜盒

波纹膜片是一种压有同心波纹的圆形薄膜，如图 2-20c 所示。为了便于和传感元件相连接，在膜片中央留有一个光滑的部分，有时还在中心上焊接一块圆形金属片，称为膜片的硬心。当膜片四周固定，两侧面存在压差时，膜片将弯向压力低的一侧，因此能够将压力变换为位移。波纹膜片比平膜片柔软得多，因此是一种用于测量较小压力的弹性敏感元件。

为了进一步提高灵敏度，常把两个膜片焊在一起，制成膜盒，如图 2-20d 所示。它中心的位移量为单个膜片的 2 倍。由于膜盒本身是一个封闭的整体，所以密封性好，周边不需固定，安装方便，应用范围比波纹膜片广泛得多。

膜片的波纹形状可以有多种形式，图 2-20c 所示为锯齿波纹，有时也采用正弦波纹。波纹的形状对膜片的输出特性有影响。在一定的压力下，正弦波纹膜片给出的位移最大，但线性较差；锯齿波纹膜片给出的位移最小，但线性较好；梯形波纹膜片的特性介于上述两者之间。膜片的厚度通常为 $0.05 \sim 0.5$ mm。

4. 电位器式位移传感器的应用

电位器式位移传感器常用来测量几毫米到几十米的位移和几度到 $360°$ 的角度。

（1）拉线式大位移传感器

图 2-21 所示为我国研制的采用精密合成膜电位器的 CII-8 型拉线式大位移传感器。它可以用来测量飞行器级间分离时的相对位移、火车各车厢的分离位移、跳伞运动员起始跳落位移等。位移传感器主体装在一物体上，牵引头 1 带动排线轮 2 和传动齿轮 3 旋转，从而通过轴 4 带动电刷 5 沿电位器 6 合成膜表面滑动，由电位器输出电信号，同时发条 7 扭转力矩也增大，当两物体相对

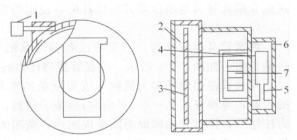

图 2-21 拉线式大位移传感器

1—牵引头；2—排线轮；3—传动齿轮；4—轴；

5—电刷；6—电位器；7—发条

距离减小时，由于发条 7 扭转力矩的作用，通过主轴 4 带动排线轮 2 及传动齿轮 3、电刷 5 做反向运动，使与牵引头 1 相连的不锈钢丝绳回收到排线轮 2 的槽内。

（2）电位计式位移传感器

图 2-22 所示是 YHD 型电位计式位移传感器的结构。其测量轴 1 与内部被测物相接触，当有位移输入时，测量轴便沿导轨 5 移动，同时带动电刷 3 在滑线电阻上移动，因电刷的位置变化会有电压输出，据此可以判断位移的大小，如要求同时测出位移的大小和方向，可将图中的精密无感电阻 4 和滑线电阻 2 组成桥式测量电路。为便于测量，测量轴 1 可来回移

动，在装置中加了一根拉紧弹簧6。

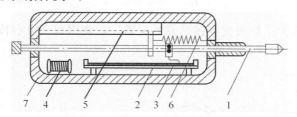

图 2-22　YHD 型电位计式位移传感器

1—测量轴；2—滑线电阻；3—电刷；4—精密无感电阻；5—导轨；6—弹簧；7—壳体

电位器传感器具有结构简单、成本低、输出信号大、精度高、性能稳定等优点，虽然存在着电噪声大、寿命短等缺点，但仍被广泛应用于线位移或角位移的测量中。

2.3　电容式传感器

电容式传感器是以各种类型的电容器作为敏感元件，将被测物理量的变化转换为电容量的变化，再由转换电路(测量电路)转换为电压、电流或频率，以达到检测的目的。因此，凡是能引起电容量变化的有关非电量，均可用电容式传感器进行检测变换。

电容式传感器不仅能测量荷重、位移、振动、角度、加速度等机械量，还能测量压力、液面、料面、成分含量等热工量。这种传感器具有结构简单、灵敏度高、动态特性好等一系列优点，在机电控制系统中占有十分重要的地位。

2.3.1　电容式传感器的基本原理

如图 2-23 所示，设两极板相互覆盖的有效面积为 $A(\mathrm{m}^2)$，两极板间的距离为 $d(\mathrm{m})$，极板间介质的介电常数为 $\varepsilon(\mathrm{F/m})$，在忽略极板边缘影响的条件下，平板电容器的电容量 C 为

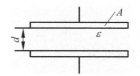

$$C = \frac{\varepsilon A}{d} \tag{2-34}$$

图 2-23　平板电容器

由式(2-34)可以看出，ε、A、d 三个参数都直接影响着电容量 C 的大小。如果保持其中两个参数不变，使另外一个参数改变，则电容量就将产生变化。如果变化的参数与被测量之间存在一定函数关系，那被测量的变化就可以直接由电容量的变化反映出来。所以电容式传感器可以分成变面积式、变间隙式、变介电常数式三种类型。

2.3.2　电容式传感器的类型与特性

1. 变面积式电容传感器

图 2-24 为直线位移型电容式传感器的示意图。

当动极板移动 Δx 后，覆盖面积就发生了变化，电容量也随之改变，其值为

$$C = \frac{\varepsilon b(a - \Delta x)}{d} = C_0 - \frac{\varepsilon b}{d}\Delta x \tag{2-35}$$

电容因位移而产生的变化量为

$$\Delta C = C - C_0 = -\frac{\varepsilon b}{d}\Delta x = -C_0\frac{\Delta x}{a}$$

其灵敏度为

$$K = \frac{\Delta C}{\Delta x} = -\frac{\varepsilon b}{d}$$

可见，增加 b 或减少 d 均可提高传感器的灵敏度。变面积式电容传感器的几种派生形式如图 2-25 所示。

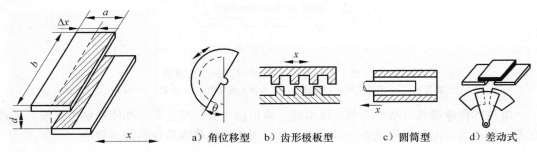

a）角位移型 　b）齿形极板型 　c）圆筒型 　d）差动式

图 2-24　直线位移型电容式传感器　　　　图 2-25　变面积式电容传感器的派生型

图 2-25a 是角位移型电容式传感器。当动片中有一角位移时，两极板间覆盖面积就发生变化，从而导致电容量的变化，此时电容值为

$$C = \frac{\varepsilon A\left(1 - \dfrac{\theta}{\pi}\right)}{d} = C_0 - C_0\,\frac{\theta}{\pi} \tag{2-36}$$

图 2-25b 中极板采用了齿形板，其目的是为了增加遮盖面积，提高灵敏度。当齿形极板的齿数为 n，移动 Δx 后，其电容量为

$$C = \frac{n\varepsilon b(a - \Delta x)}{d} = n\left(C_0 - \frac{\varepsilon b}{d}\Delta x\right) \tag{2-37}$$

$$\Delta C = C - nC_0 = -n\,\frac{\varepsilon b}{d}\Delta x$$

其灵敏度为

$$K = \frac{\Delta C}{\Delta x} = -n\,\frac{\varepsilon b}{d}$$

由前面的分析可得出结论，变面积式电容传感器的灵敏度为常数，即输出与输入呈线性关系。

2. 变间隙式电容传感器

图 2-26 为变间隙式电容传感器的原理图。当活动极板因被测参数的改变而引起移动时，两极板间的距离 d 发生变化，从而改变了两极板之间的电容量 C。

设极板面积为 A，其静态电容量为 $C_0 = (\varepsilon A)/d$，当活动极板移动 x 后，其电容量为

$$C = \frac{\varepsilon A}{d - x} = C_0\,\frac{1 + \dfrac{x}{d}}{1 - \dfrac{x^2}{d^2}} \tag{2-38}$$

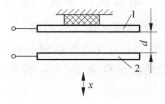

图 2-26　变间隙式电容传感器
1—固定极板；2—与被测对象相连的活动极板

当 $x \ll d$ 时，$1 - \dfrac{x^2}{d^2} \approx 1$，则

$$C = C_0\left(1 + \frac{x}{d}\right) \tag{2-39}$$

由式（2-38）可以看出，电容 C 与 x 不是线性关系，输出特性曲线见图 2-27，只有当 $x \ll d$ 时，才可认为是近似线性关系。同时还可以看出，要提高灵敏度，应减小起始间隙 d。但当 d 过小时，又容易引起击穿，同时加工精度要求也高了。为此，一般是在极板间放置云母、塑料膜等介电常数高的物质来改善这种情况。在实际应用中，为了提高灵敏度，减小非线性，可采用差动式结构。其原理图见图 2-28，输出特性曲线见图 2-29。

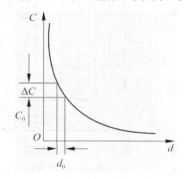

图 2-27 电容量与极板间距离的关系

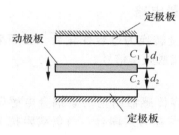

图 2-28 差动式电容传感器结构原理图

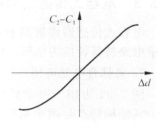

图 2-29 差动式电容传感器输出特性曲线

3. 变介电常数式电容传感器

当电容传感器中的电介质改变时，其介电常数变化，从而引起电容量发生变化。此类传感器的结构形式有很多种，图 2-30 所示为介质面积变化的电容传感器。这种传感器可用来测量物位或液位，也可测量位移。

由图 2-30 可以看出，此时传感器的电容量为

$$C = C_A + C_B$$

式中

$$C_A = \frac{bx}{\dfrac{d_1}{\varepsilon_1} + \dfrac{d_2}{\varepsilon_2}}, \quad C_B = \frac{b(l-x)}{\dfrac{d_1 + d_2}{\varepsilon_1}}$$

设极板间无 ε_2 介质时的电容量为

$$C_0 = \frac{\varepsilon_1 b l}{d_1 + d_2}$$

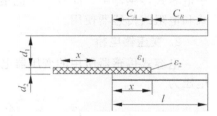

图 2-30 介质面积变化的电容传感器

当 ε_2 介质插入两极板间时，则有

$$C = C_A + C_B = \frac{bx}{\dfrac{d_1}{\varepsilon_1} + \dfrac{d_2}{\varepsilon_2}} + \frac{b(l-x)}{\dfrac{d_1 + d_2}{\varepsilon_1}} = C_0 + C_0 \frac{x}{l} \frac{1 - \dfrac{\varepsilon_1}{\varepsilon_2}}{\dfrac{d_1}{d_2} + \dfrac{\varepsilon_1}{\varepsilon_2}} \tag{2-40}$$

式（2-40）表明，电容量 C 与位移 x 呈线性关系。

图 2-31 所示为液位传感器，电容量 C 等于空气介质间的电容量 C_1 和液体介质间的电容量 C_2 之和（因为 C_1 和 C_2 两电容是并联关系），所以可得

$$C = \frac{2\pi\varepsilon_0 h_1}{\ln(R/r)} + \frac{2\pi\varepsilon h_x}{\ln(R/r)} = \frac{2\pi\varepsilon_0(h - h_x)}{\ln(R/r)} + \frac{2\pi\varepsilon h_x}{\ln(R/r)} \tag{2-41}$$

式中，ε、ε_0 分别为被测物和空气的介电常数；h、h_x 分别为内外极筒重合部分的高度、被测液面的高度；r、R 分别为内极筒与外极筒的半径。

若令

$$\frac{2\pi\varepsilon_0 h}{\ln(R/r)}=A, \quad \frac{2\pi(\varepsilon-\varepsilon_0)}{\ln(R/r)}=B$$

则式(2-41)变为 $C=A+Bh_x$，由此可见，电容量 C 与液位高度 h_x 呈比例关系。

应该注意的是，如果电极之间的被测介质导电时，在电极表面应涂覆绝缘层，以防止电极间短路。

2.3.3 电容式传感器的测量电路

电容式传感器将被测非电量转换为电容变化后，必须采用测量电路将其转换为电压、电流或频率信号。

1. 紧耦合电感电桥

图 2-32 为用于差动式电容传感器测量的紧耦合电感臂电桥。其结构特点是两个电感桥臂互为紧耦合。当负载阻抗为无穷大时，电桥输出电压为

$$\dot{U}_\circ = \dot{U}\left[\frac{2\omega^2 L(C+\Delta C)}{2\omega^2 L(C+\Delta C)-1} - \frac{2\omega^2 L(C-\Delta C)}{2\omega^2 L(C-\Delta C)-1}\right] \quad (2\text{-}42)$$

若 ΔC 很小时，则

$$\dot{U}'_\circ = \dot{U}\frac{4\omega^2 L\Delta C}{2\omega^2 LC-1}$$

紧耦合电感电桥抗干扰性好，稳定性高，目前已广泛用于电容式传感器中。同时，它也很适合较高载波频率的电感式和电阻式传感器使用。

2. 变压器电桥

电容式传感器所用的变压器电桥如图 2-33 所示，当负载阻抗为无穷大时，电桥的输出电压为

$$\dot{U}_\circ = \frac{\dot{U}}{2} \cdot \frac{Z_2-Z_1}{Z_1+Z_2}$$

以 $Z_1=\dfrac{1}{j\omega C_1}$，$Z_2=\dfrac{1}{j\omega C_2}$ 代入上式得

$$\dot{U}_\circ = \frac{\dot{U}}{2} \cdot \frac{C_1-C_2}{C_1+C_2} \quad (2\text{-}43)$$

式中，C_1、C_2 为差动电容式传感器的电容量。

设 C_1 和 C_2 为变间隙式电容式传感器，则有

$$C_1=\frac{\varepsilon A}{d-\Delta d}, \quad C_2=\frac{\varepsilon A}{d+\Delta d}$$

根据式(2-43)可得

$$\dot{U}_\circ = \frac{\dot{U}}{2} \cdot \frac{\Delta d}{d}$$

可以看出，在放大器输入阻抗极大的情况下，输出电压与位移呈线性关系。

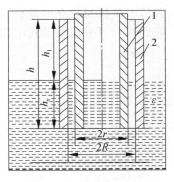

图 2-31 液位传感器
1—内极筒；2—外极筒

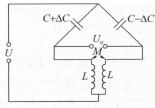

图 2-32 紧耦合电感臂电桥

图 2-33 变压器电桥原理图

3. 双 T 电桥电路

如图 2-34 所示，图中 C_1、C_2 为差动电容式传感器的电容，当单电容工作时，可以使其中一个为固定电容，另一个为传感器电容。R_L 为负载电阻，VD_1、VD_2 为理想二极管，R_1、R_2 为固定电阻。

当电源电压 u 为正半周时，VD_1 导通，VD_2 截止，C_1 充电；当电源电压 u 为负半周时，VD_1 截止，VD_2 导通，这时电容 C_2 充电，电容 C_1 放电。电容 C_1 的放电回路分两路：一路是通过 R_1、R_L，另一路是通过 R_1、R_2、VD_2。这时流过 R_L 的电流为 i_1。

到了下一个正半周，VD_1 导通，VD_2 截止，C_1 又被充电，而 C_2 则要放电。放电回路也分两路：一路通过 R_2、R_L，另一路通过 VD_1、R_1、R_2。这时流过 R_L 的电流为 i_2。

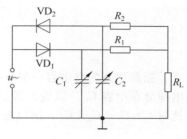

图 2-34　双 T 电桥电路

如果选择特性相同的二极管，且 $R_1 = R_2$，$C_1 = C_2$，则流过 R_L 的电流 i_1 和 i_2 的平均值大小相等，方向相反，在一个周期内流过负载电阻 R_L 的平均电流为零，R_L 上无平均电压输出。若 C_1 或 C_2 变化时，在负载电阻 R_L 上产生的平均电流将不为零，因而有信号输出。此时输出电压平均值为

$$\overline{U}_L = \overline{I}_L R_L \approx \frac{R(R + 2R_L)}{(R + R_L)^2} R_L U \cdot f(C_1 - C_2) \tag{2-44}$$

式中，f 为电源频率。当 $R_1 = R_2 = R$，R_L 为已知时，则

$$\frac{R(R + 2R_L)}{(R + R_L)^2} R_L = K$$

K 为常数，故式(2-44)又可写成

$$\overline{U}_L = K U \cdot f(C_1 - C_2) \tag{2-45}$$

4. 运算放大器电路

电路原理图如图 2-35 所示。电容式传感器跨接在高增益运算放大器的输入端与输出端之间。运算放大器的输入阻抗很高，因此可认为它是一个理想运算放大器，其输出电压为

$$u_o = -u_i \frac{C_0}{C_x} \tag{2-46}$$

以 $C_x = \dfrac{\varepsilon A}{d}$ 代入上式，则有

$$u_o = -u_i \frac{C_0}{\varepsilon A} d \tag{2-47}$$

式中，u_o 为运算放大器输出电压；u_i 为信号源电压；C_x 为传感器电容量；C_0 为固定电容器。由式(2-47)可以看出，输出电压 u_o 与动极片位移 d 呈线性关系。

图 2-35　运算放大器式测量电路

5. 调频电路

调频电路是把电容式传感器与一个电感元件配合构成一个振荡器的谐振电路。当电容传感器工作时，电容量发生变化，导致振荡频率产生相应的变化。再通过鉴频电路将频率的变化转换为振幅的变化，经放大器放大后即可显示，这种方法称为调频法。图 2-36 就是调频-鉴频电路原理图。

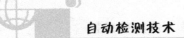

$$f = \frac{1}{2\pi \sqrt{LC}}$$

式中，L 为振荡回路电感；C 为振荡回路总电容。

图 2-36　调频-鉴频电路原理图

振荡回路的总电容一般包括传感器电容 $C_0 \pm \Delta C$，谐振回路中的固定电容 C_1 和传感器电缆分布电容 C_C。以变间隙式电容传感器为例，如果没有被测信号，则 $\Delta d = 0$，$\Delta C = 0$，这时 $C = C_1 + C_0 + C_C$，所以振荡器的频率为

$$f_0 = \frac{1}{2\pi \sqrt{L(C_1 + C_0 + C_C)}} \tag{2-48}$$

式中，f_0 一般应选在 1 MHz 以上。

当传感器工作时，$\Delta d \neq 0$，则 $\Delta C \neq 0$，振荡频率也相应改变 Δf，则有

$$f_0 \pm \Delta f = \frac{1}{2\pi \sqrt{L(C_1 + C_C + C_0 + \Delta C)}} \tag{2-49}$$

振荡器输出的高频电压将是一个受被测信号调制的调制波，其频率由式(2-49)决定。

2.3.4　电容式传感器应用举例

1. 电容式振动位移传感器

图 2-37 所示为电容式振动位移传感器应用示意图，其中传感器的一极是被测物体表面，这种传感器不仅可以测量振动的位移，而且可以测量转轴的回转精度和轴心的动态偏摆。

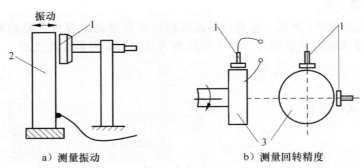

a）测量振动　　　　　　　　　b）测量回转精度

图 2-37　电容式振动位移传感器应用示意图
1—电容式传感器；2—被测振动物；3—被测轴

2. 电荷平衡式位移传感器

图 2-38 所示是电荷平衡式位移传感器结构示意图。这个系统安装在测头中，其主要原理是：一块接地的导电圆屏蔽板在两块静止不动的同轴圆筒电极间移动，从理论上来说，这时电容量 C_M 与屏蔽板的位移成比例。具有电容量为 C_R 的参考电容器也装在测头里，可变电容器和参考电容器具有一个公用电极，这个公用电极的输出连接到内置的前置放大器的输入端上。工作时，一个等幅的方波信号电压 V_R 加到可变电容器外层极上，一个幅值变化且

与 V_R 反相的方波信号电压 V_M 施加到参考电容器上，方波信号电压 V_M 的幅值由反馈系统自动调整，以保证公共电极的信号为零。即

$$V_R C_M + V_M C_R = 0$$

或

$$V_M = -\frac{C_M V_R}{C_R} \tag{2-50}$$

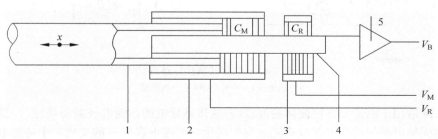

图 2-38 电荷平衡式电容式位移传感器结构示意图

1—屏蔽板；2—测量电容器；3—参考电容器；4—公用电极；5—前置放大器

由此可见，可变电压 V_M 与 C_M 成比例关系，也即与测头的位置成比例，用模数转换器可将电压量转变成数字量显示出来。这个系统的精度取决于电极的几何精度(圆柱度在 1 μm 以内)和电子部分的精度。该系统具有 0.1 μm 的分辨力，测量范围为 10 mm 的测头，其线性误差为 1 μm。该系统已在类似于孔径测量仪等便携式测量工具中应用。

3. 电容式力和压力传感器

图 2-39 为大吨位电子吊秤用的电容式称重传感器。扁环形弹性元件内腔上下平面上分别固连电容传感器的定极板和动极板。称重时，弹性元件受力变形，使动极板位移，导致传感器电容量变化，从而引起由该电容组成的振荡器的振荡频率变化。频率信号经计数、编码，传输到显示部分。

图 2-40 为一种典型的差动式电容压力传感器。该传感器由金属活动膜片与镀有金属膜的玻璃圆片固定电极组成。在被测压力的作用下，膜片弯向低压的一边，从而使一个电容量增加，另一个电容量则减小，电容量变化的大小反映了压力变化的大小。

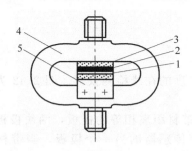

图 2-39 电容式称重传感器

1—动极板；2—定极板；3—绝缘材料；

4—弹性体；5—极板支架

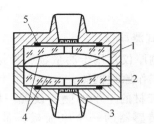

图 2-40 差动式电容压力传感器

1—金属膜片(动片)；2—玻璃；3—多孔金属滤波器；

4—金属镀层(定片)；5—垫圈

4. 电容式液位传感器

电容式液位传感器是利用被测介质液面变化转换为电容量变化的一种介质变化型电容式

传感器。图 2-41 为电容式液位传感器。

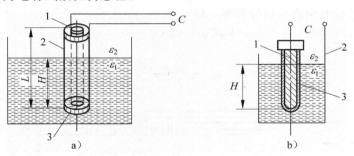

图 2-41　电容式液位传感器
1—内电极；2—外电极；3—绝缘层

图 2-41a 适用于测量非导电流体的液位(若液体是导电的，则电极需要绝缘)，当被测液位变化时，两同轴电极间的介电常数将随之发生变化，引起电容量 C 的变化，于是总电容为

$$C = \frac{2\pi\varepsilon_1 H}{\ln\dfrac{r_2}{r_1}} + \frac{2\pi\varepsilon_2(L-H)}{\ln\dfrac{r_2}{r_1}} = \frac{2\pi\varepsilon_2 L}{\ln\dfrac{r_2}{r_1}} + \frac{\varepsilon_1 - \varepsilon_2}{\ln\dfrac{r_2}{r_1}} \cdot 2\pi H = C_0 + KH$$

式中，H 为电极插入液面的深度；L 为电极有效工作长度；r_1、r_2 为内电极 1 的外径和外电极 2 的内径。

电容的变化为

$$\Delta C_x = C - C_0 = \frac{2\pi(\varepsilon_1 - \varepsilon_2)}{\ln\dfrac{r_2}{r_1}} H \tag{2-51}$$

图 2-41b 适用于测量导电液体的液位，其总电容为

$$C = C_0 + \frac{2\pi\varepsilon H}{\ln\dfrac{r_2}{r_1}} \tag{2-52}$$

式中，ε 为电极绝缘层的介电常数；H 为电极插入液面的深度；r_1、r_2 为内电极 1 的外径和绝缘层 3 的外径。

C_0 为电极上面非工作段的电容，其关系为

$$C_0 = \frac{\varepsilon\pi r_1^2}{4\pi d} = \frac{\varepsilon r_1^2}{4d}$$

5. 电容式测厚仪

电容式测厚仪是用于测量金属带材在轧制过程中厚度的在线检测仪器。图 2-42 为电容式测厚仪的工作原理框图。

在被测带材的上下两侧各设置一块面积相等、与带材距离相等的极板，两块极板用导线连接作为传感器的一个电极板。带材本身则是电容传感器的另一个极板。当带材在轧制过程中厚度发生变化时，将引起电容量的变化。通过测量电路和指示仪表可显示带材的厚度。

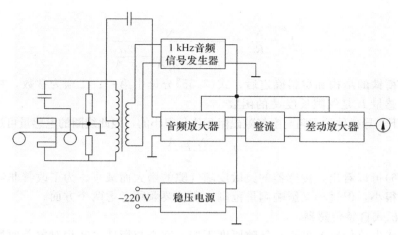

图 2-42 电容式测厚仪原理框图

2.4 电感式传感器

电感式传感器是一种利用待测工件运动使磁路磁阻变化，从而引起传感器线圈的电感（自感或互感）变化来检测非电量的机电转换装置。常用来检测位移、振动、力、应变、流量、比重等物理量。由于它结构简单，工作可靠，寿命长，并具有良好的性能与宽广的适用范围，适合在较恶劣的工作环境中工作，因而在计量技术、工业生产和科学研究领域得到了广泛应用。

电感式传感器的种类很多，按转换原理可分为自感式传感器、互感式传感器、电涡流式传感器等。

2.4.1 自感式传感器

1. 自感式传感器工作原理与结构

自感式传感器实质上是一个带气隙的铁心线圈，按磁路几何参数变化形式的不同，目前常用的自感式传感器有变间隙式、变面积式和螺管式三种类型。

（1）变间隙式自感传感器

变间隙式自感传感器的结构如图 2-43 所示。它由线圈、铁心和衔铁组成。工作时衔铁与被测物体连接，被测物体的位移将引起空气隙的厚度发生变化。由于气隙磁阻的变化，导致了线圈电感量的变化。

线圈的电感可表示为

$$L = \frac{N^2}{R_m} \qquad (2\text{-}53)$$

式中，N 为线圈匝数；R_m 为磁路总磁阻。

图 2-43 变间隙型电感传感器
1—线圈；2—铁心；3—衔铁

对于变间隙式自感传感器，如果忽略磁路铁损，各部分磁路的截面积均为 A，则磁路总磁阻为

$$R_m = \frac{l_1}{\mu_1 A} + \frac{l_2}{\mu_2 A} + \frac{2d}{\mu_0 A} \qquad (2\text{-}54)$$

式中，l_1 为铁心磁路长；l_2 为衔铁磁路长；μ_1 为铁心磁导率；μ_2 为衔铁磁导率；μ_0 为空气磁导率；d 为空气隙厚度。

因此有

$$L = \frac{N^2}{R_{\mathrm{m}}} = \frac{N^2}{\dfrac{l_1}{\mu_1 A} + \dfrac{l_2}{\mu_2 A} + \dfrac{2d}{\mu_0 A}} \qquad (2\text{-}55)$$

当铁心、衔铁的结构和材料确定后，式(2-55)分母中第一、二项为常数，在截面积一定的情况下，电感量 L 是气隙长度 d 的函数。

一般情况下，导磁体的磁阻与空气隙磁阻相比是很小的，因此线圈的电感量可近似地表示为

$$L = \frac{N^2 \mu_0 A}{2d} \qquad (2\text{-}56)$$

从式(2-56)可以看出，传感器的灵敏度随气隙的增大而减小。为了改善非线性，气隙的相对变化量要很小，但过小又影响测量范围，所以要兼顾考虑两个方面。

（2）变面积式自感传感器

由变气隙式电感传感器可知，气隙厚度不变，铁心与衔铁之间相对覆盖面积随被测量的变化而改变，从而导致线圈的电感量发生变化，这种形式称为变面积式自感传感器，其结构与图 2-43 相同。

通过对式(2-56)的分析可知，线圈电感量 L 与气隙厚度是非线性的，但与磁通截面积 A 却是成正比，是一种线性关系。特性曲线如图 2-44 所示。

（3）螺管式自感传感器

图 2-45 为螺管式自感传感器的结构图。螺管式自感传感器的衔铁随被测对象移动，线圈磁力线路径上的磁阻发生变化，线圈电感量也因此而变化。线圈电感量的大小与衔铁插入线圈的深度有关。

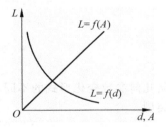

图 2-44　电感传感器特性

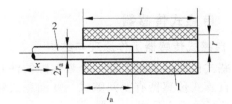

图 2-45　螺管式自感传感器
1—线圈；2—衔铁

设线圈长度为 l，线圈的平均半径为 r，线圈的匝数为 N，衔铁进入线圈的长度为 l_{a}，衔铁的半径为 r_{a}，铁心的有效磁导率为 μ_{m}，则线圈的电感量 L 与衔铁进入线圈的长度 l_{a} 的关系可表示为

$$L = \frac{4\pi^2 N^2}{l^2}\left[lr^2 + (\mu_{\mathrm{m}} - 1)l_{\mathrm{a}}r_{\mathrm{a}}^2\right] \qquad (2\text{-}57)$$

通过以上三种形式的自感式传感器的分析，可以得出以下几点结论：

1）变间隙式自感传感器灵敏度较高，但非线性误差较大，且制作装配比较困难。

2）变面积式自感传感器灵敏度较前者小，但线性较好，量程较大。

3）螺管式自感传感器灵敏度较低，但量程大且结构简单易于制作，是使用最广泛的一种电感式传感器。

在实际使用中，常采用两个相同的传感器线圈共用一个衔铁，构成差动式自感传感器，这样可以提高传感器的灵敏度，减小测量误差。

图 2-46 为变间隙式、变面积式及螺管式三种类型的差动式自感传感器。

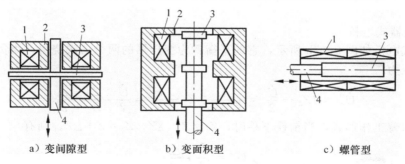

a）变间隙型   b）变面积型   c）螺管型

图 2-46 差动式电感传感器

1—线圈；2—铁心；3—衔铁；4—导杆

差动式自感传感器的结构要求两个导磁体的几何尺寸及材料完全相同，两个线圈的电气参数和几何尺寸完全相同。

差动式结构除了可以改善线性、提高灵敏度外，可以补偿温度、电源频率变化的影响，因而减小了外界影响造成的误差。

2. 自感式传感器的测量电路

交流电桥是自感式传感器的主要测量电路，它的作用是将线圈电感的变化转换成电桥电路的电压或电流输出。

由于差动式结构可以提高灵敏度，改善线性，所以交流电桥也多采用双臂工作形式。通常将传感器作为电桥的两个工作臂，电桥的平衡臂可以是纯电阻，也可以是变压器的二次绕组或紧耦合电感线圈。图 2-47 为交流电桥的几种常用形式。

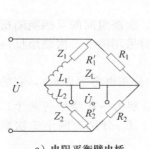
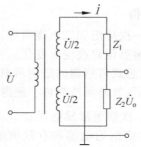
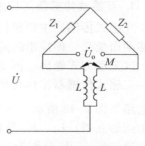

a）电阻平衡臂电桥   b）变压器式电桥   c）紧耦合电感臂电桥

图 2-47 交流电桥的几种形式

（1）电阻平衡臂电桥

电阻平衡臂电桥如图 2-47a 所示。Z_1、Z_2 为传感器阻抗。设 $R_1' = R_2' = R'$；$L_1 = L_2 = L$；则有 $Z_1 = Z_2 = Z = R' + j\omega L$，另有 $R_1 = R_2 = R$。由于电桥工作臂是差动形式，则在工作时，$Z_1 = Z + \Delta Z$ 和 $Z_2 = Z - \Delta Z$；当 $Z_L \to \infty$ 时，电桥的输出电压为

$$\dot{U}_o = \frac{Z_1}{Z_1 + Z_2} \dot{U} - \frac{R_1}{R_1 + R_2} \dot{U} = \frac{2RZ_1 - R(Z_1 + Z_2)}{2R(Z_1 + Z_2)} \dot{U} = \frac{\dot{U}}{2} \cdot \frac{\Delta Z}{Z} \tag{2-58}$$

当 $\omega L \gg R'$ 时，式（2-58）可近似为

$$\dot{U}_o \approx \frac{\dot{U}}{2} \cdot \frac{\Delta L}{L} \tag{2-59}$$

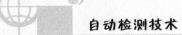
由式(2-59)可以看出，电阻平衡臂电桥的输出电压与传感器线圈电感的相对变化量是成正比的。

（2）变压器式电桥

变压器式电桥如图 2-47b 所示，它的平衡臂为变压器的两个二次绕组，当负载阻抗无穷大时输出电压为

$$\dot{U}_{\circ} = \dot{I}Z_2 - \frac{\dot{U}}{2} = \frac{\dot{U}}{Z_1 + Z_2}Z_2 - \frac{\dot{U}}{2} = \frac{\dot{U}}{2} \cdot \frac{Z_2 - Z_1}{Z_2 + Z_1} \tag{2-60}$$

由于是双臂工作形式，当衔铁下移时，$Z_1 = Z - \Delta Z$，$Z_2 = Z + \Delta Z$，则有

$$\dot{U}_{\circ} = \frac{\dot{U}}{2} \cdot \frac{\Delta Z}{Z} \tag{2-61}$$

同理，当衔铁上移时，则有

$$\dot{U}_{\circ} = -\frac{\dot{U}}{2} \cdot \frac{\Delta Z}{Z} \tag{2-62}$$

由式(2-61)和式(2-62)可见，输出电压反映了传感器线圈阻抗的变化，由于是交流信号，还要经过适当的电路处理才能判别衔铁位移的方向，采用带相敏整流的交流电桥是一个有效方法。

（3）紧耦合电感臂电桥

紧耦合电感臂电桥如图 2-47c 所示。它以差动自感传感器的两个线圈作电桥工作臂，而紧耦合的两个电感作为固定臂组成电桥电路。采用这种测量电路可以消除与电感臂并联的分布电容对输出信号的影响，使电桥平衡稳定，另外简化了接地和屏蔽的问题。

2.4.2 互感式传感器

1. 互感式传感器工作原理与结构

互感式传感器主要包括衔铁、一次绕组和二次绕组等。一、二次绕组间的互感能随衔铁的移动而变化，即绕组间的互感随被测位移改变而变化。在使用时采用两个二次绕组反向串接，以差动方式输出。图 2-48 为互感式传感器的结构示意图。

互感式传感器工作在理想情况下（忽略涡流损耗、磁滞损耗和分布电容等影响），它的等效电路如图 2-49 所示。图中 $\dot{U}_1$ 为一次绕组激励电压；M_1、M_2 分别为一次绕组与两个二次绕组间的互感；L_1、R_1 分别为一次绕组的电感和有效电阻；L_{21}、L_{22} 分别为两个二次绕组的电感；R_{21}、R_{22} 分别为两个二次绕组的有效电阻。

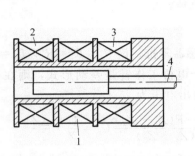

图 2-48　互感式传感器的结构示意图

1——一次绕组；2，3——二次绕组；4—衔铁

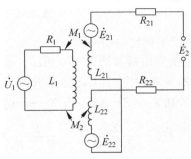

图 2-49　差动变压器的等效电路

当衔铁处于中间位置时，两个二次绕组互感相同，因而由一次侧激励引起的感应电动势也相同。由于两个二次绕组反向串接，所以差动输出电动势为零。

当衔铁移向二次绕组 L_{21} 一边时，互感 M_1 大，M_2 小，因而二次绕组 L_{21} 内感应电动势 E_{21} 大于二次绕组 L_{22} 内感应电动势 E_{22}，这时差动输出电动势不为零。在传感器的量程内，衔铁移动越大，差动输出电动势就越大。

同理，当衔铁移向二次绕组 L_{22} 一边时，移动差动输出电动势仍不为零，但由于移动方向改变，所以输出电动势反向。

由图 2-49 可以看出，一次绕组的电流为

$$\dot{I}_1 = \frac{\dot{U}_1}{R_1 + j\omega L_1}$$

二次绕组的感应电动势为

$$\dot{E}_{21} = -j\omega M_1 \dot{I}_1$$

$$\dot{E}_{22} = -j\omega M_2 \dot{I}_1$$

由于二次绕组反向串接，所以输出总电动势为

$$\dot{E}_2 = -j\omega(M_1 - M_2)\frac{\dot{U}_1}{R_1 + j\omega L_1} \tag{2-63}$$

其有效值为

$$E_2 = \frac{\omega(M_1 - M_2)U_1}{\sqrt{R_1^2 + (\omega L_1)^2}} \tag{2-64}$$

互感式传感器的输出特性曲线如图 2-50 所示。图中 $\dot{E}_{21}$、$\dot{E}_{22}$ 分别为两个二次绕组的输出感应电动势，$\dot{E}_2$ 为差动输出电动势，x 表示衔铁偏离中心位置的距离。其中 $\dot{E}_2$ 的实线部分表示理想的输出特性，而虚线部分表示实际的输出特性。$\dot{E}_0$ 为零点残余电动势，这是由于互感式传感器制作上的不对称及铁心位置等因素造成的。

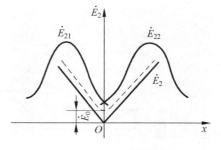

图 2-50 差动变压器输出特性

零点残余电动势的存在使得传感器的输出特性在零点附近不灵敏，给测量带来误差，此值的大小是衡量互感式传感器性能好坏的重要指标。

为了减小零点残余电动势可采取以下方法：

1) 尽可能保证传感器几何尺寸、线圈电气参数和磁路的对称。磁性材料要经过处理，消除内部的残余应力，使其性能均匀稳定。

2) 选用合适的测量电路(如采用相敏整流电路)，既可判别衔铁移动方向又可改善输出特性，减小零点残余电动势。

3) 采用补偿线路减小零点残余电动势。图 2-51 是几种减小零点残余电动势的补偿电路。在互感式传感器的二次侧绕组串、并联适当数值的电阻和电容元件，当调整这些元件时，可使零点残余电动势减小。

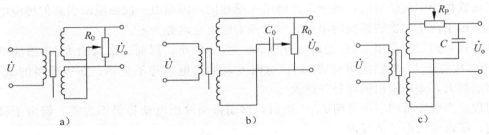

图 2-51　减小零点残余电动势的补偿电路

2. 互感式传感器的测量电路

差动变压器输出的是交流电压，若用交流模拟数字电压表测量，只能反映铁心位移的大小，不能反映移动方向。另外，其测量值必定含有零点残余电压。为了达到能辨别移动方向和消除零点残余电压的目的，实际测量时，常常采用如下两种测量电路：差动整流电路和相敏检波电路。

（1）差动整流电路

图 2-52 所示为实际的全波差动整流电路，根据半导体二极管单向导通原理进行解调。若传感器的一个二次线圈的输出瞬时电压极性在 f 点为"＋"、e 点为"－"，则电流路径是 $fgdche$（如图 2-52a 所示）。反之，若在 f 点为"－"、e 点为"＋"，则电流路径是 $ehdcgf$。可见，无论二次线圈的输出瞬时电压极性如何，通过电阻 R 的电流总是从 d 到 c。同理可分析另一个二次线圈的输出情况。输出的电压波形可见图 2-52b，其值为 $u_{sc}=e_{ab}+e_{cd}$。

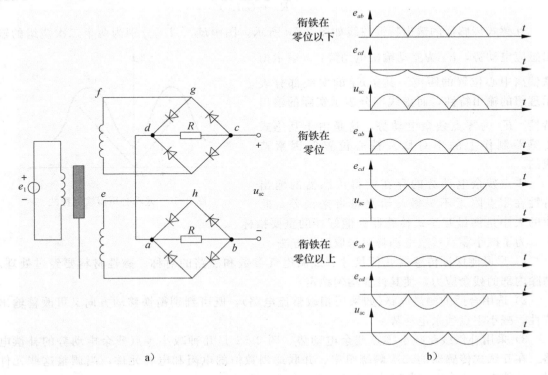

图 2-52　全波差动整流电路和波形图

（2）相敏检波电路

二极管相敏检波电路如图 2-53 所示。u_1 为差动变压器输入电压，U_2 为 U_1 的同频参考电压，且 $U_2 > U_1$，它们作用于相敏检波电路中的两个变压器 T_1 和 T_2。

当 $U_2 = 0$ 时，由于 U_2 的作用，在正半周时，如图 2-53a 所示，VD_3、VD_4 处于正向偏置，电流 i_3 和 i_4 以不同方向流过检流计 G，只要 $U_2' = U_2''$，且 VD_3、VD_4 性能相同，通过检流计的电流为 0，所以输出为 0。在负半周时，VD_1、VD_2 导通，i_1 和 i_2 相反，输出电流为 0。

当 $U_2 \neq 0$ 时，分两种情况来分析。

① U_1 和 U_2 同相位。

正半周时，电路中电压极性如图 2-53b 所示。由于 $U_2 > U_1$，VD_3、VD_4 仍然导通，但作用于 VD_4 两端的信号是 $U_2 + U_1$，因此 i_4 增加，而作用于 VD_3 两端的电压为 $U_2 - U_1$，所以 i_3 减小，则 i_G 为正。

在负半周时，VD_1、VD_2 导通，此时，在 U_1 和 U_2 作用下，i_1 增加而 i_2 减小，$i_G = i_1 - i_2 > 0$。u_1 和 u_2 同相时，各电流波形如图 2-53c 所示。

② U_1 和 U_2 反相。

在 U_2 为正半周、U_1 为负半周时，VD_3、VD_4 仍然导通，但 i_3 增加，i_4 将减小，通过 G 的电流 i_G 不为零，而且是负的。U_2 为负半周时，i_G 也是负的。

所以，上述相敏检波电路可以由通过检流计的平均电流的大小和方向来判别差动变压器的位移大小和方向。

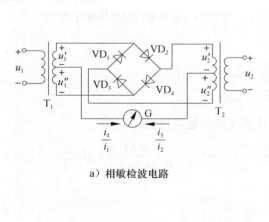

a）相敏检波电路

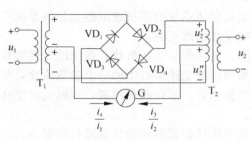

b 相敏检波电路

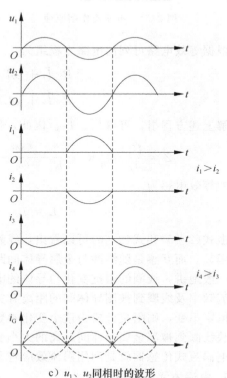

c）u_1、u_2 同相时的波形

图 2-53　二极管相敏检波电路和波形

book

2.4.3 电涡流式传感器

1. 电涡流式传感器工作原理

当通过金属体的磁通发生变化时，就会在导体中产生感生电流，这种电流在导体中是自行闭合的，这就是所谓电涡流。

在图 2-54 中，一个扁平线圈置于金属导体附近，当线圈中通有交变电流 $\dot{I}_1$ 时，线圈周围就产生一个交变磁场 H_1，置于这一磁场中的金属导体就产生电涡流 $\dot{I}_2$，电涡流也将产生一个新磁场 H_2，H_2 与 H_1 方向相反，因而抵消部分原磁场，使通电线圈的有效阻抗发生变化，这一物理现象称为涡流效应。

如把被测导体上形成的电涡流等效成一个短路环，就可以得到如图 2-55 所示的等效电路。图中 R_1、L_1 为传感器线圈的电阻和电感。短路环可以认为是一匝短路线圈，其电阻为 R_2，电感为 L_2。线圈与导体间存在一个互感 M，它随线圈与导体间距的减小而增大。

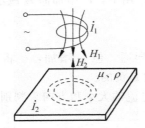

图 2-54 电涡流作用原理

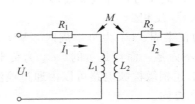

图 2-55 电涡流传感器等效电路

根据等效电路可列出电路方程组为

$$R_1 \dot{I}_1 + j\omega L_1 \dot{I}_1 - j\omega M \dot{I}_2 = \dot{U}_1$$

$$R_2 \dot{I}_2 + j\omega L_2 \dot{I}_2 - j\omega M \dot{I}_1 = 0$$

解上述方程组，可得 $\dot{I}_1$、$\dot{I}_2$。因此，传感器线圈的复阻抗为

$$Z = \frac{\dot{U}_1}{I_1} = \left[R_1 + \frac{\omega^2 M^2}{R_2^2 + (\omega L_2)^2} R_2 \right] + j\left[\omega L_1 - \frac{\omega^2 M^2}{R_2^2 + (\omega L_2)^2} \omega L_2 \right] \tag{2-65}$$

线圈的等效电感为

$$L = L_1 - L_2 \frac{\omega^2 M^2}{R_2^2 + (\omega L_2)^2} \tag{2-66}$$

由式(2-65)和式(2-66)可以看出，线圈与金属导体系统的阻抗或电感都是该系统互感平方的函数。而互感是随线圈与金属导体间距离的变化而改变的。

一般地讲，线圈的阻抗变化与导体的电导率、磁导率、几何形状、线圈的几何参数、激励电流频率及线圈到被测导体间的距离有关。如果控制上述参数中的一个参数改变，而其余参数恒定不变，则阻抗就成为这个变化参数的单值函数。如仅改变距离，则阻抗的变化就可以反映线圈到被测金属导体间距离的大小变化。

电涡流式传感器就是利用涡流效应将非电量变化转换成阻抗变化而进行测量的。

2. 电涡流式传感器的类型

（1）高频反射式电涡流传感器

高频反射式电涡流传感器的结构很简单，主要由一个固定在框架上的扁平线圈组成。线圈可以粘贴在框架的端部，也可以绕在框架端部的槽内。图 2-56 为某种型号的高频反射式电涡流传感器。

电涡流传感器的线圈与被测金属导体间是磁耦合，电涡流传感器是利用这种耦合程度的变化来进行测量的。因此，被测物体的物理性质，以及它的尺寸和形状都与总的测量装置特性有关。一般来说，被测物的电导率越高，传感器的灵敏度越高。

为了充分有效地利用电涡流效应，对于平板型的被测物体，要求被测物体的半径应大于线圈半径的 1.8 倍，否则灵敏度会降低。当被测物体是圆柱体时，被测导体直径必须为线圈直径的 3.5 倍以上，灵敏度才不受影响。

（2）低频透射式电涡流传感器

低频透射式电涡流传感器采用低频激励，因而有较大的贯穿深度，适合于测量金属材料的厚度，图 2-57 为这种传感器的原理图和输出特性。

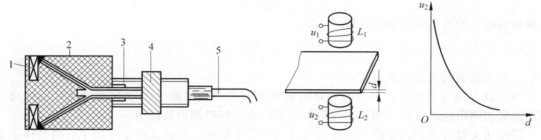

图 2-56　高频反射式电涡流传感器　　　　图 2-57　低频透射式电涡流传感器原理图及特性
1—线圈；2—框架；3—框架衬套；4—固定螺母；5—电缆

传感器包括发射线圈和接收线圈，并分别位于被测材料的上、下侧。由振荡器产生的低频电压 u_1 加到发射线圈 L_1 的两端，于是在接收线圈 L_2 两端将产生感应电压 u_2，它的大小与 u_1 的幅值、频率及两个线圈的匝数、结构和两者的相对位置有关。若两线圈间无金属导体，则 L_1 的磁力线能够较多地穿过 L_2，在 L_2 上产生的感应电压 u_2 最大。

如果在两个线圈之间设置一金属板，由于在金属板内产生电涡流，该电涡流消耗了部分能量，使到达线圈 L_2 的磁力线减小，从而引起 u_2 的下降。

金属板厚度越大，电涡流损耗越大，u_2 就越小。可见 u_2 的大小间接反映了金属板的厚度。线圈 L_2 的感应电压与被测厚度的增大按负幂指数的规律减小，即

$$u_2 \propto e^{-\frac{d}{l}} \tag{2-67}$$

式中，d 为金属板厚度；l 为贯穿深度，它与 $\sqrt{\dfrac{\rho}{f}}$ 成正比，其中 ρ 为金属板的电阻率，f 为交变电磁场的频率。

为了较好地进行厚度测量，激励频率应选得较低。频率太高，贯穿深度小于被测厚度，不利于厚度测量，通常选 1 kHz 左右。

一般地说，测薄金属板时，频率应略高些；测厚金属板时，频率应低些。在测量 ρ 较小的材料时，应选较低的频率（如 500 Hz）；测量 ρ 较大的材料，则应选用较高的频率（如 2 kHz）。从而保证在测量不同材料时能得到较好的线性度和灵敏度。

3. 电涡流式传感器的测量电路

（1）电桥电路

电桥法是将传感器线圈的阻抗变化转换为电压或电流的变化，图 2-58 是电桥法的电路

原理图。图中线圈 L_1 和 L_2 为传感器线圈。传感器线圈的阻抗作为电桥的桥臂，起始状态使电桥平衡。在进行测量时，由于传感器线圈的阻抗发生变化，使电桥失去平衡，将电桥不平衡引起的输出信号进行放大并检波，就可以得到与被测量成正比的输出。电桥法主要用于两个电涡流线圈组成的差动式传感器。

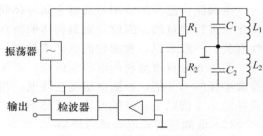

（2）谐振法

谐振法是将传感器线圈的等效电感的变化转换为电压或电流的变化。传感器线圈与电容并联组成 LC 并联谐振回路。

并联谐振回路的谐振频率为

图 2-58　电桥法电路原理图

$$f_0 = \frac{1}{2\pi\sqrt{LC}}$$

且谐振时电路的等效阻抗最大，即

$$Z_0 = \frac{L}{R'C}$$

式中，R' 为回路的等效损耗电阻。

当电感 L 发生变化时，回路的等效阻抗和谐振频率都将随 L 的变化而变化，因此可以利用测量回路阻抗的方法或测量回路谐振频率的方法间接测出被测值。

谐振法主要有调幅式电路和调频式电路两种基本形式。调幅式由于采用了石英晶体振荡器，因此稳定性较高，而调频式结构简单，便于遥测和数字显示。图 2-59 为调幅式数字测量电路原理框图。

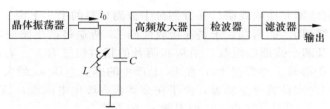

图 2-59　调幅式测量电路原理框图

2.4.4　电感式传感器应用举例

1. 自感式位移传感器

图 2-60 所示是一种接触式电感测厚仪。其工作原理是：工作前先调节测微螺杆 4 到给定厚度值，该厚度值可以由刻度盘 5 读出。被测带材 2 在上下测量滚轮 1、3 之间通过，下轮 1 轴心固定，当带材偏离给定厚度时，上测量滚轮 3 轴心上下移动，带动测微螺杆 4 上下移动，通过杠杆 7 使衔铁 6 随之上下移动，从而改变线圈电感 L_1 和 L_2，这样带材的厚度就可以在指示度盘上显示出来。

2. 自感式压力传感器

图 2-61 所示为变气隙差动式电感压力传感器。它主要由 C 形弹簧管、衔铁、铁心和线圈等组成。当被测压力进入 C

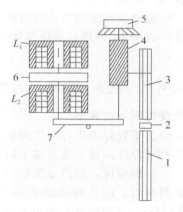

图 2-60　电感测厚仪原理

1、3—上下测量滚轮；2—被测带材；
4—测微螺杆；5—度盘；
6—衔铁；7—杠杆

形弹簧管时，C形弹簧管产生变形，其自由端发生位移，带动与自由端连接成一体的衔铁运动，使线圈 1 和线圈 2 中的电感产生大小相等、符号相反的变化，即一个电感量增大，另一个电感量减小。电感的这种变化通过电桥电路转换成电压输出，再通过相敏检波电路等电路处理，使输出信号与被测压力之间呈正比例关系，即输出信号的大小取决于衔铁位移的大小，输出信号的相位取决于衔铁移动的方向。

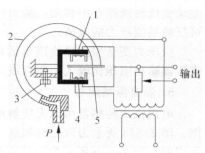

图 2-61　变隙差动式电感压力传感器
1—线圈 1；2—C形弹簧管；
3—调机械零点螺钉；4—线圈 2；5—衔铁

3. 电感测微仪

图 2-62a 为电感测微仪的原理框图，图 2-62b 为轴向测试头的结构示意图。测量时测试头的测端与被测件接触，被测件的微小位移使衔铁在差动线圈中移动，线圈的电感值产生变化，这一变化量通过引线接到电桥，电桥的输出电压反映被测件的位移变化量。

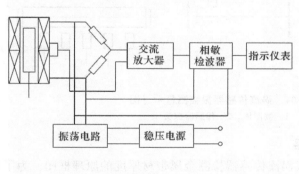

a）原理框图

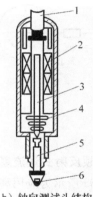

b）轴向测试头结构

图 2-62　电感测微仪
1—引线；2—线圈；3—衔铁；4—测力弹簧；5—导杆；6—测端

4. 微压力变送器

将差动变压器和弹性敏感元件(膜片、膜盒和弹簧管等)相结合，可以组成各种形式的压力传感器。图 2-63 是微压力变送器的结构示意图。在被测压力为零时，膜盒在初始位置状态，此时固接在膜盒中心的衔铁位于差动变压器线圈的中间位置，因而输出电压为零。当被

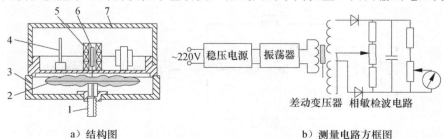

a）结构图　　　　　　　　　　　　　b）测量电路方框图

图 2-63　微压力变送器
1—接头；2—膜盒；3—底座；4—线路板；5—差动变压器；6—衔铁；7—罩壳

测压力由接头 1 传入膜盒 2 时，其自由端产生一正比于被测压力的位移，并且带动衔铁 6 在差动变压器线圈 5 中移动，从而使差动变压器输出电压。经相敏检波、滤波后，其输出电压可反映被测压力的数值。

微压力变送器测量线路包括直流稳压电源、振荡器、相敏检波和指示等部分。由于差动变压器输出电压比较大，所以线路中不需用放大器。

5. 涡流振幅测量

电涡流式传感器可以无接触地测量各种振动的幅值。图 2-64 所示是振幅测量应用示意图。图 2-64a 所示为汽轮机和空气压缩机常用的以电涡流式传感器来监控主轴的径向振动的示意图；图 2-64b 所示为测量发动机涡轮叶片振幅的示意图。在研究轴的振动时，常需要了解轴的振动形状，作出轴振形图。通常使用数个传感器探头，并排地安置在轴附近，如图 2-64c 所示。用多通道指示仪输出至记录仪。在轴振动时，可以将其获得各个传感器所在位置轴的瞬时振幅，从而画出轴振形图。

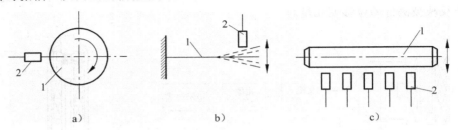

图 2-64　涡流传感器振幅测量示意图
1—被测体；2—传感器探头

6. 高频反射式涡流厚度传感器

图 2-65 所示为应用高频反射式涡流传感器检测金属带材厚度的原理框图。为了克服带材不够平整或运行过程中上、下波动的影响，在带材的上、下两侧对称地设置了两个特性完全相同的涡流传感器 S_1 和 S_2。S_1 和 S_2 与被测带材表面之间的距离分别为 x_1 和 x_2。若带材厚度不变，则被测带材上、下表面之间的距离总有 $x_1 + x_2 =$ 常数的关系存在。两传感器的输出电压之和为 $2U_o$，数值不变。如果被测带材厚度改变量为 $\Delta\delta$，则两传感器与带材之间的距离也改变一个 $\Delta\delta$，两传感器输出电压此时为 $2U_o \pm \Delta U$，ΔU 经放大器放大后，通过指示仪表即可指示出带材的厚度变化值。带材厚度给定值与偏差指示值的代数和就是被测带材的厚度。

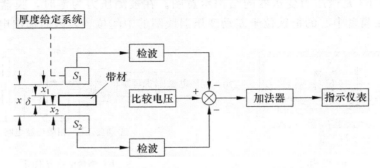

图 2-65　高频反射式涡流测厚仪测试系统框图

2.5 压电式传感器

压电式传感器是一种典型的自发电式传感器。它以压电晶体受外力作用在晶体表面上产生电荷的压电效应为基础，以压电晶体为力-电转换器件，把力、压力、加速度和扭矩等被测量转换成电信号输出。

压电式传感器具有灵敏度高、固有频率高、信噪比高、结构简单、体积小、工作可靠等优点。其主要缺点是无静态输出，要求很高的输出阻抗，需要低电容低噪声电缆，很多压电材料居里点较低，工作温度在250℃以下。

压电器件是一种典型的"双向有源传感器"（具有逆压电效应），被广泛应用于超声、通讯、宇航、雷达和引爆等领域。

2.5.1 压电效应与压电材料

1. 压电效应

压电效应分为正向压电效应和逆向压电效应。某些电介质，当沿着一定方向对其施加外力而使它变形时，内部就产生极化现象，相应地会在它的两个表面上产生符号相反的电荷，当外力去掉后，又重新恢复到不带电状态，这种现象称压电效应。当外力方向改变时，电荷的极性也随之改变，这种将机械能转换为电能的现象，称为正压电效应。相反，当在电介质极化方向施加电场，这些电介质也会产生一定的机械变形或机械应力，这种现象称为逆向压电效应，也称为电致伸缩效应。

2. 压电材料

具有压电效应的材料称为压电材料，压电材料能实现机-电能量的相互转换，具有一定的可逆性，如图2-66所示。

机械量 ⇄ 压电元件 ⇄ 电量

图2-66 压电效应的可逆性

压电材料常用晶体材料，但自然界中多数晶体压电效应非常微弱，很难满足实际检测的需要，因而没有实用价值。目前能够广泛使用的压电材料只有石英晶体和人工制造的压电陶瓷、钛酸钡、锆钛酸铅等材料，这些材料都具有良好的压电效应。

压电材料可以分为三类：压电晶体、压电陶瓷和高分子压电材料。

（1）石英晶体

石英晶体是典型的压电晶体，化学式为SiO_2，为单晶体结构。石英晶体的压电系数为$d_{11}=2.31\times10^{-12}$C/N，并且在$20\sim200$℃范围内，其压电系数几乎不变。居里温度点为573℃，可以承受$(700\sim1000)$kg·f/cm^2（1 kg·f=9.806 65 N）的压力，具有很高的机械强度和稳定的机械性能。

图2-67a所示的是天然结构的石英晶体外形示意图。它是一个正六面体。石英晶体各个方向的特性是不同的（各向异性体），可以用三个相互垂直的轴来表示，其中纵向轴z称为光轴（或称为中性轴），经过六面体棱线并垂直于光轴的x称为电轴，与x和z轴同时垂直的轴y称为机械轴。通常把沿电轴x方向的力作用下产生电荷的压电效应称为纵向压电效应，而把沿机械轴y方向的力作用下产生电荷的压电效应称为横向压电效应。而沿光轴z方向的力作用时不产生压电效应。

若从晶体上沿y方向切下一块如图2-67c所示的晶片，当沿电轴方向施加作用力F_x时，则在与电轴x垂直的平面上将产生电荷，其大小为

$$q_x = d_{11}F_x \tag{2-68}$$

式中，d_{11} 为 x 方向受力的压电系数。

若在同一切片上，沿机械轴 y 方向施加作用力 F_y，则仍在与 x 轴垂直的平面上产生电荷 q_y，其大小为

$$q_y = d_{12}\frac{a}{b}F_y \tag{2-69}$$

式中，d_{12} 为 y 轴方向受力的压电系数，根据石英晶体的对称性，有 $d_{12} = -d_{11}$；a、b 为晶体切片的长度和厚度，如图 2-67c 所示。

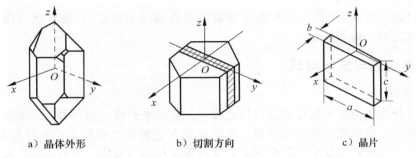

a）晶体外形　　　　　　b）切割方向　　　　　　c）晶片

图 2-67　石英晶体外形示意图

电荷 q_x 和 q_y 的符号由受压力还是受拉力决定。

石英晶体的上述特性与其内部分子结构有关。图 2-68 所示的是一个单元组体中构成石英晶体的硅离子和氧离子，在垂直于 z 轴的 xy 平面上的投影，等效为一个正六边形排列。图中"⊕"代表硅离子 Si^{4+}，"⊖"代表氧离子 O^{2-}。

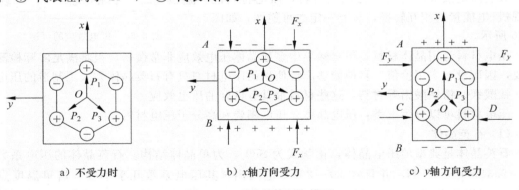

a）不受力时　　　　　b）x 轴方向受力　　　　　c）y 轴方向受力

图 2-68　石英晶体压电模型

当石英晶体未受外力作用时，正、负离子正好分布在正六边形的顶角上，形成三个互成 120°夹角的电偶极矩 P_1、P_2、P_3，如图 2-68a 所示。因为 $P = ql$，q 为电荷量，l 为正负电荷之间距离。此时正负电荷重心重合，电偶极矩的矢量和等于零，即 $P_1 + P_2 + P_3 = 0$，所以晶体表现不产生电荷，即呈中性。

当石英晶体受到沿 x 轴方向的压力作用时，晶体沿 x 方向将产生压缩变形，正负离子的相对位置也随之变动。如图 2-68b 所示，此时正负电荷重心不再重合，电偶极矩在 x 方向上的分量由于 P_1 的减小和 P_2、P_3 的增加而不等于零。在 x 轴的正方向出现负电荷，电偶极矩在 y 方向上的分量仍为零，不出现电荷。

当晶体受到沿 y 轴方向的压力作用时，晶体的变形如图 2-68c 所示。与图 2-68b 情况相

似，P_1 增大，P_2、P_3 减小。在 x 轴上出现电荷，它的极性为 x 轴正向为正电荷。在 y 轴方向上仍不出现电荷。

如果沿 z 轴方向施加作用力，因为晶体在 x 方向和 y 方向所产生的形变完全相同，所以正负电荷重心保持重合，电偶极矩矢量和等于零。这表明沿 z 轴方向施加作用力，晶体不会产生压电效应。

当作用力 F_x、F_y 的方向相反时，电荷的极性也随之改变。

（2）压电陶瓷

压电陶瓷是人工制造的多晶体压电材料。材料内部的晶粒有许多自发极化的电畴，它有一定的极化方向，从而存在电场。在无外电场作用时，电畴在晶体中是杂乱分布的，各电畴的极化效应相互抵消，压电陶瓷内极化强度为零。因此原始的压电陶瓷呈中性，不具有压电性质，如图 2-69a 所示。

当在陶瓷上施加一定的外电场时（如 20～30 kV/cm 直流电场），电畴的极化方向发生转动，趋向于按外电场方向的排列，从而使材料得到极化，产生极化后的压电陶瓷才具有压电效应。在外电场强度大到使材料的极化达到饱和的程度，即所有电畴极化方向都整齐地与外电场方向一致时，当外电场去掉后，电畴的极化方向基本不变化，即剩余极化强度很大，这时的材料才具有压电特性，如图 2-69b 所示。

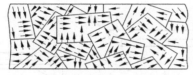
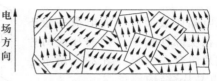

a）未极化时的情况　　　　　b）电极化后的情况

图 2-69　压电陶瓷的极化

极化处理后陶瓷材料内部存在有很强的剩余极化，当陶瓷材料受到外力作用时，电畴的界限发生移动，电畴发生偏转，从而引起剩余极化强度的变化，因而在垂直于极化方向的平面上将出现极化电荷的变化。所以通常将压电陶瓷的极化方向定义为 z 轴，在垂直于 z 轴的平面上的任何直线都可以取作 x 轴或 y 轴，对于 x 轴或 y 轴，其压电效应是等效的，这是压电陶瓷与石英晶体不同的地方。这种因受力而产生的由机械效应转变为电效应，将机械能转变为电能的现象，就是压电陶瓷的正向压电效应。电荷量的大小与外力成如下的正比关系

$$q = d_{33}F \tag{2-70}$$

式中，d_{33} 为压电陶瓷的压电系数；F 为作用力。

压电陶瓷的压电系数比石英晶体大得多，所以采用压电陶瓷制作的压电式传感器的灵敏度较高。极化处理后的压电陶瓷材料的剩余极化强度和特性与温度有关，它的参数也随时间变化，从而使其压电特性减弱。

最早使用的压电陶瓷材料是钛酸钡（$BaTiO_3$）。它是由碳酸钡和二氧化钛按 $1:1$ 摩尔分子比例混合后烧结而成的。它的压电系数约为石英的 50 倍，但居里点温度只有 115℃，使用温度不超过 70℃，温度稳定性和机械强度都不如石英。

目前使用较多的压电陶瓷材料是锆钛酸铅（PZT）系列，它是钛酸铅（$PbTiO_2$）和锆酸铅（$PbZrO_3$）组成的（$Pb(ZrTi)O_3$）。居里点温度在 300℃ 以上，性能稳定，有较高的介电常数和压电系数。

铌镁酸铅是 20 世纪 60 年代发展起来的压电陶瓷。它由铌镁酸铅 $\left[Pb\left(Mg\frac{1}{2} \cdot Nb\frac{2}{3}\right)O_3\right]$、

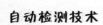

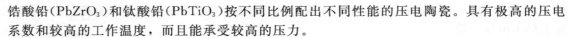

锆酸铅（$PbZrO_3$）和钛酸铅（$PbTiO_3$）按不同比例配出不同性能的压电陶瓷。具有极高的压电系数和较高的工作温度，而且能承受较高的压力。

（3）高分子压电材料

高分子压电材料是一种新型的材料，有聚偏二氟乙烯（PVF2）、聚偏氟乙烯（PVDF）、和聚氟乙烯（PVF）、改性聚氟乙烯（PVC）等，其中以 PVF2 和 PVDF 的压电系数最高，有的材料的压电系数比压电陶瓷还要高几十倍，其输出脉冲电压有的可以直接驱动 CMOS 集成门电路。高分子压电材料的最大特点是具有柔软性，可根据需要制成薄膜或电缆套管等形状，经极化处理后就出现压电特性。它不易破碎，具有防水性，动态范围宽，频响范围大，性能稳定，但工作温度不高（一般低于 100℃），机械强度也不高，易老化。因此，它常用于测量精度要求不高的场合。

2.5.2　压电式传感器工作原理及压电元件常用结构形式

压电式传感器的基本原理就是利用压电材料的压电效应这个特性，当有力作用在压电材料上时，传感器就有电荷（或电压）输出。

由于外力作用而在压电材料上产生的电荷只有在无泄漏的情况下才能保存，即需要测量回路具有无限大的输入阻抗，这实际上是不可能的，因此压电式传感器不能用于静态测量。压电材料在交变力的作用下，电荷可以不断补充，以供给测量回路一定的电流，故适用于动态测量。

由于压电晶体表面产生的电荷一般不够多，所以在实际使用中常把两片或两片以上的压电片组合在一起。图 2-70 所示是几种"双压电晶片"结构形式。

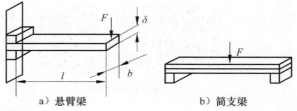

a）悬臂梁　　　　　　b）简支梁

图 2-70　层叠式压电组件结构形式

由于压电材料是有极性的，因此存在并联和串联两种接法。如图 2-71a 所示，设单个晶片受拉力时 a 面出现正电荷，b 面出现负电荷，分别称为正面和负面；受压力时相反。双晶片正负负正接法如图 2-71b 所示，出现电荷为正负负正，负电荷集中在中间电极，正电荷出现在两边电极，相当于两压电片并联，总电容量 C'，总电压 U'，总电荷 q' 与单片的 C、U、q 的关系为

$$C' = 2C; \quad U' = U; \quad q' = 2q$$

图 2-71c 所示为晶片按照正负正负连接，正、负电荷分别分布在上、下电极。在中性面上，上下两片的正负电荷相抵消，即为串联，其关系为

$$C' = C/2; \quad U' = 2U; \quad q' = q$$

这两种接法中，并联接法输出电荷大、本身电容大、时间常数大，适合于测量慢变信号并且以电荷作为输出量的地方；而串联接法输出电压大、本身电容小，适合用于以电压作为输出信号，并且测量电路输入阻抗很高的地方。可以根据测试要求合理选用。多晶片是双晶片的扩展，已经广泛应用于测力和加速度传感器中。

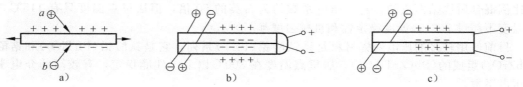

a）　　　　　　　　　b）　　　　　　　　　c）

图 2-71　双晶片弯曲式压电元件工作原理示意图

2.5.3　压电式传感器的测量电路

为了使压电元件能正常工作，它的负载电阻（即前置放大器的输入电阻 R）应有极高的值。因此，与压电元件配套的测量电路的前置放大器有两个作用：一是放大压电元件的微弱电信号；二是把高阻抗输出变为低阻抗输出。总之，压电传感器的输出端必须先接入几个输入阻抗很高的前置放大器，再接一般放大器。

由于压电传感器既可以等效为一个与电容相串联的电压源，又可以等效为与电容相并联的电荷源，所以前置放大器也有两种形式：一种是电压放大器，另一种是电荷放大器。我们分别用电压等效电路和电荷等效电路来分析。

1. 电压放大器

电压放大器的等效电路如图 2-72 所示，其中等效电阻为

$$R = \frac{R_a R_i}{R_a + R_i} \tag{2-71}$$

等效电容为

$$C = C_c + C_i \tag{2-72}$$

而

$$U_a = \frac{q}{C_a} \tag{2-73}$$

式中　R_a——传感器漏电阻，单位为 Ω；
　　　R_i——前置放大器输入电阻，单位为 Ω；
　　　C_a——传感器内部电容，单位为 F；
　　　C_c——连接电缆的等效电容，单位为 F；
　　　C_i——前置放大器输入电容，单位为 F。

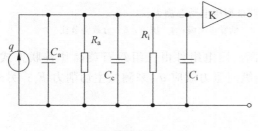
　a）等效电路

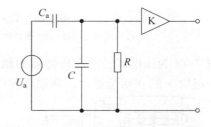
　b）等效电路的简化电路

图 2-72　压电式传感器与电压放大器连接的等效电路

2. 电荷放大器

电荷放大器是一个有深度反馈电容的高增益运算放大器。它能将高内阻的电荷源转换为低内阻的电压源，而且输出电压正比于输入电荷。

图 2-73 所示是电荷放大器的等效电路。其中，q 为传感器的电荷；C_a 为传感器的固有电容；C_c 为输入电缆等效电容；C_i 为放大器的输入电容；C_f 为放大器的反馈电容；R_f 为放大器的反馈电阻。

若放大器的开环增益足够高，则运算放大器的输入

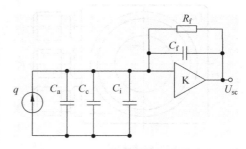

图 2-73　压电传感器与电荷放大器
连接的等效电路

端的电位接近"地"电位。由于放大器的输入级采用场效应晶体管,保证其输入阻抗极高,放大器输入端几乎没有分流,电荷 q 只对反馈电容 C_f 充电,充电电压接近放大器的输出电压,即

$$U_{sc} = u_{cf} = -\frac{q}{C_f} \tag{2-74}$$

式中　U_{sc}——放大器的输出电压,单位为 V;

　　　u_{cf}——反馈电容 C_f 两端的电压,单位为 V。

通过上述分析可以看出,电压放大器的输出电压随传感器输出电缆分布电容的变化而变化,所以输出电缆的长度对传感器测量精度影响较大,这在一定程度上限制了电压放大器与压电传感器的配套使用。而电荷放大器的输出电压 U_{sc} 和电缆分布电容无关,所以在实际测量中压电式传感器主要使用电荷放大器作它的前置放大器。

2.5.4　压电式传感器应用举例

1. YDC—78Ⅲ型压电动态测力仪

图 2-74 为压电式三向动态测力仪结构图。压电式力传感器 1 从下面装入,用分载调节柱 5 和压盖 4 施加预紧力。传感器上承载面与吃刀抗力 F_y(或 F_x)处于同一平面内,以减小它对主切削力的影响。当横向进刀时将是敏感主切削力(F_z)和吃刀抗力(F_y),当纵向走刀时将是敏感主切削力(F_z)和吃刀抗力(F_x)。

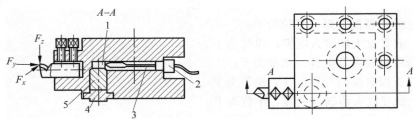

图 2-74　YDC—78Ⅲ型压电动态测力仪
1—压电式力传感器;2—密封接头;3—低噪声电缆;4—压盖;5—分载调节柱

图 2-75 为压电式三向力传感器的结构图。压电组件由三组双石英晶片并联方式组成。其中一组取 x 的 0°切型晶片,利用厚度压缩纵向压力效应 d_{11} 来测量主切削力 F_z;另外两组

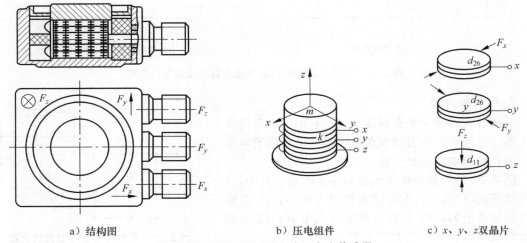

a) 结构图　　　　　　　b) 压电组件　　　　　　c) x、y、z 双晶片

图 2-75　YDS—Ⅲ型压电式三向力传感器

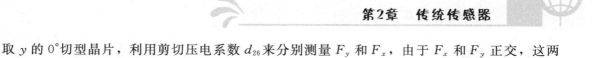

取 y 的 $0°$ 切型晶片，利用剪切压电系数 d_{26} 来分别测量 F_y 和 F_x，由于 F_x 和 F_y 正交，这两组晶片安装时应使其最大灵敏度轴分别取 x 向和 y 向。

压电测力传感器的工作原理和特性与压电加速度传感器基本相同，现对 YDS—Ⅲ 型三向力传感工作原理分析如下。

以单向力 F_z 作用为例，由图 2-75a 可知，它们仍为质量 m、阻尼系数 C 和弹簧度 K 组成的 m-C-K 二阶单自由度系统，将 $F_z = ma$ 代入有关动态特性表达式，可得单向压缩式压电力传感器的电荷灵敏度幅频特性为

$$\left|\frac{Q}{F_z}\right| = A(\omega_0) \cdot d_{11} = \frac{d_{11}}{\sqrt{[1-(\omega/\omega_0)^2]^2 + [2\xi(\omega/\omega_0)]^2}} \tag{2-75}$$

可见，当 $\omega/\omega_0 \ll 1$ 时，上式变为

$$\left.\begin{array}{l} \dfrac{Q}{F_z} \approx d_{11} \\[2mm] Q \approx d_{11}F_z \end{array}\right\} \tag{2-76}$$

由式(2-76)可知，传感器输出电荷与被测力 F_z 成正比。

2. 压电式加速度传感器

图 2-76 所示的是一种压电式加速度传感器的结构图。它主要由压电元件、质量块、预压弹簧、机座及外壳等组成。整个部件装在外壳内，并由螺栓加以固定。

当加速度传感器和被测物一起受到冲击振动时，压电元件受质量块惯性力的作用，根据牛顿第二定律，此惯性力是加速度 a 的函数，即

$$F = ma \tag{2-77}$$

式中　F——质量块产生的惯性力；

　　　 m——质量块的质量；

　　　 a——加速度。

此时惯性力 F 作用于压电元件上，因而产生电荷 q，当传感器选定后，m 为常数，则传感器输出电荷为

$$q = d_{11}F = d_{11}ma \tag{2-78}$$

因为 q 与加速度 a 成正比。因此只要测出加速度传感器输出的电荷大小，就可以求出加速度 a 的大小。

图 2-77 是利用压电陶瓷和膜片的加速度传感器的结构图。压电陶瓷(PZT)的底部有公共电极，上部有多个放射状的电极，图中仅画出 4 个。压电陶瓷板与金属膜片粘贴在一起，膜片中央有重块。在加速度作用下，压电陶瓷板发生变形，各电极相应地产生一定的电压。因为加速度是矢量，所以压电陶瓷板表面多个电极的电压可能有所不同，分析各电极的电压分布，还能够检测加速度的方向。因此压电陶瓷式加速度传感器可以检测三维加速度矢量。

压电式加速度传感器的性能指标有：固有频率 37 kHz，检测振动频率范围 2～7 000 Hz，电压灵敏度 3.8 mV/G，最大加速度 20 000 m/s²，温度范围 -270～+260℃，重量 28 g 等。

图 2-76　压电式加速度传感器结构图

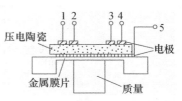

图 2-77　微机械加速度传感器

3. 压电引信

压电引信是一种利用钛酸钡或锆钛酸铅压电陶瓷的压电效应制成的军用弹头启爆装置。它具有瞬发度高、安全可靠、不需要配置电源等特点，常应用于破甲弹上，对提高弹头的破甲能力起着极其重要的作用。其结构如图 2-78 所示。整个引信由压电元件和启爆装置两部分组成。压电元件安装在弹头的头部，启爆装置设置在弹头的尾部，通过导线互相连接。压电引信的原理电路如图 2-79 所示。平时，电雷管 E 处于短路保险安全状态，压电元件即使受压，其产生的电荷也会通过电阻 R 泄放掉，不会使电雷管动作。弹头一旦发射，引信启爆装置即解除保险状态，开关 S 从 a 处断开与 b 接通，处于待发状态。当弹头与装甲目标相遇时，强有力的碰撞力使压电元件产生电荷，经导线传递给电雷管使其启爆，并引起弹头的爆炸，锥孔炸药爆炸形成的能量使药形罩熔化，形成高温高速的金属流将坚硬的钢甲穿透，起到杀伤作用。

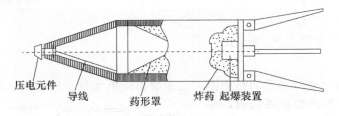

图 2-78　破甲弹上的压电引信的结构

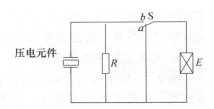

图 2-79　压电引信原理电路

4. 压电式料位测量系统

压电式料位测量系统原理电路如图 2-80 所示。由图可见，系统由振荡器、整流器、电压比较器及驱动器组成。振荡器是由运算放大器 A_1 和外围 RC 组成的一种常用自激方波振荡器。压电传感器接在运算放大器的反馈回路中。振荡器的振荡频率是压电晶体的自振频率，振荡信号经 C_2 耦合到整流器。

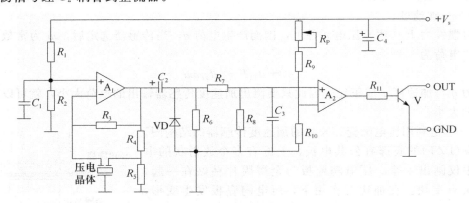

图 2-80　压电式料位测量系统原理电路

进入整流器的振荡信号经整流器整流，再经 R_7、R_8 分压及 C_3 滤波后，得到一稳定的直流电压加在由 A_2 构成的电压比较器的同相端。在电压比较器的反相端加有由 R_9、R_{10} 和 R_P 分压器分压的参考电压。压电晶体片作为物料的传感器被粘贴在一个壳体上。

当没有物料接触到压电晶体片时，振荡器正常振荡，经调整 R_P 使电压比较器同相输入端的电压大于参考电压，故电压比较器输出为高电平，这个高电平使晶体管 V 导通。若在输出端与电源＋V_s间接入负载，则负载中将有电流流过。

当物料升高接触到压电晶体片时，则振荡器停振，电压比较器同相端相对于参考电压变为低电平，电压比较器输出低电平，晶体管 V 截止，负载中无电流流过。显然，可以从系统输出端输出的电压或负载的动作上得知料位的变化情况。该系统实际上可起到料位开关的作用。

2.6 磁电式传感器

磁电式传感器以电磁感应定律为基础，以霍尔效应、压磁效应和感生电动势为依据，可以测量电流磁场、位移、压力、压差、转速等物理量。常用磁电式传感器有磁电感应式和霍尔式。

2.6.1 磁电感应式传感器

磁电感应式传感器是一种将被测物理量转换为感应电动势的装置，亦称电动力式传感器。

基于法拉第电磁感应定律，N 匝线圈在磁场中做切割磁力线运动或线圈所在磁场的磁通变化时，线圈中所产生的感应电动势 e 的大小取决于穿过线圈的磁通 Φ 对时间的变化率，即

$$e = -N\frac{\mathrm{d}\Phi}{\mathrm{d}t} \tag{2-79}$$

在电磁感应现象中，关键是磁通量的变化率。线圈中磁通变化率越大，感应电动势 e 越大。感应电动势 e 还与线圈匝数 N 成正比。不同类型的磁电感应式传感器，实现磁通量 Φ 变化的方法不同，有恒磁通的动圈式与动铁式；有变磁通（变磁阻）的开磁路式和闭磁路式。

1. 磁电感应式传感器的工作原理

磁电感应式传感器的直接应用是测定线速度 v 和角速度 ω，如图 2-81 所示。当线圈垂直于磁场方向运动时，线圈相对于磁场的运动速度为 v 或 ω，则式（2-79）可写成

$$e = -NBlv \quad \text{或} \quad e = -NBA\omega \tag{2-80}$$

式中，B 为磁感应强度；l 为每匝线圈的长度（平均值）；A 为线圈的截面积。

磁电感应式传感器是结构型传感器。当结构参数确定后，N、B、l、A 为定值，因此感应电动势与相对速度 v 或 ω 成正比。式中负号表示感应电流所激发的磁通量抵消引起感应电流的磁通量变化。

从上述工作原理可知，磁电感应式传感器只适用于动态测量。如果在其测量电路中

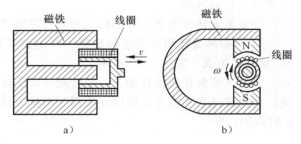

图 2-81 磁电感应式传感器的工作原理图

接入积分电路，输出的感应电动势就与位移成正比；如果接入微分电路，输出的感应电动势与加速度成正比。可见磁电感应式传感器除测速度外，还可测位移和加速度。

2. 磁电感应式传感器的结构

（1）恒磁通式磁电传感器

如图 2-82 所示，磁路产生恒定的直流磁场，磁路中的工作气隙是固定不变的，因此气隙中的磁通也是不变的。传感器的运动部件可以是线圈，也可以是磁铁，图 2-82a 为动圈式，图2-82b 为动铁式。当壳体 5 随被测振动体一起振动时，运动部件质量相对较大，惯性也大，振动能量被弹簧 2 吸收。当振动频率足够大，大大高于传感器的固有频率时，运动部件近于静

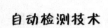

止，则振动能量几乎全部被弹簧吸收，此时永久磁铁 4 与线圈 3 之间的相对运动速度接近于振动体振动速度。相对运动使线圈切割磁力线，产生与振动速度成正比的感应电动势，即

$$e = -N_0 B_0 l v \qquad (2-81)$$

式中，N_0 为工作匝数，即线圈处于工作气隙磁场中的匝数；B_0 为工作气隙处磁感应强度；l 为工作线圈每匝的平均长度。

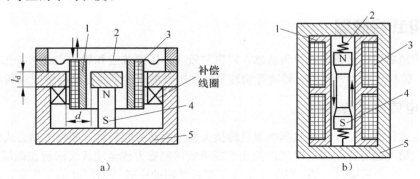

图 2-82　恒磁通感应式传感器结构原理

1—金属骨架；2—弹簧；3—线圈；4—永久磁铁；5—壳体

恒定磁通式（动圈或动铁）磁电传感器，通常用于测量振动速度，因其工作频率不高，传感器能输出较大的信号，所以对变换电路要求不高，采用一般交流放大器就能满足要求。

（2）变磁阻式磁电传感器

变磁阻式传感器的线圈和磁铁都是静止不动的，并利用磁性材料制成的一个齿轮，在运动中它不断地改变磁路的磁阻，也就改变了贯穿线圈的磁通量，因此在线圈中感应出电动势。

变磁阻式传感器一般都做成转速传感器，产生感应电势的频率作为输出，其频率值取决于磁通变化的频率。

变磁阻式转速传感器在结构上分有开磁路和闭磁路两种。

1）开磁路变磁阻式转速传感器。开磁路变磁阻式转速传感器由永久磁铁 1、感应线圈 3、软铁 2 组成，如图 2-83 所示。

齿轮 4 安装在被测转轴上，与转轴一起旋转。当齿轮旋转时，由齿轮的凹凸引起磁阻变化，而使磁通发生变化，因而在线圈 3 中感应出交变电势，其频率等于齿轮的齿数 z 和转速 n 的乘积，即

$$f = \frac{zn}{60} \qquad (2-82)$$

式中，z 为齿轮的齿数；n 为被测轴转速（r/min）；f 为感应电势频率（Hz）。

当齿轮的齿数 z 确定以后，若能测出 f 就可求出转速 n（$n = 60f/z$）。这种传感器结构简单，但输出信号小，转速高时信号失真也大，在振动强或转速高的场合，往往采用闭磁路变磁阻式转速传感器。

2）闭磁路变磁阻式转速传感器。闭磁路变磁阻式转速传感器的结构如图 2-84 所示。它由安装在转轴上的内齿轮和永久磁铁、外齿轮及线圈构成。内、外齿轮的齿数相等。测量时，转轴与被测轴相连，当旋转时，内外齿轮的相对运动使磁路气隙发生变化，因而磁阻发生变化并贯穿于线圈的磁通量变化，在线圈中感应出电势。与开磁路相同，也可通过感应电势频率测量转速。

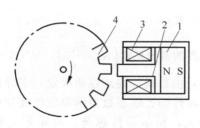

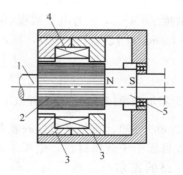

图 2-83 开磁路变磁阻式转速传感器　　　　　图 2-84 闭磁路变磁阻式转速传感器

1—永久磁铁；2—软铁；3—感应线圈；4—齿轮　　　1—转轴；2—内齿轮；3—外齿轮；4—线圈；5—永久磁铁

　　传感器的输出电势取决于线圈中磁场变化速度，因而它是与被测速度成一定比例的。当转速太低时，输出电势很小，以致无法测量。所以这种传感器有一个下限工作频率，一般为 50 Hz 左右，闭磁路转速传感器下限工作频率可低到 30 Hz 左右，上限工作频率可达 100 Hz。

2.6.2 霍尔传感器

1. 半导体材料的霍尔效应

　　通电半导体放在均匀磁场中，在垂直于电场和磁场的方向产生横向电场，这种现象叫霍尔效应，所产生的电场称为霍尔电场，如图 2-85 所示。

　　在长(l)、宽(b)、厚(d)N 型半导体薄片上，沿长度与宽度方向的四个端面上分别制作电极。在长度方向(x 方向上)通以控制电流 I_c，在厚度方向(z 方向)施加磁感应强度为 B 的磁场，在宽度方向(y 方向)产生电位差，即产生横向电场，称为霍尔电场 E_H。相应的电势为霍尔电势 U_H。产生霍尔电势的原因是，半导体中的载流子(电子)以速度 v 沿电流 I_c 的反方向运动，由于磁场 B 的作用，电子受到磁场力 F_H(洛仑兹力)作用发生偏转，根据左手定则，在 y 的反方向端面上积聚电子，另一端面上缺少电子，形成霍尔电场。

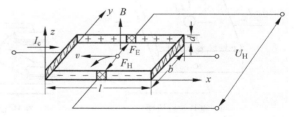

图 2-85 霍尔效应原理示意图

电场产生的电场力 F_E 将阻止电子的继续偏转，当方向相反的磁场力 F_H 与电场力 F_E 相等时，电子的积聚达到动态平衡。当电子运动速度为 v，电子电荷量为 q_0($q_0 = 1.602 \times 10^{-19}$ C)时，上述分析可用如下公式表示。

　　磁场 B 作用产生的磁场力为

$$F_H = q_0 vB \tag{2-83}$$

　　电场 E_H 作用产生的电场力为

$$F_E = q_0 E_H = q_0 \cdot \frac{U_H}{b} \tag{2-84}$$

式中，U_H 为霍尔电势($U_H = E_H b$)。

　　平衡时，磁场力与电场力相等，则

$$vB = \frac{U_H}{b} \quad \text{或} \quad U_H = bvB \tag{2-85}$$

电流密度 $j = nq_0v$，n 为电子浓度（单位体积中电子数），则电流 $I_c = jbd = nq_0vbd$。把电子速度 $v = I_c/nq_0bd$ 代入式（2-85），霍尔电势为

$$U_H = \frac{I_c B}{nq_0 d} = R_H \frac{I_c B}{d} = K_H I_c B \tag{2-86}$$

式中，R_H 为霍尔系数 $\left(R_H = \dfrac{1}{nq_0}\right)$，$m^3/C$；$K_H$ 为霍尔器件的灵敏系数 $\left(K_H = \dfrac{R_H}{d}\right)$，$V/(A \cdot T)$。

从式（2-86）可知，霍尔系数反映霍尔效应的强弱，由材料的物理性质决定，半导体材料导电粒子数目远小于金属材料，则霍尔效应强。霍尔器件的灵敏系数表示单位电流和单位磁场作用下开路的霍尔电势输出值大小。霍尔系数越大，霍尔器件越薄，则霍尔灵敏系数越大。

如果磁场方向与半导体薄片法线方向之间的夹角为 θ，法线方向即 z 方向，那么霍尔电势为

$$U_H = K_H I_c B \cos\theta \tag{2-87}$$

2. 霍尔元件的结构、符号及基本电路

（1）霍尔元件的结构、符号

霍尔元件是一种半导体四端薄片，它一般做成正方形，在薄片的相对两侧对称地焊上两对电极引出线，如图 2-86a 所示。其中一对（即 a、b 端）称为激励电流端，另外一对（即 c、d 端）称为霍尔电势输出端，c、d 端一般应处于侧面的中点。

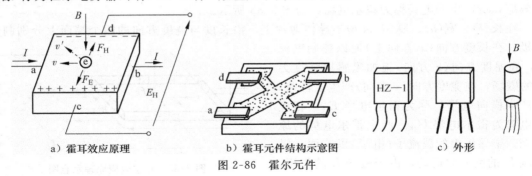

a）霍耳效应原理　　　　b）霍耳元件结构示意图　　　　c）外形

图 2-86　霍尔元件

在电路中，霍尔片一般可用两种符号表示，如图 2-87 所示。

霍尔元件的符号中字母 H 代表霍尔元件，后面的字母代表霍尔元件的材料种类，数字代表产品序号。例如，HZ—1 型的霍尔元件，其中 H 表示霍尔元件，Z 表示锗材料制成的霍尔元件；又如 HT—1 型，表明是用锑化铟材料制成的霍尔元件。

图 2-87　霍尔元件的符号

（2）霍尔片的基本电路

霍尔元件的基本电路如图 2-88 所示，控制电流（激励电流）由电源 E 供给，其大小可由调节电阻 R 来实现，霍尔片输出端接负载 R_L，R_L 可以是一般电阻，也可以是放大器的输入电阻或指示器的内阻。

在磁场和控制电流的作用下，负载上就有输出电压。在实际使用中，输入信号可为电流 I 或磁感应强度 B，或者两者同时作为输入，则输出信号可正比于 I 或 B，或两者之积。

由于建立霍尔效应所需的时间很短（约 $10^{-14} \sim 10^{-12}$ s），

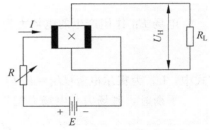

图 2-88　霍尔元件的基本电路

因此，控制电流用交流电时，频率可以很高(几千兆赫)。

3. 霍尔元件的特征参数

1）输入电阻 R_i。霍尔元件两激励电流端的直流电阻称为输入电阻，它的数值从几欧到几百欧，视不同型号的元件而定。温度升高，输入电阻变化，从而使输入电流改变，最终引起霍尔电势变化。为了减少这种影响，最好采用恒流源作为激励源。

2）输出电阻 R_o。两个霍尔电势输出端之间的电阻称为输出电阻，它的数值与输入电阻同一数量级，也随温度改变而改变。选择适当的负载电阻 R_L 与之匹配，可以使由温度引起的霍尔电势的漂移减至最小。

3）额定控制电流 I_c。由于霍尔电势随激励电流增大而增大，故在应用中应选用较大的激励电流。但激励电流增大，霍尔元件的功耗增大，元件的温度升高，从而引起霍尔电势的温漂增大，因此每种型号的元件均规定了相应的额定控制电流 I_c，它是指在磁感应强度 $B=0$，室温(不超过允许温升)条件下，从霍尔器件电流输入端输入的电流值。

4）最大磁感应强度 B_M。磁感应强度超过 B_M 时，霍尔电势的非线性误差将明显增大，B_M 数值一般小于零点几特斯拉。

5）灵敏度。$K_H = U_H / (I \cdot B)$，单位为 $mV/(mA \cdot T)$。

6）磁灵敏系数 K_B。K_B 指霍尔器件输出端开路电压与磁感应强度之比，单位 V/T。

7）不等位电势 U_M。霍尔器件制作时，两个输出电压电极不完全对称。器件厚度不均匀或输出电极焊接不良等原因造成在不加外磁场时，有一定控制电流输入，在输出电压电极之间仍有一定的电位差，为不等位电势。

8）位电阻 R_M。不等位电势与控制电流之比称为位电阻，即 $R_M = U_M / I_c$。

9）霍尔电势温度系数 β_H。在一定控制电流和磁感应强度作用下，温度变化 1℃ 时，霍尔电势 U_H 相对变化值，其单位 ℃$^{-1}$。

4. 霍尔传感器的连接方式和输出电路

（1）霍尔传感器的连接方式

除了霍尔传感器的基本电路外，为了获得较大的霍尔输出电压，可以采用几片霍尔传感器叠加的连接方式，如图 2-89 所示。

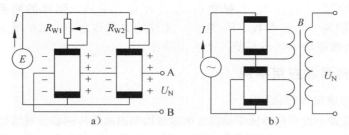

图 2-89　霍尔传感器输出叠加方式

图 2-89a 所示为直流供电情况。控制电流端并联，由 R_{W1} 和 R_{W2} 调节两个元件的输出霍尔电势，A、B 为输出端，它的输出电势为单个霍尔片的 2 倍。

图 2-89b 所示为交流供电情况。控制电流端串联，各元件输出端接输出变压器 B 的初级绕组；变压器的次级便有霍尔电势信号叠加值输出。

（2）霍尔传感器的输出电路

霍尔传感器有分立型和集成型两类。分立型分为单晶和薄膜两种；集成型分为线性霍尔

电路和开关霍尔电路。本书主要介绍集成型霍尔传感器的测量电路。霍尔器件是一种四端器件，本身不带放大器。霍尔电势一般是毫伏量级，实际使用中必须加差分放大器。

图 2-90 所示是线性霍尔集成传感器电路结构图，它将霍尔传感器、放大器、电压调整、电流放大输出级、失调调整和线性度调整等部分集成在一块芯片上，其特点是输出电压随外磁场感应强度 B 呈线性变化。霍尔集成传感器分单端输出和双端输出。

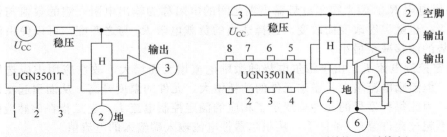

a）UGN3501T型结构（单端输出）　　　　b）UGN3501M型结构（双端输出）

图 2-90　线性霍尔集成传感器电路结构图

开关霍尔集成传感器是以硅为材料，利用平面工艺制造而成。因为 N 型硅的外延层材料很薄，故可以提高霍尔电压 U_H。用硅平面工艺技术将差分放大器、施密特触发器及霍尔传感器集成在一起，可大大提高传感器的灵敏度。其内部结构如图 2-91 所示。

霍尔效应产生的电势由差分放大器进行放大，随后被送到施密特触发器。当外加磁场 B 小于霍尔传感器磁场的工作点 B_{op}（0.03～0.48T）时，差分放大器的输出电压不足以开启施密特触发电路，驱动晶体管截止，霍尔传感器处于关闭状态。当外加磁场 B 大于或等于 B_{op} 时，差分放大器的输出增大，启动施密特触发电路，使晶体管导通，霍尔传感器处于开启状态。若此时外加磁场逐渐减弱，霍尔开关并不立即进入关闭状态，而是逐渐减弱至磁场释放点 B_{rp}，使差分放大器输出电压降到施密特电路的关闭阈值，晶体管才由导通变为截止。

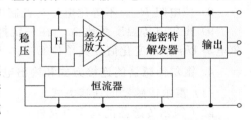

图 2-91　开关霍尔集成传感器结构框图

霍尔传感器的磁场工作点 B_{op} 和释放点 B_{rp} 之差称为磁感应强度的回差宽度 ΔB。B_{op} 和 ΔB 是霍尔传感器的两个重要参数。B_{op} 越小，元件的灵敏度越高；ΔB 越大，元件抵抗干扰能力越强，外来杂散磁场干扰不易使其产生误动作。

2.6.3　磁电式传感器应用举例

1. 磁电式振动速度传感器

CD-1 型绝对振动速度传感器属于动圈式恒定磁通型磁电式传感器。其结构如图 2-92 所示。

永久磁铁 3 通过铝架 4 和圆筒形导磁材料制成的壳体 7 固定在一起，形成磁路系统，壳体还起屏蔽作用。磁路中有两个环形气隙，右气隙中放有工作线圈 6，左气隙中放有用铜或铝制成的圆环形阻尼器 2，它们与芯轴 5 连在一起组成质量块，用圆形弹簧片 1 和 8 支撑在壳体上。壳体与被测体固连在一起。

其工作原理如下：当被测体振动时，壳体将与其一起振动，质量块将产生惯性力，而弹簧片又非常柔软，因此当被测频率 $\omega \gg \omega_0$ 时，线圈在磁路系统中相对永久磁铁运动，它以振动体的振动速度切割磁力线而产生感应电势，通过引线 9 接到测量电路。同时阻尼器 2 的运动产生电涡流形成阻尼力，起衰减固有频率 ω_0 和扩展频率范围的作用。

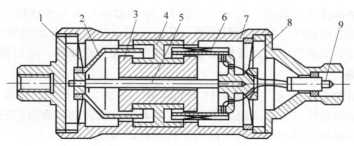

图 2-92　CD-1 型振动速度传感器

1，8—圆形弹簧片；2—圆环形阻尼器；3—永久磁铁；4—铝架；5—芯轴；6—工作线圈；7—壳体；9—引线

2. 磁电式转速传感器

磁电式转速传感器的结构如图 2-93 所示。它是由转轴 1、转子 2、永久磁铁 3、线圈 4 和定子 5 等组成。转子 2 和定子 5 都是用纯铁制成的。在它们的圆环端面上都均匀地铣有一定数目的齿槽，二者数目对应相等。转子 2 和转轴 1 固紧，它们与永久磁铁 3 组成磁路系统。

测量转速时，传感器的转轴 1 与被测体的转轴连接，因而带动转子 2 转动。当转子 2 的齿与定子 5 的齿相对应时，气隙最小，磁路中磁通最大；而当齿与槽相对应时，气隙最大，磁通最小；当定子不动而转子与被测体一起转动时，磁通就周期性变化，从而在线圈中就感应出近似于正弦的信号。转速 n 越高，感应电势频率越高，它们的关系也满足式(2-82)。

3. 磁电式扭矩仪

磁电式扭矩仪也称为变磁通式传感器，其结构如图 2-94 所示。转子和线圈都固定在传感器轴上，而定子和永久磁体固定在传感器的外壳上。转子和定子都有一一对应的齿和槽。

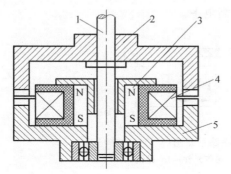

图 2-93　磁电式转速传感器

1—转轴；2—转子；3—永久磁铁；4—线圈；5—定子

图 2-94　磁电式扭矩仪结构示意图

测量扭矩时，需用两个传感器将它们的转轴（包括线圈和转子）分别固定在被测轴的两端，它们的外壳固定不动。安装时，一个传感器的定子齿与其转子齿相对，另一个传感器的定子槽与其转子齿相对。当被测轴无外加扭矩时，扭转角为零。这时若转轴以一定角速度旋转，则两个传感器产生相位差为 $180°$，近似正弦波的两个感应电势。当被测转轴受扭矩时，轴的两端产生扭角 φ。因此，两传感器输出的感应电势将因扭矩而产生附加相位差 φ_0，感应电势的附加相位差 φ_0 与扭转角 φ 的关系为 $\varphi_0 = z\varphi$（z 为定子或转子齿数）。然后经测量电路将相位再转换成时间差，就可测出扭矩。

4. 霍尔接近开关

利用开关型霍尔集成电路制作的接近开关具有结构简单、抗干扰能力强的特点，如

图 2-95 所示。运动部件 3 上装有一块永久磁铁 2，它的轴线与霍尔传感器 1 的轴线处在同一直线上。当磁铁随运动部件 3 移动到距传感器几毫米到十几毫米（此距离由设计确定）时，传感器的输出由高电平变为低电平，经驱动电路使继电器吸合或释放，运动部件停止移动。

5. 霍尔转速表

霍尔转速表如图 2-96 所示。在被测转速的转轴上安装一个齿盘，也可选取机械系统中的一个齿轮，将霍尔元件及磁路系统靠近齿盘，随着齿盘的转动，磁路的磁阻也周期性地变化，测量霍尔元件输出的脉冲频率就可以确定被测物的转速。

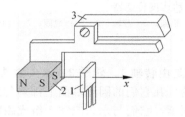

图 2-95　霍尔接近开关结构图

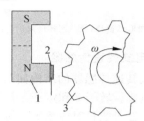

图 2-96　霍尔转速表

1—磁铁；2—霍尔元件；3—齿盘

6. 汽车霍尔电子点火器

图 2-97 是汽车霍尔电子点火器中霍尔传感器磁路示意图。将霍尔元件 3 固定在汽车分电器的白金座上，在分火点上装一个隔磁罩 1，罩的竖边根据汽车发动机的缸数，开出等间距的缺口 2，当缺口对准霍尔元件时，磁通通过霍尔元件而成闭合回路，所以电路导通，如图 2-97a 所示，此时霍尔电路输出低电平≤0.4 V；当罩边凸出部分挡在霍尔元件和磁体之间时，电路截止，如图 2-97b 所示，霍尔电路输出高电平。

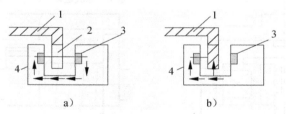

图 2-97　霍尔传感器磁路示意图

1—隔磁罩；2—隔磁罩缺口；3—霍尔元件；4—磁钢

7. 霍尔集成元件用于电动机转速测量电路

图 2-98 是电动机转速测量电路。磁极转子安装在被测电动机的转轴上，与电动机同时转动，用霍尔集成元件 UGN3040T 检测转子相应的磁通的变化，从而测量电动机的转速。电路中的 M51970L 是电动机专用集成电路，它进行频率-电压（f-V）变换。电动机转速相应的脉冲（频率）信号输入 M51970L 的 2 脚，1 脚上为转速的基准信号，时间常数由 R 和 C 设定。电动机转速 $N = 1/1.17(R+R_P)CP$（式中，P 为电动机每转 1 圈磁转子产生的脉冲数），由此可见，改变电阻（$R+R_P$）或电容 C 可设定电动机的转速。

8. 钢丝绳断丝检测装置

图 2-99 示出采用霍尔效应对钢丝绳做断线检测的例子。当钢丝绳通过霍尔元件时，钢丝绳中的断丝会改变永久磁铁产生的磁场，从而会在霍尔板中产生一个脉动电压信号。对该脉动信号进行放大和后续处理后可确定断丝根数及断丝位置。

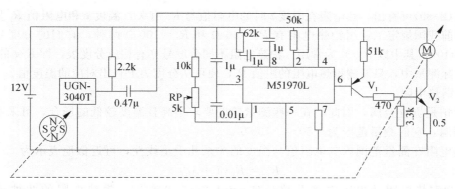

图 2-98 电动机转速测量电路

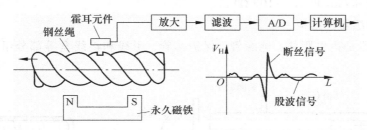

图 2-99 霍尔效应钢丝绳断丝检测装置

2.7 热电式传感器

热电式传感器是一种将温度变化转换为电量变化的装置。在各种热电式传感器中，以将温度量转换为电阻和电势的方法最为普遍，其中最常用于测量温度的是热电阻和热电偶，热电阻是将温度变化转换为电阻值的变化，而热电偶是将温度变化转换为电势变化。这两种热电式传感器目前在工业生产中得到了广泛应用，并且有与其相配套的显示仪表和记录仪表。

2.7.1 金属热电阻传感器

1. 常用热电阻温度特性

用于制造热电阻的材料应具有尽可能大和稳定的电阻温度系数和电阻率，电阻和温度关系最好成线性，物理化学性能稳定，复现性好等。目前最常用的热电阻有铂热电阻和铜热电阻。热电阻温度特性如图 2-100 所示。

（1）铂热电阻

铂热电阻的特点是精度高、稳定性好、性能可靠，所以在温度传感器中得到了广泛应用。按 IEC 标准，铂热电阻的使用温度范围为 $-200 \sim +850$℃。

铂热电阻的特性方程为

在 $-200 \sim 0$℃的温度范围内：

$$R_t = R_0 [1 + At + Bt^2 + C(t-100)t^3] \quad (2-88)$$

在 $0 \sim 850$℃的温度范围内：

$$R_t = R_0(1 + At + Bt^2) \quad (2-89)$$

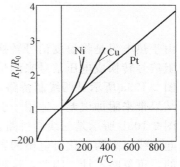

图 2-100 金属热电阻的温度特性曲线

式中，R_t 和 R_0 分别为 t℃和 0℃时铂电阻值；A、B 和 C 为常数。

从式(2-89)可看出，热电阻在温度 t 时的电阻值与 R_0 有关，温度 t 和电阻值 R_t 呈非线性关系。目前我国规定工业用铂热电阻有 $R_0 = 10\ \Omega$ 和 $R_0 = 100\ \Omega$ 两种，它们的分度号分别为 Pt10 和 Pt100，其中以 Pt100 为常用。铂热电阻不同分度号亦有相应分度表，即 R_t-t 的关系表，这样在实际测量中，只要测得热电阻的阻值 R_t，便可从分度表上查出对应的温度值。

（2）铜热电阻

由于铂是贵重金属，因此，在一些测量精度要求不高且温度较低的场合，可采用铜热电阻进行测温，它的测量范围为 $-50 \sim +150\ ℃$。

铜热电阻在测量范围内其电阻值与温度的关系几乎呈线性，可近似地表示为

$$R_t = R_0(1 + \alpha t) \tag{2-90}$$

式中，α 为铜热电阻的电阻温度系数，取 $\alpha = 4.28 \times 10^{-3}/℃$；铜热电阻的两种分度号为 Cu50（$R_0 = 50\ \Omega$）和 Cu100（$R_0 = 100\ \Omega$）。

2. 热电阻传感器的结构

热电阻传感器是由电阻体、绝缘管、保护套管、引线和接线盒等部分组成，如图 2-101 所示。

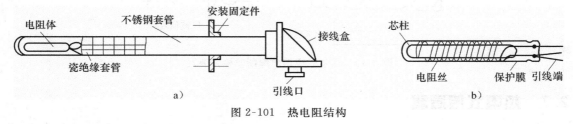

图 2-101 热电阻结构

3. 热电阻传感器的测量

热电阻内部引线方式有两线制、三线制和四线制三种，如图 2-102 所示。两线制中引线电阻对测量影响大，用于测温精度不高的场合。三线制可以减小热电阻与测量仪表之间连接导线的电阻因环境温度变化所引起的测量误差。四线制可以完全消除引线电阻对测量的影响，用于高精度温度检测。

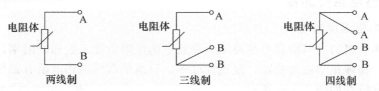

图 2-102 热电阻内部引线方式

由于热电阻是将温度信号转换成电阻信号，所以一般实际的测量电路是采用电桥接法，将电阻信号转换成电压信号来测量。图 2-103 为热电阻的几种电桥测量电路接法。

图 2-103a 所示是两线制桥路，这种种引线方式比较简单，但引线电阻及其变化值会给测量结果带来附加误差，适用于引线较短、测量精度要求不高的场合。

图 2-103b 所示是三线制桥路，由于热电阻的两根连线分别置于相邻两桥臂内，所以温度引起连线电阻的变化对电桥的影响相互抵消，电源连线电阻的变化对供桥电压影响是极其微小的，可忽略不计。因此，这种引线方式可以较好地消除引线电阻的影响，测量精度比两线制高，应用比较广泛。工业热电阻通常采用三线制接法，尤其在测温范围窄、导线长、架设铜导线途中温度易发生变化等情况下，必须采用三线制接法。

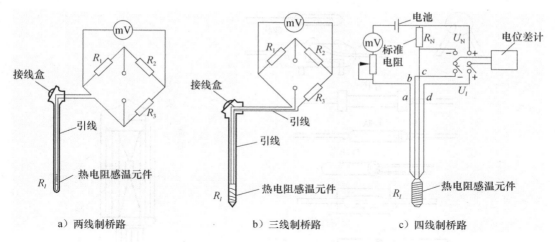

a) 两线制桥路　　　　　b) 三线制桥路　　　　　c) 四线制桥路

图 2-103　热电阻的几种电桥测量电路

图 2-103c 所示是四线制桥路,其中两根引线为热电阻提供恒流源,在热电阻上产生的压降通过另两根引线引至电位差计进行测量。这种接线方式能完全消除引线电阻带来的附加误差,且在连接导线阻值相同时,也可消除连接导线的影响。这种引线方式主要用于高精度的温度检测。

必须指出,无论是三线制还是四线制,引线都应该从热电阻感温元件根部引出,不能从热电阻的接线端子上分出。

2.7.2　半导体热敏电阻传感器

半导体热敏电阻传感器具有体积小、响应速度快、灵敏度高、价格便宜等优点,因而广泛用于温度测量和控制、温度补偿、液面测量、流量测量、气压测量、火灾报警、开关电路、过载保护、时间延时、稳定振幅、自动增益调整等电气设备中。

1. 热敏电阻的原理

热敏电阻是利用半导体的电阻随温度变化的特性制成的测温元件。按温度系数可分为三种类型:正温度系数型 PTC(随温度的升高电阻增大的热敏电阻)、负温度系数型 NTC(随温度的升高电阻变小的热敏电阻),以及在某一定温度下电阻值会发生突变的临界温度电阻器 CTR。热敏电阻的温度特性曲线如图 2-104 所示。

2. 热敏电阻的外形结构

图 2-104　NTC、CTR、PTC 的温度特性曲线

热敏电阻的形状多种多样,有圆片状、圆柱状、珠状等,如图 2-105 所示。

2.7.3　热电偶传感器

热电偶传感器简称热电偶,是将温度量转换为电势大小的热电式传感器,其工作原理是依据导体的热电效应。

1. 热电效应

当两种不同的导体 A 和 B 组成闭合回路时,若两接点温度不同,则在该电路中会产生电动势,这种现象称为热电效应,如图 2-106 所示。两种材料的组合称为热电偶,材料 A 和 B 称为热电极;两个接点,一个称为测量端,或热端,或工作端;另一个称为参考端,或冷端,或自由端。

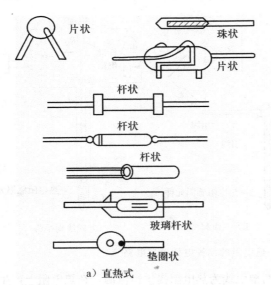

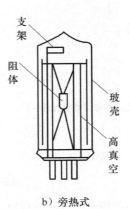

a）直热式   b）旁热式

图 2-105　各类热敏电阻的外形及结构

热电偶回路产生的电动势由两部分组成：其一是两种导体的接触电势；其二是单一导体的温差电势。

（1）两种导体的接触电势

当两种导体 A、B 接触时，由于不同材料的电子密度不同，在接触面上会发生电子扩散现象。设导体 A、B 的电子密度分别为 N_A、N_B，且 $N_A > N_B$。则在接触面上由 A 扩散到 B 的电子比由 B 扩散到 A 的电子多，从而 A 侧失去了电子带正电，B 侧得到电子带负电，在接触面处形成一个 A 到 B 的静电场，如图 2-107 所示。这个电场阻碍了电子的继续扩散，当达到动态平衡时，接触面形成一个稳定的电位差，即接触电势 E_{AB}。

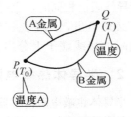

图 2-106　热电偶原理

（2）单一导体的温差电势

单一导体中，如果两端温度分别为 t、t_0 $(t > t_0)$，导体内自由电子在高温端具有较大的动能，因而向低温端扩散，高温端因推动电子而带正电，低温端得到自由电子带负电，即在导体两端产生了电动势，这个电动势称为单一导体的温差电动势。如图 2-108 所示。

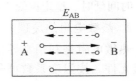

图 2-107　两种导体的接触电热

如图 2-109 所示，热电偶电路中产生的总热电势为

$$E_{AB}(t,t_0) = E_{AB}(t) - E_A(t,t_0) + E_B(t,t_0) - E_{AB}(t_0)$$

$$(2\text{-}91)$$

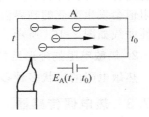

图 2-108　单一导体的温差电势

在式（2-91）中，$E_{AB}(t, t_0)$ 为热电偶电路中的总电动势；$E_A(t, t_0)$ 为 A 导体的温差电动势；$E_{AB}(t)$ 为热端接触电动势；$E_B(t, t_0)$ 为 B 导体的温差电动势；$E_{AB}(t_0)$ 为冷端接触电动势。

在总电动势中，温差电动势比接触电动势小很多，可忽略不计，则热电偶的总热电动势可表示为

$$E_{AB}(t,t_0) = E_{AB}(t) - E_{AB}(t_0) = f(t)$$

$$(2\text{-}92)$$

对于已经选定的热电偶，当参考端温度 t_0 恒定时，E_{AB}(t_0) 为常数，总的电动势就只与温度 t 成单值函数关系。

2. 基本定律

1）均质导体定律。由一种导体组成的闭合回路，不论导体的截面积和长度如何，也不论各处温度如何，都不产生热电势。

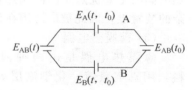

图 2-109　热电偶闭合回路

2）中间导体定律。在热电偶电路中接入第三种导体 C，只要导体 C 两端温度相等，热电偶产生的总热电动势不变。如图 2-110 所示。根据这个定律，热电偶回路中接入测量仪表、连线等不影响热电势的测量。

3）中间温度定律。热电偶 AB 在接点温度为 t、t_0 时的热电势 $E_{AB}(t, t_0)$ 等于热电偶 AB 在接点温度 t、t_c 和 t_c、t_0 时的热电势 $E_{AB}(t, t_c)$ 和 $E_{AB}(t_c, t_0)$ 的代数和：

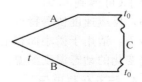

图 2-110　接入第三种导体示意图

$$E_{AB}(t, t_0) = E_{AB}(t, t_c) + E_{AB}(t_c, t_0) \tag{2-93}$$

根据这一定律，只要列出热电势在冷端温度为 0℃ 的分度表，就可以求出冷端在其他温度时的热电势值。

4）标准电极定律。如果已知热电极 A、B 分别与热电极 C 组成的热电偶在(t，t_0) 时的热电势分别为 $E_{AC}(t, t_0)$ 和 $E_{BC}(t, t_0)$，如图 2-111 所示，由 A、B 组成的热电偶可按下式计算：

$$E_{AB}(t, t_0) = E_{AC}(t, t_0) - E_{BC}(t, t_0) \tag{2-94}$$

这里热电极 C 称为标准电极。因为铂容易提纯，熔点高，性能稳定，所以标准电极通常采用纯铂丝制成。标准电极定律也称为参考电极定律或组成定律。

标准电极定律使得热电偶选配电极的工作大为简化，只要已知有关热电极与标准电极相配对时的热电势，利用上述公式就可以求出任何两种热电极配成热电偶的热电势。

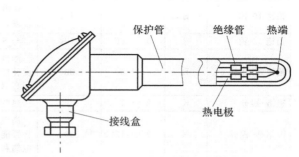

图 2-111　标准电极定律示意图

3. 热电偶的结构形式

为了适应不同生产对象的测温要求和条件，热电偶的结构形式有普通型热电偶、铠装热电偶和薄膜热电偶等。

（1）普通型热电偶

普通型热电偶在工业上使用最多，它一般由热电极、绝缘套管、保护管和接线盒组成，其结构如图 2-112 所示。普通型热电偶按其安装时的连接形式不同可分为固定螺纹连接、固定法兰连接、活动法兰连接、无固定装置等多种形状。

图 2-112　普通型热电偶结构

（2）铠装热电偶

铠装热电偶又称套管热电偶。它是由热电偶丝、绝缘材料和金属套管三者经拉伸加工而成的坚实组合体，如图 2-113 所示。它可以做得很细很长，使用中随需要能任意弯曲。铠装

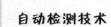

热电偶的主要优点是测温端热容量小，动态响应快，机械强度高，挠性好，可安装在结构复杂的装置上，因此被广泛用在许多工业部门中。

（3）薄膜热电偶

薄膜热电偶是由两种薄膜热电极材料，用真空蒸镀、化学涂层等办法蒸镀到绝缘基板上面制成的一种特殊热电偶，如图 2-114 所示。薄膜热电偶的热接点可以做得很小（可薄到 $0.01\sim0.1~\mu m$），具有热容量小，反应速度快等特点，热响应时间达到微秒级，适用于微小面积上的表面温度以及快速变化的动态温度测温。

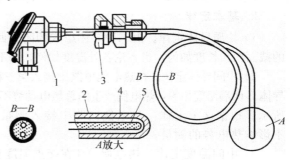

图 2-113　铠装热电偶结构
1—接线盒；2—金属套管；3—固定装置；
4—绝缘材料；5—热电极

4. 标准化热电偶

根据热电偶的测温原理，任何两种导体都可以组成热电偶，用来测量温度。但是为了保证在工程技术中应用可靠，并具有足够的准确度，因此不是所有材料都能作为热电偶材料。常用热电偶可分为标准热电偶和非标准热电偶两大类。所谓标准热电偶是指国家标准规定了其热电势与温度的关系、允许误差、并有统一的标准分度表的热电偶，它有与其配套的显示仪表可供选用；非标准化热电偶在使用范围或数量级上均不及标准化热电偶，一般也没有统一的分度表，主要用于某些特殊场合的测量。

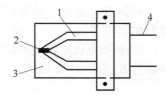

图 2-114　薄膜型热电偶结构
1—热电极；2—热接点；
3—绝缘基板；4—引出线

表 2-1 给出了 8 种标准化热电偶的名称、分度号、测温范围和主要性能，表中所列的每一种型号的热电材料前者为热电偶的正极，后者为负极。

表 2-1　标准化热电偶

热电偶名称	分度号	测温范围/℃		特点及应用场合
		长期使用	短期使用	
铂铑 10-铂	S	0～1300	1700	热电特性稳定，抗氧化性强，测量精确度高，热电势小，线性差，价格高。可作为基准热电偶，用于精密测量
铂铑 13-铂	R	0～1300	1700	与 S 型性能几乎相同，只是热电势同比大 15%
铂铑 30-铂铑 6	B	0～1600	1800	测量上限高，稳定性好，在冷端温度低于 100℃。不用考虑温度补偿问题，热电势小，线性较差，价格高，使用寿命远高于 S 型和 R 型
镍铬-镍硅	K	−270～1000	1300	热电势大，线性好，性能稳定，广泛用于中高温测量
镍铬硅-镍硅	N	−270～1200	1300	高温稳定性及使用寿命较 K 型有成倍提高，价格远低于 S 型，而性能相近，在−200～1300℃范围内，有全面代替廉价金属热电偶和部分 S 型热电偶的趋势
铜-铜镍（康铜）	T	−270～350	400	准确度高，价格低，广泛用于低温测量
镍铬-铜镍	E	−270～870	1000	热电势较大，中低温稳定性好，耐腐蚀，价格便宜，广泛用于中低温测量
铁-铜镍	J	−270～750	1200	价格便宜，耐 H_2 和 CO_2 气体腐蚀，在含碳或铁的条件下使用也很稳定，适用于化工生产过程的温度测量

5. 热电偶冷端温度的处理

从热电偶测温基本公式可以看到，热电偶产生的热电势，对某一种热电偶来说，只与工作端温度 t 和自由端温度 t_0 有关，即

$$E_{AB}(t,t_0) = E_{AB}(t) + E_{AB}(t_0) \tag{2-95}$$

热电偶的分度表是以 $t_0 = 0℃$ 作为基准进行分度的，而在实际使用过程中，自由端温度 t_0 往往不能维持在 $0℃$，那么工作端温度为 t 时，在分度表中所对应的热电势 $E_{AB}(t, 0)$ 与热电偶实际输出的电势值 $E_{AB}(t, t_0)$ 之间存在误差，根据中间温度定律，误差为

$$E_{AB}(t,0) - E_{AB}(t,t_0) = E_{AB}(t_0,0) \tag{2-96}$$

因此需要对热电偶自由端温度进行处理。

由于热电偶的材料一般都比较贵重（特别是采用贵金属时），而测温度点到仪表的距离都很远，为了节省热电偶材料，降低成本，通常采用补偿导线把热电偶的冷端（自由端）延伸到温度比较稳定的控制室内，连接到仪表端子上。必须指出，热电偶补偿导线的作用只起延伸热电极，使热电偶的冷端移动到控制室的仪表端子上，它本身并不能消除冷端温度变化对测温的影响，不起补偿作用。因此，还需采用其他修正方法来补偿冷端温度 $t_0 \neq 0℃$ 时对测温的影响。

在使用热电偶补偿导线时必须注意型号相配，极性不能接错，补偿导线与热电偶连接端的温度不超过 $100℃$。

（1）补偿导线法

由于热电偶的材料一般都比较贵重（特别是采用贵金属时），在实际测温时，需要把热电偶输出的电势信号传输到远离现场数十米的控制室里的显示仪表或控制仪表上，这样参考端温度 t_0 也比较稳定。热电偶一般做得较短，需要用补偿导线将热电偶的冷端延伸出来，如图 2-115 所示。

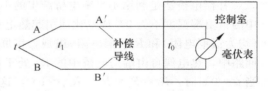

图 2-115 带补偿导线的热电偶测温原理

要求补偿导线和所配热电偶具有相同的热电特性，常用补偿导线如表 2-2 所示。

表 2-2 常用补偿导线

补偿导线型号	配用的热电偶分度号	补偿导线		补偿导线颜色	
		正 极	负 极	正极	负极
SC	S（铂铑$_{10}$-铂）	SPC（铜）	SNC（铜镍）	红	绿
KC	K（镍铬-镍硅）	KPC（铜）	KNC（铜镍）	红	蓝
KX	K（镍铬-镍硅）	KPX（镍铬）	KNX（镍硅）	红	黑
EX	E（镍铬-铜镍）	EPX（镍铬）	ENX（铜镍）	红	棕
JX	J（铁-铜镍）	JPX（铁）	JNX（铜镍）	红	紫
TX	T（铜-铜镍）	TPX（铜）	TNX（铜镍）	红	白

在使用补偿导线时必须注意以下几个问题：

1）补偿导线只能在规定的温度范围内（一般为 $0 \sim 100℃$）与热电偶的热电相等或相近；

2）不同型号的热电偶有不同的补偿导线；

3）热电偶与补偿导线连接的两个接点处要保持相同温度；

4）补偿导线有正负极之分，需分别与热电偶的正负极相连；

5）补偿导线的作用只是延伸热电偶的自由端，当自由端温度 $t_0 \neq 0℃$ 时，还需要进行其

他补偿与修正。

（2）计算修正补偿

设热电偶的测量端温度为 t，自由端温度为 $t_0 \neq 0℃$，根据中间温度定律有

$$E(t,0) = E(t,t_0) + E(t_0,0)$$

式中，$E(t,0)$ 是热电偶测量端温度为 t、自由端温度为 $0℃$ 时的热电势；$E(t,t_0)$ 为热电偶测量端温度为 t、自由端温度为 t_0 时所实际测得的热电势值；$E(t_0,0)$ 为自由端温度为 t_0 应加的修正值。

【例 2.1】 S 型热电偶在工作时自由端温度为 $t_0 = 25℃$，现测得热电偶的电势为 7.3 mV，求被测介质实际温度。

解 由题意知，热电偶测得的电势为 $E(t,25) = 7.3$ mV，由分度表查得修正值为

$$E(25,0) = 0.143 \text{ mV},$$

则

$$E(t,0) = E(t,25) + E(25,0) = 7.3 + 0.143 = 7.443(\text{mV})$$

从分度表中查出与其对应的实际温度为 809℃。

（3）自由端恒温法

在工业应用时，一般把补偿导线的末端（即热电偶的自由端）引至电加热的恒温器中，使其维持在某一恒定的温度。在实验室及精密测量中，通常把自由端放在盛有绝缘油的试管中，然后将其放入装满冰水混合物的容器中，以使自由端温度保持在 0℃，这种方法称为冰浴法。

（4）自动补偿（补偿电桥法）

补偿电桥法是利用不平衡电桥产生的不平衡电压作为补偿信号，自动补偿热电偶测量过程中因自由端温度不为 0℃ 或变化而引起热电势的变化值。如图 2-116 所示，电桥由 R_1、R_2、R_3（均为锰铜电阻）和 R_{Cu}（铜电阻）组成，串联在热电偶回路中，热电偶自由端与电桥中的 R_{Cu} 处于相同温度。当 $t_0 = 0℃$ 时，$R_1 = R_2 = R_3 = R_{\text{Cu}} = 1\ \Omega$，这时电桥处于平衡状态，无电压输出，即 $U_{AB} = 0$，此时热电偶回路的热电势为 $E_{AB} = E(t,0)$，当自由端温度变化时，R_{Cu} 也将改变，于是电桥两端 A、B 就会输出一个不平衡电压 U_{AB}，如选择适当的 R_s 可以使电桥的输出电压 $U_{AB} = E(t_0,0)$，从而使回路中的总电势仍为 $E(t_0,0)$，达到了自由端温度自动补偿的目的。

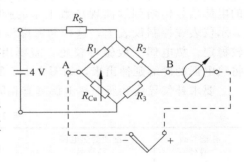

图 2-116 补偿电桥

【例 2.2】 有一个实际的热电偶测温系统，如图 2-117 所示，两个热电极的材料为镍铬-镍硅，L_1，L_2 分别为配镍铬-镍硅热电偶的补偿导线，测量系统配用 K 型热电偶的温度显示仪表（带补偿导线）来显示被测温度的大小。设 $t = 300℃$，$t_c = 50℃$，$t_0 = 20℃$，①求测量回路的总电势及温度显示仪表的读数；②如果补偿导线为普通铜导线，则测量回路的总电势和温度的显示值为多少？

图 2-117 一个实际的热电偶测温系统

解 ① 由题意可知，使用的热电偶的分度号为 K 型，则总的回路电势为

$$E = E_K(t,t_c) + E_{K补}(t_c,t_0) + E_补(t_0,0)$$

式中，$E_K(t,t_c)$ 为 K 型热电偶产生的热电势；$E_{K补}(t_c,t_0)$ 为配 K 型热电偶的补偿导线产生的电势；$E_补(t_0,0)$ 为补偿电桥提供的电势。由于补偿导线和补偿电桥都是配 K 型热电偶

的，因此，这两部分产生的电势可近似为 $E_K(t_c,t_0)$ 和 $E_K(t_0,0)$，所以总电势可写为

$$E = E_K(t,t_c) + E_K(t_c,t_0) + E_K(t_0,0) = E_K(t,0)$$

将 $t=300℃$ 代入上式，并查 K 型热电偶的分度表，得 $E=12.209\text{ mV}$。显然，这仪表读数为 300℃。

② 当补偿导线是普通铜导线时，因为是同一种导体铜，所以不产生电动势，即 $E_{K补}(t_c,t_0)=0$，那么回路总电势为

$$E = E_K(t,t_c) + E_补(t_0,0) = E_K(300,0) + E_K(20,0)$$
$$= (12.209 - 2.023) + (0.798 - 0) = 10.984(\text{mV})$$

查 K 型分度表，得到 $t_{显示}=270.3℃$。

通过该题的计算可以发现，在热电偶测量系统中，不正确的补偿导线接法会引起错误的结果。

2.7.4　集成温度传感器

集成温度传感器是将感温器件（如温敏晶体管）及其外围电路，集成在同一基片上制成的。这种温度传感器的最大优点在于小型化、使用方便和成本低廉，已广泛应用于温度的监测、控制和补偿电路中。集成温度传感器按输出量分为电流输出型传感器、电压输出型传感器以及新型的数字输出型传感器三大类。典型的电流输出型集成温度传感器有美国 AD 公司生产的 AD590，我国产的 SG590 也属于同类产品。

1. 集成温度传感器的基本原理

集成温度传感器是利用 PN 结的伏安特性与温度之间的关系研制成的一种固态传感器。PN 结的伏安特性可表示为

$$I = I_s\left(\exp\frac{qU}{kT} - 1\right) \qquad (2-97)$$

式中，I 为 PN 结正向电流；I_s 为 PN 结反向饱和电流；U 为 PN 结正向压降；T 为绝对温度；q 为电子电荷量，$1.602\times10^{-19}\text{ C}$；$k$ 为玻耳兹曼常数，$1.38\times10^{-23}\text{ J/K}$。

当 $\exp\dfrac{qU}{kT}\gg1$ 时，则上式为 $I=I_s\exp\dfrac{qU}{kT}$，两边取对数，则 $U=\dfrac{kT}{q}\ln\dfrac{I}{I_s}$。

由此可见，只要通过 PN 结上的正向电流 I 恒定，则 PN 结的正向压降 U 与温度的线性关系只受反向饱和电流 I_s 的影响。I_s 是温度的缓变函数，只要选用适当的工艺，选择合适的掺杂浓度，就可认为在不太宽的温度范围内，I_s 近似常数。因此，正向压降 U 与温度 T 呈线性关系

$$\frac{dU}{dT} = \frac{k}{q}\ln\frac{I}{I_s} \approx 常数$$

这就是 PN 结温度传感器的基本原理。

2. 集成温度传感器的典型电路

图 2-118 为电流型集成温度传感器

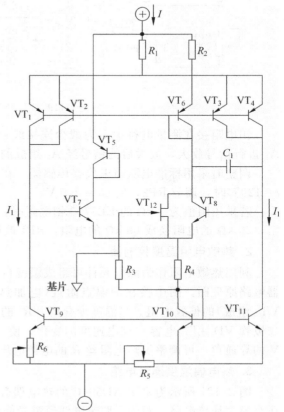

图 2-118　AD590 温度传感器等效电路

AD590 的内部等效电路。图中 VT_9、VT_{11} 是产生基-射电压正比于绝对温度的晶体管，R_5、R_6 将电压转换为电流。VT_1、VT_2、VT_3、VT_4 的发射极都连接到 R_1 上，VT_6 的发射极则接到 R_2 上，选择适当的 R_1、R_2 值，可克服因 VT_6 集电极电位与其他 PNP 晶体管集电极电位不同而引起的误差。VT_5 的作用是与 VT_6 对称以平衡 VT_7、VT_8 的集电极电压，减小 VT_7、VT_8 基区调制效应引起的误差。VT_5 还有保护器件的作用。如没有 VT_5 管，一旦电源极性接反，就会有大电流流过而烧坏器件。VT_7、VT_8 的工作电流来自 VT_{10}，VT_{10} 的集电极电流跟踪 VT_9 和 VT_{11} 集电极电流，它提供电路所有的偏置及电路其余部分基底漏电流，从而使总电流也正比于绝对温度。VT_{12} 实际上是一个高值的外延层电阻，以保证在接电源时可靠的启动。电容 C_1 及 R_3、R_4 的作用是防止产生寄生振荡。

2.7.5　热电式传感器应用举例

1. 高精度温度传感器测量电路

EL-700 是一种新型的厚膜铂电阻高精度温度传感器，其阻值有两种，分别为 $100\ \Omega$ 和 $1\ k\Omega$，由于尺寸小、阻值高、灵敏度高、热容量小、响应快等优点而广泛应用于温度测量。图 2-119 所示为采用 EL-700($100\ \Omega$)铂电阻的测温电路，测温范围为 $20\sim120\text{℃}$，相应输出为 $0\sim2\ V$，输出电压可直接输入单片机作显示及控制信号。

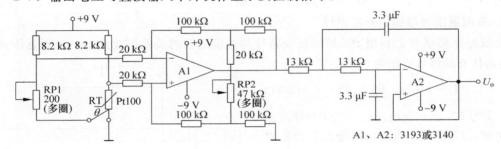

图 2-119　EL-700 铂电阻测温电路

铂电阻接在测量电桥中，为减少连接线过长而引起的测量误差，应该采用三线制。由 A_1 进行信号放大，放大后的信号经 A_2 组成的低通滤波器滤去无用杂波。

调整时采用标准电阻箱来代替传感器。在 $t=20\text{℃}$ 时，调节 RP1，使输出 $U_o=0\ V$；在 $t=120\text{℃}$ 时，调节 RP2，使 $U_o=2.0\ V$。

若采用阻值为 $1\ k\Omega$ 的 EL-700 铂电阻时，将图 2-119 中 $8.2\ k\Omega$ 的电阻换成 $18\ k\Omega$ 的电阻，$20\ k\Omega$ 的电阻换成 $68\ k\Omega$ 的电阻，RP1 改用 $2\ k\Omega$ 的电位器即可。

2. 热敏电阻温度控制器

利用热敏电阻作为测量元件可组成温度自动控制系统。图 2-120 为温度自动控制电加热器电路原理图。图中接在测温点附近（电加热器 R）的热敏电阻 R_t 作为差动放大器（VT_1，VT_2 组成）的偏置电阻。当温度变化时，R_t 的值也变化，引起 VT_1 集电极电流的变化，经二极管 VD_2 引起电容 C 充电速度的变化，使单结晶体管 VJT 的输出脉冲移相，改变晶闸管 V 的导通角，可调整加热电阻丝 R 的电源电压，达到温度自动控制的目的。

3. 热电偶温度测量电路

图 2-121 所示为采用 AD594C 的热电偶温度测量电路。AD594C 片内除有放大电路外，还有温度补偿电路，对于 J 型热电偶经激光修整后可得到 $10\ mV/\text{℃}$ 输出。在 $0\sim300\text{℃}$ 测量范围内的精度为 $\pm1\text{℃}$。若 AD594C 输出接 A/D 转换器，则可构成数字显示温度计。电路中

的 2B20B 是电压/电流变换器，将运放 A1 所放大的与温度相应的电压信号变换为 4～20mA 的电流环进行远距离的传送。

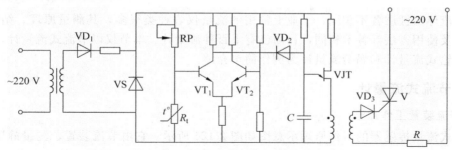

图 2-120 应用热敏电阻的电加热器电路原理图

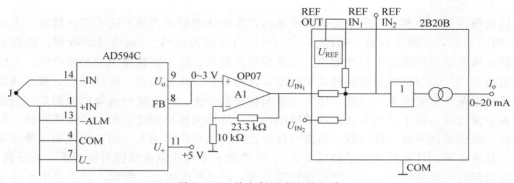

图 2-121 热电偶温度测量电路

4. AD590 温度测量电路

图 2-122 是一个简单的测温电路。AD590 在 25℃（298.2 K）时，理想输出电流为 298.2 μA，但实际上存在一定误差，可以在外电路中进行修正。将 AD590 串联一个可调电阻，在已知温度下调整电阻值，使输出电压 U_T 满足 1 mV/K 的关系（如 25℃时，U_T 应为 298.2 mV）。调整好以后，固定可调电阻，即可由输出电压 U_T 读出 AD590 所处的热力学温度。

5. AD590 控温电路

简单的控温电路如图 2-123 所示。AD311 为比较器，它的输出控制加热器的电流，调节 R_1 可改变比较电压，从而改变了控制温度。AD581 是稳压器，为 AD590 提供一个合理的稳定电压，电容 C_1 用于滤除噪声，R_H 和 R_L 为 R_T 设置了最高和最低的限制。

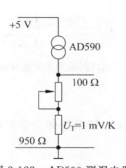

图 2-122 AD590 测温电路

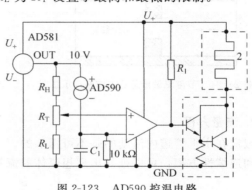

图 2-123 AD590 控温电路
1—AD311；2—加热元件

2.8 常用流量计

由于流体的性质各不相同，工业上常用的流量仪表种类很多，其测量原理、结构特性、适用范围及使用方法等各不相同，目前已有上百种流量计。本节仅以节流式流量计、电磁流量计、涡轮式流量计和涡街流量计为例作简单介绍。

2.8.1 节流式流量计

1. 节流装置工作原理

节流式流量传感器的工作原理示意图如图 2-124 所示。它由节流装置、测量静压装置和测量仪表三部分构成。所谓节流装置是在管道中安装一个直径比管径小的节流件，如孔板、喷嘴、文丘利管等。

以孔板为例，观察在管道中流动的流体经过节流体的静压力和流速的变化情况。实验表明(见图 2-125)，在距孔板前大约 $(0.5\sim2)D(D$ 为管道内径)处，流束开始收缩，即靠近管壁处的流体开始向管道的中心处加速。流束经过孔板后，由于惯性作用而继续收缩，大约在孔板后的 $(0.3\sim0.5)D$ 处流束的截面积最小，流速最快、压力最低。在这以后，流束开始扩展，流速逐渐恢复到原来的速度，压力也逐渐恢复到最大。产生这种现象的原因是，当流体在管道中流过时，由于受到节流元件的阻挡作用，流体的流动速度变慢，动压能降低，静压能升高，流体通过节流元件以后，节流元件对流体的阻碍作用消失，动压能升高，静压能降低，于是在节流元件前后产生了静压差 Δp，压差的大小与流量成单值对应关系，流量越大，流束的局部收缩和静压能、动压能的转化越显著，即 Δp 也越大。所以，只要测出节流元件前、后的静压差，就能求得流经节流元件的流量的大小。值得注意的是，流体经过节流元件以后，压力逐步恢复到最大，但不能恢复到收缩前的压力值，这是因为流体经过节流元件时有永久性的压力损失所致。

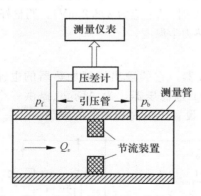

图 2-124 节流流量传感器工作原理示意图

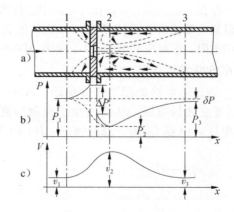

图 2-125 流体流经节流件时压力和流速变化情况

2. 流量方程

假定在水平管道内流动的是不可压缩的、无黏性的理想流体，依据流体力学中的伯努利方程和连续性方程，可以推导出理想流体的流量基本方程式，即

$$\frac{P_1}{\rho} + \frac{v_1^2}{2} = \frac{P_2}{\rho} + \frac{v_2^2}{2} \tag{2-98}$$

$$v_1 \rho \frac{\pi}{4} D^2 = v_2 \rho \frac{\pi}{4} d^2 \tag{2-99}$$

式中，P_1、P_2 分别为截面 1 和 2 上流体的静压力；v_1、v_2 分别为截面 1 和 2 上流体的平均流速；D、d 分别为截面 1 和 2 上流束直径；ρ 为流体的密度。由式（2-98）和式（2-99）可求得流经节流件的速度为

$$v_2 = \frac{1}{\sqrt{1-(d/D)^4}} \sqrt{\frac{2}{\rho}(P_1 - P_2)} \tag{2-100}$$

根据体积流量的定义，可写出体积流量的理论方程式为

$$q_v = v_2 A_2 = \frac{1}{\sqrt{1-(d/D)^4}} \frac{\pi}{4} d^2 \sqrt{\frac{2}{\rho}(P_1 - P_2)} \tag{2-101}$$

质量流量方程式为

$$q_m = \rho v_2 A_2 = \frac{1}{\sqrt{1-(d/D)^4}} \frac{\pi}{4} d^2 \sqrt{2\rho(P_1 - P_2)} \tag{2-102}$$

3. 实际流量公式

由上面推导出的理论流量方程式可知，通过节流元件的被测流体的流量与节流元件上、下游的差压存在一定的函数关系。但是由于实际流体与理想流体之间的差异，如果按理论流量方程式计算流量值，将远大于实际流量值。所以，只有对理论流量方程式进行修正后，才能应用于实际流量的计算。

引入流出系数 C，定义为实际流量与理论流量之比。并以实际采用的某种取压方式所得的压差 Δp 来代替（$p_1 - p_2$）的值，令直径比 $\beta = \dfrac{d}{D}$，对式（2-101）和式（2-102）进行修正，得

$$q_v = \frac{C}{\sqrt{1-\beta^4}} \frac{\pi}{4} d^2 \sqrt{\frac{2}{\rho}\Delta p} = \alpha \frac{\pi}{4} d^2 \sqrt{\frac{2}{\rho}\Delta p} \tag{2-103}$$

$$q_m = \frac{C}{\sqrt{1-\beta^4}} \frac{\pi}{4} d^2 \sqrt{2\rho\Delta p} = \alpha \frac{\pi}{4} d^2 \sqrt{2\rho\Delta p} \tag{2-104}$$

式中，α 称为流量系数，是通过实验方法确定的。

$$\alpha = \frac{C}{\sqrt{1-\beta^4}} = CE \tag{2-105}$$

$$E = \frac{1}{\sqrt{1-\beta^4}} \tag{2-106}$$

对于可压缩流体，考虑到节流过程中流体密度的变化而引入流束膨胀系数 ε 进行修正，采用节流件前的流体密度，由此流量公式可表示为

$$q_v = \alpha\varepsilon \frac{\pi}{4} d^2 \sqrt{\frac{2}{\rho}\Delta p} \tag{2-107}$$

$$q_m = \alpha\varepsilon \frac{\pi}{4} d^2 \sqrt{2\rho\Delta p} \tag{2-108}$$

式中，ε 为膨胀系数，当被测流体为液体时，$\varepsilon=1$；当被测流体为气体、蒸汽时，$\varepsilon<1$。

4. 标准节流件

常用的标准节流元件有标准孔板、喷嘴和文丘利管。

（1）标准孔板

标准孔板的形状如图 2-126 所示，是一块具有与管道同心圆形开孔的圆板，迎流一侧是

有锐利直角入口边缘的圆筒形孔,顺流的出口呈扩散的锥形。标准孔板的开孔直径 d 是一个非常重要的尺寸,对制成的孔板,应至少取 4 个大致相等的角度测得直径的平均值。任一孔径的单测值与平均值之差不得大于 0.05%。孔径 d 在任何情况下都应大于或等于 12.5 mm,根据所有孔板的取压方式,直径比(d/D)总是大于或等于 0.20,而小于或等于 0.75。

标准孔板的主要特点是结构简单、加工方便、价格便宜。压力损失较大,测量精度较低,只适用于洁净流体介质,测量大管径高温高压介质时,孔板易变形。

(2)标准喷嘴

标准喷嘴是一种以管道轴线为中心的旋转对称体,主要由入口圆弧收缩部分与出口圆筒形喉部组成,有 ISA1932 喷嘴和长径喷嘴两种形式。ISA1932 喷嘴简称标准喷嘴,其形状如图 2-127 所示,它由进口端面 A、收缩部 BC、圆筒形喉部 E 和出口边缘保护槽 H 等四个部分所组成。

入口平面部分 A 是直径为 $1.5d$ 且与旋转轴(喷嘴轴线)同心的圆周和直管为 D 的管道内圆所限定的平面部分。当 $d=2D/3$ 时,该平面的径向宽度为零。当 $d>2D/3$ 时,直径为 $1.5d$ 的圆周将大于直径 D 的圆周,则在管内没有平面部分。这时应像图 2-127b 那样,使平面部分 A 的直径恰好等于管内直径 D。

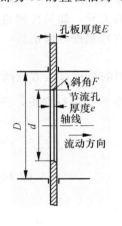

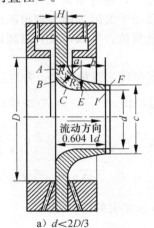

a)$d<2D/3$

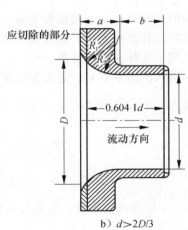

b)$d>2D/3$

图 2-126 标准孔板   图 2-127 ISA1932 喷嘴

(3)文丘利管

文丘利管是由收缩段、圆筒形喉部与圆锥形扩散管三部分组成。按收缩段的形状不同,又分为古典文丘利管和文丘利喷嘴。文丘利管压力损失最低,有较高的测量精度,对流体中的悬浮物不敏感,可用于污脏物体介质的流量测量,在大管径流量测量方面应用得较多。但尺寸大、笨重、加工困难、成本高,一般用在有特殊要求的场合。古典文丘利管是由入门圆筒段 A、圆锥形收缩段 B、圆筒形喉部 C 和圆锥形扩散段 E 组成,如图 2-128 所示。按圆锥形收缩段内表面加工的方法和圆

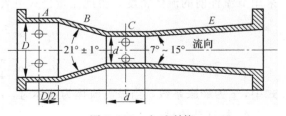

图 2-128 文丘利管

锥形收缩段与喉部圆筒相交的线型的不同,又分为粗糙收缩段式、精加工收缩段式和粗焊铁板收缩段式。文丘利喷嘴是喷嘴加上扩散段而成,喉部亦为圆筒形。

5. 取压装置

取压装置是指取压的位置与取压口的结构形式的总称。节流式流量计是通过测量节流件前后压力差 Δp 来实现流量测量的，而压力差 Δp 的值与取压孔位置和取压方式紧密相关。每个取压装置至少有一个上游取压孔和一个下游取压孔，不同取压方式的上下游取压孔位置必须符合国家标准的规定。节流件上下游取压孔的位置表征标准孔板的取压方式，取压方式有五种。取压方式及取压孔位置如图 2-129 所示。

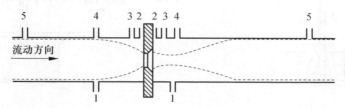

图 2-129 节流装置的取压方式

1—1—理论取压；2—2—角接取压；3—3—法兰取压；4—4—径距取压；5—5—损失取压

1）理论取压：上游侧取压孔的轴线位于距离孔板前端面 1 倍管道直径 D 处，下游侧取压孔的轴线位于流速最大的最小收缩段面处。

2）角接取压：上下游取压管位于孔板（或喷嘴）的前后端面处。角接取压包括单独钻孔和环室取压。

3）法兰取压：上下游侧取压孔的轴线至孔板上、下游侧端面之间的距离均为 25.4 ± 0.8 mm。取压孔开在孔板上下游侧的法兰上。

4）径距取压：上游侧取压孔的轴线至孔板上游端面的距离为 $1D\pm0.1D$，下游侧取压孔的轴线至孔板下游端面的距离为 $0.5D$。

5）损失取压：上游侧取压孔的轴线至孔板上游端面的距离为 $2.5D$，下游侧取压孔的轴线至孔板下游端面的距离为 $8D$。该方法很少使用。目前广泛采用的是角接取压法，其次是法兰取压法。

（1）角接取压

角接取压装置包括单独钻孔取压的夹紧环（见图 2-130 的下半部分）和环室（见图 2-130 的上半部分）。环室取压的前后环室装在节流件的两侧，环室夹在法兰之间。法兰和环室之间、环室和节流件之间放有垫片并夹紧。节流件前后的静压力，是从前、后环室和节流件前、后端面之间所形成的连续环隙处取得的，其值为整个圆周上静压力的平均值，对于清洁流体和蒸汽环隙宽度 b 规定如下：

当 $\beta\leqslant0.65$ 时，$0.005D\leqslant b\leqslant0.03D$；

当 $\beta>0.65$ 时，$0.01D\leqslant b\leqslant0.02D$。

无论 β 取什么值，当用于清洁流体时，b 应满足 1 mm$\leqslant b\leqslant$10 mm；用于测量蒸汽或液化气时，b 应满足：1 mm$\leqslant b\leqslant$10 mm。

角接取压标准孔板的优点是灵敏度高、加工简单、费用较低。

（2）法兰取压

法兰取压装置即为设有取压孔的法兰，其结构如图 2-131 所示。上下游的取压孔必须垂直于管道轴线，取压孔的轴线离孔板上下游端面的距离均为 25.4 mm。取压孔的轴线应与管道轴线直角相交，孔口与管内表面平齐，上下游取压孔的孔径相同，孔径不得大于 $0.08D$，实际尺寸应为 6～12 mm。

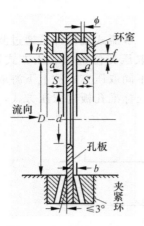

图 2-130　角接取压装置

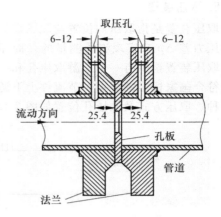

图 2-131　法兰取压装置

2.8.2　电磁流量计

电磁流量计是利用法拉电磁感应定律制成的一种测量导电液体体积流量的仪表。20 世纪 50 年代初，电磁流量计实现了工业化应用，近年来电磁流量计性能有了很大提高，得到了更广泛的应用。电磁流量计有如下主要特点：电磁流量计的测量通道是一段无阻流检测件的光滑直管，不易阻塞，适用于测量含有固体颗粒或纤维的液固两相流体，如纸浆、煤水浆、矿浆、泥浆和污水等；不产生因检测流量所形成的压力损失；测得的体积流量不受流体密度、黏度、温度、压力和电导率（只要在某一值以上）变化明显的影响；前置直管段要求较低；测量范围大，通常为 20∶1～50∶1；不能测量电导率很低的液体，如石油制品和有机溶剂等；不能测量气体、蒸汽和含有较多较大气泡的液体；通用型电磁流量计由于受衬里材料和电气绝缘材料限制，不能用于较高温度液体的测量。

1. 电磁流量计原理

电磁流量计的基本原理是法拉第电磁感应定律，即导体在磁场中切割磁力线运动时，在其两端产生感应电动势。如图 2-132 所示，导电性流体在垂直于磁场的非磁性测量管内流动，与流动方向垂直的方向上产生与流量成比例的感应电势，电动势的方向按右手规则判定，其值为

$$E = BDv \qquad (2\text{-}109)$$

式中，E 为感应电动势（V）；B 为磁感应强度（T）；D 为测量管内径（m）；v 为平均流速（m/s）。

设液体的体积流量为 $q_v = \pi D^2 v / 4$，则 $v = 4q_v / \pi D^2$，代入式（2-109）得

$$E = (4B / \pi D) q_v = K q_v \qquad (2\text{-}110)$$

式中，K 为仪表常数，$K = 4B / \pi D$。

由式（2-110）可知，在管道直径已确定、磁感应强度不变的条件下，体积流量与电磁感应电势有一一对应的线性关系，而与流体密度、黏度、温度、压力和电导率无关。

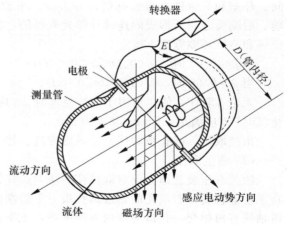

图 2-132　电磁流量计测量原理图

2. 流量计的构成

电磁流量计由流量传感器和转换器两大部分组成。传感器结构如图 2-133 所示，测量管上下装有励磁线圈，通过励磁电流后产生磁场穿过测量管，一对电极装在测量管内壁与液体相接触，引出感应电势，送到转换器。励磁电流则由转换器提供。

（1）电磁流量计流量传感器

电磁流量计流量传感器由外壳、磁路系统、测量管、衬里和电极组成。

1）外壳。外壳由铁磁材料制成，用于保护励磁线圈的外罩，还可以隔离外磁场的干扰。

2）磁路系统。磁路系统用于产生均匀的直流或交流磁场，直流磁场可以用永久磁铁来实现，其结构比较简单。但是，在电极上产生的直流电势会引起被测液体的电解，因而在电极上发生极化现象，破坏了原有的测量条件；当管道直径较大时，永久磁铁也要求很大，这样既笨重又不经济。在工业现场的电磁流量计，一般都采用交变磁场，由铁心和励磁线圈构成，励磁电源的频率为 50 Hz，其磁感应强度为 $B = B_m \sin\omega t$，则感应电势为

$$E = D v B_m \sin\omega t \tag{2-111}$$

3）测量管。测量管是电磁流量计的主要组成部分，流过被测流体，它的两端设有法兰，法兰用于连接管道。测量管采用不导磁、低电阻率、低热导率并有一定机械强度的材料制成，一般可选用不锈钢、玻璃钢、铝及其他高强度的材料。

4）衬里。衬里是在测量管内壁的一层耐磨、耐腐蚀、耐高温的绝缘材料。它的主要功能是增加测量管的耐磨性与耐腐蚀性，防止感应电势被金属测量管管壁短路。

5）电极。电极的作用是正确引出感应电势信号，电极一般用不锈钢非导磁材料制成，安装时要求与衬里齐平。电磁流量计的电极结构如图 2-134 所示。

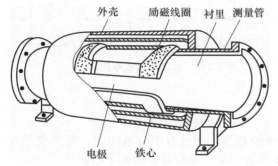

图 2-133 电磁流量计传感器结构示意图

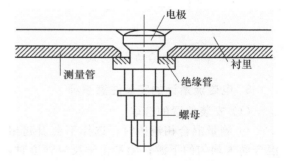

图 2-134 电磁流量计的电极结构

（2）转换器

电磁流量计是由流体流动切割磁力线产生感应电势的，但此感应电势很微小，励磁电源的频率又为 50 Hz，因此，各种干扰因素的影响很强。转换器的功能是将感应电势放大并抑制主要的干扰信号。转换器采用交变磁场克服了极化现象，但增加了电磁正交干扰信号。正交干扰信号的相位和被测感应电势相差 90°，造成正交干扰的主要原因是，在电磁流量计工作时，管道内充满导电液体，这样，电极引线、被测导管、被测液体和转换器的输入阻抗构成闭合回路，而交变磁通有部分要穿过该闭合回路。根据电磁感应定律，交变磁场在闭合回路中产生的感应电势为

$$e_t = -K \frac{\mathrm{d}B_m \sin\omega t}{\mathrm{d}t} = -K B_m \sin\left(\omega t - \frac{\pi}{2}\right) \tag{2-112}$$

比较式（2-111）和式（2-112）可知，有用信号感应电势 E 和正交干扰信号 e_t 的频率相同，

而相位相差90°，所以称为正交干扰。此干扰信号较大，有时可以将有用信号埋没。因此，必须消除这一干扰信号，否则该流量计不能正常工作。

消除正交干扰的常用方法有信号引线自动补偿和转换器的放大电路反馈补偿两种。

转换器与电磁流量传感器连线自动补偿方式如图2-135所示。从一根电极上引出两根线，分别绕过磁极形成两个回路，当有磁力线穿过这两个闭合回路时，在两回路内产生方向相反的感应电势，通过调零电位器R_P，使进入转换器的正交干扰电阻相互抵消。

转换器组成原理如图2-136所示。转换器由前置放大器、主放大器、正交干扰抑制、相敏整流、功率放大、线圈、霍尔乘法器和电位分压器组成。转换器的功能是将感应电势放大并抑制主要的干扰信号。抑制正交干扰由主放大器的正交干扰抑制反馈电路完成。霍尔乘法器用于消除励磁电压幅值和频率变化引起的误差。

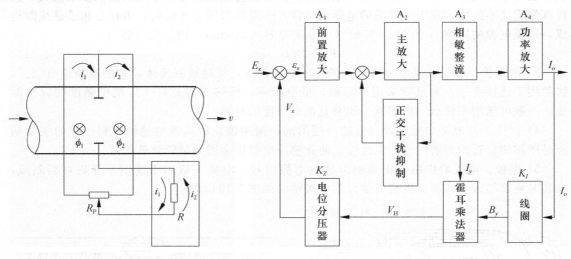

图 2-135　引线自动补偿方式　　　　　图 2-136　转换器组成框图

3. 电磁流量计的安装注意事项

（1）安装位置的选取

1）测量混合相流体时，选择不会引起相分离的场所；测量双组分液体时，避免安装在混合尚未均匀的下游；测量化学反应管道时，要安装在反应充分完成段的下游。

2）尽可能避免测量管内变成负压。

3）选择振动小的场所，特别对一体型仪表。

4）避免附近有大电机、大变压器等，以免引起电磁场干扰。

5）易于实现传感器单独接地。

6）尽可能避开周围环境有高浓度腐蚀性气体。

7）环境温度在−25～10℃和50～600℃范围内，一体型结构温度还受制于电子元器件，范围要窄些。

8）环境相对湿度在10%～90%范围内。

9）尽可能避免受阳光直照。

10）避免雨水浸淋，不会被水浸没。

（2）直管段长度要求

为获得正常的测量精确度，电磁流量传感器上游也要有一定长度直管段，但其长度与其他流量仪表相比要求较低。90°弯头、T形管、同心异径管、全开闸阀后通常认为只需离电极中心线(不是传感器进口端连接面)5 倍直径(5D)长度的直管段，不同开度的阀则需 10D 的直管段；下游直径段为(2～3)D 的直管段或无要求；但要防止蝶阀阀片伸入到传感器测量管内。各标准或检定规程所提出的上、下游直管段长度亦不一致，其要求比通常要高，这是为保证达到当前 0.5 级精度仪表的要求。

(3) 安装位置和流动方向

传感器安装方向水平、垂直或倾斜均可，不受限制。但测量固液两相流体时，最好垂直安装，自下而上流动。这样能避免水平安装时衬里下半部局部磨损严重、低流速时固相沉淀等缺点。

水平安装时要使电极轴线平行于地平线，不要垂直于地平线。因为处于底部的电极易被沉淀物覆盖，顶部电极易被液体中偶存气泡擦过，从而遮住电极表面，使输出信号波动。在图 2-137 所示管系中，c、d 为适宜位置，a、b、e 为不适宜位置。b 处可能液体不充满，a、e 处易积聚气体，且 e 处传感器后管段短，也有可能不充满。排放口最好为如图 2-137 f 处所示的形状。对于固液两相流，c 处亦是不宜位置。

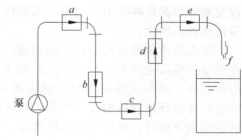

图 2-137　电磁流量计安装位置
a、b、e—不良；c、d—良好

(4) 接地

传感器必须单独接地(接地电阻在 100 Ω 以下)。按照分离性原则，接地应在传感器一侧，转换器接地应在同一接地点。如传感器装在有阴极腐蚀的保护管道上，除了传感器和接地环一起接地外，还要用较粗铜导线(16 mm²)绕过传感器跨接在管道两连接法兰上，使阴极保护电流与传感器之间隔离。

2.8.3　涡轮流量计

1. 涡轮流量计工作原理

涡轮流量计是速度式流量检测仪表，以动量距守恒原理为基础。当流体流经安装在管道里的涡轮叶片与管道之间时，由于流体冲击涡轮叶片，使涡轮旋转。涡轮的旋转速度随流量的变化而变化，最后从涡轮的转速求出流量值。如图 2-138 所示，通过磁电转换装置将涡轮转数变换成电脉冲，该脉冲信号经前置放大后送入二次仪表进行计数和显示，由单位时间的脉冲数和累计脉冲数反映出瞬时流量和累积流量。

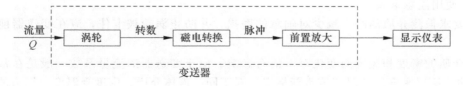

图 2-138　涡轮流量计组成框图

流体的总流量与信号脉冲的关系为

$$Q = \frac{N}{\varepsilon} \tag{2-113}$$

式中：Q 为流体总流量；N 为脉动电势信号的脉冲数；ε 为流量常数。

例如，涡轮流量计变送器的 ε 为 200 次/L，显示仪表在 10 min 内计算得的脉冲总数为

5 000次，则 10 min 内流体流过的总量 $Q=5\ 000/200=25$ L。

2. 涡轮流量传感器的结构

涡轮流量传感器的结构如图 2-139 所示，主要由壳体、导流器、支承、涡轮和磁电转换器组成。涡轮是测量元件，由导磁性较好的不锈钢制成，根据流量传感器直径的不同，装有 2～8 片螺旋形叶片，支承在摩擦力很小的轴承上。为了提高对流速变化的响应性，涡轮的质量要尽可能的小。

导流器由导向片及导向座组成，用以引导直流体并支承涡轮，以免因流体的旋涡而改变流体与涡轮叶片的作用角，从而保证流量传感器的精度。

磁电转换装置由线圈和磁钢组成，安装在流量传感器壳体上，它可分成磁阻式和感应式两种。磁阻式将磁钢放在感应线圈内，涡轮叶片由导磁材料制成。当涡轮叶片旋转通过磁钢下面时，磁路中的磁阻改变，使得通过线圈的磁通量发生周期性变化，因而在线圈中感应出电脉冲信号，其频率就是转过叶片的频率。感应式是在涡轮内腔放置磁

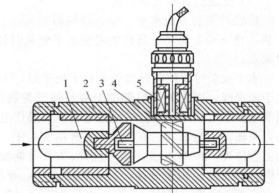

图 2-139 涡轮流量传感器的结构
1—导流器；2—壳体；3—支承；4—涡轮；5—磁电转换器

钢，涡轮叶片由非导磁材料制成。磁钢随涡轮旋转，在线圈内感应出电脉冲信号。由于磁阻式比较简单、可靠，并可以提高输出信号的频率，有利于提高测量精度，所以使用较多。

3. 涡轮流量计的特点及使用注意事项

（1）涡轮流量计的特点

1）准确度高，可达到 0.5 级以上，在狭小范围内可以达到 0.1%，可作为流量的准确计量仪表和用作标定其他流量的标准仪表。

2）反应迅速，可测脉动流量。被测介质为水时，其时间常数一般只有几毫秒到几十毫秒。

3）重复性好，短期重复性可达 0.05%～0.2%。

4）结构紧凑轻巧，安装维护方便。

5）量程范围宽，刻度线性。

（2）使用注意事项

1）要求被测介质洁净，减少对轴承的磨损，并防止涡轮被卡住，应在变送器前加过滤装置。

2）介质的密度和黏度的变化对示值有影响。由于变送器的流量系数一般是在常温下用水标定的，所以密度改变时应该重新标定。对于同一液体介质，密度受温度、压力的影响很小，所以可以忽略温度、压力变化的影响。对于气体介质，由于密度受温度、压力影响较大，除影响流量系数外，还直接影响仪表的灵敏度。虽然涡轮流量计时间常数很小，很适于测量由于压缩机冲击而引起的脉动流量，但是用涡轮流量计测量气体流量时，必须对密度进行补偿。

3）仪表的安装方式要求与校验情况相同，一般要求水平安装。由于泵或管道弯曲，会引起流体的旋转，而改变了流体和涡轮叶片的作用角度，这样即使是稳定的流量，涡轮的转

数也会改变。因此，除在变送器结构上装有导流器外，还必须保证变送器前后有一定的直管段，一般入口直管段的长度取管道内径的 10 倍以上，出口取 5 倍以上。

4）使用涡轮流量计时，一般要加装过滤器，以保持被测介质清洁，减少磨损。

2.8.4 涡街流量计

在特定的流动条件下，一部分流体动能转化为流体振动，其振动频率与流速有确定的比例关系，依据这种原理工作的流量计称为流体振动流量计。涡街流量计就属于这类流量计。

1. 涡街流量计工作原理

在流体中设置旋涡发生体（阻流体），从旋涡发生体两侧交替地产生有规则的旋涡，这种旋涡称为卡曼涡街，如图 2-140 所示。旋涡列在旋涡发生体下游非对称地排列。设旋涡的发生频率为 f，管道内被测介质的平均速度为 v，旋涡发生体迎面宽度为 d，流体通径为 D，根据卡曼涡街原理，有如下关系式：

$$f = Sr\frac{v_1}{d} = Sr\frac{v}{md} \tag{2-114}$$

式中：v_1 为旋涡发生体两侧平均流速（m/s）；Sr 为斯特劳哈尔数；m 为旋涡发生体两侧弓形面积与管道横截面面积之比，且

$$m = 1 - \frac{2}{\pi}\left[d/D\sqrt{1 - (d/D)^2} + \arcsin\frac{d}{D}\right]$$

管道内体积流量为

$$q_v = \frac{\pi}{4}D^2v = \frac{\pi}{4}D^2\frac{md}{Sr}f \tag{2-115}$$

流量计的仪表系数（脉冲数/m³）为

$$K = \frac{f}{q_v} = \left(\frac{\pi D^2 dm}{4Sr}\right)^{-1} \tag{2-116}$$

K 除了与旋涡发生体、管道的几何尺寸有关外，还与 Sr 有关。Sr 为无量纲参数，它与旋涡发生体形状及雷诺数 Re 有关。图 2-141 所示为圆柱旋涡发生体的 Sr 与管道 Re 的关系图。由图 2-141 可见，Re 在 $2\times10^4 \sim 7\times10^6$ 范围内，Sr 可视为常数，这是仪表正常的工作范围。

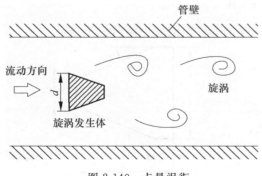

图 2-140 卡曼涡街

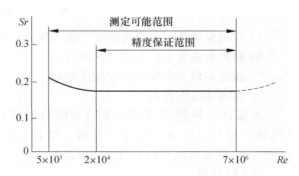

图 2-141 斯特劳哈尔数与雷诺数关系曲线

由式（2-116）可见，旋涡流量计输出的脉冲频率信号不受流体物性和组分变化的影响，即仪表系数在一定雷诺数范围内仅与旋涡发生体及管道的形状尺寸等有关。

2. 涡街流量计结构

涡街流量计由传感器和转换器两部分组成，如图 2-142 所示。传感器包括旋涡发生体（阻流体）、检测元件、仪表体等；转换器包括前置放大器、滤波整形电路、D/A 转换电路、输出接口电路、端子、支架和防护罩等。近年来，智能式流量计还把微处理器、显示、通信及其他功能模块也装在转换器内。

（1）旋涡发生体

旋涡发生体是检测器的主要元件，它与仪表的流量特性（仪表系数、线性度、测量范围等）和阻力特性（压力损失）密切相关，已经开发出形状繁多的旋涡发生体，它可分为单旋涡发生体和多旋涡发生体两类，如图 2-143 所示。旋涡发生体的基本形状有圆柱、矩形柱和三角柱，其他形状皆为这些基本形状的变形。三角柱形旋涡发生体是应用最广泛的一种，如图 2-144 所示，其中，D 为仪表口径。为提高涡街强度和稳定性，可采用多旋涡发生体，不过它的应用并不普遍。

（2）检测元件

流量计检测旋涡信号有以下五种方式：

1）用设置在旋涡发生体内的检测元件直接检测发生体两侧压差；

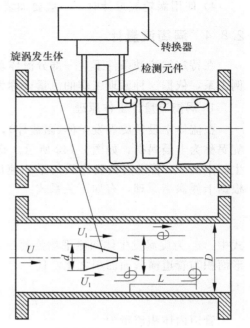

图 2-142　涡街流量计结构

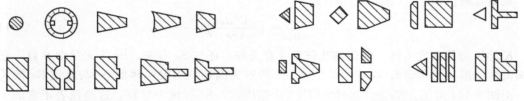

a）单旋涡发生体　　　　　　　　b）多旋涡发生体

图 2-143　旋涡发生体

2）旋涡发生体上开设导压孔，在导压孔中安装检测元件检测发生体两侧压差；

3）检测旋涡发生体周围交变环流；

4）检测旋涡发生体背面交变压差；

5）检测尾流中旋涡列。

根据这五种检测方式，采用不同的检测技术（热敏、超声、应力、应变、电容、电磁、电光、光纤等），可以构成不同类型的涡街流量计。

（3）转换器

检测元件把涡街信号转换成电信号，该信号既微弱又含有不同成分的噪声，必须进行放大、滤波、整形等处理才能得出与流量成比例的脉冲信

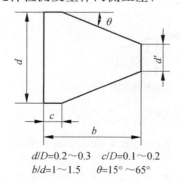

$d/D=0.2\sim0.3$　　$c/D=0.1\sim0.2$
$b/d=1\sim1.5$　　$\theta=15°\sim65°$

图 2-144　三角柱旋涡发生体

号。转换器原理框图如图 2-145 所示。

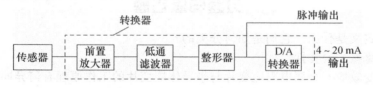

图 2-145　转换器原理框图

（4）仪表表体

仪表表体可分为夹装型和法兰型，如图 2-146 所示。

3．涡街流量计特点与使用注意事项

（1）涡街流量计的特点

1）测量精度较高，标定系数不受流体压力、温度、黏度及成分变化的影响、更换检测元件时，不需重新标定；

2）量程比宽，液体达 1∶15，气体达 1∶30；

3）使用寿命长，压力损失小，安装与维护比较方便；

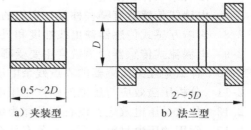

图 2-146　仪表表体类型

4）测量几乎不受流体参数变化的影响，用水或空气标定后的流量计无须校正即可用于其他介质的测量；

5）管道口径几乎不受限制，为 25～2 700 mm；

6）直接输出与流量呈线性关系的电频率信号，易与数字仪表或计算机接口，对气体、液体和蒸汽介质均适用。

涡街流量计的主要缺点是流体流速分布情况和脉动情况将影响测量准确度，因此适用于紊流流速分布变化小的情况，并要求流量计前后有足够长的直管段。

（2）涡街流量计使用注意事项

涡街流量计使用时应注意以下问题：

1）流速分布变化及脉动流能的变化带来流场的干扰，例如各种阀门、弯头、支管、扩张管等，直接影响旋涡的形成与频率，最终影响其检测精度。安装时对仪表上下游的直管段有严格要求，一般上游为 20D，下游为 5D，必要时上游附加装整流片；同时应定期用汽油、煤油、酒精等对仪表的检测元件进行清洗，以避免检测元件被玷污而造成对检测精度的影响。

2）工业电磁的干扰会引起传感器输出电压的变化，安装时要合理选择线路的敷设方式，采取相应屏蔽措施，正确选择接地点以减少电磁干扰。

3）管道振动也会对检测带来影响。安装时，要采用支架结构，把压电敏感元件放在振动弯矩的零点上，压电元件将不受到振动力的影响。也可采用差动传感器来消除振动影响。

4）被测流体的雷诺数应在 $2\times10^4\sim7\times10^{16}$，如果超过这个范围，斯特劳哈尔数 Sr 将不是常数，仪表精度将降低。

5）流体的流速必须在规定的范围内，对不同口径，流速的要求也不同，如果被测介质为气体时，最大流速应小于 60 m/s；为蒸汽时，应小于 70 m/s；为液体时，应小于 7 m/s。仪表的下限流速，则根据被测介质的黏度与密度，从仪表的相应曲线或公式中求得。同时因流体的流动状态与压力和温度有关，所以流体的压力和密度也要在规定的范围内。

习题与思考题

2-1　传感器的定义是什么？它们是如何分类的？

2-2　传感器有哪些主要特性？

2-3　什么是应变效应？金属电阻应变片与半导体应变片的工作原理有何异同？

2-4　如何提高电阻应变片测量电桥的输出电压灵敏度和线性度？

2-5　电容式传感器分为哪几种类型？各有什么特点？

2-6　试分析变面积式电容传感器和变间隙式电容传感器的灵敏度？为了提高传感器的灵敏
　　度可采取什么措施并应注意什么问题？

2-7　电感式传感器有哪些种类？它们的工作原理是什么？

2-8　影响互感式传感器输出线性度和灵敏度的主要因素是什么？

2-9　电涡流式传感器的灵敏度主要受哪些因素影响？它的主要优点是什么？

2-10　什么是互感传感器的零点残余电压？如何消除？

2-11　分析压磁效应与压电陶瓷产生压电效应的相似性。

2-12　什么是压电效应？以石英晶体为例说明压电晶体是怎样产生压电效应的。

2-13　常用的压电材料有哪些？各有什么特点？什么叫极化处理？

2-14　压电式传感器能否用于重力的测量？为什么？

2-15　为什么说压电式传感器只适用于动态测量而不能用于静态测量？

2-16　根据磁电感应式传感器工作原理，设计一传感器测量主轴扭距（引起主轴转速变化），
　　并说明如何实现作为数字量传感器使用。

2-17　什么是热电效应？热电阻温度传感器和热电偶各有何特点？

2-18　目前工业上常用的热电偶有哪几种？

2-19　为什么用热电偶测温时要进行冷端温度补偿？常用的补偿方法有哪些？

2-20　什么是补偿导线？为什么要使用补偿导线？补偿导线的类型有哪些？在使用时要注意
　　哪些问题？

2-21　金属应变片 R_1 和 R_2 阻值均为 120 Ω，灵敏系数 $K=2$；两应变片一受拉力，另一受
　　压力，应变值均为 $\varepsilon=800\ \mu m/m$，两者接入差动直流电桥，电桥电压 $U=6$ V，求：

　　（1）ΔR 和 $\Delta R/R$；

　　（2）电桥输出电压 U_o。

2-22　采用阻值 $R=120$ Ω，灵敏度系数 $K=2.0$ 的金属电阻应变片与阻值 $R=120$ Ω 的固定
　　电阻组成电桥，供桥电压为 10 V。当应变片应变值 $\varepsilon=1\ 000\ \mu m/m$ 时，若要使输出
　　电压大于 10 mV，则可采用何种接桥方式（设输出阻抗为无穷大）？

2-23　有一平面直线位移型差动电容传感器测量电路采用变压器交流电桥，结构组成如图
　　2-147 所示。电容传感器起始时 $b_1=b_2=20$ mm，$a_1=a_2=10$ mm，极距 $d=2$ mm，
　　极间介质为空气，测量电路中 $u_i=3\sin\omega t$ V，且 $u=u_i$。试求当动极板上输入一位移
　　量 $\Delta x=5$ mm 时，电桥输出电压 u_o。

2-24　变间隙电容传感器的测量电路为运算放大器电路，如图 2-148 所示。$C_0=200$ pF，传
　　感器的起始电容量 $C_{x0}=20$ pF，定、动极板距 $d_0=1.5$ mm，运算放大器为理想放
　　大器（即 $K\to\infty$，$Z_i\to\infty$，R_f 极大），输入电压 $u_i=5\sin\omega t$ V。求当电容传感器动极板

上输入一位移量 $\Delta x=0.15$ mm 使 d_0 减小时，电路输出电压 u_0 为多少？

2-25　如图 2-149 所示的差动电感式传感器的桥式测量电路，L_1、L_2 为传感器的两差动感应线圈的电感，其初始值初为 L_0。R_1、R_2 为标准电阻，u 为电源电压。试写出输出电压 u_0 与传感器电感变化量间的关系。

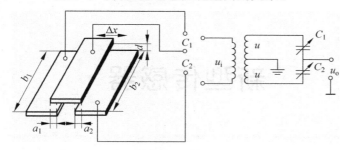

图 2-147　平面直线位移型差动电容传感器测量电路

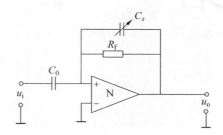

图 2-148　变间隙电容传感器的测量电路

2-26　用分度号为 Pt100 的铂热电阻测温，当被测温度分别为 $-100℃$ 和 $650℃$ 时，求铂热电阻的阻值 R_{t1} 和 R_{t2} 分别为多大？

2-27　求用分度号为 Cu100 的铜热电阻测量 $50℃$ 温度时的铜热电阻的阻值。

2-28　用 K 型热电偶(镍铬-镍硅)测量炉温，已知热电偶冷端温度为 $t_0=30℃$，$E_{AB}(30℃，0℃)=1.203$ mV，用电子电位差计测得 $E_{AB}(t，30℃)=37.724$ mV。求炉温 t。

2-29　已知铂铑$_{10}$-铂(S)热电偶的冷端温度为 $t_0=25℃$，现测得热电势 $E(t，t_0)=9.725$ mV，求热端温度是多少度。

2-30　已知镍铬-镍硅(K)热电偶的热端温度 $t=800℃$，冷端温度 $t_0=25℃$，求 $E(t，t_0)$ 是多少毫伏。

2-31　用镍铬-镍硅(K)热电偶测量某炉温度的测量系统如图 2-150 所示，已知冷端温度固定在 $0℃$，$t_0=33℃$，在 A、B 线接反的情况下，仪表指示温度为 $210℃$，问炉温的实际值是多少度？

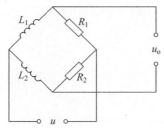

图 2-149　差动电感式传感器测量电路

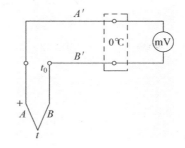

图 2-150　炉温测量电路

2-32　什么是标准节流装置？标准节流装置由哪几部分组成？常用的取压方式有哪几种？

2-33　试述节流式差压流量计的测量原理。

2-34　试述电磁流量计的工作原理，并指出其应用特点。

2-35　简述涡轮流量计的组成及测量原理。

2-36　涡街流量计是如何工作的？它有什么特点？

第 **3** 章

新型传感器

3.1 气敏和湿敏传感器

3.1.1 气敏电阻式传感器

气敏传感器是用来测量气体类别、浓度和成分的传感器，其中，半导体气敏电阻式传感器目前实际应用最多。气敏电阻式传感器是一种能将被检测气体的浓度和成分等变化转换成电阻值(或电压、电流值)变化的传感器。它主要用于石油、化工、矿业等工业部门，可对危险气体进行监测、报警，以保证现场的生命财产安全和生产的正常进行。

气敏电阻式传感器从材料方面分，可分为金属氧化物半导体和有机类半导体传感器两大类。从作用机理方面分，可分为电阻型和非电阻型传感器两大类。根据检测气体的性质不同，每一类又可分为若干不同形式。

1. 气敏电阻

气敏电阻是一种对气体特别敏感的半导体元件，其主要成分一般是某些金属的氧化物。如氧化锰(MnO_2)、二氧化锡(SnO_2)等。当它吸收了可燃气体的烟雾，如氢、烷、醚、天然气、瓦斯等，使其表面电荷发生变化，从而使气敏电阻的阻值发生变化。

气敏电阻按半导体材料性能分为 P 型、N 型和混合型。

P 型材料主要有二氧化钼(MoO_2)、二氧化镍(NiO_2)、氧化亚铜(Cu_2O)、氧化铬(Cr_2O_3)等。N 型材料主要有二氧化钛(TiO_2)、二氧化锡(SnO_2)、氧化锌(ZnO)等。混合型材料主要有氧化铟(In_2O_3)、五氧化二钒(V_2O_5)等。

P 型半导体材料中，多数载流子为空穴，以空穴导电作为主要导电方式，当遇到氧化性气体(如氧、三氧化硫等)时，就发生氧化反应，P 型半导体中多数载流子空穴浓度增高，导电能力增强，因而电阻减小。相反，还原性气体使 P 型半导体的电阻增大。

N 型半导体材料中，多数载流子为电子，当遇到离解能较小、易于失去电子的还原性气体(即可燃气体，如一氧化碳、氢、甲烷等)时，发生还原反应，N 型半导体中电子浓度增高，导电能力增强，电阻值减小。相反，氧化性气体使 N 型半导体的电阻增大。

对于混合型材料，无论吸附氧化性气体还是还原性气体时，都将使载流子浓度降低，导电能力减弱，电阻值增大。

图 3-1 给出被测气体接触 N 型半导体时敏感元件阻值变化的情况。测量时敏感电阻元件要预先加热达到初始稳定状态，在大气中由于吸附的氧气量固定不变，所以其电阻值保持一定。在移入被测气体后，元件表面吸附被测气体，从而发生相应的电阻值变化，可输出与气体浓度相对应的电信号。测试完毕后，元件再置于普通的大气环境中，其阻值将会复原。

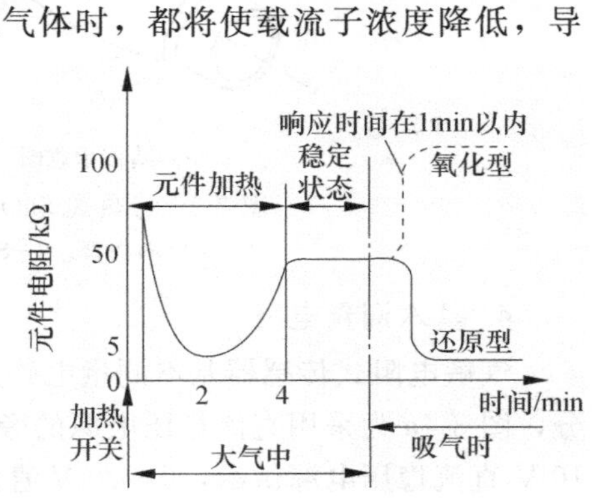

气敏传感器一般由气敏元件、加热器和封装体等部分组成。加热器的作用是将附着在敏感元件表面的尘埃、油雾等烧掉，加速气体的吸附，提高其灵敏度和响应速度。加热器温度一般控制在 200～400 ℃，预热时间大约为 5 分钟。

图 3-1 N 型半导体气敏元件阻值变化曲线

电阻式半导体气体传感器有 SnO_2、ZnO、WO_3、V_2O_5、In_2O_3、TiO_2、Cr_2O_3、CdO 等类型，其中最具有代表性的是 SnO_2(二氧化锡)类和 ZnO 类气体传感器。从结构型式来分又有烧结型、薄膜型和厚膜型三类，其中烧结型又分为直热式和旁热式两种。本节以 SnO_2 系

列烧结型为例对半导体气敏传感器及应用进行简要介绍。

2. 直热式 SnO_2 气敏电阻传感器

直热式 SnO_2 气敏电阻传感器又称内热式 SnO_2 气敏传感器，其结构示意图及图形符号如图 3-2 所示。SnO_2 气敏传感器由 SnO_2 基体材料、加热丝和测量丝组成。加热丝、测量丝都埋在基本材料内部，工作时加热丝通电加热，测量丝测量元件的电阻值。

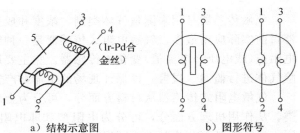

a）结构示意图　　b）图形符号

图 3-2　直热式气敏电阻传感器结构示意图及表示符号
1，2—测量丝；3，4—加热丝；5—SnO_2 烧结体

直热式 SnO_2 气敏电阻传感器具有制作工艺简单、成本低、功耗小等优点，可制成可燃性气体泄漏报警器。如国产的 QN 型和 MQ 型气敏传感器，日本产的弗加罗 TGS109 型等。其主要缺点是热容量小，易受环境气体的影响，测量回路没有隔离，互相影响等。

3. 旁热式 SnO_2 气敏电阻传感器

为了克服直热式 SnO_2 气敏电阻传感器的缺点，旁热式 SnO_2 气敏元件是将测量电极和加热电极隔离，加热丝不与气敏元件接触，避免回路相互影响，其结构如图 3-3 所示。在陶瓷管内放置一高阻加热丝，陶瓷管外两端涂梳状金电极作测量电极，在两金电极外及金电极之间涂 SnO_2 材料。这种结构较直热式性能稳定，工作可靠。目前国产 QM-N5 型，日本弗加罗 TGS812、813 型气敏电阻传感器均采用旁热式结构。

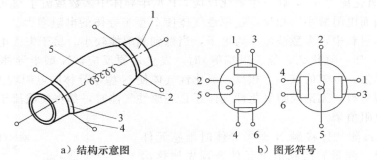

a）结构示意图　　b）图形符号

图 3-3　旁热式 SnO_2 气敏电阻传感器结构示意图及图形符号
1—绝缘陶瓷管；2—SnO_2 烧结体；3—电极；4—引线；5—加热器

4. 基本测量电路

气敏电阻式传感器基本测量电路如图 3-4 所示。测量电路包括加热回路和测试回路两部分，图 3-4a 为采用直流稳压电源的旁热式气敏元件测量电路。图中加热回路电压 U_H 由 0～10 V 直流稳压电源供给，0～20 V 直流稳压电源与气敏传感器测量电极及负载电阻构成测试回路，其测试回路电压为 U_o。负载电阻 R_L 兼作取样电阻，由图可知

$$I_o = \frac{U_o}{R_L + R_S} \tag{3-1}$$

$$U_L = I_o R_L = \frac{R_L}{R_S + R_L} U_o \tag{3-2}$$

式中，I_o 为回路电流（A）；R_S 为气敏元件测试回路电阻（Ω）；R_L 为负载电阻（Ω）；U_L 为负

载电阻上压降（V）。

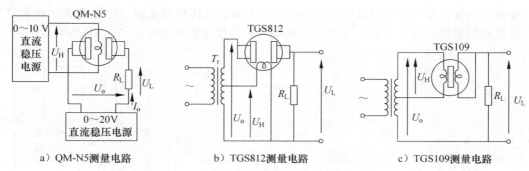

a）QM-N5测量电路　　　　b）TGS812测量电路　　　　c）TGS109测量电路

图 3-4　SnO_2 气敏传感器基本测量电路

由式（3-2）可知，当 R_S 减小时，U_L 增大。反之，R_S 增大时，U_L 减小。所以，测量 R_L 上的电压，即可测得气敏元件电阻 R_S，便可感知被测气体成分及浓度等。图 3-4b、图 3-4c 为采用交流电源的旁热式测量电路，其测量工作原理与上述情况类似，这里不再叙述。

5. 气敏电阻式传感器的应用

气敏半导体传感器具有较高的检测灵敏度和较快的响应速度，它适用于检测大气中的微量可燃性气体浓度而无需准确定量的场合。例如，用做管道漏泄的巡检、家用厨房排油烟机的自动开关等。

（1）袖珍式气体检漏仪

图 3-5 为 XKJ-48 型袖珍式气体检漏仪原理图。图中敏感元件采用 QM-N5 型气敏传感器，采用镉镍电池供电，一块四二输入与非门集成电路，HA 为压电蜂鸣。其工作原理如下：

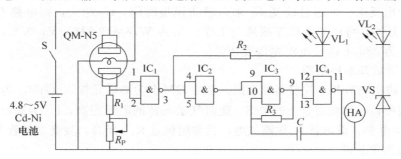

图 3-5　XKJ-48 型袖珍式气体检漏仪原理图

1）合上电源开关 S，电路处于工作状态，发光二极管 VL_2 亮，指示测试仪开始工作。

2）当被检测气体浓度小于气敏传感器反应的门限值时，QM-N5 传感器测量丝测出的电阻值很大，流过 R_1、R_P 的电流很小，其电压降很小，与非门 IC_1 输入低电平（用"0"表示），输出端 3 为高电平（用"1"表示）。发光二极管 VL_1 不亮，且 IC_2 输入高电平，其输出为低电平，封锁了 IC_3、IC_4 组成的多谐振荡器，即不起振，压电蜂鸣器 HA 不发出响声。

3）当被检测气体浓度达到气敏传感器动作门限值时，QM-N5 测量丝测出电阻大大减小，流过 R_1、R_P 的电流产生其电压降增大，与非门 IC_1 输入高电平，输出低电平，发光二极管 VL_1 点亮。IC_2 输入低电平，输出高电平，IC_3、IC_4 振荡器起振，蜂鸣器 HA 发出声音，发光二极管 VL_1 和蜂鸣器 HA 进行声光报警。

（2）带排风的煤气报警器

这是一个实用的室内气控报警器，在对有害气体超浓度报警的同时，可自动开启换气扇，及时排出有害气体，防止灾害或事故发生。

带排风的煤气报警器电路如图 3-6 所示。它主要由气体检测电路、电路开关、声光发生器和排风控制电路组成，其核心元件是一块单片多功能集成报警电路 A₁（XD-BD1）。

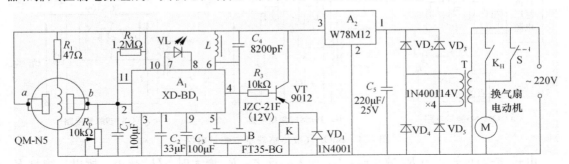

图 3-6　带排风的煤气报警器电路

在洁净空气中，气敏元件 QM-N5 的 a、b 两极间呈高阻抗，A₁ 的门电路信号比较端（引脚 2）电压小于 5.4V，此时比较电路不工作，后级电路处于等待状态。当室内易燃或有害气体达到一定浓度时，气敏元件呈现的阻抗很小，使 A₁ 的比较端（引脚 2）电压大于 5.5 V，此时比较电路开始工作，并启动后级电路。振荡器使红色发光二极管 VL 闪烁发光，使三端压电蜂鸣片 B 发生间歇啸叫声。在报警的同时，VT 也被控制导通，继电器 K 吸合，其常开触点 K_H 接通换气扇电动机电源，使换气扇自动向外排气。

电路中 R_2 和 C_1 构成延时电路，使每次报警、排气的时间不少于 2 min。C_2 为防误报电容，当空气中瞬时出现易燃或有害气体时，电路不动作，只有在这些气体持续出现几分钟以后，电路才做出反应。可通过改变 C_2 来调整防误报时间，C_2 越大，则电路不动作时间越长。S 为手动开关，可使换气扇连续通电工作；A₂ 为 W78M12 型（12V，0.5A）三端固定稳压集成块；T 为 220/14V、3 W 电源变压器。

（3）防止酒后开车控制器

图 3-7 为防止酒后开车控制器原理图。图中 QM-J₁ 为酒敏元件，5G1555 为集成定时器。若司机没有喝酒，在驾驶室合上开关 S，此时气敏元件的阻值很高，U_a 为高电平，U_1 为低电平，U_3 为高电平，继电器 K₂ 线圈失电，其常闭触点 K₂₋₂ 闭合，发光二极管 VD₁ 通，发绿光，能点火启动发动机。

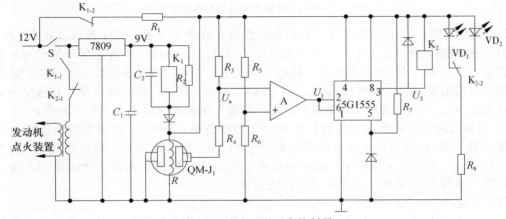

图 3-7　防止酒后开车控制器

若司机喝酒过量，则气敏元件的阻值急剧下降，使 U_o 为低电平，U_1 为高电平，U_3 为低电平，继电器 K_2 线圈通电，常开触点 K_{2-2} 闭合，发光二极管 VD_2 导通，发红光，以示警告，同时常闭触点 K_{2-1} 断开，无法启动发动机。

若司机拔出气敏元件，继电器 K_1 线圈失电，其常开触点 K_{1-1} 断开，仍然无法启动发动机。常闭触点 K_{1-2} 的作用是长期加热气敏器件，保证此控制器处于准备工作的状态。

3.1.2 离子感烟传感器

离子感烟传感器是应用放射性同位素组成的火灾报警专用传感器，采用离子感烟传感器制作的火灾报警器，具有极高的报警灵敏度，只要空气中漂浮着因起火产生的烟雾粉尘，报警器就能立即报警。

1. 工作原理

离子感烟传感器由两个电离室组成。外电离室有孔与外界相通，烟雾可进入电离室，而内电离室是密封的，烟雾不能进入。由于烟雾进入外电离室，使内外两室离子电流不同，传感器就输出与烟雾成正比的传感信号。

离子感烟传感器的工作原理如图 3-8 所示。

在电离室内有 P_1 和 P_2 一对电极，在这对电极之间放有放射性同位素镅—241 的 α 放射源。由于这个放射源能不断发出 α 射线，从而使极间空气电离为正离子和负离子（即电子）。如果在这两极之间加上电压，则正离子就向负极板 P_2 移动，负离子就向正极板 P_1 移动，从而形成离子电流 I_P。离子电流

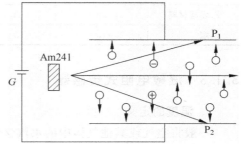

图 3-8　离子感烟传感器的工作原理

的大小与极板外加电压的大小有关，电压越高，电流越大。但当电压高到一定值时，离子电流也升到一定值而不再升高，此值称为饱和离子电流 I_s。

当燃烧生成物或烟雾进入传感器的外电离室时，部分正离子和负离子吸附到燃烧生成物和烟雾颗粒上，这就使正、负离子在电场中的移动速度比原来慢得多，并且在移动过程中，还有部分正、负离子中和，这样达到正负极板的离子数量相对减少，即离子电流变小，烟雾颗粒数量越多，离子电流就越小。

由于内电离室是密封的，无烟雾或燃烧生成物颗粒进入，离子电流是恒定的。内电离室与外电离室是串联的，如图 3-9 所示，无烟雾时，A 点电位约为 1/2E；若有烟雾时，外电离室的离子电流减小，等效电阻增加，A 点电位下降。其下降程度与烟雾数量成正比，有烟雾与无烟雾时，A 点电位变化可达 1 V 以上。

2. UD—02 型离子感烟传感器

UD—02 型离子感烟传感器具有灵敏度高，可靠性好，性能符合标准等优点，它有两个离子室及一个放射源（镅—241），其外形如图 3-10 所示。

UD—02 离子感烟传感器的主要电参数：在（20±5）℃，近海平面清洁空气条件下，收集电极（即 C 电极）的平衡电位为 5.0～5.6 V；有烟雾时，收集电极的电位变化可达 1.1～1.2 V。极间电容为 4 pF，器件重 12 g，主要结构材料为不锈钢与塑料。

用电加热器加热到 440～480℃时，对不同材料所产生的烟雾，其传感器收集电极电位变化 $\Delta V=1.0$ V 时的灵敏度见表 3-1。

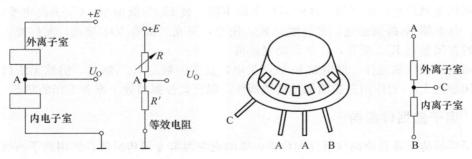

图 3-9　离子感烟传感器等效电路图　　　图 3-10　UD—02 型传感器

表 3-1　UD—02 型传感器对烟雾灵敏度(收集电极电位变化 $\Delta V = 1.0$ V)

燃烧材料	烟雾含量/(mg/m^3)	阴暗度/%	燃烧材料	烟雾含量/(mg/m^3)	阴暗度/%
硅橡胶	26	1.0	过滤纸	40	1.8
乙烯基材料	29	1.1	棉花	56	2.5
纸烟	115	3			

3.1.3　湿敏电阻式传感器

1. 湿度的定义

一般将空气或其他气体中的水汽含量称为"湿度",湿度可分为绝对湿度和相对湿度。目前,应用最多的是相对湿度。

绝对湿度(AH)是指在一定温度及压力条件下,单位体积(即 1 m^3)的空气中所含水汽的质量,单位为 g/m^3。其定义式为

$$绝对湿度 = \frac{m_v}{V} \tag{3-3}$$

式中,m_v——待测空气中的水汽质量;

V——待测空气的总体积。

相对湿度(RH)为待测空气的水汽分压与相同温度下水的饱和水汽压的比值之百分数,其定义式为

$$相对湿度 = \left(\frac{p_v}{p_w}\right)_T \times 100\% \tag{3-4}$$

式中,p_v——待测空气的水汽分压;

p_w——与待测空气同温度时水的饱和水汽压。

相对湿度也可定义为气体的绝对湿度 p_a 与同一温度下达到饱和状态的绝对湿度 p_s 的百分比,其定义式为

$$相对湿度 = \left(\frac{p_a}{p_s}\right)_T \times 100\% \tag{3-5}$$

2. 半导体陶瓷湿敏电阻传感器

半导体陶瓷湿敏电阻通常是用两种以上的金属氧化物半导体材料混合烧结而成的多孔陶瓷。这些材料有 $ZnO\text{-}LiO_2\text{-}V_2O_5$ 系、$Si\text{-}Na_2O\text{-}V_2O_5$ 系、$TiO_2\text{-}MgO\text{-}Cr_2O_3$ 系、Fe_3O_4 等。前三种材料的电阻率随湿度增加而下降,故称为负特性湿敏半导体陶瓷;最后一种的电阻率随

湿度增大而增大，故称为正特性湿敏半导体陶瓷（为叙述方便，有时将半导体陶瓷简称为半导瓷）。

（1）负特性湿敏半导瓷的导电原理

由于水分子中的氢原子具有很强的正电场，所以当水在半导瓷表面吸附时，就有可能从半导瓷表面俘获电子，使半导瓷表面带负电。如果该半导瓷是 P 型半导体，则由于水分子吸附使表面电位下降；若该半导瓷为 N 型，则由于水分子的附着使表面电位下降。表面电位下降较多时，不仅使表面层的电子耗尽，同时，吸引更多的空穴达到表面层，有可能使空穴浓度大于电子浓度，出现所谓表面反型层，这些空穴称为反型载流子。它们同样可以在表面迁移而对电导做出贡献，由此可见，不论是 N 型还是 P 型半导瓷，其电阻率都随湿度的增加而下降。图 3-11 表示了几种负特性半导瓷阻值与湿度之关系。

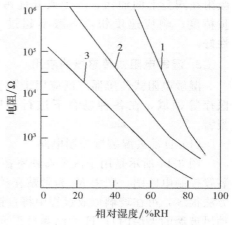

图 3-11　几种半导瓷湿敏特性

（2）正特性湿敏半导瓷的导电原理

这类材料的结构、电子能量状态与负特性材料有所不同。当水分子附着半导瓷的表面使电位变负时，导致其表面层电子浓度下降，但还不足以使表面层的空穴浓度增加到出现反型层的程度，此时仍以电子导电为主，于是，表面电阻将由于电子浓度下降而加大，这类半导瓷材料的表面电阻将随湿度的增加而加大。如果对某一种半导瓷，它的晶粒间的电阻并不比晶粒内电阻大得多，那么表面层电阻的加大对总电阻并不起多大作用。

通常湿敏半导瓷材料都是多孔的，表面电导占的比例很大，故表面层电阻的升高必将引起总电阻值的明显升高，但是，由于晶体内部低阻支路仍然存在，正特性半导瓷的总电阻值的升高没有负特性材料的阻值下降得那么明显。图 3-12 给出了 Fe_3O_4 正特性半导瓷湿敏电阻阻值与湿度的关系曲线。

（3）陶瓷湿敏传感器

陶瓷材料化学稳定性好，耐高温，便于用加热法去除油污。多孔陶瓷表面积大，易于吸湿和去湿，可以缩短响应时间。这类传感器的制作型式可以为烧结式、膜式及 MOS 型等。图 3-13 给出一种烧结式湿敏元件结构示意图。所用陶瓷材料为铬酸镁-二氧化钛（$MgCr_2O_4\text{-}TiO_2$），在陶瓷片两面设置多孔金电极，引线与电极烧结在一起。元件外围安放一个用镍铬丝绕制的加热线圈，用于对陶瓷元件进行加热清洗，以便排除有害气氛对元件的污染。整个元件固定在质密的陶瓷底片上，引线 2、3 连接测量电极，引线 1、4 与加热线圈连接，电极的引线一般为铂-依丝。金短路环用以消除漏电。

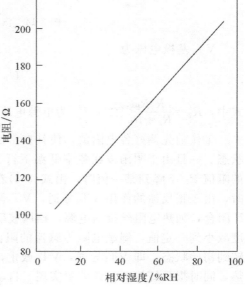

图 3-12　Fe_3O_4 半导瓷湿敏电阻特性

这类元件的特点是：体积小；测湿范围宽（0～100％RH）；可用于高温（150℃），最高可承受温度达到 600℃；能用电加热反复清洗，除去吸附在陶瓷上的油污、灰尘或其他污染物，以保持测量精度；响应速度快，一般不超过 20 s；长期稳定性好。

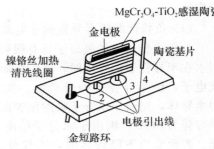

图 3-13　烧结式陶瓷湿敏传感器结构示意

3. 湿敏电阻式传感器的应用

湿敏电阻式传感器广泛应用于军事、气象、农业、医疗等领域，在各种场合下进行湿度监测、控制与报警。

（1）自动去湿装置控制电路

图 3-14 所示是用于汽车驾驶室挡风玻璃自动去湿装置控制电路图。图中 R_S 为紧贴在挡风玻璃内表面的镍铬丝（在挡风玻璃上制成电阻丝的方法很多，可在玻璃形成过程中将含银陶瓷电网烧结在玻璃内表面，也可将电阻丝加在双层挡风玻璃的夹层内）；H 为结霜感湿元件；VT_1、VT_2 接成施密特触发器；VT_2 集电极负载为继电器 K 的吸力线圈；VT_1 的基极电路的电阻是 R_1、R_2 和湿敏电阻元件 R_P 的等效电阻。

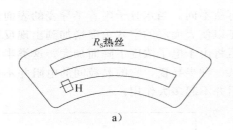
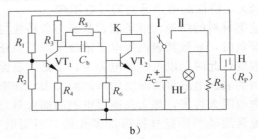

图 3-14　汽车挡风玻璃自动去湿装置

VT_1 基极电压为

$$U_{B1} = \frac{R_2'}{R_2' + R_1} E_C \tag{3-6}$$

式中，$R_2' = \frac{R_2 R_P}{R_2 + R_P}(\Omega)$；$E_C$ 为电源电压（V）。

工作前先调好各电阻值，使其在常温常湿下 VT_1 导通，VT_2 截止，继电器 K 处于释放状态。一旦由于阴雨或在冬季低温下行车，车内相对湿度增大，而使湿敏电阻式传感器 H 的阻值 R_P 下降到某一值时，由式（3-6）看出，R_2' 降低到某值，U_{B1} 降低不足以维持 VT_1 导通时，由于正反馈的作用 VT_2 导通，VT_1 随之截止，继电器 K 线圈得电而动作，其动合触点 II 闭合，加热电阻丝接通电源，挡风玻璃加热以驱散湿气。同时指示灯 HL 点亮。当相对湿度减小到一定值，湿敏电阻传感器的阻值 R_P 升高到一定值时，U_{B1} 升高到足以使触发器翻转到初始状态，即 VT_1 导通，VT_2 截止，继电器 K 释放其触点 II 打开，电阻丝断电停止加热，同时指示灯熄灭。该装置实现了自动防湿控制，避免玻璃结湿影响驾驶员的视线。

（2）秧棚湿度指示器

秧棚湿度指示器主要用于指示塑料薄膜做成的育秧棚内的湿度，当棚内湿度过高时，及时排湿，保证秧苗的正常生长。

图 3-15 所示为秧棚湿度测量指示器电路图，它是由湿度传感器 R_H、R_P、R_1、R_2 组成

的测湿电桥以及电压比较器等电路组成。在相对湿度正常时，由于湿度传感器的阻值很大，故比较器 IC 的反相输入端的电位高于同相输入端的电位，比较器输出端为低电平，VT₁ 截止，VT₂ 导通，绿色发光二极管 VD₂ 点亮，表示湿度在正常范围。当育秧棚内的相对湿度增大到较高时，湿度传感器 R_H 的阻值减小，使同相输入端的电位高于反相输入端的电位，比较器输出为高电平。VT₁ 导通，VT₂ 截止，红色发光二极管 VD₂ 点亮，绿色发光二极管 VD₂ 熄灭，表示育秧棚内的相对湿度较高，已超出湿度的定值。调节电位器 R_P，可实现改变湿度设定值。

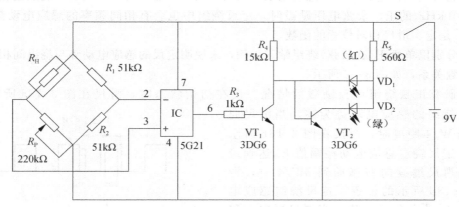

图 3-15　秧棚湿度测量指示器电路图

3.2　感应同步器

　　感应同步器是利用两个平面绕组的互感随两平面绕组的相对位置变化，进行测量线位移和角位移的传感器，广泛应用在大、中型机床上。它具有对环境要求低，受油污、灰尘影响小，工作可靠，抗干扰能力强，精度高，维护方便，寿命长，制造工艺简单等特点。它与数显表配合，能测出 0.01 mm 甚至 0.001 mm 的直线位移或 0.5″ 的角位移。它的缺点是不够轻巧。

3.2.1　感应同步器的类型及结构

　　测线位移的感应同步器称作长感应同步器，由定尺和滑尺组成，如图 3-16 所示。测角位移的感应同步器称作圆感应同步器，由转子和定子组成，如图 3-17 所示。

　　制作方法是：先用绝缘黏结剂把铜箔粘牢在金属或玻璃基板上，然后按设计要求腐蚀成不同曲折形状的平面印刷电路绕组。定尺和转子上的是连续绕组；滑尺和定子上的则是分段绕组，分段绕组分成两组，布置成空间相位差 90°角，即正交的正弦与余弦绕组。分段绕组和连续绕组相当于变压器的一次绕组和二次绕组。利用交变电磁场中的互感作用工作，一次

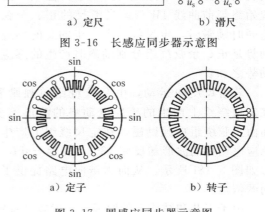

a）定尺　　　　b）滑尺

图 3-16　长感应同步器示意图

a）定子　　　　b）转子

图 3-17　圆感应同步器示意图

绕组通以交流激励电压，电磁耦合使二次绕组产生感应电动势。平面绕组面对面平行放置，其间气隙一般应保持在 0.25 ± 0.05 mm 范围内，气隙的变化要影响电磁耦合变化。

3.2.2　感应同步器的工作原理

感应同步器工作时，定尺和滑尺相互平行、相对安放，它们之间保持一定的间隙（0.25 ± 0.05 mm）。一般情况下，定尺固定、滑尺可动。当定尺通以励磁电流时，在滑尺的正、余弦绕组上将感应出相位差为 $\pi/2$ 的感应电压；反之，当滑尺的 sin、cos 绕组分别加上相同频率（通常为 10 kHz）的正、余弦电压励磁时，定尺绕组中也会有相同频率的感应电动势产生，其幅值 E'_m 是定、滑尺相对位置的函数。

下面分别以单匝正弦（余弦）绕组励磁为例，来说明定尺的感应电动势与绕组间相对位置变化的函数关系，如图 3-18 所示。

首先研究正弦绕组单独励磁的情况。设在初始状态时，滑尺在图 3-18a 所示的位置，定尺绕组的感应电动势为零。当滑尺向右移动到 $W/4$ 距离时，滑尺在图 3-18b 所示的位置，定尺绕组感应电动势幅值 E'_m 达到最大值。当滑尺继续向右移动到 $3W/4$ 时，滑尺在图 3-18d 所示的位置，定尺绕组感应电动势幅值 E'_m 为负的最大值。当滑尺再向右移动到 $1W$ 时，滑尺在图 3-18e 所示的位置，定尺绕组感应电动势又恢复为零。这样，定尺绕组的感应电动势幅值随滑尺相对移动而呈周期性的变化，如图 3-18f 中的曲线 1（正弦信号）所示。同理，当余弦绕组单独励磁时，在初始状态图 3-18a 时，定尺绕组的感应电势幅度最大，在图 3-18b、图 3-18c、图 3-18d、图 3-18e 处时，定尺绕组的感应电势幅值分别为零、负的最大值、零、正的最大值，其变化如曲线 2（余弦曲线）所示，曲线 2 的相位始终超前曲线 $1W/2$。当滑尺的正、余弦绕组同时励磁时，定尺绕组上产生的总的感应电动势是正、余弦绕组分别励磁时产生的感应电动势之和。

若滑尺反向运动，由余弦绕组单独励磁，在定尺绕组上产生的感应电动势的波形不变；而由正弦绕组单独励磁，在定尺绕组上产生的感应电动势的波形却反相 180°，变为 $-\sin$，波形如图 3-18f 所示。从而为辨向电路提供了辨向的依据。

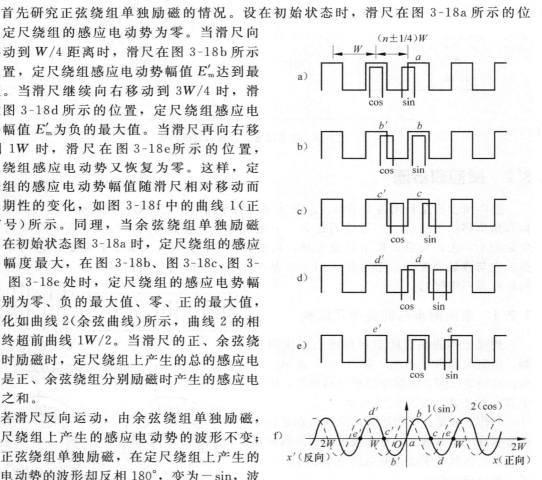

图 3-18　定尺感应电动势与两相绕组

由于工艺和结构上的原因，一般较难将感应同步器的节距 W 做得更小（标准的节距 $W=2$ mm）。显然，以 W 作为位移的一个测量单位是没有实用价值的，所以还必须经信号处理电路进行辨向和细分，才可以分辨出较高精度的位移量。

3.2.3 感应同步器输出信号的鉴别方式

以图 3-16 所示长感应同步器采用滑尺励磁为例，从定尺上输出的感应电动势，可以通过鉴别输出感应电动势的相位和幅值确定相对位移量。

1. 鉴别相位方式

在滑尺的分段绕组上加以幅值、频率相同、相位差 90°的交流励磁电压，正弦绕组励磁电压为 $u_s = U_m \sin\omega t$，余弦绕组励磁电压为 $u_c = U_m \cos\omega t$。

两个励磁绕组分别在定尺绕组上感应出电动势，其值分别为

$$e_s = K_u \cdot U_m \sin\left(\frac{2\pi x}{W}\right)\cos\omega t$$

$$e_c = K_u \cdot U_m \cos\left(\frac{2\pi x}{W}\right)\sin\omega t$$

按叠加原理在定尺（连续绕组）上总感应电动势为

$$e = e_s + e_c = K_u \cdot U_m \sin(\omega t + \theta_x) \tag{3-7}$$

式中，θ_x 为感应电动势的相位角，$\theta_x = \dfrac{2\pi x}{W}$；$K_u$ 为电磁耦合系数。

相位角 θ_x 是相对位移量的函数；相对位移量为一个节距 W 重复变化一次，变化周期为 2π。同励磁电压 $U_m \sin\omega t$ 的相位比较，鉴别感应电动势的相位可测出定尺和滑尺间相对位移量 x。

2. 鉴别幅值方式

若加到滑尺分段绕组上的交流励磁电压为 $u_s = U_s \sin\omega t$ 和 $u_c = -U_c \sin\omega t$，则分别在定尺绕组上感应出的电动势为

$$e_s = K_u \cdot U_s \sin\left(\frac{2\pi x}{W}\right)\cos\omega t$$

$$e_c = -K_u \cdot U_c \cos\left(\frac{2\pi x}{W}\right)\cos\omega t$$

定尺（连续绕组）上总感应电动势为

$$e = e_s + e_c = K_u \cos\omega t (U_s \sin\theta_x - U_c \cos\theta_x)$$

采用函数变压器使滑尺的分段绕组交流励磁电压幅值为 $U_s = U_m \cos\theta_d$，$U_c = U_m \sin\theta_d$；θ_d 为励磁电压的相位角，$\theta_x = \dfrac{2\pi x}{W}$，则总感应电动势为

$$e = K_u \cdot U_m \cos\omega t \cdot \sin(\theta_x - \theta_d) \tag{3-8}$$

设在起始状态下，$\theta_d = \theta_x$，则 $e = 0$。然后滑尺相对定尺有一位移 Δx，使感应电动势的相位角，即定尺与滑尺间相对位移角 θ_x 有一增量 $\Delta\theta_x$，则总感应电动势增量为

$$\Delta e = K_u \cdot U_m \cos\omega t \sin(\Delta\theta_x) = K_u \cdot U_m \cos\omega t \left(\frac{2\pi}{W} \cdot \Delta x\right) \tag{3-9}$$

在 Δx 较小的情况下（$\sin\Delta\theta_x \approx \Delta\theta_x$），感应电动势增量的幅值 Δe 与 Δx 成正比，通过鉴别 Δe 可测出相对位移 Δx 大小。

实际应用时，利用了施密特触发器。当位移 Δx 达到一定值，如 $\Delta x = 0.01$ mm，就使

Δe 幅值超过电平门槛值，触发一次，输出一个脉冲信号（计数）。同时用此脉冲自动改变励磁电压幅值 U_s 和 U_c，使新的 θ_d 跟上新的 θ_x，形成 $\theta_x = \theta_d$ 新起始点。这样，把位移量转换为脉冲数，即可以用数字显示，又便于微机控制。这种方法是正弦波励磁-函数变压器数模转换方式。

对感应同步器的基本要求是：正弦和余弦绕组在空间相位差 $90°$ 应准确；要尽可能消除感应耦合中的高次谐波；要尽可能减小因平面绕组横向段产生的（环流）电动势；要尽量减小安装误差等。一次绕组的励磁电压频率一般在 $1\sim20\ \mathrm{kHz}$ 范围内选择；f 低，绕组感抗小，有利于提高精度；f 高，输出感应电动势增加，允许测量速度大些。感应同步器具有较高精度和分辨力，抗干扰能力强，使用寿命长。长感应同步器广泛应用于大位移的静态或动态精密测量；圆形感应同步器则广泛应用于转台和回转伺服控制系统中。

3.2.4　感应同步器的应用

感应同步器的应用非常广泛，可用于测量线位移、角位移以及与此相关的物理量，如转速、振动等。直线感应同步器常应用于大型精密坐标镗床、坐标铣床及其他数控机床的定位、控制和数显，圆感应同步器常用于雷达天线定位跟踪、导弹制导、精密机床或测量仪器设备的分度装置等。

图 3-19 所示为感应同步器鉴相型数字位移测量装置框图。脉冲发生器输出频率一定的脉冲系列，经过脉冲—相位变换器进行 N 分频后，输出参考信号方波 θ_0 和指令信号方波 θ_1。参考信号方波 θ_0 经过励磁供电电路，转换成振幅和频率相同的正弦、余弦电压，给感应同步器滑尺的正弦、余弦绕组励磁。感应同步器定尺绕组中产生的感应电压，经放大和整形后成为反馈信号方波 θ_2。指令信号 θ_1 和反馈信号 θ_2 同时送给鉴相器，鉴相器既判断 θ_2 和 θ_1 相位差的大小，又判断指令信号 θ_1 的相位超前还是滞后于反馈信号 θ_2 的相位。

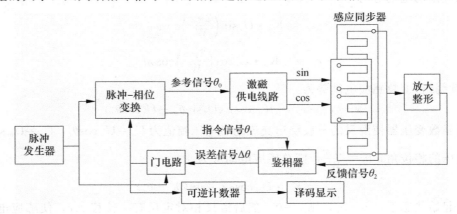

图 3-19　鉴相型数字位移测量装置框图

假定开始时 $\theta_1 = \theta_2$，当感应同步器的滑尺相对定尺平行移动时，将使定尺绕组中的感应电压的相位 θ_2（即反馈信号的相位）发生变化。此时 $\theta_1 \neq \theta_2$，由鉴相器判别之后，将相位差 $\Delta\theta = \theta_2 - \theta_1$ 作为误差信号，由鉴相器输出给门电路。此误差信号 $\Delta\theta$ 控制门电路"开门"的时间，使门电路允许脉冲发生器产生的脉冲通过。通过门电路的脉冲，一方面送给可逆计数器进行计数并显示，另一方面作为脉冲-相位变换器的输入脉冲。在此脉冲作用下，脉冲-相位变换器将修改指令信号的相位 θ_1，使 θ_1 随 θ_2 变化。当 θ_1 再次与 θ_2 相等时，误差信号 $\Delta\theta=0$，从而使门电路关闭。当滑尺相对定尺继续移动时，又有 $\Delta\theta=\theta_2-\theta_1$ 作为误差信号控制门电路的开启，门电路又有脉冲输出，供可逆计数器进行计数和显示，并继续修改指令信号的相位 θ_1，使 θ_1 和 θ_2 在新的基础上达到 $\theta_1=\theta_2$。因此，在滑尺相对定尺连续不断的移动过程中，就可以实现用可逆计数器对位移量进行准确的计数和显示。

3.3　磁栅式传感器

磁栅式传感器又称磁尺，根据用途可分为长磁栅式和圆磁栅式两种，分别用来测量线位移和角位移。磁栅式传感器是由磁栅、磁头和测量电路组成。

3.3.1　磁栅

磁栅是在非金属材料制成的尺形表面上镀一层磁性材料薄膜，用录音磁头沿长度方向按一定波长记录一个周期性信号，以剩磁的形式将信号保留在磁尺上而制成磁栅。一般用氦氖激光干涉仪的激光干涉条纹具有一定节距的信号进行录制，其节距有 0.5 mm 和 0.2 mm 两种。录制后磁栅的磁化图形将磁铁的磁分子排列成 SN，NS，…，状态，形成正弦波形。正的最大值出现在 NN 重合处，负的最大值出现在 SS 的重合处，如图 3-20 所示。测量时重放磁头检测记录信号的变化情况。

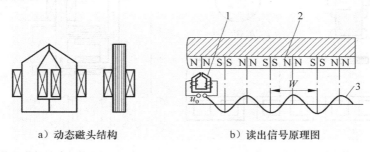

a）动态磁头结构　　　　b）读出信号原理图

图 3-20　动态磁头结构与读出信号原理图

3.3.2　磁头及作用原理

1. 动磁头及工作原理

动态磁头结构如图 3-20a 所示。在读取信号时，磁记录载体——磁带或磁盘上排列着小磁铁，小磁铁漏出的磁通通过软磁材料的磁心引导通过线圈，在线圈中产生感应电动势，如图 3-21a 所示。磁记录过程是读取磁信号的逆过程。线圈通以记录电流，在磁心中产生感应磁场，从磁心漏出的磁通使载体表面的磁性薄膜磁化，由剩余磁感应强度把磁信号保存下来，如图 3-21b 所示。

当磁头与磁栅间有相对运动时，由于各位置处的磁通不同，在磁头的线圈中感应的电动势也就不同。

设磁栅记录的磁信号为

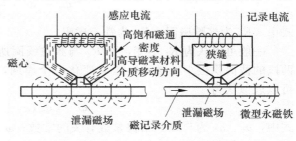

a）读取　　　　b）记录

图 3-21　磁头读取与记录示意图

$$\Phi = \Phi_m \sin\frac{2\pi x}{W}$$

式中，W 为磁信号节距；x 为磁头位移。

当磁头与磁栅间有相对运动时，在磁头线圈中的感应电势为

$$e = -N \cdot \frac{d\Phi}{dt} = -N\Phi_m\omega\cos\frac{2\pi x}{W}$$

令 $k = N\Phi_m\omega$ 为常量，则

$$e = -k\cos\frac{2\pi x}{W} \tag{3-10}$$

由式（3-10）可知，磁头与磁栅间有不同相对位移量 x 值，就有不同的电势 e 产生，线圈中的感应电势 e 反映了位移量的变化。

2. 静态磁头工作原理

静态磁头结构如图 3-22a 所示，静态磁头与动态磁头的区别是磁头与磁栅之间在没有相对运动时也有信号输出。

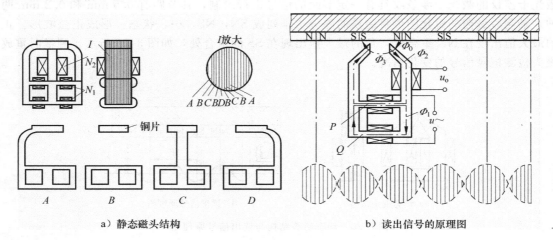

a）静态磁头结构　　　　　　　　　　b）读出信号的原理图

图 3-22　静态磁头结构与读出信号的原理图

静态磁头读出信号的原理是磁栅利用它的漏磁通的变化来产生感应电势的，如图 3-22b 所示。磁栅与磁头间的漏磁通 Φ_0 经磁头分成两部分，一部分 Φ_2 通过磁头的铁心；另一部分 Φ_3 通过气隙，则有

$$\Phi_2 = \Phi_0 \cdot \frac{R_\delta}{R_\delta + R_T} \tag{3-11}$$

式中，R_δ 为气隙磁阻；R_T 为铁心磁阻。

一般可以认为 R_δ 不变，而 R_T 与激磁线圈所产生的激磁磁通 Φ_1 有关，由于铁心 P、Q 两段的截面积很小，激磁电压 u 变化一个周期，铁心饱和两次，R_T 变化两个周期。因此，可以近似认为

$$\Phi_2 = \Phi_0(a_0 + a_2\sin2\omega t) \tag{3-12}$$

式中，a_0、a_2 为与磁头结构参数有关的常数；ω 为激磁电源电压的角频率。

当磁栅与磁头没有相对运动时，因 Φ_0 是一个常量，输出绕组产生的感应电势为

$$u_o = N_2\frac{d\Phi_2}{dt} = N_2 \cdot \frac{d}{dt}[\Phi_0(a_0 + a_2\sin2\omega t)] = 2N_2\Phi_0 a_2\omega\cos2\omega t = k\Phi_0\cos2\omega t \tag{3-13}$$

式中，$k = 2N_2\omega$ 为常数；N_2 为输出绕组匝数。

当磁栅与磁头有相对运动时，因漏磁通是磁栅位置的周期函数，磁栅与磁头相对移动一个节距 W，漏磁通就变化一个周期，漏磁通近似为

$$\Phi_0 = \Phi_m \sin\frac{2\pi x}{W}$$

由式（3-12）有

$$\Phi_2 = \Phi_m \sin\frac{2\pi x}{W}(a_0 + a_2\sin2\omega t)$$

则输出绕组产生的感应电势为

$$u_o = N_2\frac{\mathrm{d}\Phi_2}{\mathrm{d}t} = k\Phi_m\sin\frac{2\pi x}{W}\cos2\omega t \tag{3-14}$$

式中，x 为磁栅磁头相对位移；Φ_m 为漏磁通的峰值。

由式（3-14）可见，静态磁头输出信号是一个调制波形，其幅值为

$$U_m = k\Phi_m\sin\frac{2\pi x}{W}$$

由上式可知，输出信号电压幅值随 x 呈正弦函数变化，它是平衡调幅波的包络线，频率为激磁电压频率的 2 倍。

3.3.3 信号处理方式

为了能检测位移大小和方向，必须使用两个磁头来读出磁栅上的磁信号，如图 3-23 所示。两磁头的间距为 $\left(n+\dfrac{1}{4}\right)W$，其中 n 为正整数，W 为信号的节距，也就是两个磁头在信号角度上布置成相差 $90°$，其信号处理方式分为鉴幅型和鉴相型两种。

1. 鉴幅型信号处理方式

两个磁头输出相差 $90°$，其输出电压分别为

$$u_1 = U_m\sin\frac{2\pi x}{W}\sin2\omega t$$

$$u_2 = U_m\cos\frac{2\pi x}{W}\sin2\omega t$$

经检测器检波及滤波器滤去高频载波后，可得

$$u_1' = U_m\sin\frac{2\pi x}{W} \tag{3-15}$$

$$u_2' = U_m\cos\frac{2\pi x}{W} \tag{3-16}$$

它们是两个幅值与磁头位置 x 成比例的信号，通过细分辨向后，输出计数脉冲。

2. 鉴相型信号处理方式

将两磁头之一的激磁电压相移 $45°$（或将输出信号相移 $90°$），则两个磁头的输出电压分别为

$$u_1 = U_m\sin\frac{2\pi x}{W}\cos2\omega t$$

$$u_2 = U_m\cos\frac{2\pi x}{W}\sin2\omega t$$

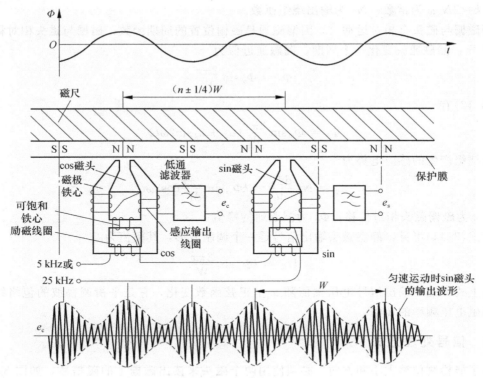

图 3-23　静态磁头检测结构及输出波形

再将上述两电压相加得总输出电压为

$$u_\mathrm{o} = u_1 + u_2 = U_\mathrm{m}\sin\left(\frac{2\pi x}{W} + 2\omega t\right) \tag{3-17}$$

　　由式(3-17)可知，输出信号是一个幅值恒定、相位随磁头与磁栅之间相对位移 x 而变化的信号，这种方法称为鉴相法。

3.3.4　磁栅式传感器的应用

　　鉴相型磁栅数字位移显示装置(简称为磁栅数显表)框图如图 3-24 所示。图中 400 kHz 晶体振荡器是磁头励磁及系统逻辑判别的信号源。由振荡器输出 400 kHz 的方波信号，经十分频和八分频电路后，变为 5 kHz 的方波信号，并同时被分相为 0°和 45°两励磁信号。此两路励磁信号分别送入励磁功率放大器Ⅰ和Ⅱ进行功率放大，然后对磁头进行励磁；功率放大器中设有一电位器，对输出的励磁电压进行调整，保证两励磁电压对称。两只磁头的输出信号分别送到各自的"偏磁幅值调整电路"，以便保证两路信号的最大幅值相等。由于磁头铁心存在剩磁，设置偏磁调整电位器使磁头的输出叠加上一个微小的直流电流(称为偏磁电流)，调整偏磁电位器使两磁头的剩磁情况对称，可以获得两路较对称的输出电信号。经过上述处理后，将两路信号送入求和放大电路，使输出的合成信号的相位与磁头和磁栅的相对位置相对应。再将此输出信号送入一个"带通滤波器"，滤去高频、基波、干扰等无用的信号波，取出二次谐波(10 kHz 的正弦波)，此正弦波的相位角是随磁头与磁栅的相对位置变化而变化的。当磁头相对磁栅位移一个节距 $W = 0.20$ mm 时，其相位角就变化了一个 360°，检测此正弦波的相位变化，就能得到磁头和磁栅的相对位移的变化。为了检测更小的位移量，需要在一个节距

W 内进行电气细分，即将输出的正弦波送到限幅整形电路，使其成为方波。经相位调整电路，进入检相内插细分电路。每当相位变化 $9°$ 时，检相内插细分电路输出一个计数脉冲。此脉冲表示磁头相对磁栅位移 $5\ \mu m$（因 $\Delta\varphi = \dfrac{2\pi}{W}\Delta x$，故 $\Delta x = \dfrac{W}{2\pi}\Delta\varphi = \dfrac{0.20}{360°}\times 9° = 5\ \mu m$），磁头相对磁栅的位移方向是由相位超前或滞后一个预先设计好的基准相位来判别的。例如，磁头相对磁栅朝右方向移动时，相位是超前的，则检相内插电路输出"＋"脉冲；反之，检相内插电路输出"－"脉冲。"＋"和"－"脉冲经方向判别电路送到可逆计数器记录下来，再经译码显示电路指示出磁头与磁栅的相对位移量。

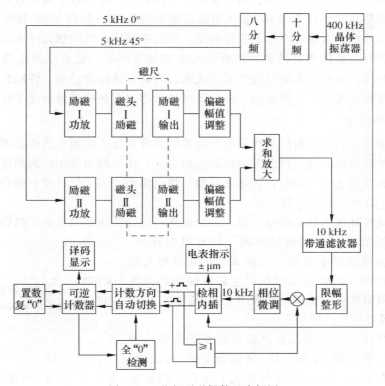

图 3-24　鉴相型磁栅数显表框图

如果位移量小于 $5\ \mu m$ 时，则检相内插电路关闭，无计数脉冲输出，此时其位移量由表头指示出来。此外，系统还设置了置数、清零和预置"＋"、"－"符号。为了保证末位数字显示清晰，仪器还设置了相位微调电路等。

3.4　红外辐射探测器

红外辐射技术是一门迅速发展的新兴技术，已广泛用于生产、科研、军事、医学等各个领域，尤其是红外遥感技术已成为空间科学的重要研究手段，在机械工程中的自动控制、机器温度场的研究及加工过程中刀具磨损的监测等项目中均有应用。

3.4.1　红外测温原理

全辐射测温是根据测量物体所辐射出来的全波段辐射能量来决定物体的温度。表达式为

$$E = \varepsilon\sigma T^4 \tag{3-18}$$

式中，E 为物体的全波辐射出射度，单位面积所发射的辐射功率；ε 为物体表面的法向比辐射率；$\sigma = 5.67 \times 10^{-8} [\text{W}/(\text{m}^2 \cdot \text{K}^4)]$ 为斯蒂芬-玻耳兹曼常数；T 为物体的绝对温度（K）。

一般物体的 ε 总是在 0 与 1 之间，$\varepsilon = 1$ 的物体叫做黑体。上式表明，物体的温度越高，辐射功率就越大。

3.4.2 常见的红外传感器

人的眼睛能看到的光按波长从长到短排列，依次为红、橙、黄、绿、青、蓝、紫。其中红光的波长范围是 $0.62 \sim 0.76~\mu\text{m}$，紫光的波长范围是 $0.38 \sim 0.46~\mu\text{m}$。比红光波长更长的光叫红外线。红外线是人眼看不见的一种射线，因而需要用红外敏感元件来检测。红外传感器（又称红外探测器）是能将红外辐射能转换成电能的传感器，它是红外探测系统的关键部件，它的性能好坏，将直接影响系统性能的优劣。因此，选择合适的、性能良好的红外传感器，对于红外探测系统是十分重要的。常见的红外传感器有热传感器和光子传感器两大类。

1. 热红外传感器

热红外传感器是利用入射红外线引起传感器的温度变化，进而导致传感器电阻、电动势或体积等物理参数变化，通过传感器中此类参数变化，即可测出被测物的温度。

热红外传感器的主要类型有：热敏电阻型、热电偶型、高莱气动型和热释电型四种。

（1）热敏电阻型红外传感器

热敏电阻型红外传感器是由锰、镍、钴的氧化物混合后烧结而成的。热敏电阻一般制成薄片状，当红外辐射照射在热敏电阻上，其温度升高，电阻值减小。测量热敏电阻值变化的大小，即得知入射的红外辐射的强弱，从而可以判断产生红外辐射物体的温度。热敏电阻型红外传感器结构如图 3-25 所示。

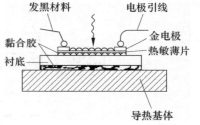

图 3-25　热敏电阻红外传感器的结构

（2）热电偶型红外传感器

热电偶型红外传感器是由热电功率差别较大的两种金属材料（如铋-银、铜-康铜、铋-铋锡合金等）构成的。当红外辐射入射到这两种金属材料构成的闭合回路的接点上时，该接点温度升高，而另一个没有被红外辐射的接点处于较低的温度。此时，在闭合回路中将产生温差电流。同时回路中产生温差电势，温差电势的大小，反映了热端吸收红外辐射的强弱。

利用温差电势现象制成的红外传感器称为热电偶型红外传感器，因其时间常数较大，响应时间较长，动态特性较差，调制频率应限制在 10 Hz 以下。

（3）高莱气动型红外传感器

高莱气动型红外传感器是利用气体吸收红外辐射后，温度升高，体积增大的特性，来反映红外辐射的强弱。其结构原理如图 3-26 所示，它有一个气室，以一个小管道与一块柔性薄片相连，薄片的背向管道一面是反射镜。气室的前面附有吸收膜，它是低热容量的薄膜。红外辐射通过窗口入射到吸

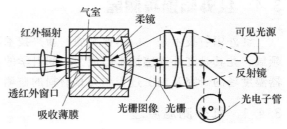

图 3-26　气体探测室的结构

收膜上，吸收膜将吸收的热能传给气体，使气体温度升高，气压增大，促使柔镜移动。在室的另一边，一束可见光通过栅状栏，聚集在柔镜反射回来的栅状图像又经过栅状光栏投射到光电管上。

当柔镜因压力变化而移动时，栅状图像与栅状光栏发生相对位移，使落到光电管上的光量发生改变，光电管的输出信号也发生改变，这个变化量就反映出入射红外辐射的强弱。这种传感器的特点是灵敏度高，性能稳定。但响应时间长，结构复杂，强度较差，只适合于实验室内使用。

（4）热释电型红外传感器

热释电型红外传感器是一种具有极化现象的热晶体或称铁电体。铁电体的极化强度（单位面积上的电荷）与温度有关。当红外辐射照射到已经极化的铁电体薄片表面上时，引起薄片温度升高，使其极化强度降低，表面电荷减少，这相当于释放一部分电荷，所以叫做热释电型红外传感器。如果将负载电阻与铁电体薄片相连，则负载电阻上便产生一个电信号输出。输出信号的大小，取决于薄片温度变化的快慢，从而反映出入射的红外辐射的强弱。由此可见，热释电型红外传感器的电压响应率正比于入射辐射变化的速率。当恒定的红外辐射照射在热释电红外传感器上时，传感器没有电信号输出，只有铁电体温度处于变化过程中，才有电信号输出。所以，必须对红外辐射进行调制（或称斩光），使恒定的辐射变成交变辐射，不断地引起传感器的温度变化，才能导致热释电产生，并输出交变的信号。

2. 光子探测器

光子探测器的原理是：某些半导体材料在红外辐射的照射下产生光电效应，使材料的电学性质发生变化，通过测量电学性质的变化，可以确定红外辐射的强弱。利用光电效应所制成的红外探测器统称光子探测器。光子探测器的主要特点是灵敏度高，响应速度快，响应频率高。但其一般需在低温下工作，探测波段较窄。

按照光子探测器的工作原理，一般可分为外光电探测器和内光电探测器两种。内光电探测器又分为光电导探测器、光生伏特探测器和光磁电探测器三种。

（1）外光电探测器（PE 器件）

当光辐射照在某些材料的表面上时，若入射光的光子能量足够大，就能使材料的电子逸出表面，向外发射出电子，这种现象叫外光电效应或光电子发射效应。光电管、光电倍增管等都属于这种类型的光子探测器。它的响应速度比较快，一般只需几个毫微秒。但电子逸出需要较大的光子能量，所以只适于在近红外辐射或可见光范围内使用。

（2）光电导探测器（PC 器件）

当红外辐射照射在某些半导体材料表面上时，半导体材料中有些电子和空穴在光子能量作用下可以从原来不导电的束缚状态变为导电的自由状态，使半导体的导电率增加，这种现象称为光电导效应。利用光电导效应制成的探测器称为光电导探测器，光敏电阻就属于光电导探测器。光电导探测器有本征型硫化铅（PbS）、碲镉汞（HgCdTe）、掺杂型锗（Ge）硅（Si）、自由载流子型锑化铟（InSb）。

（3）光生伏特探测器（PU 器件）

当红外辐射照射在某些半导体材料构成的 PN 结上时，在 PN 结内电场的作用下，P 型区的自由电子移向 N 型区，N 型区的空穴向 P 型区移动。如果 PN 结是开路的，则在 PN 结两端产生一个附加电动势，称为光生电动势。利用这个效应制成的探测器称为光生伏特探测器或结型红外探测器。

（4）光磁电探测器（PEM 器件）

当红外线照射在某些半导体材料表面上时，在材料的表面产生电子和空穴，并向内部扩散，在扩散中受到强磁场作用，电子与空穴各偏向一边，因而产生了开路电压，这种现象称为光磁电效应。利用光磁电效应制成的红外探测器称为光磁电探测器。光磁电探测器响应波段在 $7\,\mu m$ 左右，时间常数小，响应速度快，不用加偏压，内阻极低，噪声小，性能稳定。但其灵敏度低，低噪声放大器制作困难，因而影响了使用。

3.4.3 红外传感器的应用

1．热辐射测温仪

自然界的物体，例如动物躯体、火焰、机器设备、厂房、土堆、冰等物体都会发出红外辐射，也就是放射红外线，唯一的不同之处是它们发射的红外线的波长不同。人体温度是 $36\sim37\,℃$，它所放射的红外线波长为 $9\sim10\,\mu m$，温度在 $400\sim700\,℃$ 的物体放射出的红外波长为 $3\sim5\,\mu m$。热辐射测温仪由红外线传感器和电信号处理电路组成，其中的红外线传感器就是能接收上述红外波长并将其转变成电信号的一种装置。

（1）传感器

热辐射测温仪所使用的红外线传感器能接收物体放射出的红外线并使之转换成电信号。一般的测温对象是固定不动的，而热辐射测温仪需要对被测物体做相对"移动"，使被测"热源"以大约 1 Hz 的频率入射，一般利用遮光方法。

传感器用 LN-206P 型热释电传感器，固定在感温盒内，前面加遮光板，遮光板由转速较慢的电动机带动旋转，使传感器按 1 Hz 的频率接收被测物体的红外线。另外，感温盒内还需放置温度补偿二极管，盒的开口对准被测物，传感器的窗口对准遮光板以便接收 1 Hz 的红外辐射。其原理框图如图 3-27 所示。

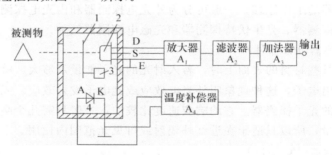

图 3-27　传感器单元及热辐射测温仪原理框图

1—遮光板；2—传感器；3—慢速电动机；4—温度补偿的二极管

（2）测量电路

传感器输出的信号需要放大器进行放大，然后再经过滤波器滤波，传感器单元中的二极管进行温度补偿，被测量到的电信号和温度补偿电信号通过加法器处理后输出被测物体的温度信号。

具体的热辐射测温仪测量电路如图 3-28 所示。图中，A_1 为一同相放大器，输入信号由 $47\,\mu F$ 电容耦合而来。A_1 的闭环放大倍数 $A_F=22\sim23$（由 10 kΩ 电位器调节），A_2 为低通滤波器。温度补偿二极管一般采用负温度系数（$-2\,mV/℃$）的硅二极管，它的温度补偿信号经差动放大器 A_4 放大送到 A_3。A_3 为加法器，它将 A_2 的输出与 A_4 的输出相加。在 200℃时，

A_3 的输出为 4V(灵敏度为 200 mV/℃)，其中放大器输出为 3 V，温度补偿在 25℃时输出为 1 V。

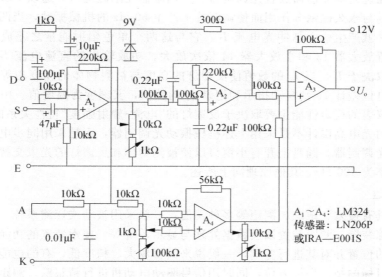

图 3-28 热辐射测温仪测量电路

A_3 的输出与温度基本呈线性关系，可用模拟或数字方法显示出来。A_1 输出端的 10 kΩ 电位器和 1 kΩ 变阻器用于调节 A_2 输入信号的大小，调节它们的阻值使 A_3 的输出为 3 V；A_4 同相端的电位器(1 kΩ)和变阻器(100 Ω)用于调节温度补偿量，或用于机器内不能接触部件的温度测量。

2. 光电高温计

图 3-29 所示为 WDL 型光电高温计的工作原理。被测物体 17 发射的辐射能量由物镜 1 聚焦，通过光栏 2 和遮光板 6 上的窗口 3，再透过装于遮光板内的红色滤光片射到光电器件 4——硅光电池上。被测物体发出的光束必须盖满窗口 3，这可由瞄准透镜 10、反射镜 11 和观察孔 12 所组成的瞄准系统来进行观察。

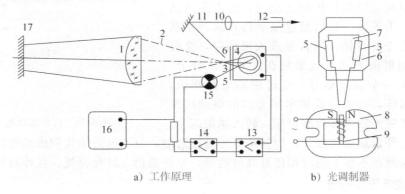

a) 工作原理   b) 光调制器

图 3-29 光电高温计工作原理

1—物镜；2—光栏；3、5—窗口；4—光电器件；6—遮光板；7—调制片；8—永久磁钢；

9—励磁绕组；10—瞄准透镜；11—反射镜；12—观察孔；13—前装置放大器；14—主放大器；

15—反馈灯；16—电子电位差计；17—被测物体

从反馈灯 15 发出的辐射能量通过遮光板 6 上的窗口，再透过上述红色滤光片投射到光电器件 4 上，在遮光板 6 前面放置光调制器。光调制器在励磁绕组 9 通以 50 Hz 交流电，所产生的交变磁场与永久磁钢 8 作用而使调制片 7 产生 50 Hz 的机械振动，当两辐射能量不相等时，光电器件就产生一个脉冲光电流 I_1，它与这两个单色辐射能量之差成比例。脉冲光电流被送至前置放大器 13 和主放大器 14 依次放大。功放输出的直流电流 I_2 流过反馈灯。反馈灯的亮度取决于 I_2。当 I_2 的数值使反馈灯的亮度与被测物体的亮度相等时，脉冲光电流为零。电子电位差计 16 则自动指示和记录 I_2 的数值，其刻度为温度值。由于采用了光电负反馈，所以仪表的稳定性能主要取决于反馈灯的"电流-辐射强度"特性关系的稳定程度。

有些型号的光电高温计不是采用上述机械振动光调制器，而是采用同步电动机带动一只转动圆盘作为光调制器，圆盘上开有小窗口以使被测物体和反馈灯的光束交替通过投到光电池上，调制频率为 400 Hz。其他原理同上所述。

3. 红外雷达

红外雷达具有搜索、跟踪、测距等多种功能，一般采用被动式探测系统。红外雷达包括搜索装置、跟踪装置、测距装置以及数据处理与显示系统等。搜索装置的功能是全面侦察空间以探测目标的位置并对其进行鉴别，一般说来其视场大、精度低，有的也能粗跟踪。跟踪的功能是确定目标的精确坐标方位，同时用信号驱动电动机进行精跟踪。测距功能目前多采用激光技术，在精跟踪时用激光装置测量目标的距离。数据处理与显示系统是用计算机对上面三部分给出的目标方位、距离等数据进行计算，以定出目标的速度、航向，同时考虑风向、风速等因素，给出提前量，把信息送到武器系统。红外雷达的精度高，一般可达几分的角精度，秒级精度也能做到。

红外雷达的搜索装置由光学系统和位于光学系统焦点上的红外探测器、调制器、放大器及显示与控制等组成，如图 3-30 所示。由于远距离的目标是一个很小的点，并且在广阔的空间高速运动着，而光学系统只有较小的视场，因此，光学系统必须通过快速扫描动作来发现目标。扫描周期应尽量小，搜索速度与空间范围依具体情况决定，搜索距离从几十千米到上千千米，最后通过显示器直接观察在搜索空间内是否有目标。当目标进入视场时，来自目标的红外辐射由光学系统聚集在红外探测器上，搜索装置产生一个误差信号，经过逻辑电路辨识，确定真正的目标，带动高低和水平方向的电动机旋转，使搜索装置光轴连续对准目标，转入精跟踪。

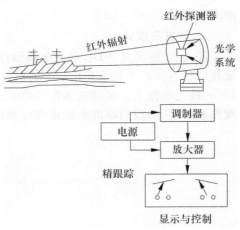

图 3-30　红外雷达搜索装置

现有的红外雷达形式很多，但基本原理是相同的，只不过是结构和战术性能上各有特点而已。红外探测在军事上的应用还有红外制导、红外通信、红外夜视、红外对抗等。

4. 红外线纸张监控器

纸张是一张张地通过印刷机进行印刷的，如果一次通过两张或两张以上的纸，不仅造成纸张的浪费，而且还影响装订质量。采用人工观察的方法对通过印刷机的纸张进行观察，不仅浪费人力，可靠性也较差。纸张监控器采用红外光电检测原理，能自动检测出每次通过印刷机的纸张数。

图 3-31 所示为红外线纸张监控器电路原理图。红外发光二极管 VD_1 和 VT_1 构成红外检测光路，两张纸以上比一张纸要厚，其透光率将小很多，因此当单张纸通过 VD_1 和 VT_1 之间时，由于透光率较高，使 VT_1 的光电流大，R_{P2} 上的压降较大，A 点电位低于门 G_1 的转换电压，G_1 输出高电平，G_2 输出低电平，由门 G_3、G_4 等构成的音频振荡器不能振荡，扬声器 B 不发声，VT_3 因其基极为低电位而截止，继电器 K 不吸合。

当超过一张纸以上通过 VD_1 和 VT_1 之间时，由于透光率较低，VT_1 的光电流较小，R_{P2} 上的压降减小，A 点电位高于门 G_1 的转换电压，G_1 输出低电平，G_2 输出高电平，由门 G_3、G_4 等构成的音频振荡器产生振荡，晶体管 VT_2 驱动扬声器 B 发出报警声。同时由于 VT_3 基极为高电位而饱和导通，继电器 K 吸合，其动断触点可将印刷机停车。

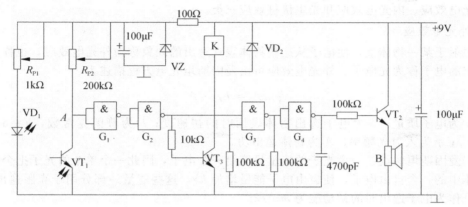

图 3-31　红外线纸张监控器电路原理图

3.4.4　红外传感器使用中应注意的问题

红外传感器是红外探测系统中很重要的部件，但是它很娇气，在使用中稍不注意，就可能导致红外传感器损坏。因此，红外传感器在使用中应注意以下几个问题。

1）使用红外传感器时，必须首先注意了解它的性能指标和应用范围，掌握它的使用条件。

2）使用传感器时要注意它的工作温度。一般要选择能在室温工作的红外传感器，这种传感器设备简单，使用方便，成本低廉，便于维护。

3）适当调整红外传感器的工作点。一般情况下，传感器有一个最佳工作点。只有工作在最佳偏流工作点时，红外传感器的信噪比最大。实际工作点最好稍低于最佳工作点。

4）选用适当的前置放大器与红外传感器相配合，以获得最佳的探测效果。

5）调制频率与红外传感器的频率响应相匹配。

6）传感器的光学部分不能用手去摸、擦，防止损坏与玷污。

7）传感器存放时注意防潮、防震和防腐蚀。

3.5　光电式传感器

光电式传感器就是将光信号转化成电信号的一种器件，简称光电器件。要将光信号转化成电信号，必须经过两个步骤：一是先将非电量的变化转化成光量的变化；二是通过光电器件的作用，将光量的变化转化成电量的变化。这样就实现了将非电量的变化转化成电量的

变化。

由于光电器件的物理基础是光电效应，光电器件有响应速度快、可靠性较高、精度高、非接触式、结构简单等特点，因此光电式传感器在现代测量与控制系统中，应用非常广泛。

3.5.1 光电效应

光电效应就是指一束光线照射到物质上时，物质的电子吸收了光子的能量而发生了相应的电效应现象。那么，产生光电效应的这种物质就叫光电材料。产生的光电效应现象诸如有电阻率的变化、电子逸出、电动势的变化等。根据光电效应现象的不同特征，可将光电效应分为外光电效应、内光电效应和光生伏打效应三类。

1. 外光电效应

光照射于某一物体上，使电子从这些物体表现逸出的现象称为外光电效应，也称光电发射。逸出的电子称为光电子。外光电效应可由爱因斯坦光电方程描述为

$$\frac{1}{2}mv^2 = h\gamma - A \tag{3-19}$$

式中，m 为电子质量；v 为电子逸出物体表面时的初速度；h 为普朗克常数，$h = 6.626 \times 10^{-34}$ J·s；γ 为入射光频率；A 为物体逸出功。

根据爱因斯坦假设：一个光子的能量只能给一个电子，因此一个单个的光子把全部能量传给物体中的一个自由电子，使自由电子能量增加 $h\gamma$，这些能量一部分用于克服逸出功 A，另一部分作为电子逸出时的初动能为 $mv^2/2$。

由于逸出功与材料的性质有关，当材料选定后，要使物体表面有电子逸出，入射光的频率 γ 有最低的限度，当 $h\gamma$ 小于 A 时，即使光通量很大，也不可能有电子逸出，这个最低限度的频率称为红限频率，相应的波长称为红限波长。在 $h\gamma$ 大于 A（入射光频率超过红限频率）的情况下，光通量越大，逸出的电子数目也越多，电路中光电流也越大。

2. 内光电效应

光照射于某一物体上，使其导电能力发生变化，这种现象称为内光电效应，也称光电导效应。许多金属硫化物、硒化物及碲化物等半导体材料，如硫化镉、硒化镉、硫化铅及硒化铅等在受到光照时均会出现电阻下降的现象。另外电路中反偏的 PN 结在受到光照时也会在该 PN 结附近产生光生载流子（电子-空穴对），从而对电路造成影响。利用上述现象可制成光敏电阻、光敏二极管、光敏晶体管、光敏晶闸管等光电转换器件。

3. 光生伏打效应

在光线作用下物体产生一定方向的电动势的现象称为光生伏打效应。具有该效应的材料有硅、硒、氧化亚铜、硫化镉、砷化镓等。例如在一块 N 型硅上，用扩散的方法掺入一些 P 型杂质，形成一个大面积的 PN 结，由于 P 区做得很薄，从而使光线能穿透到 PN 结上。当一定波长的光照射 PN 结时，就产生电子-空穴对，在 PN 结内电场的作用下，空穴移向 P 区，电子移向 N 区，从而使 P 区带正电，N 区带负电，于是 P 区和 N 区之间产生电压，即光生电动势。利用该效应可制成各类电池。

3.5.2 光电器件

1. 光电管

光电管的外形如图 3-32 所示，光电阴极 K 和光电阳极 A 封装在真空玻璃管内。

当入射光线穿过光窗照到光电阴极上时，光子的能量传递给阴极表面的电子，当电子获得的能量足够大时，就有可能逸出金属表面表现形成电子发射，这种电子称为光电子。当光电管阳极加上适当电压（数十伏）时，从阴极表面逸出的电子被具有正电压的阳极所吸引，在光电管中形成电流，称为光电流 I_Φ。光电流 I_Φ 正比于光电子数，而光电子数又正比于光通量。如果在外电路中串入一只适当阻值的电阻，则电路中的电流便转换成电阻上的电压。该电流或电压的变化与光形成一定函数关系，从而实现了光电转换。

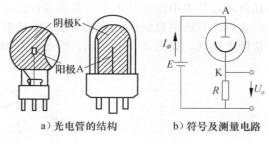

a）光电管的结构　　b）符号及测量电路

图 3-32　光电管

2. 光电倍增管

光电倍增管有放大光电流的作用，灵敏度非常高，信噪比大，线性好，多用于微光测量。图 3-33 是光电倍增管结构示意图。

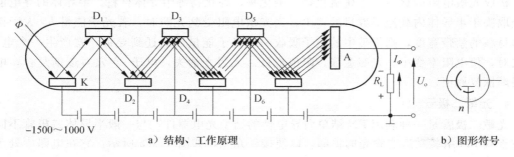

a）结构、工作原理　　　　　　　　　　b）图形符号

图 3-33　光电倍增管

从图 3-33 中可知，光电倍增管也有一个阴极 K、一个阳极 A。与光电管不同的是，在它的阴极和阳极间设置许多二次发射电极 D_1，D_2，D_3……，它们又称为第一倍增极，第二倍增极，……相邻电极间通常加上 100 V 左右的电压，其电位逐级升高。阴极电位最低，阳极电位最高，两者之差一般在 600～1 200 V。当微光照射阴极 K 时，从阴极 K 上逸出的光电子射向第一倍增极 D_1，入射光电子的能量传递给 D_1 表面的电子使它们由 D_1 表面逸出，这些电子变为二次电子。一个入射光电子可以产生多个二次电子。D_1 发射出来的二次电子被 D_1、D_2 间的电场加速，射向 D_2，并再次产生二次电子发射，得到更多的二次电子。这样逐级递进，一直到最后到达阳极 A 为止。若每级的二次电子发射倍增率为 δ，共有 n 组（通常可达9～11级），则光电倍增管阳级得到的光电流比普通光电管大 δ^n 倍，因此光电倍增管灵敏度极高。

光电倍增管的光电特性如图 3-34 所示（为大范围展示曲线开头对纵坐标作了处理，下同），从图中可知，在光通量为 $10^{-14} \sim 10^{-8}$ lm（流明）时，光电特性基本上是一条直线。

3. 光敏电阻

光敏电阻是一种利用内光电效应（光导效

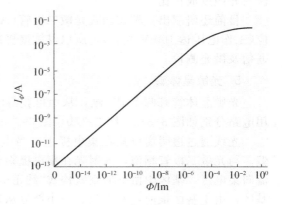

图 3-34　光电倍增管的光电特性

应)制成的光电元件。它具有精度高、体积小、性能稳定、价格低等特点，所以被广泛应用在自动化技术中作为开关式光电信号传感元件。在半导体光敏材料两端装上电极引线，将其封装在带有透明窗的管壳里就构成了光敏电阻，如图 3-35a 所示。为了增加灵敏度，两电极常做成梳状，如图 3-35b 所示。图形符号如图 3-35c 所示。

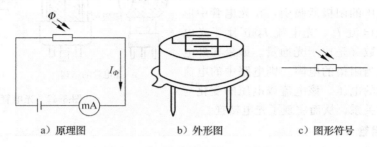

a) 原理图　　　　　　　b) 外形图　　　　　　c) 图形符号

图 3-35　光敏电阻结构及图形符号

构成光敏电阻的材料有金属硫化物、硒化物、碲化物等半导体材料。半导体的导电能力完全取决于半导体内载流子数目的多少。当光敏电阻受到光照时，若光子能量 $h\gamma$ 大于该半导体材料的禁带宽度，则价带中的电子吸收一个光子能量后跃迁到导带，就产生一个电子-空穴对，使电阻率变小。光照愈强，阻值愈低。入射光消失，电子-空穴对逐渐复合，电阻也逐渐恢复原值。

4. 光敏二极管

光敏二极管是一种利用 PN 结单向导电性的结型光电器件，与一般半导体二极管不同之处在于其 PN 结装在透明管壳的顶部，以便接受光照，如图 3-36a 所示。它在电路中处于反向偏置状态，如图 3-36b 所示。

在没有光照时，由于二极管反向偏置，所以反向电流很小，这时的电流称为暗电流。当光照射在二极管的 PN 结上时，在 PN 结附近产生电子-空穴对，并在外电场的作用下，漂移越过 PN 结，产生光电流。入射光的照度增强，产生的电子-空穴对数量也随之增加，光电流也相应增大，光电流与光照度成正比。

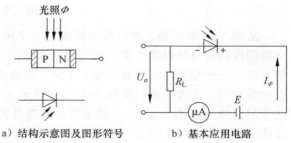

a) 结构示意图及图形符号　　b) 基本应用电路

图 3-36　光敏二极管

目前还研制出一种雪崩式光敏二极管（APD）。由于 APD 利用了二极管 PN 结的雪崩效应（工作电压达 100 V 左右），所以灵敏度极高，响应速度极快，可达数百兆赫，可用于光纤通信及微光测量。

5. 光敏晶体管

光敏晶体管有两个 PN 结，从而可获得电流增益。它的结构、等效电路、图形符号及应用电路分别如图 3-37a、图 3-37b、图 3-37c、图 3-37d 所示。

光线通过透明窗口落在集电极上，当电路按图 3-37d 连接时，集电极反偏，发射极正偏。与光敏二极管相似，入射光在集电极附近产生电子-空穴对，电子受集电极电场的吸引流向集电区，基区中留下的空穴构成"纯正电荷"，使基区电压升高，致使电子从发射区流向基区，由于基区很薄，所以只有一小部分从发射区来的电子与基区的空穴结合，而大部分的电子穿越基区流向集电区。这一过程与普通三极管的放大作用相似。集电极电流 I_c 是原始光电流的 β 倍，因此光敏晶体管比光敏二极管灵敏度高许多倍。

有时生产厂家还将光敏晶体管与另一只普通三极管制作在同一个管壳内，连接成复合管型式，如图 3-37e 所示，称为达林顿型光敏晶体管。它的灵敏度更大（$\beta = \beta_1 \beta_2$）。但是达林顿光敏晶体管的漏电流（暗电流）较大，频响较差，温漂也较大。

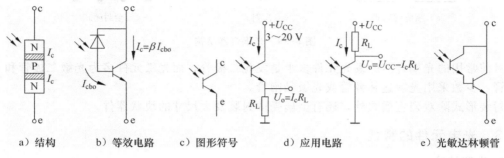

　　　　a）结构　　　　b）等效电路　　　c）图形符号　　　d）应用电路　　　e）光敏达林顿管

图 3-37　光敏晶体管

6. 光电池

光电池的工作原理是基于光生伏打效应。当光照射在光电池上时，可以直接输出电动势及光电流。图 3-38a 所示是光电池结构示意图。

通常在 N 型衬底上制造一薄层 P 型区作为光照敏感面。当入射光子的数量足够大时，P 型区每吸收一个光子就产生一对光生电子-空穴对，光生电子-空穴对的浓度从表面向内部迅速下降，形成由表及里扩散的自然趋势。PN 结的内电场使扩散到 PN 结附近的电子-空穴对分离，电子被拉到 N 型区，空穴被拉到 P 型区，故 N 型区带负电，P 型区带正电。如

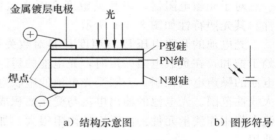

a）结构示意图　　　b）图形符号

图 3-38　硅光电池

果光照是连续的，经短暂的时间（μs 数量级），新的平衡状态建立后，PN 结两侧就有一个稳定的光生电动势输出。

光电池的种类很多，有硅、砷化镓、硒、锗、硫化镉光电池等。其中应用最广的是硅光电池，这是因为它有一系列优点：性能稳定、光谱范围宽、频率特性好、传递效率高、能耐高温辐射和价格便宜等。砷化镓光电池是光电池中的后起之秀，它在效率、光谱特性、稳定性、响应时间等多方面均有优势，今后会逐渐得到推广应用。

7. 光电耦合器

将发光器件与光敏元件集成在一起便可构成光电偶合器件，如图 3-39 所示为其结构示意图。图 3-39a 所示为窄缝透射式，可用于片状遮挡物体的位量检测，或码盘、转速测量中；图 3-39b 所示为反射式，可用于反光体的位量检测，对被测物不限制厚度；图 3-39c 所示为全封闭式，用于电路的隔离。除第三种封装形式为不受环境光干扰的电子器件外，第一、二种本身就可作为传感器使用。若必须严格防止环境光干扰，透射式和反射式都可选用红外波段的发光元件和光敏元件。

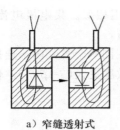

a）窄缝透射式

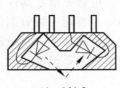

b）反射式

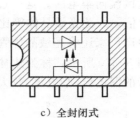

c）全封闭式

图 3-39　光耦合器结构

目前常用的光耦合器的发光元件多半是发光二极管，而光敏元件多为光敏二极管和光敏晶体管，少数采用光敏达林顿管或光敏晶闸管。

封装形式除双列直插式外，还有金属壳体封装及大尺寸的块状器件。

3.5.3　光电元件的特性

1. 光照特性

当在光电元件上加上一定电压时，光电流 I 与光电元件上光照度 E 之间的对应关系，称为光照特性。一般可表示为

$$I = f(E) \tag{3-20}$$

对于光敏电阻器，因其灵敏度高而光照特性呈非线性，一般用于自动控制中作开关元件。其光照特性如图 3-40a 所示。

光电池的开路电压 U 与照度 E 是对数关系，如图 3-40b 曲线所示。在 2000 lx 的照度下趋于饱和，在负载电阻一定时，光电池的短路电流值为 I_{sc}，单位为 mA。线性范围下限由光电池的噪声电流控制，上限受光电池的串联电阻限制，降低噪声电流，减小串联电阻都可扩大线性范围。光电池的输出电流与受光面积成正比。增大受光面积可以加大短路电流。光电池大都用作测量元件。由于它的内阻很大，加之与照度是线性关系，所以多以电流源的形式使用。

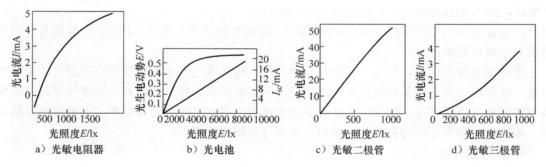

图 3-40　光照特性图

光电池的负载变化对它的线性工作范围也有影响。对闭合电路来说，增加负载电阻，等效于增大了光电池的串联电阻。当负载电阻不为零时，随着照度的增加，光电流 I 与光生电压 U 都在增加，负载电阻上的压降使光电池处于正偏状态，使光电池等效并联电阻减小，因而内耗增加，流入外电路的光电流减小，故其短路电流 I_{sc} 与照度是非线性关系。负载电阻越大，并联电阻的分电流作用越明显，流到外电路中的光电流也越小，带来的非线性就

越大。

光敏二极管的光照特性为线性，适于做检测元件，其特性如图 3-40c 所示。

光敏晶体管的光照特性呈非线性，如图 3-40d 所示。但由于其内部具有放大作用，故其灵敏度较高。

2. 光谱特性

光敏元件上加上一定的电压，这时如有一单色光照射到光敏元件上，如果入射光功率相同，光电流会随入射光波长的不同而变化。入射光波长与光敏器件相对灵敏度或相对光电流间的关系即为该元件的光谱特性。各光敏器件的光谱特性如图 3-41 所示。

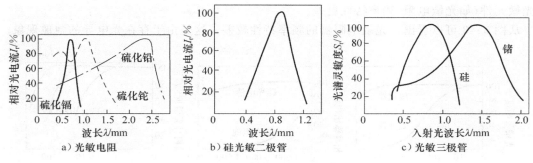

a）光敏电阻　　　　b）硅光敏二极管　　　　c）光敏三极管

图 3-41 光敏元件的光谱特性

由图 3-41 可见，元件材料不同，所能响应的峰值波长也不同。因此，应根据光谱特性来确定光源与光电器件的最佳匹配。在选择光敏元件时，应使最大灵敏度在需要测量的光谱范围内，才有可能获得最高灵敏度。

3. 伏安特性

在一定照度下，光电流 I 与光敏元件两端电压 V 的对应关系，称为伏安特性。各种光敏元件的伏安特性如图 3-42 所示。

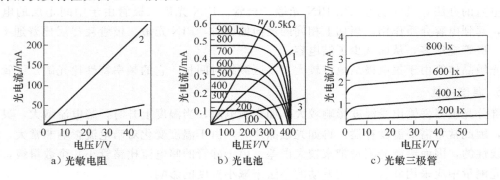

a）光敏电阻　　　　b）光电池　　　　c）光敏三极管

图 3-42 光敏元件的伏安特性

同晶体管的伏安特性一样，光敏元件的伏安特性可以帮助我们确定光敏元件的负载电阻，设计应用电路。

图 3-42a 中的曲线 1 和 2 分别表示照度为零和某一照度时光敏电阻器的伏安特性。光敏电阻器的最高使用电压由它的耗散功率确定，而耗散功率又与光敏电阻器的面积、散热情况有关。

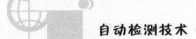

光敏晶体管在不同照度下的伏安特性与一般三极管在不同基极电流下的输出特性相似，如图 3-42c 所示。

4. 频率特性

在相同的电压和同样幅值的光照下，当入射光以不同频率的正弦波调制时，光敏元件输出的光电流 I 和灵敏度 S 会随调制频率 f 的变化而变化，它们的关系为

$$I = F_1(f) \tag{3-21}$$

或

$$S = F_2(f) \tag{3-22}$$

称为频率特性。以光生伏打效应原理工作的光敏元件频率特性较差，以内光电效应原理工作的光敏元件（如光敏电阻）频率特性更差。

从图 3-43 可以看出，光敏电阻器的频率特性较差，这是由于存在光电导的弛豫现象。

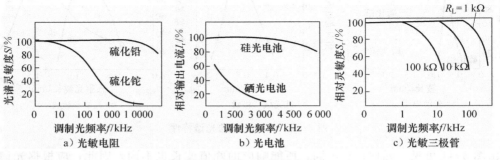

图 3-43　光敏元件的频率响应

光电池的 PN 结面积大，又工作在零偏置状态，所以极间电容较大。由于响应速度与结电容和负载电阻的乘积有关，要想改善频率特性，可以减小负载电阻或结电容。

光敏二极管的频率特性是半导体光敏元件中最好的。光敏二极管结电容和杂散电容与负载电阻并联，工作频率越高，分流作用越强，频率特性越差。要想改善频率响应可采取减小负载电阻的办法，另外也可采用 PIN 光敏二极管。PIN 光敏二极管由于中间 I 层的电阻率很高，起到电容介质作用。当加上相同的反向偏压时，PIN 光敏二极管耗尽层比普通 PN 结光敏二极管宽很多，从而减少了结电容。

光敏晶体管由于集电极结电容较大，基区渡越时间长，它的频率特性比光敏二极管差。

5. 温度特性

部分光敏器件输出受温度影响较大。如光敏电阻，当温度上升时，暗电流增大，灵敏度下降，因此常常需要温度补偿。再如光敏晶体管，由于温度变化对暗电流影响非常大，并且是非线性的，因而给微光测量带来较大误差。由于硅管的暗电流比锗管小几个数量级，所以在微光测量中应采用硅管，并用差动的办法来减小温度的影响。

光电池受温度的影响主要表现在开路电压随温度增加而下降，短路电流随温度上升缓慢增加，其中，电压温度系数较大，电流温度系数较小。当光电池作为检测元件时，也应考虑温度漂移的影响，采取相应措施进行补偿。

6. 响应时间

不同光敏器件的响应时间有所不同，如光敏电阻较慢，约为 $10^{-1} \sim 10^{-3}$ s，一般不能用于要求快速响应的场合。工业用的硅光敏二极管的响应时间为 $10^{-5} \sim 10^{-7}$ s 左右，光敏晶体

管的响应时间比二极管约慢一个数量级，因此在要求快速响应或入射光、调制光频率较高时应选用硅光敏二极管。

3.5.4 光电元件的应用

1. 自动照明灯

自动照明灯广泛适用于医院、学生宿舍及公共场所。它白天不会亮而晚上自动亮，应用电路如图3-44所示。

图3-44中VD为触发二极管，触发电压约为30 V左右。在白天，光敏电阻的阻值低，其分压低于30 V（A点），触发二极管截止，双向晶闸管无触发电流，呈断开状态。晚上天黑，光敏电阻阻值增加，A点电压大于30 V，触发极G导通，双向晶闸管呈导通状态，电灯亮。R_1、C_1为保护双向晶闸管的电路。

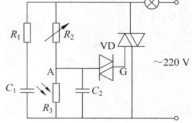

图3-44 自动照明灯电路

2. 光电式数字转速表

图3-45所示是光电式数字转速表的工作原理图。在电动机的转轴上涂上黑白相间的两色条纹，当电动机转轴转动时，反光与不反光交替出现，所以光敏元件间断地接收光的反射信号，输出电脉冲。再经过放大整形电路输出整齐的方波信号，由数字频率计测出电动机的转速。图3-45b所示是在电动机转轴上固定一个调制盘，当电动机转轴转动时将发光二极管发出的恒定光调制成随时间变化的调制光。同样经光敏元件接收，放大整形后输出整齐的脉冲信号，转速可由该脉冲信号的频率来测定。

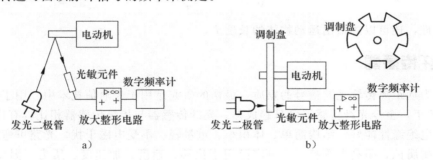

图3-45 光电式数字转速表工作原理

每分钟的转速 n 与频率 f 的关系为

$$n = 60f/N \tag{3-23}$$

式中，N 为孔数或黑白条纹数目。

光电脉冲放大整形电路如图3-46所示。

当有光照时，光敏二极管产生光电流，使 R_{P2} 上压降增大，直到晶体管 VT_1 导通，作用到由 VT_2 和 VT_3 组成的射极耦合触发器，使其输出 U_o 为高电位。反之，U_o 为低电位。该脉冲信号 U_o 可送到频率计进行测量。

3. 速度检测器

工业生产中，经常需要检测工件的运动速度。图3-47所示是利用光敏元件检测运动速度的原理图。

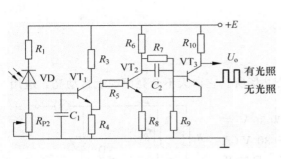

图 3-46 放大整形电路

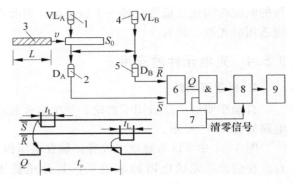

图 3-47 光敏元件检测运动速度

1—光源 A；2—光敏元件 D_A；3—运动物体；4—光源 B；
5—光敏元件 D_B；6—RS 触发器；7—高频脉冲信号源；
8—计数器；9—显示器

当物体自左向右运动时，首先遮断光源 A 的光线，光敏元件 D_A 输出低电平，触发 RS 触发器，使其置"1"，与非门打开，高频脉冲可以通过，计数器开始计数。当物体经过设定的 S_0 距离而遮挡光源 B 时，光敏元件 D_B 输出低电平，RS 触发器置"0"，与非门关闭，计数器停止计数。设高频脉冲的频率 $f=1$ MHz，周期 $T=1$ μs，计数器所计脉冲数为 n，则可判断出物体通过已知距离 S_0 所经历的时间为 $t_v=nT=n$（单位为 μs），则运动物体的平均速度为

$$\bar{v} = \frac{S_0}{t_v} = \frac{S_0}{nT} \tag{3-24}$$

应用上述原理，还可以测量出运动物体的长度 L。

3.6 光纤传感器

光纤作为远距离传输光波信号的媒质，最初的研究是用于光通信技术中。用于传感器技术始于 1977 年，至今光纤传感器已日趋成熟。光纤传感器与传统传感器相比具有许多优点：灵敏度高、电绝缘性能好、结构简单、体积小、重量轻、不受电磁干扰、光路可弯曲、便于实现遥测、耐腐蚀、耐高温等特点。可广泛用于位移、速度、加速度、压力、温度、液位、流量、水声、电流、磁场、放射性射线等物理量测量，发展极为迅速，在制造业、军事、航天、航空、航海和其他科学技术研究中有着广泛的应用。

3.6.1 光导纤维的结构和导光原理

光导纤维是用比头发丝还细的石英玻璃丝制成的，每一根光导纤维由一个圆柱形芯子、包层、保护套组成。光导纤维的基本结构如图 3-48 所示。光导纤维的芯子是用玻璃材料制成的，折射率为 n_1；包层是用玻璃或塑料做成的，折射率为 n_2，且 $n_1 > n_2$，这样可以保证入射到光纤内的光波集中在芯子内传输。当光线以各种不同角度入射到芯子并射至芯子与包层的交界面时，光线在该处有一部分透射，一部分反射。但当光线在纤维端面中心的入射角 θ 小于临界入射角 θ_c 时，光线就不会透射出界面，而全部被反射。光在界面上经无数次反射，呈锯齿形状路线在芯内向前传播，最后从光纤的另一端传出，这就是光纤的导光原理。

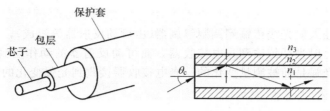

图 3-48 光导纤维的基本结构

光经过不同介质的界面时要发生折射和反射。一束光从折射率为 n_1 的介质以入射角 α 射向界面时，一部分透过界面进入折射率为 n_2 的介质中，折射角为 β；另一部分光从界面反射回来，反射角为 α 如图 3-49a 所示。从折射定律知：$n_1\sin\alpha = n_2\sin\beta$。

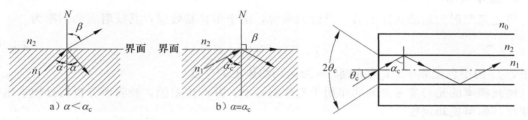

图 3-49 光的折射和反射　　　　图 3-50 光纤的受光特性

当 $n_1 > n_2$ 时，$\alpha < \beta$。逐渐加大入射角 α 一直到折射角 $\beta = 90°$，如图 3-49b 所示，这时光不会透过界面而完全反射回来，称为全反射。产生全反射时的入射角 α 称为临界角，用 α_c 表示，即 $\sin\alpha_c = \dfrac{n_2}{n_1} \cdot \sin\beta = \dfrac{n_2}{n_1} \cdot \sin90° = \dfrac{n_2}{n_1}$。

当光线从光密物质射向光疏物质，且入射角 α 大于临界角 α_c 时，光线产生全反射，反射光不再离开光密介质，沿光纤向前传播。

光照射光纤的端面时，光纤端面的临界入射角 $2\theta_c$ 称为光纤的孔径角。由图 3-50 可知，$2\theta_c$ 的大小表示光纤能接收光的范围。θ_c 的正弦函数定义为光纤的数值孔径，用 NA 表示，即

$$NA = \sin\theta_c = \frac{1}{n_0}\sqrt{n_1^2 - n_2^2} \tag{3-25}$$

式中，n_0 为光纤周围媒质的折射率，空气的 $n_0 = 1$。

数值孔径 NA 是光纤的一个重要参数，一般希望有大的数值孔径，这有利于耦合效率的提高，但数值孔径过大，会造成光信号畸变，所以要适当选择数值孔径的数值。

3.6.2 光纤传感器的工作原理

光纤传感器是一种将被测对象的状态转变为可测的光信号的传感器。光纤传感器的工作原理是将光源入射的光束经由光纤送入调制器，在调制器内与外界被测参数的相互作用，使光的光学性质如光的强度、波长、频率、相位、偏振态等发生变化，成为被调制的光信号，再经过光纤送入光电器件、经解调器后获得被测参数。整个过程中，光束经由光纤导入，通过调制器后再射出，其中光纤的作用首先是传输光束，其次是起到光调制器的作用。光纤传感器的调制原理如下：

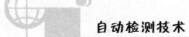

1. 强度调制

光源发射的光经入射光线传输到调制解调器（由可动反射器等组成），经反射器把光反射到出射光纤，通过出射光纤传输到光电接收器。而可动反射器的动作受到被测信号的控制，因此反射器射出的光强是随被测量变化的。光电接收器接收到光强变化的信号，经解调得到被测物理量的变化。

2. 相位调制

光纤相位调制是光纤比较容易实现的调制形式，所有能够影响光纤长度、折射率和内部应力的被测量都会引起相位变化，如压力、应变、温度和磁场等。相位调制型光纤传感器比强度型复杂一些，一般采用干涉仪监测相位的变化，因此，这类传感器灵敏度非常高。

3. 频率调制

单色光照射到运动物体上后，反射回来时，由于多普勒效应，其反射后的频率为

$$f = \frac{f_0}{1 - v/c} \approx f_0(1 + v/c) \tag{3-26}$$

式中，f_0 为单色光频率；c 为光速；v 为运动物体上的速度。

将此频率的光与参考光共同作用于光探测器上，并产生差拍，经频谱分析器处理求出频率变化，即可推知速度。

4. 偏振调制

外界因素作用下，使光的某一方向振动比其他方向占优势。这种调制方式称为偏振调制。根据电磁场理论，光波是一种横波；光振动的电场矢量 E 和磁场矢量 H 始终与传播方向垂直。当光波的电场矢量 E 和磁场矢量 H 的振动方向在传播过程中保持不变，只是它的大小随相位改变，这种光称为线偏振光；在光的传播过程中，如果 E 和 H 大小不变，而振动方向绕传播轴均匀地转动，矢量端点轨迹为一个圆，这种光称为圆偏振光；如果矢量轨迹为一个椭圆，这种光称为椭圆偏振光；如果自然光在传播过程中，受到外界的作用而造成各个振动方向上强度不等，使某一个方向上的振动比其他方向占优势，所造成的这种光称为部分偏振光；如果外界作用使自然光的振动方向只有一个，造成的光称为完全偏振光。偏振调制正是利用了光波的这些偏振性质。光纤传感器中的偏振调制器常用电光、磁光、光弹等物理效应进行调制。

3.6.3 光纤传感器的分类

根据光纤在传感器中的作用，通常将光纤传感器分为三类：功能型光纤传感器（简称 FF 型）；非功能型光纤传感器（简称 NFF 型）和拾光型光纤传感器。

1. 功能型光纤传感器

功能型光纤传感器的原理如图 3-51 所示。光纤一方面起传输光的作用，另一方面是敏感元件，是靠被测物理量调制或影响光纤的传输特性，把被测物理量的变化转变为调制的光信号。因此光纤具有"传"和"感"功能。光纤的输出端采用光电器件，所接收的光信号便是被测量调制后的信号，并使之转变为电信号。此类传感器的优点是结构紧凑、灵敏度高，但是，它需用特殊光纤和先进的检测技术，因此成本高。其典型例子如光

图 3-51　功能型光纤传感器的原理

纤陀螺、光纤水听器等。

2. 非功能型光纤传感器

非功能型光纤传感器的原理如图 3-52 所示。在非功能型传感器中，光纤不是敏感元件，即只"传"不"感"。它是利用在光纤的端面或在两根光纤中间，放置光学材料及机械式或光学式的敏感元件，感受被测物理量的变化。此类光纤传感器无需特殊光纤及其他特殊技术，比较容易实现，成本低，但灵敏度也较低，应用于对灵敏度要求不太高的场合。目前，已实用化或尚在研制中的光纤传感器，大都是非功能型的。

图 3-52　非功能型光纤传感器的原理

3. 拾光型光纤传感器

拾光型光纤传感器的原理如图 3-53 所示。用光纤作为探头，接收由被测对象辐射的光或被其反射、散射的光。其典型例子如：光纤激光多普勒速度计、辐射式光纤温度传感器等。

图 3-53　拾光型光纤传感器的原理

3.6.4　光纤传感器的应用

1. 反射光强调制型光纤传感器

实现反射光强调制的常见形式有两种：改变反射面与光纤端面之间的距离；改变反射面的面积。

图 3-54 为光纤涡轮流量传感器。涡轮叶片上贴一小块具有高反射率的薄片或镀有一层反射膜。采用 Y 型多模光纤束，当入射光通过多模光纤把光照射到涡轮叶片上，每当反射片经过光纤入射孔径时，出射光被反射回来，通过另一路光纤接收反射光并送到探测器上，再经整形电路转变成电脉冲，最后送入频率计数器，便可知道叶片的转速。由此可得流量为

$$V = KN \qquad (3-27)$$

式中，K 为比例常数，它由涡轮叶片与轴线的夹角、涡轮的平均半径、涡轮所处的液流面积等因素决定；N 为计数器的读数。

由于这种涡轮流量传感器具有重复性好，精度高，动态范围大，不受电磁、温度等环境因素干扰等特点，所以它已用于测量低黏度的油和液化气体的流量，特别是燃气涡轮机的燃烧气体的流量。

2. 频率调制型光纤传感器

光频率调制的机理是单色光射到被测物体反射回来的多普勒效应。如频率 f_0 的单色光

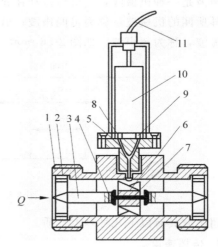

图 3-54　光纤涡轮流量传感器

1—壳体；2—导流器；3—导向件；4—轴承；
5—光纤探头；6—涡轮；7—轴；8—光源(LED)；
9—光探测器；10—印制电路板；11—电缆

照射到相对速度为 v 的运动物体上，则反射光的频率表示为

$$f = f_0\left(1 + \frac{v}{c}\right) \tag{3-28}$$

图 3-55 为光纤多普勒流速仪。单色激光经偏振分束器分束后，一路输入光纤，另一路被吸收。从光纤射出的光被运动粒子反射（散射）后，又被光纤接收并混频，然后被光电二极管接收和解调，测得频率，求出速度 v。系统中参考光是在 A 端面返回的光，这束光与被粒子散射回的光在返回途中混频。用 He-Ne 激光器作光源，速度 $v=1\ \text{m/s}$ 时，频率达 $1.6\ \text{MHz}$。所测物体速度范围可从每秒几微米至几百米。

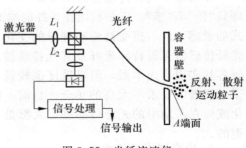

图 3-55　光纤流速仪

3.7　超声波传感器

超声波传感器是根据超声波的特性实现自动检测的，它的输出量为电参量。超声波是一种频率在 20 Hz 以上的机械波，具有波长短、频率高、方向性好、能量集中、穿透本领大、遇到杂质或分界面产生显著的反射等优点。因此，在工业中被广泛用于测量探伤、厚度、流量等领域。

3.7.1　超声波及特性

声波是一种机械波，是机械振动在介质中的传播过程。频率在 $16\sim2\times10^4$ Hz 之间，能为人耳所闻的机械波，称为可闻声波；低于 16 Hz 的机械波，称为次声波；高于 2×10^4 Hz 的机械波，称为超声波。如图 3-56 所示。

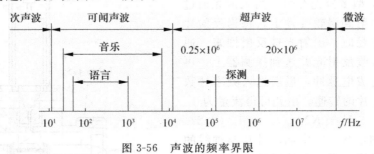

图 3-56　声波的频率界限

超声波具有以下几种基本性质。

1. 传播速度

超声波与其他声波一样，可以在气体、液体及固体中传播，并有各自的传播速度。一方面，声速与介质有关。例如，在常温下空气中的声速约为 334 m/s，在水中的声速约为 1 440 m/s，在钢铁中约为 5 000 m/s。另一方面，声速还与介质所处的状态（如温度）有关，对于空气来说，影响声速的主要因素是温度，其关系式为

$$v = 20.067\sqrt{T} \tag{3-29}$$

而在许多固体和液体中的声速一般随着温度的增高而降低。

2. 反射与折射现象

当声波从一种介质传播到另一种时，由于两种介质的密度不同，所以声波在这两种介质中的传播速度也不同，且在分界面上声波会发生反射和折射现象。当超声波从液体或固体垂直入射到气体时，或相反的情况，反射系数接近 1，也就是说超声波几乎全部被反射。超声波测物位就是利用超声波的这种特性。

3. 传播中的衰减

超声波在介质中传播时，由于介质吸收能量而使超声波的强度衰减。若超声波进入介质时的强度为 I_0，通过介质后的强度为 I，它们之间的关系式为

$$I = I_0 e^{-Ad} \tag{3-30}$$

式中，d 为介质的厚度；A 为介质对超声波能量的吸收系数。

超声波衰减的程度与介质及超声波的频率有关系。

1）与介质的关系：气体对超声波吸收最强而衰减最大，液体次之，固体吸收最小而衰减最小。因此，对于一定强度的超声波，在气体中传播的距离会明显比在液体和固体中传播的距离短。

2）与超声波频率的关系：频率越高，衰减越大，因此超声波比其他声波在传播时的衰减更明显。

超声波具有频率高、波长短、绕射现象小，特别是方向性好、能够成为射线而定向传播等特点。

3.7.2　超声波的发射和接收

以超声波作为检测手段，必须能产生超声波和接收超声波。能完成这种功能的装置，称为超声换能器，或者超声探头。

超声波探头主要由压电晶体组成，既可以发射超声波，也可以接收超声波。其接收和发射是根据压电效应和逆压电效应实现的。具有压电效应的压电晶体受到声波声压作用时，产生电荷，即将超声波转换成电能；反之，如果将交变电压加在晶体两端面的电极上，沿着晶体厚度方向将产生与所加交变电压同频率的机械振动，并向外发射超声波，实现了电能与超声波的转换。

超声探头有许多不同的结构，可分直探头、斜探头、兰姆波探头、可变角探头、双晶探头等，如图 3-57 所示。

超声探头的核心是其塑料外套或者金属外套中的一块压电晶片。晶片的大小和厚度也各不相同，因此每个探头的性能是不同的，使用前必须预先了解它的性能。超声波传感器的主要性能指标如下。

1）工作频率：工作频率就是压电晶片的共振频率。当加到它两端的交流电压的频率和晶片的共振频率相等时，输出的能量最大，灵敏度也最高。

2）工作温度：由于压电材料的居里点一般比较高，特别是诊断用的超声波探头使用功率较小，所以工作温度比较低，可以长时间地工作而不失效。医疗用的超声探头的温度比较高，需要单独的制冷设备。

3）灵敏度：灵敏度主要取决于制造的晶片本身。机电偶合系数大，灵敏度高；反之，灵敏度低。

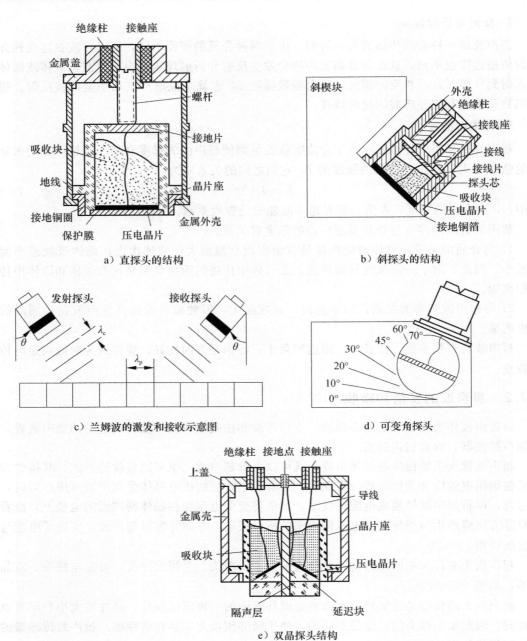

a) 直探头的结构

b) 斜探头的结构

c) 兰姆波的激发和接收示意图

d) 可变角探头

e) 双晶探头结构

图 3-57 超声波探头结构图

3.7.3 超声波传感器的工作原理

图 3-58 是超声波传感器结构图。它采用双晶振子，即把双压电片以相反极化方向黏在一起，在长度方向上，一片伸长，另一片缩短。在双晶振子的两面涂敷薄膜电极，分别用引线接到两个电极上。双晶振子为正方形，正方形的左右两边由圆弧形凸起部分支撑着，这两处的支点就成为振子振动的节点。金属板的中心有圆锥形振子，发送超声波时，圆锥形振子

有较强的方向性，高效率地发送超声波。接收超声波时，超声波的振动集中于振子的中心，产生高频电压。

图 3-59 是双晶振子超声波传感器的工作原理示意图。若在双晶振子上施加40 kHz的高频电压，根据逆压电效应，压电陶瓷片a、b 就随所加的电压极性伸长与缩短，于是就发送 40 kHz 频率的超声波。超声波以疏密波形式传播，送给超声波接收器。图 3-59接收器中也有与发射器结构相同的双晶振子，若接收到发送器发送的超声波，振子就以发送超声波的频率进行振动。根据压电效应的原理，即在压电元件的特定方向上施加压力，元件就产生压电效应，一面产生正电荷，另一面产生负电荷；于是，就产生与超声波频率相同的高频电压，当然这种电压非常小，要用放大器进行放大。

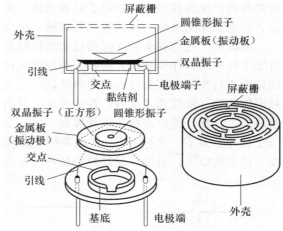

图 3-58 超声波传感器的结构

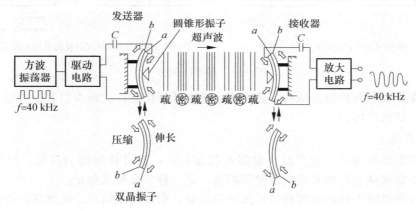

图 3-59 超声波传感器的工作原理示意图

3.7.4 超声波传感器的应用

从超声波的进行方向来看，可分为两种基本类型：透射型和反射型，如图 3-60 所示。透射型超声波发射器与接收器分别置于被测物两侧，此种类型可以用于遥控器、防盗报警器、接近开关等。反射型的发射器与接收器置于被测物的同一侧，可用于接近开关、测距、测厚、液位和料位测量、金属探伤等。超声波检测广泛应用在工业、国防、生物医学等方面。

1. 探伤

超声波探伤是一种无损探伤技术，是对工业产品进行无损检测与质量管理的重要的

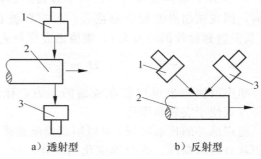

图 3-60 超声波应用的两种基本类型

1—超声波发射器；2—被测物；3—超声波接收器

手段，主要用于检测板材、管材、锻件和焊缝等材料中的缺陷（如裂缝、气孔、夹渣等）。国内外在超声探伤技术方面取得了显著成就，这种方法被广泛地应用到冶金、机械、造船、航空、建筑、化工及原子核能等工业领域。探伤方法多种多样，这里仅介绍脉冲反射法。

测试前，先将探头插入探伤仪的连接插座上，探伤仪面板上有一个荧光屏，通过荧光屏可知工件中是否存在缺陷、缺陷大小及缺陷位置。测试时，探头放在工件上，并在工件上来回移动进行检测，探头发出的超声波以一定的速度向工件内部传播，如果工件中没有缺陷，超声波传到工件底部才反射，在荧光屏上只出现脉冲 T 和 B，如图 3-61a 所示。如果工件中有缺陷，一部分超声波在缺陷处反射，另一部分继续传播到工件底部反射，在荧光屏上出现三个脉冲，多了一个脉冲 F，如图 3-61b 所示。通过缺陷脉冲在荧光屏上的位置可确定缺陷在工件中的位置，也可以通过缺陷脉冲的幅度高低来判别缺陷的大小。

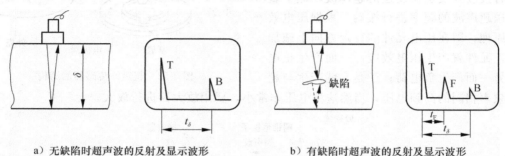

a）无缺陷时超声波的反射及显示波形　　　　b）有缺陷时超声波的反射及显示波形

图 3-61　超声波探伤

超声波探伤因具有检测灵敏高、速度快、成本低等优点，受到人们普遍重视，并在生产实践中得到广泛的应用。

2. 距离测量

超声波测距的原理是：超声波发射器发射超声波，通过被测物的反射，接收器接收回波，根据从发射到接收时的差来测量被测距离，是一种非接触式测量。

测定物位距离时不接触被测物体，无活动部分，安装调试简单，维修保护方便，测量精度高。作为物位测量控制器，测量控制料位、液位变化的精确位置，因此可非接触测量有腐蚀性的各种液体、固体，实现料位、液位的自动化控制。

超声波物位传感器是利用超声波在两种介质的分界面上的反射特性而制成的，根据测量超声波从发射至接收到被测物位界面反射的回波的时间间隔来确定物位的高低。检测原理如图 3-62 所示，超声波发射器被置于容器底部，当它向液面发短促的脉冲时，在液面处产生反射，回波被超声波接收器接收。若超声波在液体中传播的速度为 v，从发射到接收的时间为 t，则液面高度可表示为

$$H = \frac{1}{2}vt \qquad (3-31)$$

超声波探头也可以装在液面的上方，让超声波在空气中传播，这种方式便于安装和维修。

超声脉冲的传播时间 t 可以用适当电路进行精确测量，而速度 v 会随着介质的温度、成分等变化而变化，如 100℃时为 331.36 m/s，200℃时为 343.38 m/s。因此需要采取有效的补偿措施，如设置校正具，如图 3-63 所示。在被测介质中安装两组换能器探头，一组用作

图 3-62　超声波液位
检测原理图

测量探头；另一组用作校正探头。校正的方法是将校正用的探头固定在校正具的一端，校正具的另一端是一块反射板，由于校正探头到反射板的距离为 L_0（一固定长度），测出超声脉冲从校正探头到反射板的往返时间，则可得声波在介质中的传播速度为

$$v_0 = \frac{2L_0}{t_0} \tag{3-32}$$

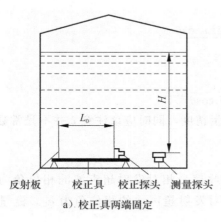

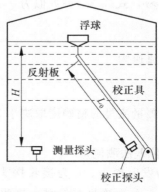

a）校正具两端固定　　　　　　　　b）校正具一端固定

图 3-63　应用校正具检测液位原理

因为校正探头和测量探头在同一介质中，如果两者的传播速度相等，即 $v_0 = v$，代入式(3-31)可得

$$H = \frac{L_0}{t_0} t \tag{3-33}$$

由式(3-33)可知，只要测出时间 t 和 t_0，就能获得物位 H，从而消除了声速变化引起误差。

基于超声波测距的原理，还可以应用到其他地方，比如机器人防撞、各种超声波接近开关、自动门设计应用、倒车雷达、交通车辆的检测及防盗报警等相关领域。

3. 超声波测流量

利用超声波测流量对被测流体并不产生附加阻力，测量结果不受流体物理和化学性质的影响。超声波在静止和流动液体中的传播速度是不同的，进而形成传播时间和相位上的变化，由此可求得流体的流量和流速。图 3-64 为超声波测流体流量的工作原理。图中 v 为流体的平均速度，c 为超声波在流体中的速度，θ 为超声波传播方向与流体流动方向的夹角，A、B 为两个超声波探头，L 为 A、B 间的距离。

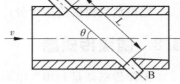

图 3-64　超声波测流量的
工作原理图

（1）时差法测流量

当 A 为发射探头、B 为接收探头时，超声波传播速度为 $c + v\cos\theta$，于是顺流传播时间 t_1 为

$$t_1 = \frac{L}{c + v\cos\theta} \tag{3-34}$$

当 B 为发射探头、A 为接收探头时，超声波传播速度为 $c - v\cos\theta$，于是逆流传播速度时间 t_2 为

$$t_2 = \frac{L}{c - v\cos\theta} \tag{3-35}$$

时差

$$\Delta t = t_2 - t_1 = \frac{2Lv\cos\theta}{c^2 - v^2\cos^2\theta} \tag{3-36}$$

由于 $c \gg v$，式(3-36)可近似为

$$\Delta t \approx \frac{2Lv\cos\theta}{c^2} \tag{3-37}$$

流体的平均流速为

$$v \approx \frac{c^2}{2L\cos\theta}\Delta t \tag{3-38}$$

该方法测量流量的精确度取决于 Δt 的测量精度，同时应该注意 c 并不是常数，而是温度的函数。

（2）相位差法测流量

当 A 为发射探头、B 为接收探头时，接收信号相对发射超声波的相位角为 φ_1；当 B 为发射探头、A 为接收探头时，接收信号相对发射超声波的相位角为 φ_2。流量的平均流速为

$$v \approx \frac{c^2}{2\omega L\cos\theta}\Delta\varphi \tag{3-39}$$

式中，ω 为超声波的角频率。

该法以测量相位角代替时差法的精确测量时间，因而可以进一步提高测量精度。

（3）频率差法测流量

当 A 为发射探头、B 为接收探头时，超声波的重复频率为 f_1；当 B 为发射探头、A 为接收探头时，超声波的重复频率为 f_2，则流体的平均流速为

$$v = \frac{L}{2\cos\theta}\Delta f \tag{3-40}$$

当管道结构尺寸和探头安装位置一定时，式(3-40)中 $\frac{L}{2\cos\theta}$ 为常数。v 直接与 Δf 有关，而与 c 值无关。可见，该法将能获得更高的测量精度。

超声波检测的应用十分广泛，如换能器构成的声呐，可探测海洋舰船、礁石和鱼群等。

3.8 图像传感器

图像传感器是利用光电器件的光电转换功能，将感光面上的光像转换为与光像成相应比例关系的电信号。与光敏二极管、光敏晶体管等"点"光源的光敏元件相比，图像传感器是将其受光面上的光像分成许多小单元，再将其转换成可用的电信号的一种功能器件。图像传感器分为光导摄像管和固态图像传感器。与光导摄像管相比，固态图像传感器具有体积小、重量轻、集成度高、分辨率高、功耗低、寿命长、价格低等特点。因此在各个行业得到了广泛应用。

固态图像传感器是一种高度集成的光电传感器，在一个器件上可以完成光电信号转换、信息存储、传输和处理。固态图像传感器的核心是电荷转移器件，常用的电荷转移器件是CCD 电荷耦合器件。

3.8.1 CCD 电荷耦合器件的基本工作原理

CCD 有两种基本类型，一是电荷包存储在半导体与绝缘体之间的界面，并沿界面传输，这类器件称为表面沟道 CCD(SCCD)；二是电荷包存储在离半导体表面一定深度的体内，并在半导体内沿一定方向传输，这类器件称为体沟道或埋沟道器件(BCCD)。下面以 SCCD 为主来讨论 CCD 的基本工作原理。

1. CCD 光敏元工作原理

图像由像素组成行，由行组成帧。对于黑白图像来说，每个像素应根据光的强弱得到不同大小的电信号，并且在光照停止之后仍能对电信号的大小保持记忆，直到把信息传送出去，这样才能构成图像传感器。CCD 的特点是以电荷为信号，而其他器件则以电流或电压为信号。其关键在于明确电荷是如何存储、转移和输出的。CCD 器件是用 MOS(即金属-氧化物-半导体)电容构成的像素实现上述功能的。在 P 型硅衬底上通过氧化形成一层 SiO_2，然后再淀积小面积的金属铝作为电极，如图 3-65 所示。P 型硅里的多数载流子是带正电荷的空穴，少数载流子是带负电荷的电子。当金属电极上施加正电压时，其电场能够透过 SiO_2 绝缘层对这些载流子进行排斥或吸引。于是带正电的空穴被排斥到远离电极处，带负电的电子则被吸引到紧靠 SiO_2 层的表面上来。这种现象便形成对电子而言的陷阱，电子一旦进入就不能复出，故又称电子势阱。

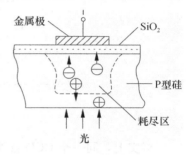

图 3-65 CCD 基本结构示意图

当器件受到光照射时(光可从各电极的缝隙间经过 SiO_2 层射入，或经衬底的薄 P 型硅射入)，光子的能量被半导体吸收，产生电子-空穴对，这时出现的电子被吸收并存储在势阱中。光越强，势阱中收集的电子越多，光弱则反之。这样就把光的强弱变成电荷的数量，实现了光和电的转换。势阱中的电子处于被存储状态，即使停止光照，一定时间内也不会损失，这就实现了对光照的记忆。

总之，上述结构实质上是个微小的 MOS 电容，用它构成像素，既可"感光"又可留下"潜影"，感光作用是靠光强产生的电子积累电荷，潜影是各个像素留在各个电容里的电荷不等而形成的。若能设法把各个电容里的电荷依次传送到其他各处，再组成行和帧，并经过"显影"，就实现了图像的传递。

2. 电荷转移原理

由于组成一帧图像的像素总数太多，所以只能用串行方式依次传送，在常规的摄像管里是靠电子束扫描的方法工作的，在 CCD 器件里也需要用扫描实现各像素信息的串行化。不过 CCD 器件并不需要复杂的扫描装置，只需外加如图 3-66 所示的多相脉冲，依次对并列的各个电极施加电压即可。图中 ϕ_1、ϕ_2、ϕ_3 是相位依次相差 $120°$ 的三个脉冲源，其波形都是前缘陡峭后缘倾斜。若按时刻 $t_1 \sim t_5$ 分别分析其作用，可结合图 3-67 讨论工作原理。在排成直线的一维 CCD 器件里，电极 $1 \sim 9$ 分别接在三相脉冲源上，将电极 $1 \sim 3$ 视为一个像素，在 ϕ_1 为正电压的 t_1 时刻里受到光照，于是电极 1 之下出现势阱，并收集到负电荷。同时，电极 4 和 7 之下也出现势阱，但因光强不同，故所收集到的电荷不等。在时刻 t_2，电压 ϕ_1 已下降，然而 ϕ_2 电压最高，所以电极 2、5、8 下方的势阱最深，原先储存在电极 1、4、7 下方的电荷将移到 2、5、8 下方。到时刻 t_3，上述电荷已全部向右转移一步。如此类推，到时刻

t_5 已依次转移到电极 3、6、9 下方。二维的 CCD 则有多行，在每一行的末端，设置有接收电荷并加以放大的器件，此器件所接收的顺序当然是先收到距离最近的右方像素，依次到来的是左方像素，直到整个一行的各像素都传送完。如果只是一维的，就可以再进行光照，重新传送新的信息；如果是二维的，就开始传送第二行。

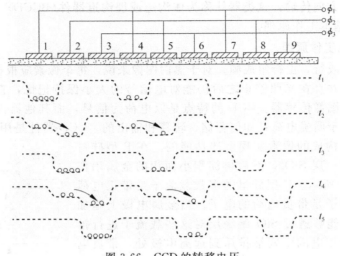

图 3-66 CCD 的转移电压

事实上，同一个 CCD 器件既可按并行方式同时感光形成电荷潜影，又可以按串行方式依次转移电荷完成传送任务。但是，分时使用同一个 CCD 器件时，在转移电荷期间就不应该再受光照，以免因多次感光破坏原有图像，这就必须用快门控制感光时刻。而且感光时不能转移，转移时不能感光，工作速度受到限制。现在通用的办法是把两个任务由两套 CCD 完成，感光用的 CCD 有窗口，转移用的 CCD 是被遮蔽的，感光完成后把电荷并行转移到专供传送的 CCD 里串行送出，这样就不必用快门了，而且感光时间可以加长，传送速度也更快。

由此可见，通常所说的扫描已在依次传送过程中体现，全部都由固态化的 CCD 器件完成。

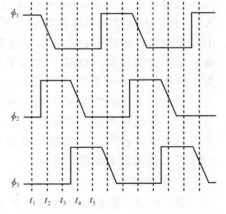

图 3-67 CCD 电荷转移原理

3.8.2 CCD 图像传感器的基本结构和工作原理

CCD 图像传感器按结构分为线列阵器件和面列阵器件两大类，基本组成部分是光敏元件阵列和电荷转移器。

1. 线列阵 CCD 图像传感器

线列阵 CCD 图像传感器结构如图 3-68 所示。线列阵 CCD 是将光敏元件排列成直线的器件，由 MOS 的光敏元件阵列、转移栅、读出移位寄存器三部分组成。光敏单元、转移栅、CCD 移位寄存器是分三个区排列的，光敏单元与 CCD 移位寄存器一一对应，光敏单元转移栅与移位寄存器相连。图 3-68a 所示为单排结构，用于低位数 CCD 传感器。图 3-68b 所示为双排结构，分 CCD 移位寄存器 1 和 CCD 移位寄存器 2。奇数位置上的光敏单元收到的光生电荷送到移位寄存器1串行输出；偶数位置上的光敏单元收到的光生电荷送到移位寄存器2串行输出，最后上、下输出的光生电荷合二为一，恢复光生电荷的原来顺序。显然，双排结构的图像分辨率是单排结构分辨率的2倍。

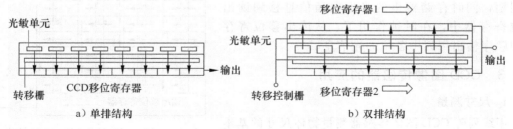

图 3-68　线列阵 CCD 图像传感器结构

　　当光敏元件进行曝光（或称光积分）后产生光生电荷。在转移栅作用下，将光敏单元的光生电荷耦合到各自对应的 CCD 移位寄存器中去，这是一个并行转换过程。然后光敏元件进入下一次光积分周期，同时在时钟作用下，从 CCD 移位寄存器中依次输出各位信息直至最后一位信息为止，这是一个串行输出的过程。

　　从以上分析可知，线列阵 CCD 器件输出的信息是一个个的脉冲，脉冲的幅度取决于对应光敏单元上受光的强度，而输出脉冲的频率则和驱动时钟的频率一致。因此，只要改变驱动脉冲的频率就可以改变输出脉冲的频率。

2. 面列阵 CCD 图像传感器

　　面列阵 CCD 图像传感器按 X、Y 两个方向实现了二维图像。把光敏单元按二维矩阵排列，组成一个光敏元件面阵。面列阵 CCD 按传输方式分为场传输面列阵 CCD 和行传输面列阵 CCD 两种。

　　场传输面列阵 CCD 结构如图 3-69 所示。由光敏元面阵、存储器面阵、读出寄存器三部分组成。当光敏元面阵进行积分后，产生光生电荷，在转移脉冲作用下，将光敏元面阵区的光生电荷，全部迅速地转移到对应的存储区暂存，因为存储器面阵上覆盖了一层遮光层，可以防止外来光线的干扰。然后光敏元面阵进入下一次光积分周期，同时存储器面阵里存储的光生电荷信息从存储器底部开始向下，一排排地移到读出寄存器中，每向下移动一排，在时钟作用下，就从读出寄存器中顺序输出每行中各位的光信息。

　　行传输面列阵 CCD 结构如图 3-70所示，由光敏元件、存储器、转移栅、读出移位寄存器四部分组成。一行光敏元件，一行不透光的存储器元件交替排列，一一对应，二者之间由转移栅控

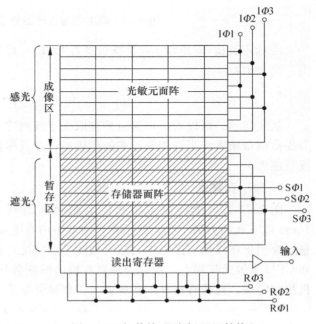

图 3-69　场传输面列阵 CCD 结构

制,最下部是一个水平读出移位寄存器。当光敏元件进行曝光(或称光积分)后,产生光生电荷,在转移栅的控制下,光生电荷并行转移到存储器中暂存,然后光敏元件进入下一次光积分周期,同时存储器里的光生电荷信息移到读出移位寄存器中,在时钟作用下,从读出移位寄存器中顺序输出每列中各位的光信息。

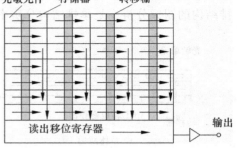

图 3-70 行传输面列阵 CCD 结构

3.8.3 CCD 图像传感器的应用

1. 尺寸测量

用线列阵 CCD 图像传感器测量物体尺寸的基本原理如图 3-71 所示。当所用光源含红外光时,可以在透镜与传感器间加红外滤光片。利用几何光学知识可以推导出被测对象长度 L 与系统参数之间的关系式为

$$L = \frac{1}{M}np = \left(\frac{a}{f} - 1\right)np \tag{3-41}$$

式中,f 为透镜焦距;a 为物距;M 为倍率;n 为线列阵 CCD 图像传感器的像素数;p 为像素间距。

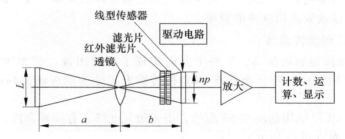

图 3-71 CCD 图像传感器测量物体尺寸基本原理

若选定透镜(即焦距 f,视场长度 l_1 已知),已知物距为 a,那么所需传感器的长度 l_2 可由下式求出:

$$l_2 = \frac{f}{a-f} \cdot l_1 \tag{3-42}$$

从式(3-42)可以看出,测量精度取决于线列阵 CCD 传感器的像素数与透镜视场的比值。为提高测量精度应当选用像素多的传感器,并且尽量缩小视场,以便能够测到被测对象的长度范围大。

2. 微小孔测量

图 3-72 为一个检测微小孔内毛刺状态的例子。习惯上,1~3 mm 孔径称为小孔,1 mm 以下孔径为微小孔。微小孔在加工中内有毛刺,特别是在孔的边缘处。图中的一套测量系统用于在线加工过程中,随时检测毛刺状况,以便进一步去除。其工作原理为:孔像成在 CCD 光敏元阵列上,视频处理器对输出的视频信号进行存储和数据处理,整个过程由微机控制完成,孔像直接显示在屏幕上。如果光学系统放大率为 $1:M$,则孔径为

$$D = (n \pm 2)d \cdot M \tag{3-43}$$

式中,n 为覆盖的光敏单元数;d 为光敏元件间距(中心距离);$\pm 2d$ 是图像边缘两个光敏元

件可能的最大误差。通常，放大率 M 取 $20\sim40$；d 取 $13\sim30$ μm。为了测量稳定和准确，要求光源的亮度恒定。

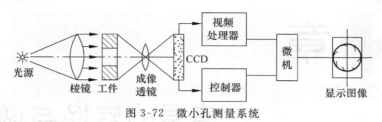

图 3-72　微小孔测量系统

3. 零件的准确跟踪和抓取

两个光源分别从不同方向向传送带发送两条水平缝隙光(结构光)，而且预先将两条缝隙光调整到刚好在传送带上重合的位置，如图 3-73 所示。这样，当传送带上没有零件时，两条缝隙光合成一条直线。当传送带上的零件通过缝隙光处时，缝隙光就变成两条分开的直线，其分开的距离与零件的高度成正比。视觉系统通过对摄取图像进行处理，可以确定零件的位置、高度、类型与取向，并将此信息送入机器人控制器，使得机器人完成对零件的准确跟踪和定位。

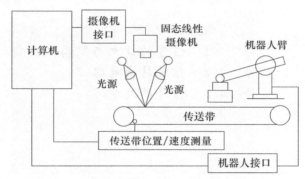

图 3-73　图像传感器在零件跟踪和抓取中的应用

习题与思考题

3-1　简述半导体气敏传感器的分类及其基本工作原理。

3-2　简述半导体气敏材料的气敏机理。

3-3　简述湿敏电阻式传感器的工作原理。

3-4　为什么感应同步器是数字量传感器？

3-5　电磁感应型磁头和磁阻效应型磁头工作原理有什么不同？

3-6　动态读磁头与静态读磁头有何区别？

3-7　磁栅传感器的输出信号有哪几种处理方法？区别何在？

3-8　光电效应有哪几种？与之对应的光电元件各有哪些？

3-9　光电传感器有哪些部分组成？被测量可以影响光电传感器的哪些部分？

3-10　试述光纤的结构和传光原理。

3-11　光纤传感器有哪两大类？它们之间有何区别？

3-12　超声波传感器如何对工件进行探伤？

3-13　简述超声波传感器测量流量的方法及原理。

第 **4** 章

信号的转换与调理

4.1 信号的放大与隔离

4.1.1 测量放大器

被测量由传感器转换为电信号，在没有干扰的情况下，信号源为单一有效信号，直接加到放大器上将微弱信号放大。但在许多场合，传感器输出的微弱电信号还包含有工频、静电和电磁耦合等干扰信号，有时甚至是与有效信号相同频率的干扰信号。称上述干扰为共模干扰。对这种含有共模干扰的信号的放大需要放大电路具有很高的共模抑制比以及高增益、低干扰和高输入阻抗的特点。习惯上，将具有上述特点的放大器称做测量放大器。

1. 测量放大器电路原理

通常对一个单纯的微弱信号，可以采用运算放大器进行放大，如图 4-1 所示。此时

$$U_o = -\frac{R_1}{R_2}U_s \tag{4-1}$$

运算放大器也可以接成同相输入的形式。由于传感器的工作环境往往比较恶劣，在传感器的两个输出端上经常产生较大的干扰信号，有时是完全相同的共模干扰信号。虽然运算放大器对直接输入到差动端的共模信号有较强的抑制能力，但对简单的反相输入或同相输入接法，由于电路结构不对称，抵御共模干扰的能力很差。我们可以采用运算放大器的差动接法，从较大的共模信号中检出差值信号并加以放大。

差动测量放大器电路结构如图 4-2 所示。从电路图可知

$$\frac{U_1 - U_2}{R_P} = \frac{U_{o1} - U_{o2}}{2R_1 + R_P}$$

$$U_o = \frac{R_f}{R}(U_{o2} - U_{o1}) = \frac{R_f}{R}\left(1 + \frac{2R_1}{R_P}\right)(U_2 - U_1) \tag{4-2}$$

其增益为

$$A_u = \frac{U_o}{U_2 - U_1} = \frac{R_f}{R}\left(1 + \frac{2R_1}{R_P}\right) \tag{4-3}$$

这种电路是由三个放大器构成的，差动输入端 U_1 与 U_2 是两个输入阻抗和电压增益对称的同相输入端。由于性能对称，其漂移将大大减少，加上高输入阻抗和高共模抑制比，对微小差模电压很敏感，并适于测量远距离传输信号，因而适宜与传感器配合使用。多用于热电偶、应变电桥以及微弱输出信号有较大共模干扰等场合。

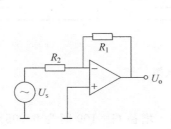

图 4-1 用运算放大器实现信号放大

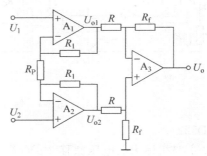

图 4-2 测量放大器结构图

2. 实用测量放大器

目前，各模拟器件公司竞相推出了许多型号的单片专用测量放大集成电路供用户选择使用。因此，在信号处理中需对微弱信号放大时，可以不必再用通用运算放大器来构成测量放大器。采用单片测量放大器芯片显然具有性能优异、体积小、电路结构简单、成本低等优点。AD521 和 AD522 是 AD 公司推出的单片精密测量放大器。

(1) AD521

AD521 是第二代测量放大器，具有高输入阻抗、低失调电压、高共模抑制比等特点。其增益可在 $0.1\sim10^3$ 之间调整，增益调整不需精密外接电阻，各种增益参数已进行了内部补偿；有输入输出保护功能，有较强的过载能力。其使用温度为 $-25\sim+85℃$，常用于 $0\sim+70℃$。图 4-3 所示为 AD521 典型接线图。

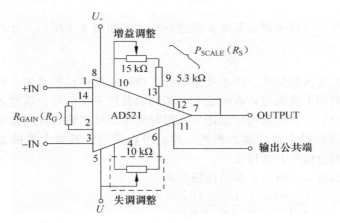

增益	R_G
0.1	1 MΩ
1	100 kΩ
10	10 kΩ
100	1 kΩ
1000	100 Ω

图 4-3 AD521 典型接线图

在使用 AD521（或其他任何测量放大器）时，要特别注意为偏置电流提供回路，防止放大器输出饱和。图 4-4 为不同耦合方式的输入信号采用不同的偏置电流回路接线方式。图 4-4a 为电容器耦合方式，通过电阻 R 为偏置电流提供回路，使输入端与电源地构成回路；图 4-4b 为变压器耦合方式，输入端与电源地相连构成回路；图 4-4c 为热电偶直接耦合。

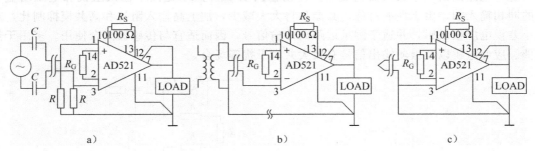

图 4-4 偏置电流回路接线图

(2) AD522

AD522 主要指标为低电压漂移 $2\,\mu V/℃$；低非线性：增益 $G=100$ 时为 0.005%；高共模抑制比：增益 $G=1\,000$ 时大于 $110\,dB$；低噪声：带宽 $0.1\,Hz\sim100\,Hz$ 间为 $1.5\,\mu V$；低失调电压：$100\,\mu V$。主要用于恶劣环境下高精度数据采集（12 位采集位数）系统中。

AD522 的一个主要特点是设数据防护端。图 4-5 为 AD522 典型接线图。图 4-6 为 AD522 的典型应用电路，用于电桥放大器。数据防护端的作用是提高交流输入时的共模抑制比。对于远距离传感器输入的电信号，通常采用屏蔽电缆传送到测量放大器。电缆分布参量 RC 会使输入信号产生相移。当出现交流共模信号时，这些相移将使共模抑制比下降。利用数据防护端 13，可提供输入信号的共模分量，用来驱动同轴输入电缆的屏蔽层，从而克服上述影响。

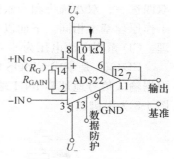

图 4-5　AD522 典型接线图

由图 4-6 数据防护端 13 接到屏蔽罩上；输入端 1 与 3 为高阻抗输入端；端 2 与 14 接增益调整电阻，调整放大倍数；采样端 12 与输出端 7 相连，基准（参考）端 11 与电源公共端相连，则负载两端（输出端与电源公共端）得到输出电压。图中信号地与电源公共端（电源地）必须相连，以使放大器的偏置电流构成通路，负载电流经基准端流回电源地。

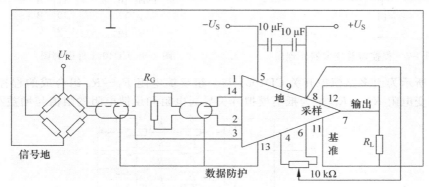

图 4-6　AD522 典型应用电路

4.1.2　程控增益放大器

经过处理的模拟信号送入微机前，必须进行量化，即 A/D 转换。为减少转换误差，希望模拟信号尽可能大。在 A/D 输入的允许范围内，输入的模拟信号尽可能达到最大值。在另一种情况下，由于被测量在较大的范围内变化，如果较小的模拟信号也放大成较大的信号，显然只使用一个放大倍数的放大器是不行的。因此，在模拟系统中，为放大不同的模拟信号，需要使用不同的放大倍数。为了解决上述问题，工程上采用改变放大器放大倍数的方法解决。在微机控制的测试系统中，希望用软件控制实现增益的自动变换。具有这种功能的放大器称做程控增益放大器 PAG。利用程控增益放大器与 A/D 转换器组合，配合软件控制实现输出信号的增益或量程变换，间接地提高输入信号的分辨率。程控增益放大器应用广泛，与加法 A/D 转换电路配合构成减法器电路；与乘法 D/A 转换器配合构成程控低通滤波器电路，用以调节信号和抑制干扰等。

图 4-7 所示为利用改变反馈电阻实现量程变换的可变换增益放大器电路原理图。当开关 K_1，K_2，K_3 中之一闭合，其余两个则断开。放大器增益为

$$A_{uf} = -\frac{R_i}{R} \quad (i = 1, 2, 3) \tag{4-4}$$

利用软件对开关闭合进行选择，实现程控增益变换。下面介绍几种程控增益放大器。

1. 利用多路模拟开关与反馈电阻组合的 PAG

集成模拟开关是指在一个芯片上包含多路模拟开关。目前已研制出的多种类型集成模拟

开关，以采用 CMOS 工艺的多路模拟开关应用最广。多路模拟开关主要有四选一、八选一、双四选一、双八选一和十六选一五种。它们除通道数和引脚排列有些不同外，其电路组成及工作原理基本相同。下面以单端八通道模拟开关 CD4051 为例，说明多路模拟开关的工作原理。CD 系列电源电压为 5～15 V，导通电阻最大值为 280 Ω。

CD4051 是集成 CMOS 的八选一多路模拟开关。每次只选一路与公共端接通。通道选择根据输入信号地址和 INH 端来控制。按真值表 4-1，代码均可用 TTL/DTL 或 COMS 电平。图 4-8 为引脚图。

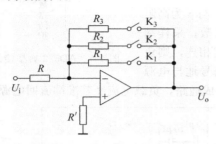

图 4-7　程控增益放大器原理图

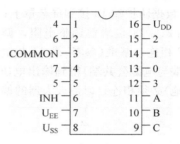

图 4-8　CD4051 外引脚图

图 4-9 所示为由多路模拟开关 CD4051 与一组反馈电阻 $R_1 \sim R_8$ 组合成的程控增益放大器。其中可变电阻 $R_{w1} \sim R_{w8}$ 是为抵消模拟开关导通电阻和反馈电阻的阻值与增益不匹配。

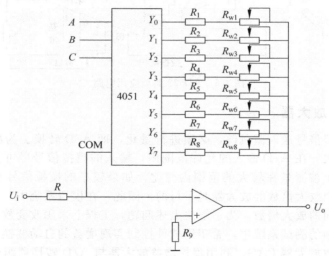

图 4-9　多路模拟开关组合成程控增益放大器

A，B，C 为开关导通地址选择位，由程序控制 $Y_0 \sim Y_7$ 共八个通道。增益为

$$A_{uf} = -\frac{R_i + R_{wi}}{R} \quad (i = 1, 2, \cdots, 8) \tag{4-5}$$

表 4-1　CD4051 真值表

C	B	A	INH	COM	C	B	A	INH	COM
0	0	0	0	0	1	0	1	0	5
0	0	1	0	1	1	1	0	0	6
0	1	0	0	2	1	1	1	0	7
0	1	1	0	3	×	×	×	1	×
1	0	0	0	4					

2. 利用 D/A 转换器构成的 PAG

图 4-10 所示为由 10 位 D/A 转换器构成的程控增益放大器。把反馈电阻 R_{feb} 作为信号 U_i 输入端，而反馈从 D/A 转换器的参考电压 U_R 端引入。其增益为

$$A_u = \frac{U_o}{U_i} = -\frac{1\,024}{D_i} \tag{4-6}$$

式中，D_i 为由 10 位(4~13 脚)决定的数字量。表 4-2 列出数字量 D_i 与程控增益放大器的增益 A 的关系。D_i 为全 0，开环；D_i 为全 1，增益为 $-\frac{1\,024}{1\,023}$。

3. 利用集成测量放大器与模拟开关组合的 PAG

由于集成测量放大器具有高共模抑制比、高输入阻抗、低漂移等优点，只需改变一、二个电阻可调整增益而不影响其性能。因此，可利用模拟开关与测量放大器组合成程控增益放大器。

图 4-11 所示为利用 AD521 测量放大器与模拟开关 CD4052 组合。软件控制 D_0，D_1 选择不同的外接电阻 R_G 调整增益。

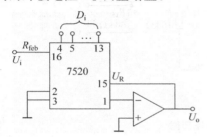
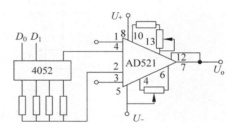

图 4-10　由 D/A 构成的程控增益放大器　　图 4-11　AD521 构成的程控增益放大器

表 4-2　数字量 D_i 与放大器增益关系

数　字　量(D)										增益 $A = \dfrac{U_o}{U_i}$
1	1	1	1	1	1	1	1	1	1	$-\dfrac{1\,024}{1\,023}$
					⋮					⋮
1	0	0	0	0	0	0	0	0	0	-2
					⋮					⋮
0	0	0	0	0	0	0	0	0	1	$-1\,024$
0	0	0	0	0	0	0	0	0	0	开环

4. 利用仪用放大器实现的 PAG

LH0084 是一种通用性很强的放大器。通过软件调节增益，使 A/D 转换器满量程信号达到均一化，大大提高了测试精度。图 4-12 所示为 LH0084 程控增益放大器。其内部电路由可变增益输入级、差分输出级、译码器、开关驱动器和电阻网络等组成。其总增益为

$$A_u = \left(1 + \frac{R_4 + R_5 + R_6 + R_7}{R_1 + R_2 + R_3}\right) \times \left(\frac{R_{10} + R_{12}}{R_8}\right) \tag{4-7}$$

为了保持器件的总增益精度，A_3 的反馈电阻与差动级输入电阻 R_8 之比应保持很高精度，为保持输出级的高共模抑制比，接地电阻$(R_{11} + R_{13})$，$(R_{11} + R_{13} + R_{15})$，$R_{11}$ 必须与所用的反馈电阻匹配。

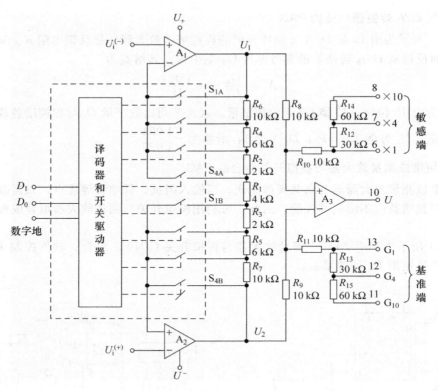

图 4-12 LH0084 电路原理图

从图 4-12 看出，开关网络由译码器和开关驱动器及两个四通道模拟开关组成。通过软件控制 D_0、D_1 选择通道。每个控制信号可同时驱动对称的两个开关工作，以保证电路参数对称地变化，获得不同的输入级增益。为保证正常工作，$R_2 = R_3$，$R_4 = R_5$，$R_6 = R_7$。

表 4-3 为不同增益的相应端连接方式。

表 4-3　LH0084 的增益和连接

数字输入		输入级增益	端子连接	输出级增益	总　增　益
D_1	D_0				
0	0	1			1
0	1	2			2
1	0	5	6—10，13—地	1	5
1	1	10			10
0	0	1			4
0	1	2			8
1	0	5	7—10，12—地	4	20
1	1	10			40
0	0	1			10
0	1	2			20
1	0	5	8—10，11—地	10	50
1	1	10			100

利用程控增益放大器可进行量程自动切换，特别是当被测量动态范围较宽时，使用PGA 更显示出优越性。由图 4-13 程序框图可见，首先对被测量进行 A/D 转换，然后判断是否超本挡量程（超值）。若超值，且 PGA 的增益已降至最低挡，则转到超量程处理。否则，把 PGA 的增益降一挡，再进行 A/D 转换并判断是否超值。若仍超值，同上处理转至超量程处理。若不超值，则判断最高位是否为零。若为零，则看增益是否为最高挡。如不是最高挡，将增益升高一级，再进行 A/D 转换及判断。如果最高位为 1，或 PGA 已升至最高挡，则说明量程已切换到最适合的挡，将对转换的信号做进一步处理，如数字滤波、数字显示等。

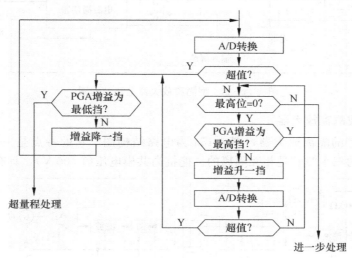

图 4-13　自动量程切换程序框图

4.1.3　隔离放大器

在强电或强电磁干扰的环境中，传感器输出的电信号不可避免地混有静电偶合、电磁耦合以及接地回路等干扰信号。在测试系统中，除了将模拟信号先经低通滤波器滤掉部分高频干扰外，还必须合理地处理接地问题，并将放大器加上静电屏蔽和电磁屏蔽，称作隔离放大技术，具有这种功能的放大器称作隔离放大器。

通常，隔离放大器是指输入、输出、电源、电流和电阻上彼此隔离，使输入与输出间没有直接耦合的测量放大器。隔离放大器具有以下特点：

1）能保护系统中器件不受高共模电压损害，防止高压对低压信号系统的损坏；

2）泄漏电流低，对于测量放大器的输入端无需提供偏置电流回路；

3）共模抑制比高，能对直流和低频信号准确安全地测量。

隔离放大器由输入部件、调制和解调部件、耦合部件和输出部件组成。由上述部件组成模块结构。目前，隔离放大器的耦合方式主要有两种：变压器耦合和光电偶合。利用变压器耦合实现载波调制，具有较高的线性度和隔离性能，但其频带宽度一般小于 1 kHz。利用光电偶合实现载波调制，可获得 10 kHz 频带宽度，但耦合性能不如变压器耦合。不论哪种耦合方式都必须对差动输入级提供隔离电源，以达到隔离作用。以下介绍几种隔离放大器。

1.284 型隔离放大器

图 4-14 所示为 284 型隔离放大器电路结构图。采用调制式放大方式，其内部分为输入、输出和电源三个彼此完全隔离的部分，并且由低泄漏高频载波变压器耦合在一起。这样可以

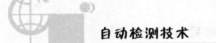
提高微电流和低频信号的测量精度，减少漂移。

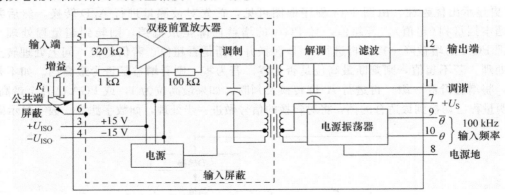

图 4-14　284 型隔离放大器电路结构图

2. GF289 集成隔离放大器

GF289 是典型的隔离放大器，图 4-15a 为电路结构图。它的特点是三端口隔离，即输入、输出、电源的三个"地"是相互隔离的。能抗高共模电压（1 500 V），具有高共模抑制比、

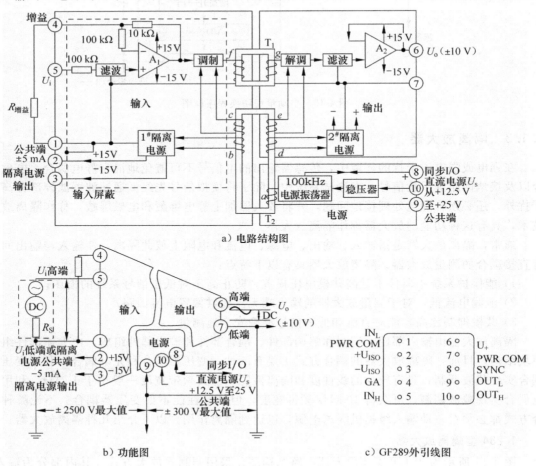

a）电路结构图

b）功能图

c）GF289外引线图

图 4-15　GF289 隔离放大器

高精度、低漂移等特性。从图中可以看出，外加直流电源 U_S 经稳压后为高频振荡器提供电源，可产生 100 kHz 的交流信号。振荡器的输出越过隔离层耦合分成两路：一路到输入部分，即隔离电源 $1^\#$；另一路到输出部分，即隔离电源 $2^\#$ 作为相敏解调信号。隔离电源 $1^\#$ 提供的电流，一部分作为输入放大器输出电压的调制信号；另一部分可产生 ±15 V 的浮空电源。被测信号在输入部分经滤波放大被调制成交流信号，然后耦合到输出部分；再经解调、滤波及放大，输出 ±10 V 的直流信号。图 4-15b 为 GF289 的简化功能图及接线法。图 4-15c 为外引线图。

3. 光电隔离放大系统

光耦合器是一种电-光-电偶合器件，它的输入量是电流，输出量也是电流，可是两者之间从电气上看却是绝缘的，图 4-16 是其结构示意图。

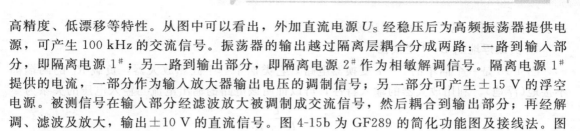

图 4-16　光耦合器

1—发光二极管；2—引脚；3—金属外壳；4—光敏元件；5—不透光玻璃绝缘材料；
6—气隙；7—黑色不透光塑料外壳；8—通明树脂

使用光耦合器能比较彻底的切断大地电位差形成的环路电流。近年来，线性光耦合器的性能不断提高，误差可以小于千分之几。图 4-17 是采用线性光耦合器的前置放大电路。电源 5 和电源 6 相互间是隔离的，因此回路 1、2、5 与回路 4、6 之间在电气上是绝缘的，采用这种办法就不会形成两点接大地的干扰电流回路，可以使检测系统在高共模噪声干扰的环境下工作。

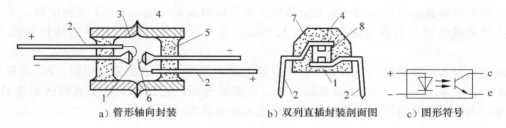

图 4-17　采用线性光耦合器的前置放大电路

1—信号源；2—预放大电路；3—线性光电偶合器件；4—放大器；5、6—隔离式电源

4.2　信号转换电路

4.2.1　电压-电流变换器

电压-电流变换器的作用是将输入的电压信号转换成电流信号输出。当检测装置输入信号为远距离现场传感器输出的电压信号时，为了有效地抑制外来杂散电压信号的干扰，常把传感器输出的电压信号经电压-电流变换电路转换成具有恒流特性的电流信号输出，而后在

接收端再由电流-电压变换电路还原成电压信号。

1. 负载浮地的 U-I 变换器

图 4-18 是一个简单的 $U-I$ 变换器电路，它类似于一个同相放大器，负载 R_L 的两端都不接地(浮地)。利用放大器的输入特性，可以证明该电路的输出电流与输入电压的关系为

$$I_o = \frac{U_i}{R_1 + R_2} \qquad (4-8)$$

此时输出电流 I_o 与电路负载 R_L 无关，相当于恒流输出装置；式中 $\frac{1}{R_1 + R_2}$ 称为变换系数，调整 R_2 可改变变换系数。

2. 差动输入 U-I 变换电路

利用单位增益运算放大器与精密运算放大器可以组成差动输入 $U-I$ 变换电路，该电路的特点是负载电流与负载电阻无关，仅与两输入电压之差成比例，其电路结构如图 4-19 所示。

此电路可看成差动输入三信号的加减运算电路，其中 R 为输出采样电阻，R_L 为负载电阻，$R_1 = R_3$、$R_2 = R_4$，$I_o R_L$ 为负载端电压，负载端电压经运算放大器隔离后送运放 A_1 的基准端，由此可推导出输出电流与输入差动电压的关系为

$$I_o = \frac{U_2 - U_1}{R} \qquad (4-9)$$

输出电流 I_o 与负载 R_L 无关。

单位增益运算放大器可采用美国 BB 公司生产的 INA105，使用 INA105 时连接正负电源应通过尽可能靠近管脚的 $1\mu F$ 的旁路电容，并可通过基准端接调整电路调整运放的失调电压。

图 4-20 是采用 INA105 组成差动输入 $U-I$ 变换器电路。图中的输出电流与输入差动电压的关系为。

$$I_o = (U_2 - U_1)\left(\frac{1}{25K} - \frac{1}{R}\right) \qquad (4-10)$$

输出电流 I_o 与负载 R_L 无关，且当 $R = 200\ \Omega$ 时，电路的性能最好。

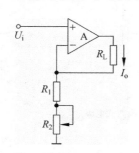

图 4-18 负载浮地的 $U-I$
变换电路

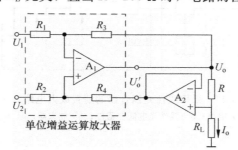

图 4-19 差动输入 $U-I$ 变换电路

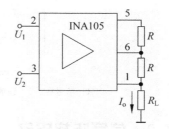

图 4-20 INA105 差动输入
$U-I$ 变换电路

3. 集成电压/电流转换器 XTR110

XTR110 是专为模拟信号传输设计的精密电压变电流转换器。它将 $0\sim5$ V 或 $0\sim10$ V 的电压转换成 $4\sim20$ mA、$0\sim20$ mA、$5\sim25$ mA 的电流或其他常用电流并输出。

XTR110 内部含有精确的金属薄膜电阻网络，以适应不同输入/输出的要求。所提供的精确的 10 V 参考电压用于内部电路的驱动，也可以为其他电路提供参考。可选的输入范围是 0～5 V 和 0～10 V 的电压输入，其输出除专用于 4～20 mA 变送器外，还可选 0～20 mA、5～25 mA 及其他范围的电流输出。该器件广泛用于工业过程控制、压力/温度变送器、数据采集、测试设备的可编程电流源和发电厂动力系统监测等领域。

XTR110 有 16 引脚 DIP 塑料封装、陶瓷封装和 SOL-16 表面封贴，引脚如图 4-21 所示，可用于商业和工业的温度范围模式。

XTR110 内部结构主要由输入

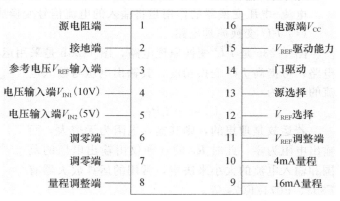

图 4-21　XTR110 引脚

放大器、V/I 转换器和 10 V 基准电压电路等组成。对于不同的输入电压和输出电流，只要对某些引脚进行适当连接就可实现，不同的输入/输出范围与引脚的关系见表 4-4。

表 4-4　不同的输入/输出范围与引脚的关系

输入范围(V)	输出范围(Ma)	③脚	④脚	⑤脚	⑨脚	⑩脚
0～10	0～20	公共端	输入	公共端	公共端	公共端
2～10	4～20	公共端	输入	公共端	公共端	公共端
0～10	4～20	+10V 基准	输入	公共端	公共端	开路
0～10	5～25	+10V 基准	输入	公共端	公共端	公共端
0～5	0～20	公共端	公共端	输入	公共端	公共端
1～5	4～20	公共端	公共端	输入	公共端	公共端
0～5	4～20	+10V 基准	公共端	输入	公共端	开路
0～5	5～25	+10V 基准	公共端	输入	公共端	公共端

XTR110 输入为 0～10 V、输出为 4～20 mA 时，电路如图 4-22 所示。其中 R_{P1} 为调零电位器，R_{P2} 为调量程电位器。

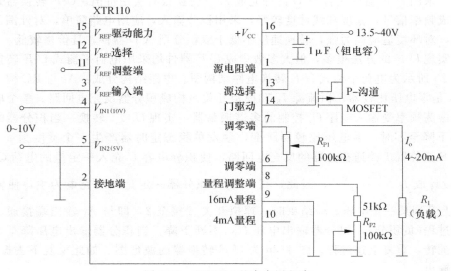

图 4-22　XTR110 基本应用电路

4.2.2 电流–电压变换器

电流–电压变换器的作用是将输入的电流信号变换成电压信号。

(1) $I\text{-}U$ 变换原理电路

图 4-23a 是 $I\text{-}U$ 变换原理电路，图 4-23b 是采用运算放大器组成的高输入阻抗 $I\text{-}U$ 变换电路，可提高 $I\text{-}U$ 变换精度，其输出电压与输入电流的关系为

$$U_\text{o} = - I_\text{i} R_\text{F}$$

若运放是理想的，则其输入电阻为无穷大，而输出电阻为零，此时 R_F 的选择仅由输出电压的范围和输入电流的大小来决定，常用的运算放大器有 F353、F071/F074 等。

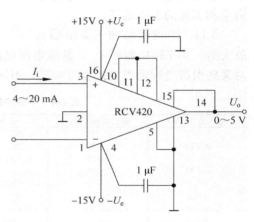

a) 原理电路　　b) 高输入阻抗电路

图 4-23　$I\text{-}U$ 原理电路

(2) 通用精密 $I\text{-}U$ 变换器

图 4-24 是采用 RCV420 组成的精密 $I\text{-}U$ 变换器电路，它能将 $4 \sim 20$ mA 输入电流转换成 $0 \sim 5$ V 的电压输出。即当输入电流为 4 mA 时，变换器输出电压为 0 V；当输入电流为20 mA 时，输出电压为 5 V。其单位电流的电压变化率为

$$\frac{U_\text{o}}{I_\text{i}} = \frac{(5-0)\text{V}}{(20-4)\text{mA}} = 0.312\,5 \text{ V/mA} \quad (4\text{-}11)$$

该 $I\text{-}U$ 变换器性能良好，其增益、失调及共模抑制比都不必调整，并且有一个低温漂的10 V 基准电压源。

图 4-24　精密 $I\text{-}U$ 变换器电路

4.2.3 电压–频率转换

在 A-D 转换器广泛应用的基础上，对于某些要求数据长距离传输、精度要求高、资金有限场合，采用 $U\text{-}F$ 器件代替 A-D 器件完成 A-D 转换很有实用价值。$U\text{-}F$ 转换器是把电压信号转换成频率信号，精度和线性度较好，采用积分输入，应用电路简单，对外围器件性能要求不高，对环境适应能力强，转换速度不低于双积分型 A-D 器件，且价格较低。

目前实现 $U\text{-}F$ 的方法很多，但大多数集成 $U\text{-}F$ 器件均采用电荷平衡式 $U\text{-}F$ 转换原理工作。图 4-25 所示为电荷平衡式 $U\text{-}F$ 转换电路结构图。电路结构分成：A_1 与 RC 构成一个积分器；A_2 是零电压比较器；恒流源 I_R 和模拟开关 S 构成积分器反充电回路。整个电路可以看作一个振荡频率受输入电压 U_i 控制的多谐振荡器，实现 $U_\text{i}\text{-}F$ 转换。当积分器的输出电压从 U_INT 下降至零时，零电压比较器跳变，触发单稳态定时器产生一个宽度为 t_0 的脉冲，模拟开关 S 至位置 1 接通积分器的反充电回路，使积分电容 C 充入一定量的电荷 $Q_\text{c} = I_\text{R} \cdot t_0$。电路设计成 $I_\text{R} > \dfrac{U_{\text{INT} \cdot \text{MAX}}}{R}$，因此，在 t_0 期间积分器一定是以反充电为主，使输出电压 U_INT 线性上升到某一正电压。t_0 结束时，模拟开关 S 接至 2，即与 A_1 输出端接通。积分器处于充电过程（负积分），积分器输出电压 U_INT 不断下降。当积分器输出电压降至零时、零压比较器翻转，重复上述过程。图 4-26 为 $U\text{-}F$ 转换器的波形图。如此反复下去振荡不止，形成频率输出。

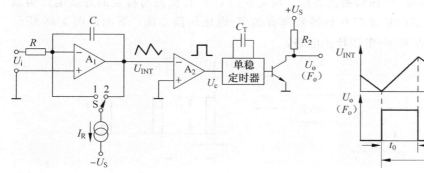

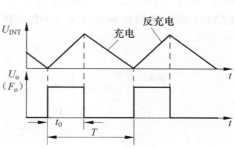

图 4-25　电荷平衡式 U-F 电路结构图　　　　图 4-26　电荷平衡式 U-F 波形图

根据反充电的电荷量与充电的电荷量相等的电荷平衡原理，可以得出

$$I_R \cdot t_0 = \frac{U_{INT}}{R} \cdot T \tag{4-12}$$

因此，输出的振荡频率为

$$F_o = \frac{1}{T} = \frac{1}{I_R \cdot R \cdot t_0} U_{INT} \tag{4-13}$$

从式中看出输出电压 U_o 的频率 F_o 与积分器输出电压 U_{INT} 成正比，也就是 F_o 与 U_i 成正比，实现了 U_i—F_o 转换。显然，要精确地实现转换，要求 I_R、R 及 t_0 必须准确稳定。

图 4-25 也是一种自由振荡器电路。不仅其振荡频率随 U_i 变化而变化，而且积分器输出电压的锯齿波的幅值与形状也随 U_i 变化而变化。积分器的最大输出电压 $U_{INT \cdot MAX}$ 可表示为

$$U_{INT \cdot MAX} = I_R \cdot t_0 \cdot \frac{1}{C} \tag{4-14}$$

由上式可确定积分电容值 $C = \dfrac{I_R \cdot t_0}{u_{int \cdot max}}$。

4.2.4　频率-电压转换

从 U-F 转换器的介绍可知，频率信号具有抗干扰能力强，易于远距离传送，占用总线资源少等特点。对于 ADC，频率信号作为中间变量可以实现。有时需要将频率信号转换成（模拟）电压，实现频率-电压转换。

频率-电压转换是将各种形式的频率（或周期）信号，如正弦波、三角波、扫描波等，变换成矩形波，然后经滤波取出直流电压分量。由于矩形波的直流电压分量与被测信号的频率成正比，可以通过矩形波直流电压分量的大小测定频率。

图 4-27a 所示为频率-电压转换原理框图。频率信号经单稳整形电路产生矩形脉冲，再将矩形波中的高次谐波用滤波器滤去，并取其直流分量，见图 4-27b 得

$$U_o = E \cdot \tau \times f = K_v \times f \tag{4-15}$$

式中，K_v 为频率-电压转换系数，它等于矩形脉冲面积 $E \cdot \tau$。可见，只有矩形脉冲面积 $E \cdot \tau$ 为常数，直流电压分量 U_o 才与频率 f 成正比。为了提高转换精度，必须保证整形电路所产生的脉冲面积为某一恒定值。

通常没有专门用于频率–电压转换的器件，而是使用 $U\text{-}F$ 转换器与特定的外接电路构成频率–电压转换电路。一般的集成 $U\text{-}F$ 转换器都有频率–电压转换功能。下面以图 4-28 所示 LM331 为例说明如何用作频率–电压转换电路。

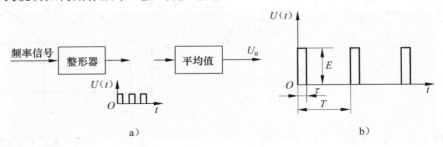

图 4-27　频率–电压转换原理图

图 4-28 所示为由 LM331-$U\text{-}F$ 转换器构成的频率–电压转换电路。频率信号 f_{IN} 经 C–R 网络接比较器阈值端（脚 6），频率信号的脉冲下降沿使比较器触发定时器工作。经脚 1 输出的电流经 $R_L \cdot C_L$ 滤波电路，获得与频率信号 f_{IN} 成正比的输出直流电压 U_o。图 4-28a 是简单的频率–电压转换电路。经 $R_L \cdot C_L$ 滤波后纹波峰值小于 10 mV；对时间常数 $\tau = 0.1$ s，转换精度为 0.1% 需要建立时间 0.7 s。图 4-28b 由脚 1 输出电流后又由运算放大器提供缓冲输出，并实现双极点滤波器作用。响应时间比 4-28a 快得多，纹波峰值也小。但对低于 200 Hz 的频率信号纹波峰值要差，应对滤波时间常数加以调整，以满足响应时间和纹波峰值的要求。

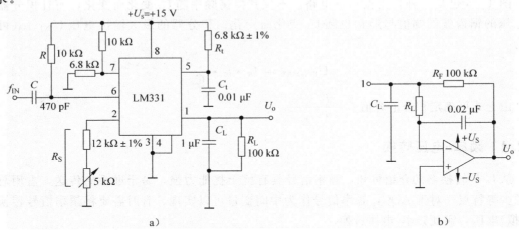

图 4-28　由 LM331-$U\text{-}F$ 转换器构成的 $F\text{-}U$ 转换电路

4.3　信号的处理

4.3.1　调制与解调

一些被测量，如力、位移等，经过传感器变换以后，常常是一些缓变的电信号。从放大处理来看，这类信号除用直流放大外，目前较常用的还是先调制而后用交流放大。所谓调制就是使一个信号的某些参数在另一信号的控制下而发生变化的过程。前一信号称为载波，一般是较高频率的交变信号，后一信号（控制信号）称为调制信号，最后的输出是已调制波。已调制波一般都便于放大和传输。最终从已调制波中恢复出调制信号的过程，称为解调。实际上，许多传感器的输出就是一种已调制信号，因此调制-解调技术在测试领域中极为常用。

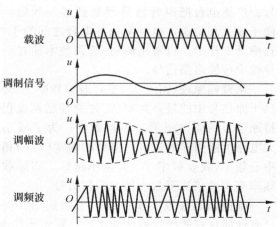

根据载波受调制的参数的不同，调制可分为调幅（AM）、调频（FM）和调相（PM）。使载波的幅值、频率或相位随调制信号而变化的过程分别称为调幅、调频或调相。它们的已调波也就分别称为调幅波、调频波或调相波。图 4-29 表示了载波、调制信号、调幅波和调频波。本节着重讨论调幅、调频及其解调。

1. 调幅及其解调

（1）原理

图 4-29 载波、调制信号已被调制

调幅是将一个高频简谐信号（载波）与测试信号（调制信号）相乘，使高频信号的幅值随测试信号的变化而变化。现以频率为 f_0 的余弦信号作为载波进行讨论。

若以高频余弦信号作载波，把信号 $x(t)$ 和载波信号相乘，其结果就相当于把原信号的频谱图形由原点平移至载波频率 f_0 处，其幅值减半，如图 4-30 所示。所以调幅过程就相当于频谱"搬移"过程。

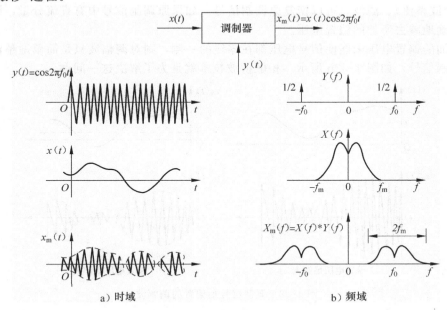

图 4-30 调幅过程

若把调幅波再次与原载波信号相乘，则频域图形将再二次进行"搬移"，其结果如图 4-31 所示。若用一个低通滤波器滤去中心频率为 $2f_0$ 的高频成分，那么将可以复现原信号的频谱（只是其幅值减小为一半，这可用放大处理来补偿），这一过程称为同步解调。"同步"指解调时所乘的信号与调制时的载波信号具有相同的频率和相位。

由此可见，调幅的目的是使缓变信号便于放大和传输。解调的目的则是为了恢复原信号。广播电台把声音信号调制到某一频段，既便于放大和传送，也可避免各电台之间的干扰。在测试工作中，也常用调制-解调技术使在一根导线中传输多路信号。

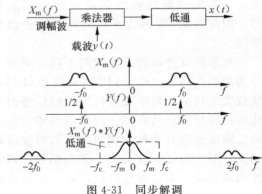

图 4-31　同步解调

从调幅原理(图 4-30)看，载波频率 f_0 必须高于原信号中的最高频率 f_m 才能使已调波仍保持原信号的频谱图形，不致重叠。为了减小放大电路可能引起的失真，信号的频宽($2f_m$)相对中心频率(载波频率 f_0)应越小越好。实际载波频率至少数倍甚至数十倍于调制信号。

幅值调制装置实质上是一个乘法器。现在已有性能良好的线性乘法器组件。霍尔元件也是一种乘法器。电桥在本质上也是一个乘法装置，若以高频振荡电源供给电桥，则输出(u_y)为调幅波。

(2) 整流检波和相敏检波

上面已提及，为了解调可以使调幅波和载波相乘，乘后通过低通滤波。但这样做需要性能良好的线性乘法器件。

若把调制信号进行偏置，叠加一个直流分量 A，使偏置后的信号都具有正电压，那么调幅波的包络线将具有原调制信号的形状，如图 4-32a 所示。把该调幅波 $x_m(T)$ 简单地整流(半波或全波整流)、滤波就可以恢复原调制信号。如果原调制信号中有直流分量，则在整流以后应准确地减去所加的偏置电压。

若所加的偏置电压未能使信号电压都在零线的一侧，则对调幅波只是简单地整流就不能恢复原调制信号，如图 4-32b 所示。相敏检波技术就是为了解决这一问题。

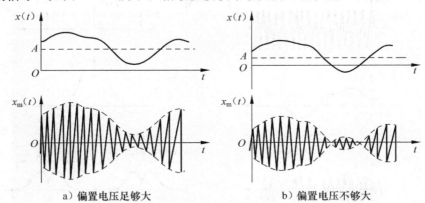

a) 偏置电压足够大　　　　　　　　b) 偏置电压不够大

图 4-32　调制信号加偏置的调幅波

采用相敏检波时，对原信号可不必再加偏置。注意到交变信号在其过零线时符号(＋、－)发生突变，调幅波的相位(与载波比较)也相应地发生 180°的相位跳变。利用载波信号与之比相，便既能反映出原信号的幅值又能反映其极性。图 4-33 中 $x(t)$ 原信号；$y(t)$ 载波，$x_m(t)$ 为调幅波。电路设计使变压器 B 二次边的输出电压大于 A 二次边的输出电压。若原信号 $x(t)$ 为正，调幅波 $x_m(t)$ 与载波 $y(t)$ 同相，如图中 Oa 段所示。当载波电压为正时，V_1 导通，电流的流向是 $d-1-VD_1-2-5-C-$负载$-$地$-d$。当载波电压为负时，变压器 A 和 B

的极性同时改变，电流的流向是 $d-3-VD_3-4-5-C-$ 负载 $-$ 地 $-d$。若原信号 $X(t)$ 为负，调幅波 $x_m(t)$ 与载波 $y(t)$ 异相，如图中 ab 段所示。这时，当载波为正时，变压器 B 的极性如图中所示，变压器 A 的极性却与图中相反。这时 VD_2 导通，电流的流向是 $5-2-VD_2-3-d-$ 地 $-$ 负载 $-C-5$。当载波电压为负时，电流的流向是 $5-4-VD_4-d-$ 地 $-$ 负载 $-C-5$。因此在负载 R_f 上所检测的电压 u_f 就重现 $X(T)$ 的波形。

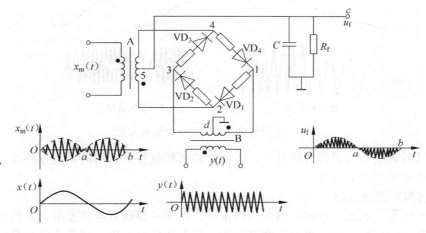

图 4-33 相敏检波（环形相敏解调器）

这种相敏检波是利用二极管的单向导通作用将电路输出极性换向。这种电路相当于在 Oa 段把 $x_m(t)$ 的零线下的负部翻上去，而在 ab 段把正部翻下来，所检测到的信号 u_f 是经过"翻转"后信号的包络。

动态电阻应变仪（见图 4-34）可作为电桥调幅与相敏检波的典型实例。电桥由振荡器供给等幅高频振荡电压（一般频率为 10 kHz 或 15 kHz）。被测量（应变）通过电阻应变片调制电桥输出。电桥输出为调幅波，经过放大，最后经相敏检波与低通滤波取出所测信号。

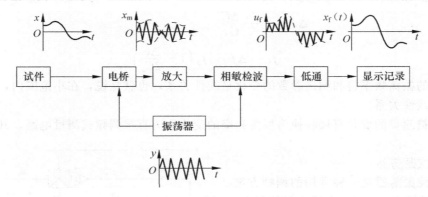

图 4-34 动态电阻应变仪方框图

2. 调频及其解调

调频（频率调制）是利用信号电压的幅值控制一个振荡器，振荡器输出的是等幅波，但其振荡频率偏移量和信号电压成正比。当信号电压为零时，调频波的频率就等于中心频率；信号电压为正值时频率提高，负值时则降低。所以调频波是随信号而变化的疏密不等的等幅波，如图 4-35 所示。

调频波的瞬时频率可表示为

$$f = f_0 \pm \Delta f$$

式中　f_0——载波频率，或称为中心频率；

　　　Δf——频率偏移，与调制信号 $x(t)$ 的幅值成正比。

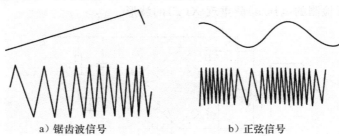

a) 锯齿波信号　　　　　b) 正弦信号

图 4-35　调频波与调制信号幅值的关系

实现信号的调频和解调的方法甚多，下面介绍两种仪器中常用的调频方法及一种解调方案，其他方法可参阅有关专著。

（1）直接调频测量电路

在前面对电容、涡流、电感传感器的讨论中曾提到一种测量电路方案：在被测量小范围变化时，电容（或电感）的变化也有与之对应的、接近线性的变化。倘若把该电容（或电感）作为自激振荡器的谐振回路中的一个调谐参数，那么电路的谐振频率将是

$$f = \frac{1}{2\pi \sqrt{LC}} \tag{4-16}$$

例如，在电容传感器中以电容作为调谐参数，对式（4-16）进行微分，可得

$$\frac{\partial f}{\partial C} = \left(-\frac{1}{2}\right)\left(\frac{1}{2\pi}\right)(LC)^{-\frac{3}{2}}L = \left(-\frac{1}{2}\right)\frac{f}{C} \tag{4-17}$$

在 f_0 附近有 $C = C_0$，故

$$\Delta f = -\frac{f_0}{2}\frac{\Delta C}{C_0}$$

$$f = f_0 + \Delta f = f_0\left(1 - \frac{\Delta C}{2C_0}\right) \tag{4-18}$$

因此，回路的振荡频率将和调谐参数的变化呈线性关系，也就是说，在小范围内，它和被测量的变化有线性关系。

这种把被测量的变化直接转换为振荡频率的变化称为直接调频式测量电路，其输出也是等幅波。

（2）压控振荡器

利用压控振荡器是一种常用的调频方案。压控振荡器的输出瞬时频率与输入的控制电压值呈线性关系。图 4-36 是一种压控振荡器原理图。A_1 是一个正反馈放大器，其输出电压受稳压管 VD_z 钳制，或为 $+U_w$，或为 $-U_w$。M 是乘法器，A_2 是积分器。u_x 是正值常电压。假设开始时 A_1 输出处于 $+U_w$，乘法器输出 u_z 是正电压，A_2 的输出端电压将线性

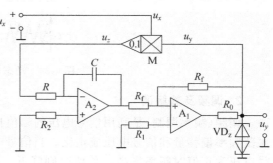

图 4-36　采用乘法器的压控振荡器

下降。当降到比$-U_w$更低时，A_1翻转，其输出将为$-U_w$。同时乘法器的输出，也即A_2的输入也随之变为负电压，其结果是A_2的输出将线性上升。当A_2的输出到达$+U_w$，A_1又将翻转，输出$+U_w$。所以在常值正电压u_x下，这个振荡器的A_2输出一定的三角波，A_1则输出同一频率的方波u_y。

乘法器M的一个输入端u_y幅度为定值($\pm U_w$)，改变另一个输入值u_x就可以线性地改变其输出u_z。因此积分器A_2的输入电压也随之改变。这将导致积分器由$-U_w$充电至$+U_w$（或由$+U_w$放电至$-U_w$）所需时间的变化。所以振荡器的振荡频率将和电压u_x成正比，改变u_x值就达到线性控制振荡频率的目的。

压控振荡电路有多种形式，现在已有集成化的压控振荡器芯片出售。

（3）变压器耦合的谐振回路鉴频法

调频波的解调又称为鉴频，是将频率变化恢复成调制信号电压幅值变化的过程。实现鉴频过程的方案很多，图4-37是一种采用变压器耦合的谐振回路鉴频方法，也是测试仪器常用的鉴频法。

图4-37a中L_1、L_2是变压器耦合的一次、二次边线圈，它们和C_1、C_2组成并联谐振回路。将等幅调频波u_f输入，在回路的谐振频率f_n处，线圈L_1、L_2中的耦合电流最大，二次边输出电压u_a也最大。u_f频率离开f_n，u_a也随之下降。u_a的频率虽然和u_f保持一致——就是调频波的频率，但幅值u_a却不保持常值，其电压幅值和频率关系如图4-37b所示。通常利用特性曲线的亚谐振区近似直线的一段实现频率-电压变换。被测量（如位移）为零值时，调频回路振荡频率f_0对应特性曲线上升部分近似直线段的中点。

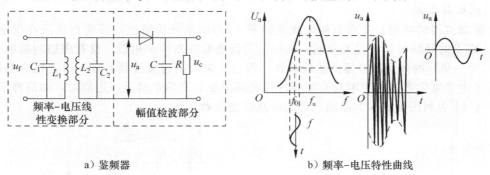

a）鉴频器　　　　　　　b）频率-电压特性曲线

图4-37　用变压器耦合的谐振回路鉴频

随着测量参量的变化，幅值$|U_a|$随调频波频率而近似线性变化，调频波u_f的频率却和测量参量保持近似线性的关系。因此，把u_a进行幅值检波就能获得测量参量变化的信息，且保持近似线性的关系。

调幅、调频技术不仅在一般检测仪表中应用，而且是工程遥测技术的重要内容。工程遥测是对被测量的远距离测量，以现代通信方式（有线或无线通信、光通信）实现信号的发送和接收。

4.3.2　滤波电路

在传感器获得的测量信号中，往往含有许多与被测量无关的频率成分需要通过信号滤波电路滤掉。滤波器可以用R、L、C一些无源元件组成，也可以用无源与有源元件组合而成，前者称为无源滤波器，后者称为有源滤波器。有源滤波器中的有源元件可以用晶体管，也可用运算放大器。特别是由运算放大器组成的有源滤波器具有一系列优点，可以做到体积小、重量轻、损耗小，并且可以提供一定的增益，还可以起到缓冲作用。

在此介绍二阶 RC 有源滤波器的几种基本电路：低通滤波器、高通滤波器、带通滤波器和带阻滤波器。

1. 低通滤波器

低通滤波器的功能是让直流信号在指定截止频率的低频分量通过，而使高频分量有很大衰减。低通滤波器一般用截止频率 ω_c、阻带频率 ω_s、直流增益 H_0、通带波纹和阻带衰减等参数来确定。选择不同的传递函数，低通滤波器的幅频特性和衰减率均不一样。图 4-38 为低通滤波器幅频特性。

图 4-39 是利用运算放大器实现的二阶低通滤波器电路原理图。

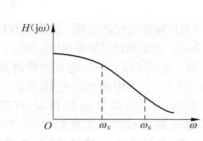

图 4-38　低通滤波器幅频特性

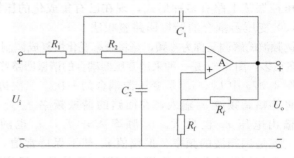

图 4-39　二阶低通有源滤波器

2. 高通滤波器

高通滤波器的功能是让高于指定截止频率 ω_c 的频率分量通过，而使直流及在指定阻带频率 ω_s 以下的低频分量有很大衰减，同样，与低通滤波器情况相似，没有理想的幅频特性。图 4-40 为一实际的高通滤波器的幅频特性。理论上讲，高通滤波器在 $\omega \to \infty$ 处也应是通带。但实际上由于寄生参数的影响及有源器件带宽的限制，当频率增至一定值时，幅值将下降。

图 4-41 为利用运算放大器组成的二阶高通滤波器。

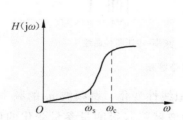

图 4-40　高通滤波器幅频特性

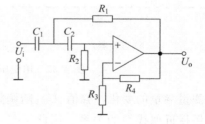

图 4-41　二阶高通有源滤波器

3. 带通滤波器

带通滤波器是只允许通过某一频段的信号，而在此频段两端以外的信号将被抑制或衰减。其特性曲线如图 4-42 所示。实线为理想特性，虚线为实际特性。可见，在 $\omega_1 \leqslant \omega_0 \leqslant \omega_2$ 的频带内，有恒定的增益；而当 $\omega > \omega_2$、$\omega < \omega_1$ 时，增益迅速下降。规定带通滤波器通过的宽度叫做带宽，以 B 表示。带宽中点的角频率叫做中心角频率，用 ω_0 表示。

带通滤波器电路如图 4-43 所示。其品质数 Q 可表示为

$$Q = \frac{\omega_0}{B} \tag{4-19}$$

式中，ω_0 为中心频率；B 为带宽。其表示式为

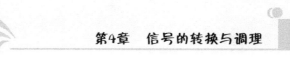
$$\begin{cases} B = \omega_2 - \omega_1 \\ \omega_0 = \dfrac{1}{2}(\omega_1 + \omega_2) \end{cases} \tag{4-20}$$

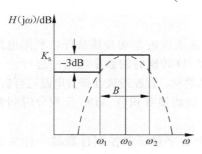

图 4-42　带通滤波器特性

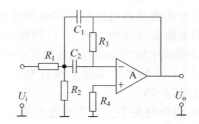

图 4-43　二阶带通有源滤波器

4. 带阻滤波器

带阻滤波器的特性与带通滤波器相反，是专门用来抑制或衰减某一频段的信号，而让该频段以外的信号通过。带阻滤波器的特性如图 4-44 所示。图中实线是理想特性，虚线是实际特性。

由此可见，如从输入信号中减去经带通滤波器处理过的信号，就可以得到带阻信号。因此，可将带通滤波器和减法电路合起来，就是一个带阻滤波器，其方框如图 4-45 所示。

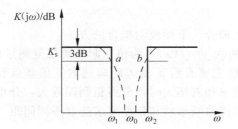

图 4-44　二阶带阻滤波器特性

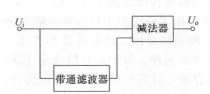

图 4-45　带阻滤波器方框图

图 4-46 为带阻滤波器具体电路，A_1 组成反相输入型带通滤波器，也就是 A_1 的输出电压 U_{o1} 是输入电压 U_i 的反相带通电压。A_2 组成加法运算电路，显然，将 U_i 与 U_{o1} 在 A_2 输入端相加，则在 A_2 的输出端就得到了带阻信号输出。

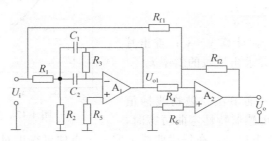

图 4-46　二阶带阻滤波器

4.3.3　线性化

由于在检测系统中不可避免地存在非线性环节，采用模拟显示方式时可以进行非线性刻

度校正，而数字显示却不能进行非线性记数，只能一个一个地线性递增或递减，因此在数字显示前要对非线性特性进行线性处理。非线性校正又称线性化过程，可分为硬件法和软件法。

1. 硬件校正法

硬件校正法是指电路校正和机械校正。除了前面所讲的差动补偿法外，利用电路校正可以在模拟电路部分实现，在 A/D 转换中实现，在 A/D 转换后的数字电路中进行。

1）在模拟电路中实现非线性校正，可以采用自动增益、程控或线性提升电路进行折线逼近。

2）在 A/D 转换中实现非线性校正，是采用自动切换双积分 ADC 反积分时间常数的非线性 A/D 转换器。

3）在数字电路中实现非线性校正，是利用输出数字量反馈控制计数器，称为加减脉冲法；或在计数器前插入乘法器，称为分段乘系数法。

硬件法不仅成本高，使设备更加复杂，而且对有些误差难以甚至不能补偿。因此，在微机化检测系统中，几乎毫不例外地都采用软件校正法。

2. 软件校正法

软件校正法可分两类：分段插值校正法和整体拟合校正法。分段插值校正法是由已测得的输出，用插值法找到对应的输入，再乘以规定的系数，即可得到校正后的标准输出。常用的有线性插值法和二次插值法。

（1）线性插值法

在传感器特性弯曲不厉害时，可采用直线来拟合。下面说明拟合的方法。

1）先用实验法测出传感器的输入输出特性曲线 $y = f(x)$，为慎重起见要反复测量多次。

2）将曲线分段，选取各插值基点。分段方法主要有沿 x 轴等距离选取插值基点和非等距离分段法两种。等距离分段法易计算，但在曲率和斜率大时，分得粗则误差大，分得细则占用内存多，计算时间长。非等距离分段法可根据曲线形状和精度要求选取不同间距，但插值基点选取比较麻烦。

3）根据曲线的分段，确定并算出各插值点 $(x_i、y_i)$ 及相邻插值点的拟合直线的倒斜率 k_i，并存放在存储器中，设传感器的输入输出特性曲线如图 4-47 所示，k_i 值可用两点法求取

$$k_i = \frac{x_{i+1} - x_i}{y_{i+1} - y_i}$$

4）根据测量输出值 y，计算 $y - y_i$；查出其所在的区间 (y_i, y_{i+1})；并求出该段的斜率 k_i。

（2）二次插值法

二次插值法或称平方插值法、抛物线插值法。如图 4-48 所示，在传感器特性弯曲厉害时，

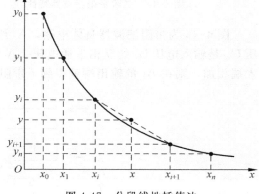

图 4-47　分段线性插值法

采用二次抛物线代替直线来拟合，在每段曲线上取三个点便可得出对应拟合抛物线方程

$$x \leqslant x_1, \quad y = a_0 + a_1 x + a_2 x^2$$
$$x_1 \leqslant x \leqslant x_2, \quad y = b_0 + b_1 x + b_2 x^2$$

式中，各系数可以通过各段曲线上任意三点联立方程解出。如：

$$y_0 = a_0 + a_1 x_0 + a_2 x_0^2$$

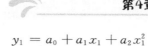

$$y_1 = a_0 + a_1 x_1 + a_2 x_1^2$$
$$y_2 = a_0 + a_1 x_2 + a_2 x_2^2$$

然后将这些系数和数值先存入计算机数据表区，二次插值校正程序流程如图 4-49 所示。

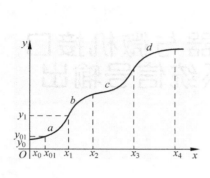

图 4-48　二次插值法

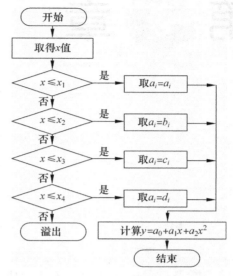

图 4-49　二次插值校正程序流程

习题与思考题

4-1　何谓测量放大电路？对其基本要求是什么？

4-2　测量放大器从哪些方面保证了放大电路的性质？

4-3　什么是隔离放大电路？是如何实现隔离的，应用于何种场合？

4-4　简述电压-电流及电流-电压变换器的作用，并举例介绍常用转换方法。

4-5　简述电压-频率转换器的作用及常用转换方法。

4-6　什么是无源滤波器？什么是有源滤波器？各有何优缺点。

4-7　反相放大器与同相放大器的异同点。

4-8　程控增益放大器是如何构成的，程序控制（软件）的作用是什么？

4-9　在检测系统中，为何常常对传感器信号进行调制？常用的调制方法有哪些？

4-10　已知调制信号是幅值为 10，周期为 1 s 的方波信号，载波信号是幅值为 1，频率为 10 Hz 正弦波信号。试求：(1)画出已调制波的波形；(2)画出已调制波的频谱。

4-11　已知调幅波 $x_a(t) = (100 + 30\cos 2\pi f_1 t + 20\cos 6\pi f_1 t)(\cos 2\pi f_c t)$，其中 $f_c = 10$ kHz，$f_1 = 500$ Hz。试求：(1)所包含的各分量的频率及幅值；(2)绘出调制信号与调幅波的频谱。

4-12　交流应变电桥的输出电压是一个调幅波。设供桥电压为 $E_0 = \sin 2\pi f_0 t$，电阻变化量为 $\Delta R(t) = R_0 \cos 2\pi f t$ 其中 $f_0 \gg f$。试求电桥输出电压 $e_y(t)$ 的频谱。

4-13　实现幅值调制解调的方法有哪几种？各有何特点？

4-14　用图解法来说明信号同步解调的过程。

4-15　试述频率调制和解调的原理。

4-16　在模拟量自动检测系统中常用的线性化处理方法有哪些？

4-17　说明检测系统中非线性校正环节的作用。

第 5 章

传感器与微机接口
及系统信号输出

5.1　传感器与微机的接口

5.1.1　传感器与微机接口的一般结构

在现代检测系统中，微型计算机是系统核心，各部件的工作都要在它的控制下协调工作。因此，传感器的输出信息要送入微机进行处理。由微机控制的传感器系统的一般结构如图 5-1 所示。

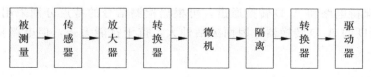

图 5-1　传感器与微机接口的一般结构

通常将微机之前的信息处理过程称为前向通道或输入通道，将微机之后的信息处理过程称为后向通道或输出通道。

1. 输入通道的结构和特点

由于传感器种类繁多，性能各异，其输出信号的形式和性质也各不相同。这就决定了输入通道的结构也具有多样性。图 5-2 给出了输入通道的基本结构类型。

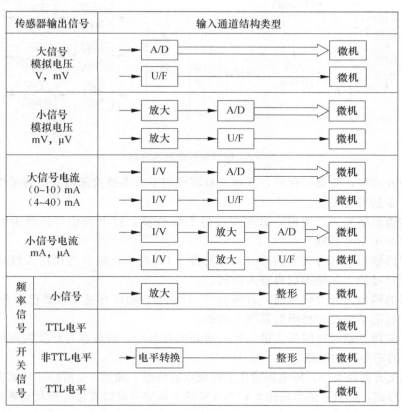

图 5-2　输入通道的基本结构类型

当传感器的输出信号为模拟电压时，其转换输入方式主要有四种，如图 5-3 所示。图 5-3a是最简单的一种方式，传感器输出的模拟信号经 A/D 转换器转换成数字信号，通过三态缓冲器送入计算机总线。这种方式仅适用于只有一种检测信号的场合。第二种方式如图 5-3b所示，多路检测信号共用一个 A/D 转换器，通过多路模拟开关依次对各路信号进行采样，其特点是电路简单，节省元器件，但信号采集速度低，不能获得同一瞬时的各路信号。第三种方式如图 5-3c 所示，它与第二种方式的主要区别是信号的采集/保持电路在多路开关之前，因而可获得同一瞬时的各路信号。图 5-3d 所示为第四种方式，其中各路信号都有单独的采样/保持电路和 A/D 转换通道，可根据检测信号的特点分别采用不同的采样/保持电路或不同精度的 A/D 转换器，因而灵活性大，抗干扰能力强，但电路复杂，采用的元器件较多。

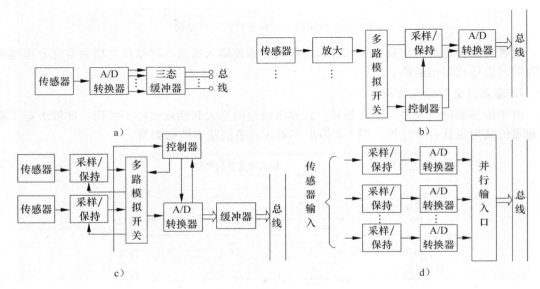

图 5-3　模拟量转换输入方式

上述四种方式中，除第一种外，其他三种都可用于对多路检测信号进行采集，因此对应的系统常称作多路采集系统。

当传感器输出信号为电流时，首先应经过 I/U 变换，将电流信号转换为电压信号，然后按上述模拟电压信号处理。

当传感器的输出信号为频率信号时，若符合 TTL 电平，则可直接输入微机；若信号电平较低，则要经过放大和整形后再进入微机。

当传感器的输出为开关信号时，若符合 TTL 电平，则可直接输入微机；若不符合 TTL 电平，则要经过电平转换和整形后再进入微机。

由微动开关传感器输出的开关量，因微动开关有抖动，所以在与计算机连接时必须接入如图 5-4 所示的消除抖动电路。

开关量输出有两种类型，即电压输出型和触点输出型，如图 5-5 所示。传感器与控制装置的连接有多种形式，一般传感器输出 0 V 和 5 V 的电压信号可以直接与控制装置连接。但对于程序控制器，多半采用触点输出形式。而电压输出型传感器采用晶体管作为无触点作用连接，如图 5-6a 和图 5-6b 所示。传感器触点与计算机电压输入型连接如图 5-6c 和图 5-6d 所示。

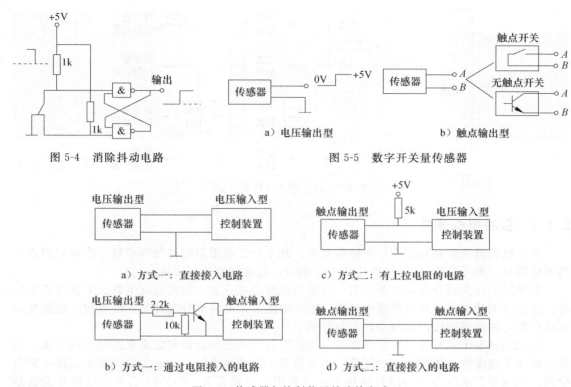

图 5-4 消除抖动电路

图 5-5 数字开关量传感器

a) 电压输出型　　　b) 触点输出型

a) 方式一：直接接入电路　　c) 方式二：有上拉电阻的电路

b) 方式一：通过电阻接入的电路　　d) 方式二：直接接入的电路

图 5-6 传感器与控制装置的连接方式

输入通道的特点：

1) 输入通道的结构类型取决于传感器送来的信号大小和类型。由于被测量和信号转换的差异，输入通道会有不同的类型。

2) 输入通道的主要技术指标是信号转换精度和实时性，后者为实时检测和控制系统的特殊要求。对输入通道技术指标的要求是选择通道中有关器件的依据。

3) 输入通道是一个模拟、数字信号混合的电路，其功耗小，一般没有功率驱动要求。

4) 被测信号所在的现场可能存在各种电磁干扰。这些干扰会与被测信号一起从输入通道进入微机，影响测量和控制精度，甚至使微机无法正常工作，因此在输入通道中必须采取抗干扰措施。

2. 输出通道的结构类型及特点

输出通道连接微机与各种被控装置。被控装置要求的控制信号有数字量（包括开关量和频率量）和模拟量两类信号，而微机输出的是数字信号。根据微机输出信号形式和被控装置的特点，输出通道的结构和类型如图 5-7 所示。

输出通道的特点：

1) 通道的结构取决于系统要求，其中的信号有数字量和模拟量两大类，要用到的转换器件是 D/A 转换器。

2) 微机输出信号的电平和功率都很小，而被控装置所要求的信号电平和功率往往比较大，因此在输出通道中要有功率放大，即输出驱动环节。

3) 输出通道连接被控装置的执行机构，各种电磁干扰会经通道进入被控装置，因此必须在输出通道中采取抗干扰措施。

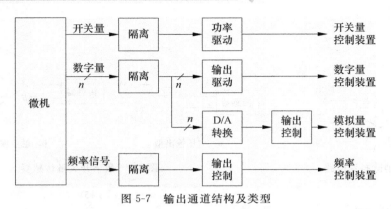

图 5-7 输出通道结构及类型

5.1.2 多路模拟开关

在微机检测和控制系统中，可能有几个、几十个甚至更多的被测模拟量。当对它们进行巡回检测时，为了节省 A/D 转换器和 I/O 接口，通常需要使用转换开关。

多路模拟开关可分为两大类，第一类是机械触点式开关，如电磁继电器、干簧管继电器等。这类开关的优点是触点接通电阻小，断开电阻大，驱动部分与开关元件分离。缺点是动作速度慢，触点通断时产生抖动，寿命较短。

第二类是电子式开关，包括晶体管、场效应管、光电耦合器和集成电路等模拟开关。其优点是开关速度快，体积小，功耗低。缺点是有一定导通电阻，驱动部分与开关元件不完全分离。在速度要求较高的多路转换场合，应采用电子式开关。COMS 型集成电路开关就是一种常用的多路模拟开关。

1. 结构和工作原理

图 5-8 所示为一个 8 通道多路开关的结构示意图。

图中 $S_1 \sim S_8$ 端可接 8 路输入信号，OUT 为公共输出线，EN 为允许端，$A_2 \sim A_0$ 为地址线。当 EN=1，$A_2 A_1 A_0$ =000~111 时，经过译码和驱动电路，使开关 $S_1 \sim S_8$ 中之一相应接通。由于片内有电平转换电路，所以逻辑输入端的信号电平与 TTL 和 CMOS 电平兼容。

2. 常用芯片

多路开关有 8 选 1、16 选 1、双 8 选 1、双 4 选 1 等类型，有的多路开关还具有双向导通功能。下面介绍几种常用芯片。

（1）AD7501

AD7501 是 8 通道多路开关，图 5-9 为其引脚图。

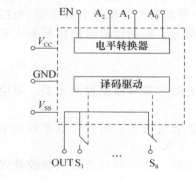

图 5-8 8 通道多路开关结构

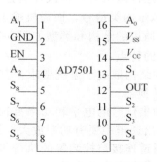

图 5-9 AD7501 引脚图

电源端 V_{CC}，$V_{SS} \pm 15$ V。EN 为输出允许端，高电平有效。$A_2 A_1 A_0$ 为通道选择端。AD7501 的功能表见表 5-1。

AD7501 的导通电阻为 $170 \sim 300$ Ω，开关断开的漏电流为 $0.2 \sim 2$ μA。AD7503 也是 8 通道多路开关，与 AD7501 的区别只是 EN 为低电平有效。AD7502 是双 4 通道多路开关。这些都是单向开关，导通方向只能从多路到 1 路。

（2）CD4051

CD4051 是 8 通道双向多路开关，国产型号为 CC4051 或 5G4051。图 5-10 为 CD4051 的引脚图。

表 5-1　AD7501 功能表

EN	$A_2 A_1 A_0$	接通通道
1	000	1
1	001	2
...	...	...
1	111	8
0	×××	无

使用时，V_{CC} 接 +5 V，V_{SS} 接地。V_{EE} 作电平位移用，当 $V_{EE} = -5$ V 时，可传送 $-5 \sim +5$ V 的模拟信号。当只传送正电压信号时，V_{EE} 接地。传送的模拟信号最大峰值为 15 V。INH 为禁止端，当 INH = 0 时，允许开关选通工作；当 INH = 1 时，开关均断开。INH 的信号允许幅值为 $3 \sim 15$ V。A、B、C 为地址选通线（A 为低位），也是通过 3/8 译码来选通某一路。其功能表与表 5-1 相似。

CD4051 的导通电阻为 $180 \sim 400$ Ω，漏电流为 $0.01 \sim 100$ nA。它的主要特点是具有双向传送功能，即信号可以从 8 路(IN/OUT 端)到 1 路(OUT/IN 端)传送，也可以从 1 路到 8 路传送。

（3）CD4066

CD4066 是四路双向开关，其引脚图如图 5-11a 所示。

这些引脚除电源以外，共分为 4 组。在每一组中，A 和 B 是开关的两端，C 是控制端，图 5-11b 为开关示意图。

当 C 端为高电平时，开关双向导通；当 C 端为低电平时，开关呈高阻状态。

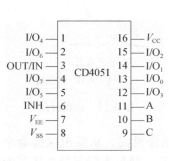

图 5-10　CD4051 引脚图

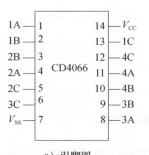

a）引脚图

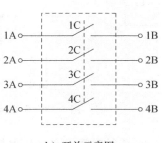

b）开关示意图

图 5-11　CD4066 引脚及开关示意图

双向开关在功能上不同于上面所述的多路开关，它的各个开关是相互分离的。CD4066 能作为 4 个相互独立的单刀单掷开关使用，而两个单刀单掷开关能接成一个单刀双掷开关。

5.1.3　采样保持器

1. 工作原理

A/D 转换芯片完成一次转换需要一定的时间。当被测量变化很快时，为了使 A/D 芯片的输入信号在转换期间保持不变，需要应用采样保持器。采样保持器工作原理如图 5-12 所示，图中每一采样值都被保持到下一次采样为止。在进行快速、高精度检测时，采样保持器的作用是十分重要的。

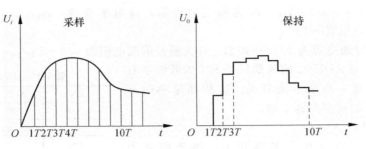

图 5-12　采样保持器工作原理

图 5-13 所示为采样保持器结构图，它由输入输出缓冲放大器 A_1 和 A_2、保持电容器 C_H 及受模式控制信号控制的开关 S 等组成。

采样保持器有采样模式和保持模式两种运行模式，由模式控制信号控制。在采样模式下，开关闭合，A_1 是高增益放大器，其输出对 C_H 快速充电，很快地使 C_H 上电压和输出电压 U_0 跟随 U_1 而变化，即增益为 1。在保持期间，开关断开，由于 A_2 输入阻抗很高，C_H 上电压保持充电电压的终值，也就是使采样保持器的输出保持在发出保持命令时的输入值。

2. 主要技术参数

1）获得时间。采样保持器从开始采样到输出达到精度指标之间的时间，称为获得时间（或捕捉时间），如图 5-14 所示。它与保持电容器的充电时间常数、放大器的响应时间和保持电压的变化幅度有关。保持电容 C_H 或保持的电压变化的幅度越大，获得时间也越长。

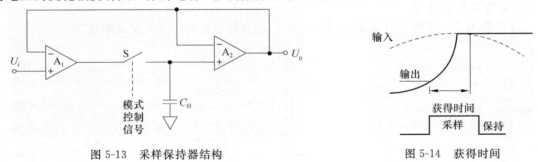

图 5-13　采样保持器结构　　　　　　　　图 5-14　获得时间

2）孔径时间。在采样保持器中，模式控制开关有一定的动作时间。从发出保持命令到开关完全断开所经过的时间称为孔径时间。由于孔径时间的存在，使得实际保持电压与希望保持的电压之间产生一定误差，这一误差称为孔径误差。孔径误差大小与孔径时间，以及模拟信号变化率有关。孔径时间限制了输入信号的最高频率。

3）保持电压的衰减率。在保持期内，由于保持电容器的漏电流及其他杂散漏电流的存在，使保持电压稍有下降，用衰减率作为其衡量指标。

4）馈送。由于输入端与输出端之间分布电容的作用，在保持模式下输入电压的变化可能引起输出电压的微小变化。馈送指标用这两个电压的变化比来衡量。

3. 常用芯片

采样保持器集成芯片分为通用、高速、高分辨率三种类型，下面介绍一种常用的通用型采样器 LF398。

LF398 是美国国家半导体公司生产的一种廉价的采样保持器芯片，也是我国国产总线模块式测控计算机的输入、输出功能模块中使用最多的一种采样保持器。LF398 结构框图如图 5-15 所示。

保持电容 C_H 外接，参考电压一般接地。当逻辑输入为高电平（⑦脚接地，⑧脚电平高于 1.4 V）时，LF398 工作于采样模式；当逻辑输入为低电平（⑧脚接地）时，LF398 工作于保持模式。

保持电容 C_H 应选用涤纶电容，以减小电容漏电流。确定 C_H 的大小应综合考虑各种因素，当 C_H 减小时，能减少获得时间，但会增加输出电压衰减率。LF398 应能接入直流调零和交流调零环节，典型接线图如图 5-16 所示。

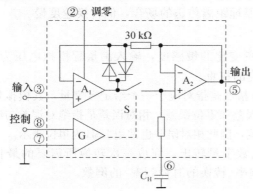

图 5-15 LF398 结构框图

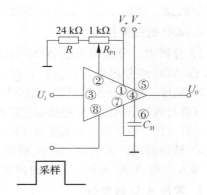

图 5-16 交直流调零环节接线图

直流调零方法是先使 $(R+R_{P1})$ 上通过的电流为 0.6 mA 左右，当 $U_i=0$ 时调节 R_{P1} 滑动点，使 $U_0=0$。交流调节（即保持阶跃调零）是调节 R_{P1} 电位器滑动点，使在 5 V 逻辑信号作用下（$C_H=0.01\ \mu F$），保持信号阶跃小于 2.5 mA（允许最大值）。

LF398 的主要技术特点：

1）电源电压范围为 $\pm 5 \sim \pm 18$ V；

2）逻辑输入电平与 TTL、CMOS 兼容；

3）输出电压下降率 <5 mV/min（$C_H=1$ pF）；

4）孔径时间为 $150 \sim 200$ ns；

5）馈送衰减比为 90 dB（输入信号频率 1 kHz，$C_H=0.01\ \mu F$）；

6）电源电压抑制比为 110 dB（$U_0=0$ 时）。

在采样保持器的实际使用中，还应注意印制电路板布线，力求减小保持电容器与逻辑信号或输入信号之间的寄生电容，减小信号的漏电影响。

5.1.4 A/D 转换器（ADC）

1. ADC 的主要类型

按 A/D 转换的方式，ADC 主要分为比较型和积分型两大类，其中常用的是逐次逼近型、双积分型和 V/F 变换型。

（1）逐次逼近 ADC

它是以数模转换器 DAC 为核心，配置比较器和一个逐次逼近寄存器，在逻辑控制器操纵下逐位比较并寄存结果。逐次逼近 ADC 转换速度较高（1 $\mu s \sim 1$ ms），8～14 位中等精度，输出为瞬时值，抗干扰能力差。它也可以由 DAC、比较器和计算机软件构成。

（2）双积分型 ADC

它的转换周期有两个单独的积分区间组成。未知电压在已知时间内进行定时积分，然后转换为对参比电压反向定压积分，直至积分输出返回到初始值。双积分 ADC 测量的是信号平均值，对常态噪声有很强的抑制能力，精度很高，分辨率达 12～20 位，价格便宜，但转换速度较慢（4 ms～1 s）。

（3）V/F 转换器

它是由积分器、比较器和整形电路构成的 VFC 电路，把模拟电压变换成相应频率的脉冲信号，其频率正比于输入电压值，然后用频率计测量。VFC 能快速响应，抗干扰性能好，能连续转换，适用于输入信号动态范围宽和需要远距离传送的场合，但转换速度慢。

2. ADC 的主要技术指标

1）分辨率。分辨率是指 ADC 对微小输入量变化的敏感度，输入满量程模拟电压为 U_m 的 N 位 ADC 的分辨率为 $U_m/2^N$，即 1LSB 对应的权重。

2）精度。精度分绝对精度和相对精度。绝对精度是指对应于一个给定数字量，其模拟量输入实际值与理论值之差。它包括量化误差、线性误差和零位误差。相对误差是指绝对误差与满刻度值的百分比。由于输入满刻度值可根据需要设定，因此相对误差也常用 LSB 为单位表示。

3）转换时间。转换时间指从模拟量输入到数字量转出，完成一次转换所需要的最长时间。对大多数 ADC 来说，转换时间就是转换频率（转换的时钟频率）的倒数。

3. 常用 A/D 转换器

目前市场上 A/D 转换芯片种类很多，其内部功能、转换速度、转换精度都有很大差别，但无论哪种芯片，都必不可少地要包括以下四种基本信号引脚：模拟信号输入端（单极性或双极性）、数字量输出端（并行或串行）、转换启动信号输入端和转换结束信号输出端。除此之外，各种不同型号的芯片可能还会有一些其他各不相同的控制信号端。这里只介绍最常用的 ADC 0808/0809，其他芯片读者可查阅相关资料。

ADC 0808/0809 是美国 NS 公司生产的 8 位 8 通道 A/D 转换芯片，其性能指标不是太高，但价格低廉，且便于与微机相连，所以应用十分广泛。

（1）主要技术指标和特性

1）分辨率：8 位；

2）总的不可调误差：ADC 0808 为 ±1/2LSB，ADC 0809 为 ±1LSB；

3）转换时间：取决于芯片时钟频率，如 CLK＝500 kHz 时，$T_{CONV}=128\mu s$；

4）供电电源：＋5 V 单一电源；

5）模拟输入电压范围：单极性 0～5 V；双极性 ±5 V，±10 V（需外加分压电路）；

6）启动控制信号为正脉冲，上升沿使所有内部寄存器清零，下降沿开始 A/D 转换；

7）输出电平与 TTL 电平兼容。

（2）内部结构

如图 5-17 所示，ADC0808/0809 的内部结构共分三部分：8 通道选择开关、8 位 A/D 转换器、三态数据输出锁存器。

ADC0808/0809 内部具有通道选择开关，通过地址译码可选择 8 路模拟输入中的一路进行转化。8 位 A/D 转换器为逐次逼近式，由树型模拟开关、电压比较器、逐次逼近寄存器、定时和控制逻辑组成。三态输出锁存器用来保存 A/D 转换结果，当输出允许信号 OE 有效时，打开三态门输出 A/D 转换结果。

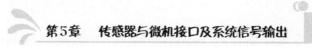

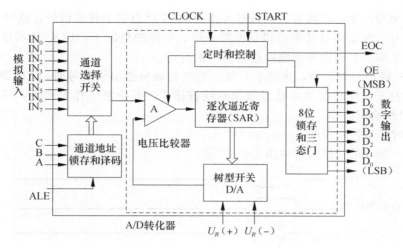

图 5-17 ADC0808/0809 结构框图

（3）引脚功能

图 5-18 为 ADC0808/0809 的引脚图。

1）$IN_0 \sim IN_7$——8 路模拟信号输入端；

2）$D_0 \sim D_7$——数字量输出端，D_0 为最低有效位（LSB），D_7 为最高有效位（MSB）；

3）C、B、A——模拟输入通道选择地址信号，A 为低位，C 为高位。地址信号与选中通道的对应关系如表 5-2 所示。

表 5-2 地址信号与通道关系

地址			选中通道
C	B	A	
0	0	0	IN_0
0	0	1	IN_1
0	1	0	IN_2
0	1	1	IN_3
1	0	0	IN_4
1	0	1	IN_5
1	1	0	IN_6
1	1	1	IN_7

图 5-18 ADC0808/0809 的引脚图

4）$U_R(+)$，$U_R(-)$——正、负参考电压输入端，用于提供片内 DAC 电阻网络的基准电压。在单极性输入时，$U_R(+) = 5V$，$U_R(-) = 0V$；双极性输入时，$U_R(+)$，$U_R(-)$ 分别接正、负极性的参考电压。

5）ALE——地址锁存允许信号输入端，高电平有效。当此信号有效时，使 A，B，C 三位地址信号被锁存、译码并选通对应模拟输入通道。

6）START——A/D 转换启动信号，正脉冲有效。加于该端的脉冲的上升沿使逐次逼近寄存器清零，下降沿开始 A/D 转换。如正在进行转换时又接到新的启动脉冲，则原来的转换进程被中止，重新开始转换。

7）EOC——转换结束信号，高电平有效。A/D 转换过程中为低电平，其余时间为高电

平，当转换结束时产生一正跳变。该信号可作为被 CPU 查询的状态信号，也可作为对 CPU 的中断请求信号。在需要对某个模拟量不断采样、转换的情况下，EOC 也可作为启动信号反馈到 START 端，但需由外加电路进行第一次启动。

8) OE——输出允许信号，高电平有效。当微处理机送出该信号时，ADC0808/0809 的输出三态门被打开，使转换结果通过数据总线被读走。在中断工作方式下，该信号往往为 CPU 发出的中断响应信号。

(4) 工作时序与使用说明

ADC0808/0809 的工作时序如图 5-19 所示。

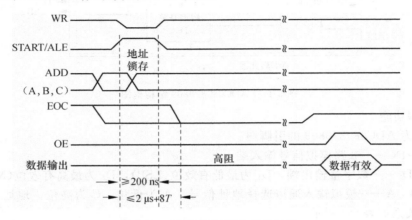

图 5-19　ADC0808/0809 工作时序

当通道选择的地址有效时，只要 ALE 信号一出现，地址便马上被锁存，这时转换启动信号紧随 ALE 信号之后(或与 ALE 同时)出现。START 端的上升沿将逐位逼近寄存器 SAR 复位，在该上升沿之后的 $2\mu s$ 加 8 个时钟周期内，EOC 信号将变为低电平，以指示转换操作正在进行中，直到转换完成后 EOC 再变成高电平。微处理器接到变高的 EOC 信号后，便立即送出 OE 信号，打开三态门，读取转换结果。

5.1.5　D/A 转换器(DAC)

1. D/A 转换器的主要参数

1) 分辨率。D/A 转换器的分辨率表示当输入数字量变化 1 时，输出模拟量变化的大小。它反映了计算机数字量输出对执行部件控制的灵敏程度。对于一个 N 位的 D/A 转换器其分辨率为

$$分辨率 = \frac{满刻度值}{2^N} \tag{5-1}$$

分辨率通常用数字量的位数来表示，如 8 位、10 位、12 位、16 位等。分辨率为 8 位，表示它可以对满量程的 $1/2^8 = 1/256$ 的增量做出反应。所以，N 位二进制数最低位具有的权值就是它的分辨率。

2) 稳定时间。稳定时间是指 D/A 转换器中代码有满刻度值的变化时，其输出达到稳定(一般稳定到 $\pm 1/2$ 最低位值相当的模拟量范围内)所需的时间，一般为几十纳秒到几微秒。

3) 输出电平。不同型号的 D/A 转换器件的输出电平相差较大，一般为 5~10 V。也有一些高压输出型，输出电平为 24~30 V。还有一些电流输出型，低的为 20 mA，高的可达 3 A。

4）输入编码。一般二进制编码比较通用，也有 BCD 等其他专用编码形式芯片。其他类型编码可在 D/A 转换前用 CPU 进行代码转换变成二进制编码。

5）温度范围。较好的 D/A 转换器工作温度范围为$-40\sim85℃$，较差的为$0\sim70℃$，可按计算机控制系统使用环境查器件手册选择合适的器件类型。

2. 8 位 D/A 转换器 DAC0832

DAC0832 是双列直插式 8 位 D/A 转换器。能完成数字量输入到模拟量（以电流形式）输出的转换。图 5-20 和图 5-21 分别为 DAC0832 的内部结构图和引脚图。其主要参数如下：分辨率为 8 位（满度量程的 1/256），转换时间为 1 μs，基准电压为$-10\sim10$ V，供电电源为$5\sim15$ V，功耗 20 mW，与 TTL 电平兼容。

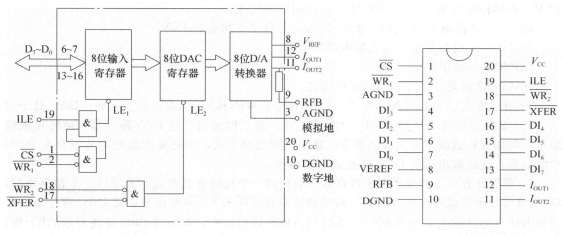

图 5-20　DAC0832 内部结构图　　　　　图 5-21　DAC0832 引脚图

从图 5-20 中可见，在 DAC0832 中有两级锁存器，第一级锁存器称为输入寄存器，它的锁存信号为 ILE，第二级锁存器称为 DAC 寄存器，它的锁存信号也称为通道控制信号 $\overline{XFER}$。因为有两级锁存器，所以 DAC0832 可以工作在双缓冲器方式，即在输出模拟信号的同时采集下一个数据，可以有效提高转换速度。另外，有了两级锁存器以后，可以在多个 D/A 转换器同时工作时，利用第二级锁存器的锁存信号来实现多个转换器的同时输出。

图 5-20 中，当 ILE 为高电平、$\overline{CS}$和$\overline{WR_1}$为低电平时，$\overline{LE_1}$为 1，这种情况下，输入寄存器的输出随输入而变化。此后，当$\overline{WR_1}$由低电平变高时，$\overline{LE_1}$成为低电平，数据被锁存到输入寄存器中，这样，输入寄存器的输出端不再随外部数据的变化而变化。

对第二级锁存来说，$\overline{XFER}$和$\overline{WR_2}$同时为低电平时，$\overline{LE_2}$为高电平，这时，8 位的 DAC 寄存器的输出随输入而变化，此后，当$\overline{WR_2}$由低电平变高时，$\overline{LE_2}$变为低电平，于是，将输入寄存器的信息锁存到 DAC 寄存器中。

图 5-21 中各引脚的功能定义如下：

$\overline{CS}$——片选信号，它和允许输入锁存信号 ILE 合起来决定$\overline{WR_1}$是否起作用。

ILE——允许锁存信号。

$\overline{WR_1}$——写信号 1，它作为第一级锁存信号将输入数据锁存到输入寄存器中，$\overline{WR_1}$必须和$\overline{CS}$、ILE 同时有效。

$\overline{WR_2}$——写信号 2，它将锁存在输入寄存器中的数据送到 8 位 DAC 寄存器中进行锁存，此时，传送控制信号$\overline{XFER}$必须有效。

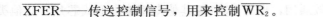

$\overline{\text{XFER}}$——传送控制信号，用来控制 $\overline{\text{WR}_2}$。

$\text{DI}_7 \sim \text{DI}_0$——8 位的数据输入端，$\text{DI}_7$ 为最高位。

I_{OUT1}——模拟电流输出端，当 DAC 寄存器中全为 1 时，输出电流最大，当 DAC 寄存器中全为 0 时，输出电流为 0。

I_{OUT2}——模拟电流输出端，I_{OUT2} 为一个常数与 I_{OUT1} 的差，即 $I_{\text{OUT1}} + I_{\text{OUT2}} =$ 常数。

RFB——反馈电阻引出端，DAC0832 内部已经有反馈电阻，所以，RFB 端可以直接连接外部运算放大器的输出端，这样，相当于将一个反馈电阻接在运算放大器的输入端和输出端之间。

VREF——参考电压输入端，此端可接一个正电压，也可接负电压，范围为 $-10 \sim 10$ V。外部标准电压通过 VREF 与 T 形电阻网络相连。

V_{CC}——芯片供电电压，范围为 $5 \sim 15$ V，最佳工作状态是 15 V。

AGND——模拟量地，即模拟电路接地端。

DGND——数字量地。

DAC0832 可处于三种不同的工作方式。

1）直通方式。当 ILE 接高电平，$\overline{\text{CS}}$、$\overline{\text{WR}_1}$、$\overline{\text{WR}_2}$ 和 $\overline{\text{XFER}}$ 都接数字地时，DAC 处于直通方式，8 位数字量一旦到达 $\text{DI}_7 \sim \text{DI}_0$ 输入端，就立即加到 8 位 D/A 转换器，被转换成模拟量。例如在构成波形发生器的场合，就要用到这种方式，即把要产生基本波形存在 ROM 中的数据，连续取出送到 DAC 转换成电压信号。

2）单缓冲方式。只要把两个寄存器中的任何一个接成直通方式，而用另一个锁存数据，DAC 就可处于单缓冲工作方式。一般的做法是将 $\overline{\text{WR}_2}$ 和 $\overline{\text{XFER}}$ 都接地，使 DAC 寄存器处于直通方式，另外把 ILE 接高电平，$\overline{\text{CS}}$ 接端口地址译码信号，$\overline{\text{WR}_1}$ 接 CPU 系统总线的 $\overline{\text{IO/W}}$，这样便可以通过一条 OUT 指令，选中该端口，使 $\overline{\text{CS}}$ 和 $\overline{\text{WR}_1}$ 有效，启动 D/A 转换。

3）双缓冲方式。主要在以下两种情况下需要用双缓冲方式的 D/A 转换。

① 需在程序的控制下，先把转换的数据传入输入寄存器，然后在某个时刻再启动 D/A 转换。这样可以做到数据转换与数据输入同时进行，因此转换速度较高。为此，可将 ILE 接高电平，$\overline{\text{WR}_1}$ 和 $\overline{\text{WR}_2}$ 均接 CPU 的 $\overline{\text{IO/W}}$，$\overline{\text{CS}}$ 和 $\overline{\text{XFER}}$ 分别接两个不同的 I/O 地址译码信号。执行 OUT 指令时，$\overline{\text{WR}_1}$ 和 $\overline{\text{WR}_2}$ 均变低电平。这样，可先执行一条 OUT 指令，选中 $\overline{\text{CS}}$ 端口，把数据写入输入寄存器，再执行第二条 OUT 指令，选中 $\overline{\text{XFER}}$ 端口，把输入寄存器内容写入 DAC 寄存器，实现 D/A 转换。

图 5-22 是 DAC0832 工作于双缓冲方式下与 8 位数据总线的微机相连的逻辑图。其中，$\overline{\text{CS}}$ 的端口地址为 320H，XFER 的端口地址为 321H，当 CPU 执行第一条 OUT 指令时，选中 $\overline{\text{CS}}$ 端口，选通输入寄存器，将累加器中的数据传入输入寄存器。再执行第二条 OUT 指令，选中 $\overline{\text{XFER}}$ 端口，把输入寄存器的内容写入 DAC 寄存器，并启动转换。执行第二条 OUT 指令时，累加器中的数据是无关紧要的，主要目的是使 $\overline{\text{XFER}}$ 有效。

② 在需要同步进行 D/A 转换的多路 DAC 系统中采用双缓冲方式，可以在不同的时刻把要转换的数据分别传入各 DAC 的输入寄存器，然后由一个转换命令同时启动多个 DAC 的转换。图 5-23 是一个用 3 片 DAC0832 构成的 3 路 DAC 系统。图中，$\overline{\text{WR}_1}$ 和 $\overline{\text{WR}_2}$ 接 CPU 的写信号 $\overline{\text{WR}}$，3 个 DAC 的 $\overline{\text{CS}}$ 引脚各由一个片选信号控制，3 个 $\overline{\text{XFER}}$ 信号连在一起，接到第 4 个选片信号上。ILE 可以根据需要来控制，一般接高电平，保持选通状态。它也可以由 CPU 形成的一个禁止信号来控制，该信号为低电平时，禁止将数据写入 DAC 寄存器。这

样，可在禁止信号为高电平时，先用 3 条输出指令选择 3 个端口，分别将数据写入各 DAC 的输入寄存器，当数据准备就绪后，再执行一次写操作，使 $\overline{XFER}$ 变低，同时选通 3 个 D/A 的 DAC 寄存器，实现同步转换。

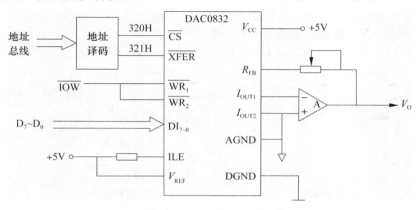

图 5-22 DAC0832 与 8 位数据总线微机的连接图

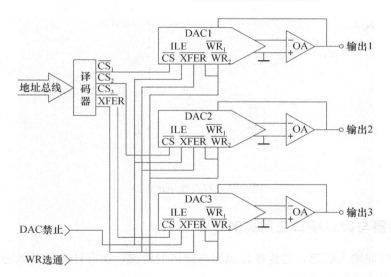

图 5-23 用 DAC0832 构成的 3 路 DAC 系统

DAC0832 可具有单极性或双极性输出。

1）单极性输出电路。单极性输出电路如图 5-24 所示。D/A 芯片输出电流 i 经输出电路转换成单极性的电压输出。图 5-24a 为反相输出电路，其输出电压为

$$U_{OUT} = -iR \qquad (5-2)$$

图 5-24b 是同相输出电路，其输出电压为

$$U_{OUT} = iR\left[1 + \frac{R_2}{R_1}\right] \qquad (5-3)$$

2）双极性输出。在某些微机控制系统中，要求 D/A 的输出电压是双极性的。例如要求输出 $-5 \sim +5$ V。在这种情况下，D/A 的输出电路要作相应的变化。图 5-25 就是 DA0832 双极性输出电路实例。图中，D/A 的输出经运算放大器 A_1 和 A_2 放大和偏移以后，在运算放大器 A_2 的输出端就可得到双极性的 $-5 \sim +5$ V 的输出电压。这里，V_{REF} 为 A_2 提供一个偏移

电流，且 V_{REF} 的极性选择应使偏移电流方向与 A_1 输出的电流方向相反。再选择 $R_4 = R_3 = 2R_2$，以使偏移电流恰好为 A_1 输出电流的 1/2。从而使 A_2 的输出特性在 A_1 的输出特性基础上，上移 1/2 的动态范围。由电路各参数计算可得最后的输出电压表达式为

$$U_{OUT} = -2V_1 - V_{REF}$$

设 V_1 为 $-5 \sim 0$ V，选取 V_{REF} 为 $+5$ V，则

$$U_{OUT} = (0 \sim 10) - 5 = -5 \sim +5 \text{ V}$$

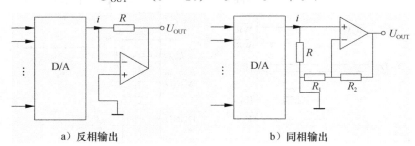

a）反相输出   b）同相输出

图 5-24　单极性输出电路

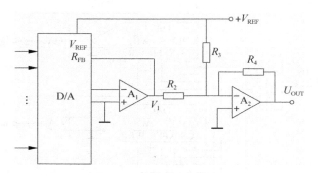

图 5-25　双极性输出电路

5.1.6　传感器与微机接口应用实例

传感器接口即输入通道，是连接传感器与微机的桥梁，在有计算机参与的检测系统中输入通道是必不可少的组成部分。

如某厂有一组热处理炉，共 8 台，炉温变化范围为 $0 \sim 800℃$。每台处理炉由一支热电偶测量其温度，通过变送器送出 $0 \sim 5$ V 的电压信号。现要求设计一单片检测系统，对各处理炉进行巡回检测，允许检测误差为 $\pm 1\%$。

本系统为 8 路巡检系统，由于温度变化缓慢，所以不用采样保持器。这样输入通道只需由 A/D 转换器和多路模拟开关组成。由于检测精度不高，因此可以选择 8 通道 8 位 A/D 转换器 ADC0809，其满刻度调整误差为 $1LSB = 0.391\%$，小于 1%，满足精度要求。且 ADC0809 内部具有 8 通道模拟开关，因此不需另加多路模拟开关。

图 5-26 为 8 路温度巡回检测系统硬件原理图。

ADC0809 的通道选择由 8031 的低 3 位数据线决定；启动端和地址锁存允许由 8031 的 $\overline{WR}$ 与 P2.7 相或后进行控制；转换结束信号 EOC 经反相器反相后向 8031 申请中断。显然，启动转换与读取数据的接口地址要求 P2.7 为 0。

8 路温度巡回检测系统流程如图 5-27 所示。主程序完成各种初始化工作，如中断初始化设置、数据缓冲区指针设置、赋通道号初值、启动转换。然后进入主循环程序段，反复调用诸如数字滤波、标度变换、越限处理、显示输出等程序。中断服务程序则完成读取转换数据、修改通道号、启动下一通道等功能。

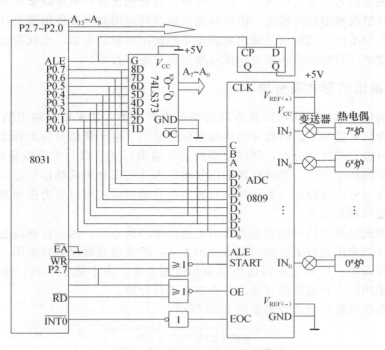

图 5-26　8 路温度巡回检测系统硬件原理

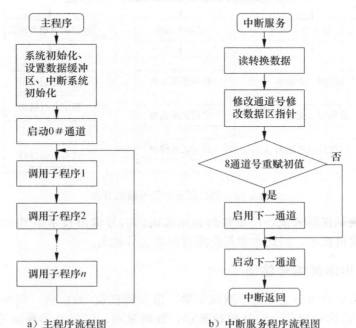

　　　a）主程序流程图　　　　　　　　b）中断服务程序流程图

图 5-27　8 路温度巡回检测系统流程

5.2 系统信号的输出

在前面几章中介绍了测试信号的获取、转换及信号处理等知识。作为一个完整的测试仪器或系统，其测量信号总是需要显示、打印或输出给其他设备，最终以某种结果的形式体现出来，这就是测试仪器的信号输出。由于各测试系统的应用对象和使用要求各不相同，因此其测量结果需要以不同形式的信号输出来满足不同使用对象的需求，也就需要不同的技术途径来实现。实现这一目标的技术就是测试仪器的信号输出技术。

5.2.1 信号输出的形式及分类

测试仪器的信号输出形式可以从不同的角度进行分类。如果根据输出的物理量进行分类，测试仪器的信号输出形式可以分为机械量信号输出、电子量信号输出和光电图视信号输出。如果从信号输出的性质分类，测试仪器的信号输出形式可以分为模拟输出和数字输出。如果从输出信号的频率分类，测试仪器的信号输出形式可以分为低频信号输出和高频信号输出。如果从输出信号应用角度分类，测试仪器的信号输出形式可以分为指示和显示类、记录类，以及通信接口和驱动类。

事实上，测试仪器的信号输出很难按照上述标准严格分类。因为目前功能比较强的测试与检测系统往往都采用相对更复杂的综合输出方式，即其信号输出同时采用上述信号输出形式中的几种并行输出，以满足不同使用对象和使用要求。为了便于学习、理解、掌握及应用，本章还是采用后一种输出信号应用分类方法进行介绍。

测试仪器的信号输出形式分类如图5-28所示。

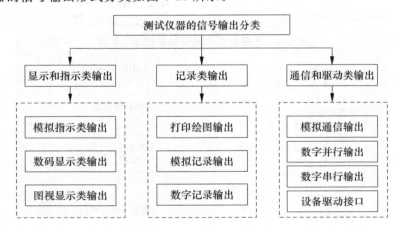

图 5-28　测试仪器的信号输出分类

对于大多数测试仪器来说，最重要的也是常用的信号输出技术是显示和指示类输出技术，以及记录类输出技术，因此本章只介绍这两类信号输出。

5.2.2 显示和指示类信号输出

显示和指示类信号输出主要用于测试结果、信号特征量（如幅值、频率、相位角、峰峰值）及信号波形的显示和指示，包括模拟显示、数码显示、图视波形显示等几种基本结构。其特点是输出信号直观，并能充分反映测试与检测信号的实时性。由于显示和指示类信号输出的目的主要是人机接口，因此一般情况下不具备信号记录和重放的功能。

1. 模拟指示

早期设计的测试检测仪器的信号输出多为模拟输出，通过机械表头或电流表头进行指示。机械表头指示的测试仪器目前已经比较少见，但仍有一些产品，因其原理和结构简单，性能还比较可靠等特点，目前还在生产实践中发挥作用，如用于微位移测量的千分表和百分表。在这类仪表中，其测量信号的输出量就是机械量，其测试结果是通过一组精密齿条——齿轮副和机械表头来指示的。

2. 数码显示

随着数字技术的发展，目前大多数测试仪器都采用数码显示方式输出测试结果。数码显示常用的显示器有：发光二极管（light emitting diode，LED）；液晶显示器（liquid crystal display，LCD）；荧光管显示器。三种显示器中，以荧光管显示器亮度最高，发光二极管次之，而液晶显示器最弱。其中液晶显示器为被动显示器，必须有外光源。荧光管由于其特殊的真空管结构，驱动电压比较高（一般需要 $10\sim15$ V，而 LED 和 LCD 一般只需要 $2.7\sim5$ V），而且使用不如 LED 和 LCD 灵活，因此在测试仪器中不如 LED 和 LCD 普及。但在一些特殊的显示需求下，这种显示器却具有独特的高亮度和低功耗（较 LED）的显示特性。

各种测试信号输出与数码显示器的接口原理框图如图 5-29 所示。测试仪器信号以不同的形式输出，首先需要用不同的转换电路来转换成数字信号，然后通过译码、锁存、驱动电路，被数码显示器显示出来。不同的数码显示器需要不同的驱动技术。

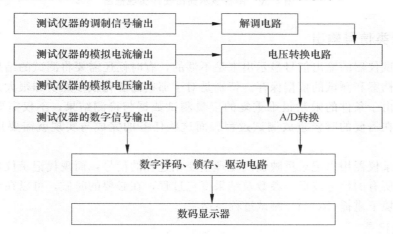

图 5-29 各种测试信号输出与数码显示器的接口原理框图

3. 图视显示

测试仪器的简单信息显示，如测量结果、信号的幅值、频率、相位角、峰峰值等信号特征值都可以采用前面介绍的模拟指示和数码显示技术输出。然而现代仪器需要输出的信息越来越多，越来越复杂，而且有时候需要根据不同工作状态进行输出调整，或要求输出信号的实际波形，此时前面两种信息显示方式显然无法满足要求，而图视显示技术则可以达到目的。

图视显示是点阵图形显示和视频图像显示的总称。近年来，该技术的发展非常迅速，不仅有许多成熟技术可供测试仪器选用，而且很多图视显示新技术正逐渐走出实验室。

在这些技术中，发光二极管 LED 是一种全固体化的发光器件，可以把电能直接转化成光能，是很有希望的一种平面显示技术。但受单晶体面积的限制，只能制作分离的 LED 器件，然后组装成大面积的广告显示，目前还不适合制作高密度显示，因此很少在测试与检测仪器中作阵列式图视显示。

目前在测试与检测仪器与系统中常用的图视显示是 CRT 和 LCD 点阵显示技术。

不管采用哪一种具体的显示器件，测试仪器的图视显示输出硬件构成都可以概括为图 5-30 所示的基本结构。首先将测试仪器的输出信号（如果需要的话）变换成数字信号，然后将该数字通过显示驱动及控制电路写入显示内存，由显示驱动及控制电路完成译码、信号变换及驱动等工作，最后由显示器（屏）显示出来。图中灰色背景框中的"输出控制电路及软件"用于显示接口信号的协调控制，一般是由微控制器或微处理器（MCU 或 CPU）实现，同时为测试仪器的其他功能服务。显示驱动及控制电路、显示缓冲存储器，甚至包括显示器（如 LCD 显示屏）往往集成在一起，构成一个标准的显示卡（模块）。对"输出控制电路及软件"来说，相当于一个标准的并行数字输出口。

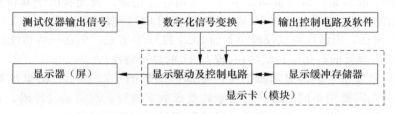

图 5-30 图视显示输出硬件实现框图

5.2.3 记录类信号输出

仅仅将测试仪器的输出信号显示出来是不够的，有时候还需要将测试的结果永久记录下来，作为测试档案和测试的依据保存。特别是对于那些需要花很多经费和很大人力和物力才能完成，以及由于条件的限制很难重复的宝贵测试数据与检测结果，不仅需要永久记录下来，更希望能在需要的时候重放测试过程。而这些任务的完成与实现就需要用到信号记录技术。

传统的记录仪器用以记录反映被测物理量变化过程的信号，而现代记录仪器可以记录整个测试过程中所有的信号波形、参数及结果变化过程，在必要的时候，可以在计算机及软件构成的虚拟环境下重播（Replay）测试过程与结果。

1. 硬拷贝记录

（1）数字波形记录仪

传统的 XY 模拟信号波形记录仪是在 X，Y 两个方向分别装有伺服马达，可以带动绘图笔在 X，Y 方向任意移动，移动的位移大小与 X，Y 输入端的模拟电压幅度成比例。如果将两路模拟电压信号分别输入 X，Y 输入端，XY 记录仪就可以自动绘出 X－Y 信号在直角坐标系下的关系曲线，当然也可以将一路信号接到 Y 输入端，而在 X 输入端接入标准时间步长信号，绘制出 Y 输入端信号相对时间变化的波形。整个过程和手工绘图的过程是一样的，但却是全自动完成的。由于绘图笔移动的机械惯性，其移动的速度和加速度都受到很大的限制，因此只适合记录 50Hz 以下的低频信号波形。这种 XY 记录仪在早期的测试仪器中应用很广泛，后来几乎被更先进的数字波形记录仪所代替。

数字波形记录仪的外观和信号输入端与传统的 XY 记录仪很相似，但内部记录过程和工

作原理却完全不同。图 5-31 是 HP7090A 数字波形记录仪内部工作原理框图(图中只给出了3 个独立同步采样通道中的 1 个)。输入的模拟信号首先被 A/D 转换器采样,采样的结果被存储在一个内存缓冲区里,而不是直接送给绘图笔驱动电路。绘图笔驱动电路将根据绘图笔动作的速度(而不是信号变化的速度),从缓冲内存中获取数据,并驱动绘图笔绘制出对应曲线或信号波形。另外,为了能方便使用示波器做波形输出监测,还提供了一个 D/A 转换模拟接口通道。HP7090A 的内存缓冲区可以存储 1000 个数据点。由于采用了这种内存缓冲结构,被记录信号的最高频率只受 A/D 转换采样频率的限制,而不受绘图机构机械特性的影响,因此大大提高了可记录的信号频率,但记录的信号波形不是实时的。为了满足实时波形记录的需要,HP7090A 提供了一条不通过缓冲区的实时输出通道,此时数字波形记录仪的输出特性和前面介绍的 XY 记录仪相同。

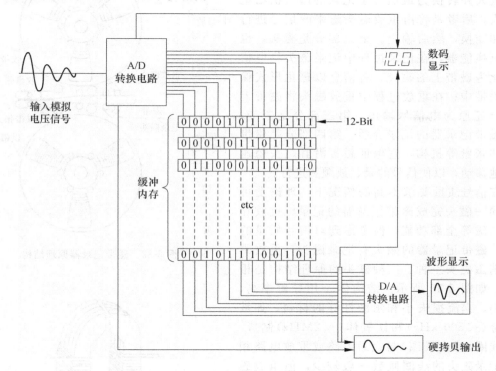

图 5-31 HP7090A 数字波形记录仪内部工作原理框图

数字波形记录仪与传统的 XY 记录仪相比尽管具有很多优良的特性,但还是一种专用硬拷贝输出设备。随着科学技术的发展,目前更多的测试仪器采用更通用的硬拷贝输出设备——打印机和绘图仪。

(2)打印、绘图记录

打印机和绘图仪是计算机系统最基本的输出形式,同时也是测试仪器最常用的硬拷贝记录型输出设备。其优点是接口简单,通过一个标准的并行或串行接口就可以将测试仪器同标准的打印机和绘图仪连接起来,在打印纸上输出所有需要记录的测量数据与检测结果,甚至存储的信号波形。其缺点是输出速度比较慢,而且无法重放测试的实验过程。

过去的打印机是利用打印钢针撞击色带和纸打印出点阵组成的字符图形。现代新技术的应用使得"打印机"的概念发生了较大的变化,不再需要机械"打击"动作,而是利用各种物理

的或化学的方法印刷字符和点阵图形，如静电感应、电灼、热敏效应、激光扫描及喷墨等。

2. 模拟记录

在测试技术中，往往需要不加任何处理地记录测试原始信号与波形，以作进一步的分析和处理。模拟记录器提供了解决这一问题的途径。在测试仪器中，比较成熟的模拟记录器就是磁带记录器。磁带记录器是一种隐式记录仪器，是利用铁磁性材料的磁化来进行记录的仪器。由于它的一系列特点，发展极为迅速，日益广泛地被利用到各种领域。

磁带记录器的原理结构如图 5-32 所示。它由四个基本部分组成，第一部分是放大器，包括记录放大器和重放放大器。前者是将待记录信号放大并转换为最适合于记录的形式供给记录磁头；后者是将由重放磁头送来的信号进行放大和变换，然后输出。第二部分是磁头，也称磁电换能器，在记录过程中记录磁头将电信号转化为磁带上的磁迹，将信息以磁化形式保存在磁带中；在重放过程中重放磁头将磁带上的磁迹还原为电信号输出。第三部分是磁带，它是磁带记录器的记录介质。第四部分是磁带驱动和张紧等机构，它保证磁带沿着磁头稳速平滑地移动，以使信号的录、放顺利进行。

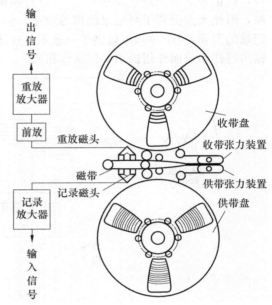

图 5-32　磁带记录器原理结构

在信号质量要求不高的情况下，理论上可以由同一磁头完成磁带记录器的记录、重放和磁带消磁等全部功能，但考虑到对信号质量的要求，磁带记录器的磁头有记录磁头、重放磁头和消磁磁头三种。三种磁头的原理结构是相同的，如图 5-33 所示。结构体 1 用导磁率高、磁阻小、涡流损失小和耐磨性好的材料，如坡莫合金（<500 kHz）和铁氧体（<2MHz）制成。激励线圈（感应线圈）与记录电路或重放电路相连，记录磁头的线圈匝数一般较少，但重放磁头的线圈匝数较多，以获取较大的感应输出。磁头工作间隙是磁头能正常工作的关键，通过这一间隙使得磁头磁路和磁带磁路建立联系。记录磁头工作间隙一般为 12 μm 左右；重放磁头工作间隙一般使用 3~6 μm。

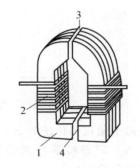

图 5-33　磁头结构
1—结构体；2—激励（感应）线圈；
3—工作间隙；
4—与磁头制造过程有关的工艺性间隙

3. 数字记录

可以用作数字记录的设备和媒体种类很多，分为专用数字记录设备（如波形存储式记录仪、数字存储示波器等）、通用数字记录设备（如计算机及其外设数字存储媒体：磁带、磁盘、光盘、新型的固态半导体存储盘）等。

（1）基于专用设备的数字记录技术

数字存储示波器就是一台典型的数字记录设备。数字存储示波器不仅可以像普通示波

器一样来观察信号的波形,而且可以记录信号的波形。数字存储示波器的工作原理如图
5-34所示,输入的模拟信号先经前置增益控制电路处理以后,经采样、保持和A/D转换
获得数字化信号,该数字信号被直接存储在示波器内存RAM中。为了提高信号采集存储
的速度,数字存储示波器的数据内存一般都采用双口存储器或采用DMA采集方式。不同
型号的数字存储示波器的内存容量不同。在相同采样率的情况下,存储容量越大,能记
录的波形长度也就越长。存储在数字示波器内存中的数字信号,一方面可以以波形的方
式通过示波器的CRT或LCD图像显示器显示出来,也可以直接通过RS—232、IEEE—
488、软盘,甚至Internet网(如HP公司的HP5540型数字存储示波器)以数字或图形的方
式直接传输给其他设备或通用计算机,以便做进一步的数据处理和记录。早期的数字存
储示波器还提供D/A模拟接口通道,用于连接XY记录仪等硬拷贝设备。目前大多数的
数字存储器都取消了这种模拟接口,因为目前的打印机、绘图仪等通用的硬拷贝输出设
备都可以直接输入数字信号。

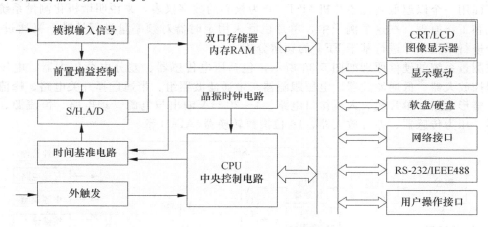

图 5-34　数字存储示波器的工作原理方框图

(2)基于通用设备及媒体的数字记录技术

任何一台通用的计算机,配备满足信号采集要求的数据采集卡,再辅以其外设数字存储
媒体:磁带、磁盘、光盘、新型的固态半导体存储盘等,就可以构成一台通用的测试信号数
字记录设备。

利用通用数字存储媒体和设备进行数字记录的优点是:通用数字存储媒体和设备兼容性
比较好,在测试仪器中使用的媒体及媒体上的记录可以用另外任意一台兼容设备(如计算机)
读出。如果测试设备不仅要记录测试信号的波形和结果,而且还要记录一些测试现场关键参
数,那么,即使完全脱离原设备也可以在其他通用计算机上,通过软件构成的数字虚拟环
境,重现测试过程、信号及结果。

通用数字记录设备及媒体在测试仪器中的应用原理与过程,可以用图5-35表示,分
为现场测试与记录过程和后置分析与处理过程。在现场测试与记录过程中,测量过程中
所有关键参数被记录在通用媒体介质上,该媒体(不是测试设备)可以任意移动。在后置
分析与处理过程中,通用媒体介质上记录的参数被读入计算机,输入到与原测试设备配
套的虚拟环境软件中运行,即可完全重现原来的测试过程,当然包括原始测量数据、信
号波形及测试结果。

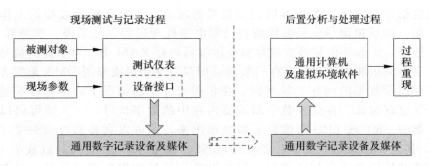

图 5-35　基于通用设备及媒体的数字记录技术应用过程示意图

5.2.4　微机化测量系统应用实例

下面用一个以超低功耗单片机 MSP430 为核心的数字仪表，来说明微机化测量系统的结构组成和工作原理。在这个例子中，单片机既采用定时器对频率量进行计数，又通过 ADC 对信号进行采集，并进行基于 FFT 的频谱分析。

该测量系统的硬件原理如图 5-36 所示，包括压电传感器、差分电荷放大器、电压放大器、程控放大器、低通滤波器、电压跟随器、带通滤波器组、带通选择开关电路、峰值检测电路、整形电路、单片机、人机接口电路、4～20 mA 输出与电源管理电路、恒流源、温度传感器、压力传感器、差分放大器、16 位模数转换器（ADC）等。

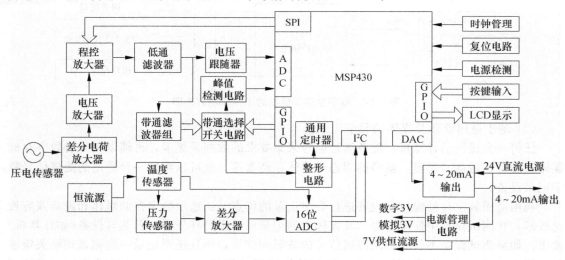

图 5-36　微机化测量系统原理框图

MSP430 系列单片机具备超低功耗的逻辑运算单元，还集成了丰富的外围模块，包括模拟比较器、通用定时器、SPI（单片机串行外设接口）、多输入通道的 12 位 ADC、2 输出通道的 12 位 DAC、I^2C 总线、数字输入/输出口（GPIO）等。

压电传感器输出的电荷信号经过差分电荷放大器转变为电压信号，再经过电压放大器、程控放大器、低通滤波器后分为 2 路。第 1 路信号经电压跟随器送至单片机的 ADC 输入端，被单片机自带的 ADC 采样和转换，变成数字量，单片机对信号进行少点数快速傅里叶变换（FET），做周期图谱分析，得到信号的频率值，以选择带通滤波器组的通道进行滤波。第 2

路信号送至带通滤波器组滤波。经过带通滤波器后的信号又分为 2 路。第 1 路送至峰值检测电路，峰值检测电路检测出峰值，送至单片机的 ADC 输入端，单片机对信号的峰值进行采样和转换，并调整程控放大器的放大倍数。第 2 路信号送至整形电路进行整形，整形后的信号送至单片机的定时器输入端，利用定时器捕获方式，采用多周期等精度的频率测量方法进行计数。单片机根据频率计算结果，将频率值显示在 LCD 上，并通过自身的 DAC 转换，送至 4~20 mA 输出与电源管理电路，经过 V/I 转换成 4~20 mA 电流信号输出。

多周期等精度测频方法是在直接测频的基础上发展起来的，应用越来越多。多周期等精度测频计数的闸门时间不是一个固定的值，而是被测信号的整周期倍数，即与被测信号同步。因此，消除了对被测信号计数产生的 ±1 个字误差，测量准确度大大提高，而且达到了在整个测量频段的等精度测量。多周期等精度测频方法原理如图 5-37 所示。

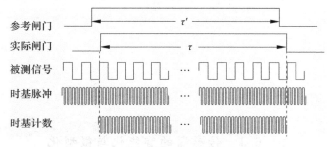

图 5-37　多周期等精度测频法原理图

首先，给出闸门开启信号，此时计数器并不开始计数，而是等到被测信号的上升沿到来时才真正开始计数。然后，两组计数器分别对被测信号和时基脉冲计数。当闸门关闭时，计数器并不立刻停止计数，而是等到被测信号上升沿到来时，才真正结束计数，完成一次测量过程。可见，实际闸门与被设定的闸门并不严格相等，但是，最大差值不会超过被测信号的一个周期。设被测信号的计数值为 N_x，时基信号的计数值为 N_0，时基信号的频率为 f_0，闸门时间为 τ，则被测信号的频率为

$$f_x = \frac{N_x}{N_0} f_0 \tag{5-4}$$

为了进行多周期等精度测量，设置定时器 A（即 TA）为被测信号脉冲计数器，设置定时器 B（即 TB）为填充脉冲计数器。让 TA 定时发触发捕获信号，使能捕获。TA 和 TB 根据相邻两次触发捕获信号之间的时间间隔，分别捕获被测信号脉冲的个数和填充脉冲个数。根据 TA 和 TB 捕获得到的脉冲数以及 TB 的工作时钟频率计算出被测信号的频率。

习题与思考题

5-1　画出传感器与微机接口的一般结构图。

5-2　常用模拟开关的结构类型及芯片有哪些？

5-3　简述采样保持电路的作用及原理。

5-4　常用 A/D 转换器的主要类型有哪些？

5-5　简述信号输出的类型及形式。

第 **6** 章

现代检测技术

6.1 传感器的智能化与微型化

当前，信息激增和新的信息类型不断涌现，用于信息探测的传感器正面临着许多新的问题和新的需求。分析当前信息技术发展状态，先进传感器必须具备小型化、智能化和多功能化等优良特征。本节对智能传感器、微型传感器的技术现状及功能进行简述，并介绍部分应用实例。

6.1.1 智能传感器

智能传感器这一概念，最初是在美国宇航局开发宇宙飞船过程中，需要知道宇宙飞船在太空中飞行的速度、位置、姿态等数据；为使宇航员在宇宙飞船内能正常工作、生活，需要控制舱内的温度、湿度、气压、空气成分等；因而需要安装各式各样的传感器。而宇航员在太空中，进行各种实验也需要大量的传感器。这样一来，要处理众多的传感器获得的信息，就需要大量的计算机来处理，这在宇宙飞船上显然是行不通的。因此，宇航局的专家们就希望有一种传感器能解决这些问题。于是，就出现了智能传感器。智能传感器可以对信号进行检测、分析、处理、存储和通信，具备了人类的记忆、分析、思考和交流的能力，即具备了人类的智能，所以称为智能传感器。

1. 智能传感器的原理与构成

智能传感器主要由传感器、微处理器（或计算机）及相关电路组成，其原理框图如图6-1所示。

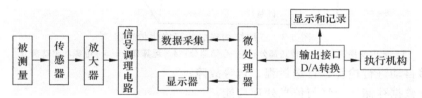

图 6-1 智能传感器原理框图

传感器将被测量的物理、化学量转换成相应的电信号，经放大后送到信号调理电路中，进行滤波、放大、模-数转换后送到数据采集电路中，经数据采集电路处理后再送到微处理器中。微处理器是智能传感器的核心，它不但可以对传感器测量数据进行计算、存储、数据处理，还可以通过反馈回路对传感器进行调节。由于微处理器充分发挥各种软件的功能，可以完成硬件难以完成的任务，从而大大降低传感器制造的难度，提高传感器的性能，降低成本。图 6-2 给出了模块式智能压力传感器的结构图，其功能是由几块输出独立的模板构成，装在同一壳体内，构成智能传感器。也可把这些模块集成化，成为以硅片为基础的超大规模集成电路的高级智能传感器，如图 6-3 所示。

2. 智能传感器的功能与特点

（1）智能传感器的功能

概括而言，智能传感器的主要功能如下：

1）具有自校零、自标定、自校正功能；

2）具有自动补偿功能；

3）能够自动采集数据，并对数据进行预处理；

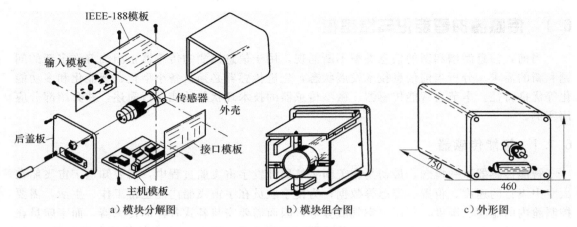

图 6-2　智能压力传感器结构图

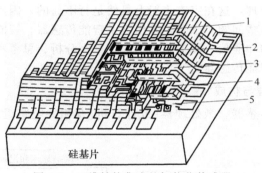

图 6-3　三维结构集成的智能化传感器

1—光电变换部分；2—传送部分；3—存储部分；4—运算部分；5—电源和驱动部分

4）能够自动进行检验、自选量程、自寻故障；

5）具有数据存储、记忆与信息处理功能；

6）具有双向通信、标准化数字输出或者符号输出功能；

7）具有判断、决策处理功能。

（2）智能传感器的特点

与传统传感器相比，智能传感器的特点如下：

1）精度高。智能传感器有多项功能来保证它的高精度，如通过自动校零去除零点误差；与标准参考基准实时对比以自动进行整体系统标定；自动进行整体系统的非线性等系统误差的校正；通过对采集的大量数据的统计处理以消除偶然误差的影响，从而保证了智能传感器有高的精度。

2）高可靠性与高稳定性。智能传感器能自动补偿因工作条件与环境参数发生变化后引起系统特性的漂移，如温度变化而产生的零点和灵敏度的漂移；当被测参数变化后能自动改换量程；能实时自动进行系统的自我检验、分析、判断所采集到的数据的合理性，并给出异常情况的应急处理（报警或故障提示）。因此，有多项功能保证了智能传感器的高可靠性和高稳定性。

3）高信噪比与高分辨力。由于智能传感器具有数据存储、记忆与信息处理功能，通过软件进行数字滤波、相关分析等处理，可以去除输入数据中的噪声，将有用信号提取出来；通过数据融合及神经网络技术，可以消除多参数状态下交叉灵敏度的影响，从而保证在多参数状态下对特定参数测量的分辨能力，故智能传感器具有高的信噪比与高的分辨力。

4）自适应性强。由于智能传感器具有判断、分析与处理功能，它能根据系统工作情况决策各部分的供电情况和上位计算机的数据传送速率，使系统工作在最优低功耗状态和优化传送速率上。

5）性能价格比高。智能传感器所具有的上述高性能，不同于传统传感器在技术上追求传感器本身的完善、对传感器的各个环节进行精心设计与调试、进行"手工艺品"式的精雕细琢，而是通过与微处理器/微计算机相结合，采用经济实用的集成电路工艺和芯片以及强大的软件来实现的，所以性能价格比高。

3. 智能传感器实现的途径

目前传感技术的发展是沿着三条途径实现智能传感器的。

（1）非集成实现

非集成化智能传感器是将传统的经典传感器（采用非集成工艺制作的传感器，仅具有获取信号的功能）、信号调理电路、带数据总线接口的微处理器组合为一体而构成的一个智能传感器系统，其框图如图 6-4 所示。

图 6-4　非集成式智能传感器框图

图 6-5 中的信号调理电路是用来调理传感器的输出信号，即将传感器输出信号进行放大并转换为数字信号后送入微处理器，再由微处理器通过接口挂接在现场数据总线上。

这是一种实现智能传感器系统的最快途径与方式。例如，美国罗斯蒙特公司、SMAR公司生产的电容式智能压力（差）传感器系列产品，就是在原有传统式非集成化电容式传感器基础上附加一块带数据总线接口的微处理器插板组装而成的，并开发配备可进行通信、控制、自校正、自补偿、自诊断等智能化软件，从而实现智能传感器。

（2）集成化实现

这种智能传感器系统是采用微机械加工技术和大规模集成电路工艺技术，利用硅作为基本材料来制作敏感元件、信号调理电路、微处理器单元的，并把它们集成在一块芯片上面构成的，故又可称为集成智能传感器，其外形如图 6-5 所示。

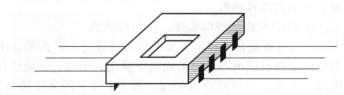

图 6-5　集成智能传感器外形示意图

现代集成化传感器技术，是指以硅材料为基础（硅既有优良的电性能，又有极好的机械性能）、采用微米级的微机械加工技术和大规模集成电路工艺技术来实现各种仪表传感器系统的微米级尺寸化。国外又称它为专用集成微型传感技术（ASIM）。其主要有两种发展趋势：一种是多功能化与阵列化，加上强大的软件信息处理；另一种是发展谐振式传感器，加上软件信息处理功能。

（3）混合实现

根据需要与可能，将系统中各集成化环节，如敏感单元、信号调理电路、微处理器单元、数据总线接口，以不同的组合方式集成在两块或三块芯片上，并装在一个外壳里，如图 6-6 所示。

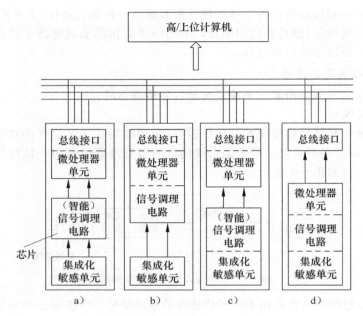

图 6-6　在一个封装中可能的混合集成实现方式

集成化敏感单元包括（对结构型传感器）弹性敏感元件及变换器。信号调理电路包括多路开关、仪用放大器、基准、模/数转换器（ACD）等。微处理器单元包括数字存储器（EPROM、ROM、RAM）、I/O 接口、微处理器、数/模转换器（DAC）等。

图 6-6a、图 6-6c 中的（智能）信号调理电路带有零点校正电路和温度补偿电路，故具有部分智能化功能，如自校零、自动进行温度补偿。

4. 智能传感器的应用

智能传感器可以输出数字信号，带有标准接口，能接到标准总线上，在工业上有广泛的应用。下面介绍几种典型的智能传感器。

（1）利用通用接口（USIC）构成的智能温度、压力传感器

通用接口芯片 USIC 具有智能传感器所需要的信号处理能力。该芯片中每个单元的输出均有引脚引出，用户可以根据自己的需要灵活地组织使用。因此，只需少量的外围元件就可以方便地组成各种电路，实现信号的高质量处理。图 6-7 为利用通用接口构成的智能温度、压力传感器的方框图。

在该智能传感器中，利用压阻效应测量压力变化，利用半导体 PN 结的温度特性测量温度。压力传感器由具有压阻效应的敏感元件构成测量电桥，当受外界压力作用时，电桥失去平衡，输出信号直接供给差动放大电路。其输出通过一个 PC 网络组成的低通滤波器提供给 A/D 转换器。

温度传感器采用 PN 结的方式。电阻 R 和温度传感器（二极管）构成分压电路，当温度变化时，由于 PN 结的正向导通电阻变化，从而使分压电路上的压降有所变化，该信号提供给由运放构成的切比雪夫滤波器，其增益达到 4 mV/℃。

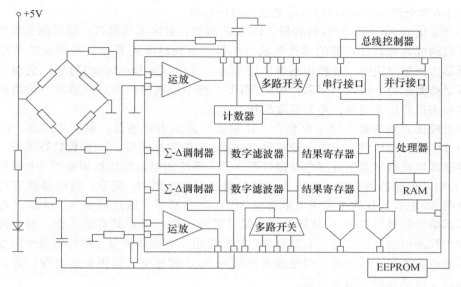

图 6-7 利用通用接口构成的智能温度、压力传感器的方框图

温度传感器是一个非线性元件,采用模拟的方法很难修正由灵敏度漂移等因素引起的误差,因此,校准、线性化和偏移标准由处理器实现,片外 EEPROM 可用来存储查表数据等,这样可使传感器的测量精度更高。USIC 可以通过串行接口 RS485 同现场总线控制器连接,这样,智能压力传感器就能够通过现场总线接入测控系统。

(2) 利用信号调节电路 SCA2095 构成的智能传感器

SCA2095 利用了压阻效应,是采用全桥设计的传感器(如压力传感器、应力计、加速度计等)的信号调节电路的集成芯片,如图 6-8 所示。

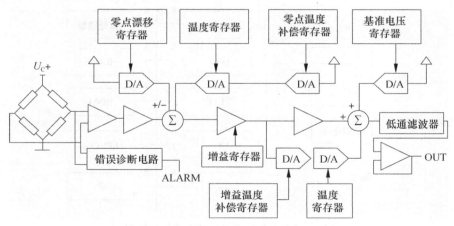

图 6-8 SCA2095 信号调节电路图

该调节电路采用 EEPROM 存储的数据进行校准、温度补偿,具有输出保护、诊断、调节增益和修正灵敏度误差等功能。芯片的外部数据接口有串行时钟 SLCK、数据输出 D_o、数据输入 D_i。通过 CPU 的控制,能够完成设置零点漂移寄存器、温度寄存器、零点温度补偿寄存器、基准电压寄存器、增益温度补偿寄存器等操作。这些寄存器中的值通过 D/A 转换器变成模拟量叠加在调节电路中,从而改变了传感器的特性。

（3）具有微处理器（MCU）的单片集成压力传感器

在芯片上集成 MCU、A/D 转换器、D/A 转换器、数字通信接口、信号调节电路以及传感器，可以构成具有微处理器的单片集成传感器。下面以摩托罗拉公司开发的单片 CMOS 压力传感器为例加以说明。这种传感器采用 SOI（Silicon On Insulator）衬底工艺制作。为了准确地测量待测压力，可以利用芯片中的 MCU，按一定数学模型对传感器的输出信号进行校准，从而实现补偿非线性误差和温度漂移。

整个集成压力传感器系统主要包含：压阻式桥路压力传感器、温度传感器、CMOS 模拟信号调节电路、稳压供电电源和稳流供电电源、8 位微处理器、10 位模数转换器、系统引导程序存储器以及数字通信外围电路接口等。整个系统的电路结构框图如图 6-9 所示。从图 6-9 可以看出，传感器调整电路的放大倍数可通过可变电阻 R_G 调节，传感器的零点调节可由可变电阻 R_0 进行，这两个可调电阻均由 MCU 控制调节。通过调节 R_G 和 R_0，可以把压力传感器的输出信号调整至 A/D 转换器的最佳转换范围，保证其有效工作。温度传感器主要用于输出校准用的温度信号，它通常靠近压敏电阻，以准确测量工作环境温度的变化。带隙恒压供电电源为压力传感器、调整放大电路和 A/D 转换电路提供恒压电源，带隙恒流供电电源为温度传感器提供恒流电源。

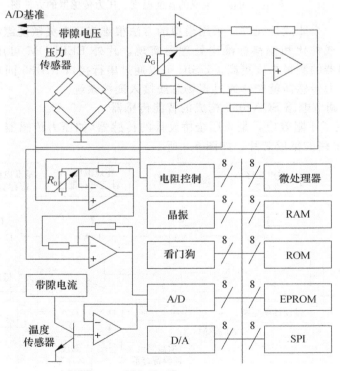

图 6-9　压力传感器系统的电路结构框图

集成压力传感器的所有电路均在 $10~\mu m$ 厚的 SOI 衬底硅片上制成。制作基于双多晶硅、单金属 CMOS 工艺，然后再附加几个工艺步骤，完成压力及温度传感器的制作，形成单片集成结构，弹性应变膜片成型工艺在 CMOS 工艺之后进行。最后将整个芯片封装在一个 40 引脚的 DIP 陶瓷衬底上，并在其上留有一个金属管接口，作为待测压力的输入口，芯片用 RTV 黏合在封装衬底上，以便隔绝封装应力。

将微处理器和传感器进行单片集成，实现了传感器系统的小型化，有利于避免信号噪声的影响，另外，由于芯片上集成了微处理器，从而使得传感器具有了更多的智能功能。

　　（4）DSTJ—3000型智能压力传感器

　　美国 Honeywell 公司研制的 DSTJ—3000 型智能传感器，是在同一块半导体基片上用离子注入法配置扩散了差压、静压和温度三种传感元件，其组成包括变送器、现场通信器、传感器、脉冲调制器等，如图 6-10 所示。

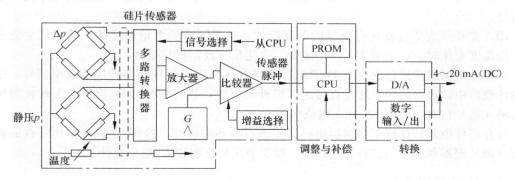

图 6-10　DSTJ—3000 型智能传感器框图

　　传感器的内部由传感元件、电源、输入部分、输出部分、存储器和微处理器（8 位）组成，组件可以互换，成为一种固态的二线制（4～20 mA）压力变送器。现场通信器的作用是发信息，使变送器的监控程序开始工作。传感器脉冲调制器是将变送器的输出变为脉宽调制信号。

　　DSTJ—3000 型智能传感器的量程宽，可调到 100∶1（一般模拟传感器仅达 10∶1），用一台仪器可覆盖多台传感器的量程；精度可达 0.1%。为了使整个传感器在环境变化范围内均可得到非线性补偿，生产后逐台进行差压、静压、温度试验，采集每个测量头的固有特性数据并存入各自的 PROM 中。

　　（5）EJA 差压变送器

　　EJA 差压变送器是日本横河电机株式会社于 1994 年开发的高性能智能差压传感器（变送器）。它是利用单晶硅谐振式传感器原理，采用微电子机械加工技术（MEMS），精度达0.075%，具有高稳定性和高可靠性。

　　EJA 差压变送器由膜盒组件和智能转换部件组成。膜盒组件包括膜盒、单晶硅谐振式传感器和特性修正存储器，如图 6-11 所示。

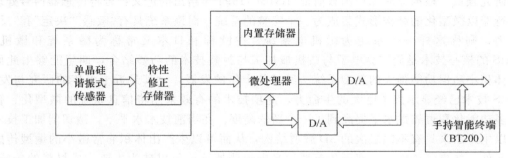

图 6-11　EJA 智能差压变送器工作原理图

　　变送器的核心部分是单晶硅谐振式传感器。它的结构是在一单晶硅芯片上采用微电子机

械加工技术，分别在其表面的中心和边缘制作两个形状、大小完全一致的 H 状谐振梁，且处于微型真空腔中，使其既不与充灌液接触，又确保振动时不受空气阻尼的影响。

谐振梁处于永久磁铁提供的磁场中，与变压器、放大器构成一正反馈回路，让谐振梁在回路中产生振荡。当单晶硅片的上下表面受到压力并形成压力差时，将产生形变，中心受到压缩力，边缘受到拉伸力。因此，两个 H 形状谐振梁分别感受不同的应变作用，中心谐振梁受压缩力而频率减小，边侧谐振梁受到拉伸力而频率增加，两个频率之差对应不同值的压力信号。

EJA 差压压力变送器具有很好的温度特性，这是因为两个谐振梁的形状、尺寸完全一样，当温度变化时，一个增加，一个减少，变化量一致，相互抵消。

单晶硅谐振式传感器的两个 H 形谐振梁将差压和压力信号分别转换成频率信号，送到脉冲计数器中，再将两频率之差直接送到微处理器中，进行数据处理，经 D/A 转换器转换成与输入信号相对应的 4～20 mA 电流信号。

膜盒组件中的特性修正存储器中存储传感器的环境温度、静压及输入/输出特性的修正数据，微处理器利用它们进行温度补偿、校正静压特性和输入/输出特性。

6.1.2　传感器的微型化

为了能够与信息时代信息量激增、要求捕获和处理信息的能力日益增强的技术发展趋势保持一致，对于传感器性能指标(包括精确性、可靠性、灵敏性等)的要求越来越严格；与此同时，传感器系统的操作友好性亦被提上了议事日程，因此还要求传感器必须配有标准的输出模式；而传统的大体积弱功能传感器往往很难满足上述要求，所以它们已逐步被各种不同类型的高性能微型传感器所取代；后者主要由硅材料构成，具有体积小、重量轻、反应快、灵敏度高以及成本低等优点。

1. 由计算机辅助设计(CAD)技术和微机电系统(MEMS)技术引发的传感器微型化

目前，几乎所有的传感器都在由传统的结构化生产设计向基于计算机辅助设计(CAD)的模拟式工程化设计转变，从而使设计者们能够在较短的时间内设计出低成本、高性能的新型系统，这种设计手段的巨大转变在很大程度上推动着传感器系统以更快的速度向着能够满足科技发展需求的微型化的方向发展。

对于微机电系统(MEMS)的研究工作始于 20 世纪 60 年代，其研究范畴涉及材料科学、机械控制、加工与封装工艺、电子技术以及传感器和执行器等多种学科，是一个极具前景的新兴研究领域。根据原联邦德国教研部(BMBF)1994 年给出的定义：若将传感器信号处理器和执行器以微型化的结构形式集成为一个完整的系统，而该系统具有"敏感""决定"和"反应"的能力，则称这样一个系统为微机电系统。在欧洲和日本又常称为微系统和微机械。MEMS 的核心技术是研究微电子与微机械加工与封装技术的巧妙结合，期望能够由此而制造出体积小巧但功能强大的新型系统。经过几十年的发展，尤其最近十多年的研究与发展，MEMS 技术已经显示出了巨大的生命力，此项技术的有效采用将信息系统的微型化、智能化、多功能化和可靠性水平提高到了一个新的高度。在当前技术水平下，微切削加工技术已经可以生产出来具有不同层次的 3D 微型结构，从而可以生产出体积非常微小的微型传感器敏感元件，如毒气传感器、离子传感器、光电探测器这样的以硅为主要构成材料的传感/探测器都装有极好的敏感元件。目前，这一类元器件已作为微型传感器的主要敏感元件被广泛应用于不同的研究领域中。

2. 由敏感光纤技术引发的传感器微型化

当前，敏感光纤技术日益成为微型传感器技术的另一新的发展方向。预计，随着插入技术的日趋成熟，敏感光纤技术的发展还会进一步加快。由于光纤具有良好的传光性能，对光的损耗极低，加之光纤传输光信号的频带非常宽，且光纤配制就是一种敏感元件，所以光纤传感器所具有的许多优良特征为其他所有传统的传感器所不及。

概括来讲，光纤传感器的优良特征主要包括重量轻、体积小、敏感性高、动态测量范围大、传输频带宽、易于转向作业以及它的波形特征能够与客观情况相适应等诸多优点，因此能够较好地实现实时操作、联机检测和自动控制。比如，一个初级位移光纤传感系统包括光放射体（光源、光纤头及光接收器）和光电转换元件。其工作原理为：光放射体发出的光经由输入光纤被传送到反射镜上——输出光纤接收到光信号——光电转换元件将光信号转换成电子信号。鉴于这样的工作原理，我们完全可以根据所接收到的光的密度推断出可测得的位移量。如果能够将这样的初级探测系统的结构做一些改进并消除其死区的话，其分辨率往往可以高达 0.01 mm 以上。在柔性机械制造系统中，光纤位移探测器联机探测系统的光纤孔径中共包括有 4 组光纤维，其中的两组用于地址分配，另外两组执行测量任务。

3. 微型传感器应用

（1）压阻式微型压力传感器

图 6-12 所示为体加工得到的压阻式微型压力传感器的主体结构。压敏电阻沉积在弹性膜片表面上，一般位于膜片的固定边缘附近。电阻与膜片之间有一层 SiO_2 作为隔离层。弹性膜片的典型厚度为数十微米，是从硅片背面刻蚀出来的。在线性工作范围内，压敏电阻感受膜片边缘的应变，输出一个与被测压力成正比的电信号。弹性膜片的厚度会严重影响受压变形后的挠度，因此当到达适当厚（深）度时的刻蚀停止技术尤为关键。由于是从硅片背面进行硅膜刻蚀的，所以有可能与标准 IC 工艺相结合，将传感部分和处理电路做成一体。1983 年丰田公司率先开发出带有片上电路的微型压力传感器。

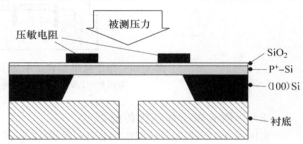

图 6-12 压阻式微型压力传感器的主体结构

图 6-13 示出这种传感器的一个详细结构截面。

图 6-14 所示为一种压阻式微型压力传感器组成的测量单元。其中硅片感受压力的作用，当有压力作用时，硅片产生弯曲，使其上、下表面发生伸展和压缩现象，通过在其会出现伸长和压缩的位置上扩散和离子植入进行掺杂，从而形成相应的电阻，这些电阻随之伸长和压缩而发生变化。为了补偿受温度影响而产生的阻值变化，还在同一硅片上形成温度补偿电阻，与工作电阻一起接在电桥电路中。图 6-15 所示为用于管道和容

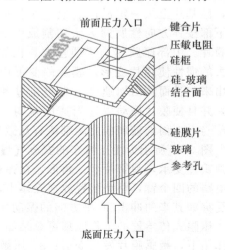

图 6-13 压阻式微型压力传感器结构截面图

器中测压的微型传感器测量单元。其中硅片微型传感器被置于一油室中，被测压力经一钢弹性膜片传至内室中，由微型传感器来加以测量。该配置方式的好处是可以消除硅片上应力集中的影响，适合用于压力或差压的测量，测量范围从几毫帕到几百帕。

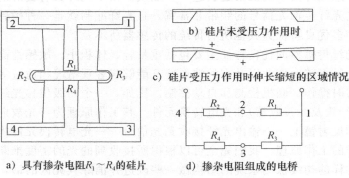

b) 硅片未受压力作用时

c) 硅片受压力作用时伸长缩短的区域情况

a) 具有掺杂电阻$R_1 \sim R_4$的硅片　　d) 掺杂电阻组成的电桥

图 6-14　压阻式微型压力传感器的测量单元

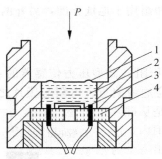

图 6-15　用于管道和容器中测压的微型传感器测量单元

1—钢膜片；2—油室；3—硅片；4—电连接密封装置

（2）压阻式微型加速度传感器

如图 6-16 所示是一种用 MEMS 工艺制造的压阻式微型加速度传感器。顶部和底部的玻璃板之间夹着硅基片，硅基片上按一定晶向制成 4 个扩散压敏电阻，硅基片下部按异方向性腐蚀方法切割成中部厚、边缘薄的杯状膜片。中部厚膜相当于质量块，在加速度作用下，产生大的惯性使膜片变形。膜片的变形由压敏电阻变化检测出来，进而测出加速度。为防止过度变形以致膜片损坏，并且使膜片振动以适当速度减弱，硅基片的上部和

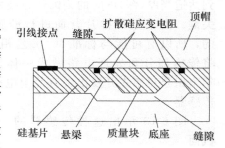

图 6-16　压阻式微型加速度传感器

下部与上下面的玻璃板之间都留有几微米的缝隙间隔，空气层起阻尼作用。

图 6-17 所示为用于汽车的安全气囊和安全带装置中的电阻式加速度传感器，质量块由薄弹簧片支承，弹簧片呈三角形，在弹簧片上通过蒸镀法制做四个应变电阻片，它们构成电桥电路的四个臂，整个装置放在壳体中，壳体中充以硅油用作阻尼，用于汽车在行驶过程中感受突如其来的冲击（水平方向的振动加速度），从而使气囊及时地打开避免人员伤害。

压阻式传感器的工作原理可总结如下：1）压敏电阻与压力敏感膜片集成为一体；2）压力作用下，敏感膜片发生变形；3）压敏电阻值的变化对应膜片变形，从而间接反映出被测压力值；4）通过电桥电路对压敏电阻的变化值进行测量。

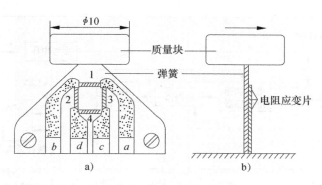

图 6-17 用于汽车的安全气囊和安全带装置中的电阻式加速度传感器

1~4—电阻应变片；a~d—引线接点

（3）电容式微型加速度计

通常，电容式微加速度计采用体硅和表面硅工艺制作。图 6-18 所示为平板电容式微型加速度计系统原理图。悬臂梁支撑下的惯性质量块上固连可动电极，两玻璃盖板的内表面上都制作固定极板，三者键合形成可检测活动极板相对位置运动的差动电容。中间硅摆片尺寸为 3.2 mm×5 mm，由双面体硅刻蚀加工而成。

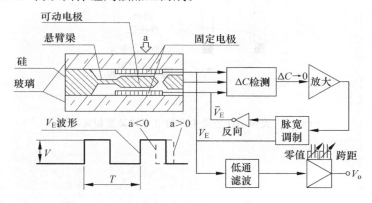

图 6-18 平板电容式微型加速度计系统原理图

该传感器采用闭环控制的力平衡的工作模式。脉宽调制器结合反向器产生两个脉宽调制信号 V_E 和 $\overline{V}_E$，加到电极板上。通过改变脉冲宽度调制信号的脉冲宽度，控制作用在可动极板上静电力的大小，从而与加速度产生惯性力相平衡，使可动极板保持在中间位置。在脉宽调制的静电伺服技术中，脉宽与被测加速度成正比，通过测量脉冲宽度来获得被测加速度值。

力平衡式工作方式使可动极板和固定极板的间隙可以做得很小。同时，传感器具有较宽的线性工作范围和较高的灵敏度，能够测量低频微弱的加速度信号。该传感器的测量范围是 ±1 g，分辨力达到 10^{-6} g，测量范围内的非线性误差小于 ±0.1%；频率响应范围是 0~100 Hz。

图 6-19 所示为美国 AD 公司生产的一种加速度计。图 6-20 所示为利用微电子加工技术制成的单片集成式电容加速度传感器，整个传感器被建造成平面层形式，其中，中间电极起着传感器质量块的功能，且经搭接条被放置在底角点 a 上。该中间电极可移动，它与固定在衬底上的 b 和 c 形成一电容器。当在中间电极（振动质量块）和衬底（壳体）间发生相对运动时，两搭接条间的电容值便随之发生变化。

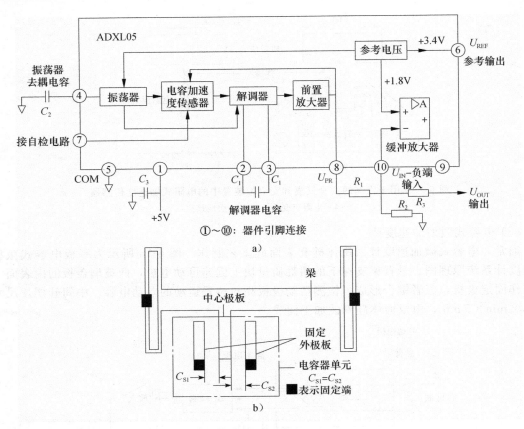

①～⑩：器件引脚连接

a）

b）

图 6-19　美国 AD 公司生产的电容式微型加速度计

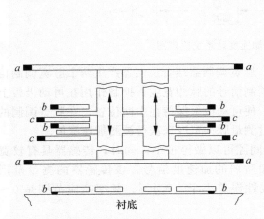

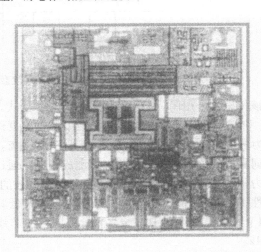

a）由多晶硅制成的差动式电容结构示意图　　b）整个集成芯片结构，图中央为呈H型的差动电容器传感元件

图 6-20　单片集成式电容加速度传感器

6.2 现场总线

现场总线(Fieldbus)是近几年迅速发展起来的一种工业数据总线,它主要解决现场的智能化仪器仪表、控制器、执行机构等现场设备间的数字通信及这些现场控制设备与高级控制系统之间的信息传递问题。由于现场总线具有简单、可靠、经济实用等一系列突出的优点,因而成为当今自动化领域技术发展的热点之一。

6.2.1 现场总线技术概述

现场总线技术是以计算机技术的飞速发展为基础的,它对工业控制技术的发展起到了极大的推动作用,自 20 世纪 90 年代以后,现场总线控制系统(Fieldbus Control System,FCS)不断兴起和逐渐成熟,并将成为 21 世纪工控系统的主流技术。

1. 现场总线的定义

根据国际电工委员会(International Electrotechnical Commission,IEC)标准和现场总线基金会(Fieldbus Foundation,FF)的定义,现场总线是指连接智能现场设备和自动化系统的数字式、双向传输、多分支结构的通信网络。现场总线的含义表现在以下五个方面。

(1) 现场通信网络

传统的分布式计算机控制系统(Distributed Control System,DCS)的通信网络截止于控制站或 I/O 单元,现场仪表与控制器之间均采用一对一的物理链接,一只现场仪表需要一对传输线来单向传送一个模拟信号,所有这些输入/输出的模拟信号都要通过 I/O 组件进行信号转换,如图 6-21 所示。这种传输方法要使用大量的信号电缆,给现场安装、调试及维护带来困难,而且模拟信号的传输精度和抗干扰能力较低。

现场总线是用于过程自动化和制造自动化的现场设备或现场仪表互连的现场通信网络,把通信线一直延伸到生产现场或生产设备,如图 6-22 所示。

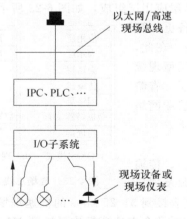

图 6-21 传统计算机结构示意图

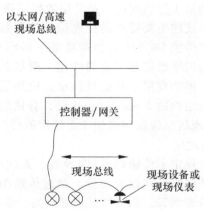

图 6-22 现场总线控制系统结构示意图

图 6-22 中现场设备或现场仪表是指传感器、变送器或执行器等,这些设备通过一对传输线互连,传输线可以使用双绞线、同轴电缆和光缆等。现场总线允许在一条通信电缆上挂接多个现场设备,而不再需要 A/D、D/A 等 I/O 组件。

(2) 互操作性

互操作性的含义是来自不同制造厂的现场设备,不仅可以相互通信,而且可以统一组态，构成所需的控制回路，共同实现控制策略。也就是说，用户选用各种品牌的现场设备集成在一起，实现"即接即用"。现场设备互连是基本要求，只有实现操作性，用户才能自由地集成 FCS(Field Control System)。

（3）分散功能块

FCS 废弃了 DCS 的 I/O 单元和控制站，把 DCS 控制站的功能块分散给现场仪表，从而构成虚拟控制站。例如，流量变送器不仅具有流量信号变换、补偿和累加输入功能块，而且有 PID 控制和运算功能块；调节阀除了具有信号驱动和执行功能外，还内含输出特性补偿功能块、PID 控制和运算功能块，甚至有阀门特性自校验和自诊断功能。由于功能块分散在多台现场仪表中，并可以统一组态。因此，用户可以灵活选用各种功能块，构成所需要的控制系统，实现彻底的分散控制。

（4）通信线供电

现场总线的常用传输是双绞线，通信线供电方式允许现场仪表直接从通信线上摄取能量，这种低功耗现场仪表可以用于本质安全环境，与其配套的还有安全栅。有的企业生产现场有可燃性物质，所有现场设备必须严格遵循安全防爆标准，现场总线也不例外。

（5）开放式网络互联

现场总线为开放式互联网络，既可与同类网络互连，也可与不同类网络互连。开放式互联网络还体现在网络数据库共享，通过网络对现场设备和功能块统一组态，天衣无缝地把不同厂商的网络及设备融为一体，构成统一的现场总线控制系统。

2. 现场总线的体系结构

现场总线网络结构或体系结构是按照国际标准化组织（ISO）制定的开放系统互连 OSI (Open System Interconnection)参考模型建立的。OSI 参考模型共分为 7 层，即物理层、数据链路层、网络层、传输层、会话层、表达层和应用层。该标准规定了每一层的功能及对上一层所提供的服务。从 OSI 模式的角度来看，现场总线将上述 7 层简化成 3 层，分别由 OSI 参考模式的第 1 层物理层、第 2 层数据链路层和第 7 层应用层组成，如图 6-23 所示。

现场总线的主要特点是使底层的控制部件、设备更加智能化，把在传统 DCS 中的控制功能下移到现场仪表。在此，现场总线的网络通信起了重要作用。现场总线结构模型现统一为 4 层，即物理层、数据链路层、应用层和用户层。省略了一般网络结构的 3～6 层（表达层、会话层、传递层和网络层），现将现场总线结构模型 4 个层次的任务概括如下。

（1）物理层

物理层规定了传输媒介（铜导线、无线电和光缆）、传输速率、每条线路可接仪表数量、最远传输距离、电源及连

应用层		用户层
表示层		应用层
会话层		
传输层		未用
网络层		
数据链路层		数据链路层
物理层		物理层
a) ISO/OSI模式		b) 现场总线模式

图 6-23 现场总线的结构

接方式和信号类型等。总线型是点到点的，手持现场仪表接到 31.25 kbps 的低速现场总线 H1 上，使用一般的仪表导线，维护用的设备、手持通信器及个人计算机均可接到 H1 上，这种接法与传统的 4～20 mA 接线方式相似。树形是几个现场仪表接到一根现场总线上，然后再引到控制室系统中，也用仪表导线。分股分支形是几台仪表接到分股分支设备上，再接到现场总线上。

现场总线网络设备数量分本安型和非本安型两类。对本安型现场总线网络，一条现场总线可传送 30 条/报文，一个通信段可连接 32 台设备，使用中继器可接 240 台设备。对于非

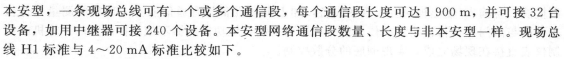

本安型，一条现场总线可有一个或多个通信段，每个通信段长度可达 1 900 m，并可接 32 台设备，如用中继器可接 240 个设备。本安型网络通信段数量、长度与非本安型一样。现场总线 H1 标准与 4～20 mA 标准比较如下。

相同之处：采用双绞线传送和供电，可复用 4～20 mA 信号线；用于相同设备；接线简单。

不同之处：可在同一双绞线上连接多台设备；设备连接是并联而不是串联；设备中的电路不同；要求在每个通信段使用终端端子；一条现场总线网络可以用中继器连接多个通信段组成。

（2）数据链路层

数据链路层规定了物理层与应用层之间的接口，如数据结构、从总线上存取数据的规则、传输差错识别处理、噪声检测、多主站使用的规范化等。通过帧数据校验来保证信息的正确性、完整性，对每帧数据增加两个字节校验码，它是通过对所有帧数据按一个多项式计算得到的。该层还控制对传输介质的访问，决定可否访问、何时访问。现场总线网络存取控制有如下 3 种方式。

① 令牌传送是指一个站必须持有令牌才能开始一次"对话"，完成信息传送后即将令牌交还链路活动调度器（LAS），LAS 根据预先的组态或调度算法将令牌送交下一个令牌申请者。

② 立即响应是指主站给一个站一次机会来应答一次信息。

③ 申请令牌是指一个站在每次回答响应中允许立即发给令牌。在总线上，只有一个现行的 LAS 负责管理总线，LAS 中有总线上所有设备的清单，LAS 将实时过程数据与后台的人机接口、下装等报文分开处理。

（3）应用层

应用层是把数据规格化为特定的数据结构，提供设备之间及网络要求的数据服务，对现场过程控制进行支持，为用户提供一个简单的接口，定义了如何读、写、解释和执行一条信息或命令。定义信息的格式包括询问信息、发生的动作回答信息。定义传输信息的方式包括周期式、立即响应式、一次性方式或使用者请求方式等。管理操作规定了如何初始化网络，包括指定位号、地址分配、时钟同步、连接功能块的输入输出等。通过出错统计控制网络运行及检查有无新挂网或老站退出。应用层中现场总线访问子层（FAS）有 3 种功能：对象字典服务，即读、写及修改对象描述；变量访问服务，即通过子索引访问每个对象中数组或记录变量；事件服务，即发布事件及报警的通知。报文子层（FMS）也有 3 种服务：一是分发广播数据，用户侦听广播并将其放入内部缓冲区；二是客户端发出请求，服务器发出应答；三是报告分发，即源设备广播事件报告，接收设备侦听广播并将其放入内部队列。

（4）用户层

用户层标准功能模块包括 10 个基本功能块，如 AI、AO、PID 等，19 个附加的算术功能块。各厂商必须采用标准的输入/输出和基本参数以保证现场仪表的互操作性。厂商自有功能和特点可以通过算法和附加的参数实现，这部分可以有所不同。用基本功能块可以组成手动控制、反馈控制、前馈控制、超驰控制、比例控制、串级控制及分程控制等。

现场总线系统打破了传统控制系统的结构形式。传统模拟控制系统采用一对一的设备连线，按控制回路分别进行连接。位于现场的测量变送器与位于控制室的控制器之间，控制器与位于现场的执行器、开关、电动机之间均为一对一的物理连接。

现场总线系统由于采用了智能现场设备，所以能够把原先 DCS 系统中处于控制室的控制模块、各输入/输出模块置入现场设备，加上现场设备具有通信能力，现场的测量变送仪表可以与阀门等执行机构直接传送信号，因而控制系统功能能够不依赖控制室的计算机或控制仪表直接在现场完成，实现彻底的分散控制。

3. 现场总线系统的技术特点及其优越性

（1）现场总线系统的技术特点

现场总线系统在技术上具有以下特点。

1）系统的开放性。开放是指对相关标准的一致性、公开性，强调对标准的共识与遵从。一个开放系统是指它可以与世界上任何地方遵守相同标准的其他设备或系统连接，通信协议一致公开，各不同厂家的设备之间可实现信息交换。现场总线开发者就是要致力于建立统一的工厂底层网络开放系统。用户可按自己的需要和考虑把来自不同供应商的产品组成大小随意的系统，通过现场总线构筑自动化领域的开放互联系统。

2）互可操作性与互用性。互可操作性是指实现互联设备间、系统间的信息传送与沟通，而互用则意味着不同生产厂家的性能类似的设备可实现相互替换、现场设备的智能化与功能自治性，它将传感测量、补偿计算、工程量处理与控制等功能分散到现场设备中完成，仅靠现场设备即可完成自动控制的基本功能，并可随时诊断设备的运行状态。

3）系统结构的高度分散性。现场总线已构成一种新的全分散性控制系统的体系结构，从根本上改变了现有 DCS 集中与分散相结合的集散控制系统体系，简化了系统结构，提高了可靠性。

4）对现场环境的适应性。工作在生产现场前端，作为工厂网络底层的现场总线是专为现场环境而设计的，可支持双绞线、同轴电缆、光缆、射频、红外线、电力线等，具有较强的抗干扰能力，能采用两线制实现供电与通信，并可满足本质安全防爆要求等。

5）一对 N 结构。一对传输线，N 台仪表，双向传输多个信号。这种一对 N 结构使得接线简单、工程周期短、安装费用低、维护方便。如果增加现场仪表或现场设备，只需并行挂到电缆上，无须架设新的电缆。

6）可控状态。操作员在控制室既可以了解现场设备或现场仪表的工作状况，也能对其进行参数调整，还可以预测和寻找事故。现场状态始终处于操作员的远程监视与可控状态，提高系统的可靠性、可控性和可维护性。

7）互换性。用户可以自由选择不同制造商所提供的性价比最优的现场设备或现场仪表，并将不同品牌的仪表进行互换。即使某台仪表发生故障，换上其他品牌的同类仪表，系统仍能照常工作，实现即接即用。

8）综合功能。现场仪表既有检测、变换和补偿功能，又有控制和运算功能。实现了一表多用，不仅方便了用户，也节省了成本。

9）统一组态。现场设备或现场仪表都引入了功能块的概念，所有制造商都使用相同的功能块，并统一组态方法，这样就使组态非常简单，用户不需要因为现场设备或现场仪表的不同而采用不同的组态方法。

（2）现场总线系统的优越性

由于现场总线系统的以上特点，特别是现场总线系统结构的简化使控制系统从设计、安装、投运到正常生产运行及其检修维护都体现出优越性。

1）节省硬件数量与投资。由于现场总线系统中分散在现场的智能设备能直接执行多种传感控制报警和计算功能，因而可减少变送器的数量，不再需要单独的调节器、计算单元等，也不再需要 DCS 系统的信号调理、转换、隔离等功能单元及其复杂接线，还可以少用工控 PC 作为操作站，从而节省了一大笔硬件投资，并可减小控制室的占地面积。

2）节省安装费用。现场总线系统的接线十分简单，一对双绞线或一条电缆上通常可挂接多个设备，因而电缆、端子、槽盒、桥架的用量大大减少，连线设计与接头校对的工作量也大大减少。当需要增加现场控制设备时，无须增设新的电缆，可就近连接在原有的电缆上，既节省了投资，也减少了设计、安装的工作量。据有关典型试验工程的测算资料表明，可节约安装费用 60% 以上。

3）节省维护开销。现场控制设备具有自诊断与简单故障处理的能力，并通过数字通信将相关的诊断维护信息送往控制室，用户可以查询所有设备的运行、诊断维护信息，以便尽早分析故障原因并快速排除，缩短了维护停工时间，同时由于系统结构简化、连线简单而减少了维护工作量。

4）用户具有高度的系统集成主动权。用户可以自由选择不同厂商提供的设备来集成系统，避免因选择了某品牌的产品而被"框死"了使用设备的选择范围，不会为系统集成中不兼容的协议、接口而一筹莫展，使系统集成过程中的主动权牢牢掌握在用户手中，提高了系统的准确性与可靠性。由于现场总线设备的智能化、数字化，因此与模拟信号相比，它从根本上提高了测量与控制的精确度，减小了传送误差。同时，系统的结构简化，设备与连线减少，现场仪表内部功能加强，减少了信号的往返传输，提高了系统的工作可靠性。此外，由于它的设备标准化、功能模块化，因而还具有设计简单、易于重构等优点。

4. 现场总线的分类

现场总线产品较多，较流行的有德国 Bosch 公司设计的 CAN 网络（Controller Area Network），美国 Echelon 公司设计的 Lon Works 网络（Local Operation Network），按德国标准生产的 Profibus（Process FieldBus）总线，Rosemount 公司设计的 HART（Highway Addressable Remote Transducer）总线，罗克韦尔自动化公司的 DeviceNet 和 Control1Net 等。它们在一定程度上获得了应用并取得了效益，对现场总线技术的发展发挥了重要作用，但都未能统一为国际标准，因而其应用必然受到产品技术水平的限制，难以构成真正的现场总线控制系统（FCS）。

现场总线的分类方法很多，这里采用 IECSC65C/WG6 委员会主席 Richard H. Caro 的分类方法，将现场总线分为以下 3 类。

（1）全功能数字网络

这类现场总线提供从物理层到用户层的所有功能，标准化工作进行得较为完善。这类总线包括 IEC/ISA 现场总线、IEC 和美国国家标准。Foundation Fieldbus 实现了 IEC/ISA 现场总线的一个子集。Profibus-PA 和 DP 是德国国家标准，为欧洲标准的一部分。FIP 是法国国家标准，也为欧洲标准的一部分。Lon Works 是 Echelon 公司的专有现场总线，在建筑自动化、电梯控制、安全系统中得到了广泛应用。

（2）传感器网络

这类现场总线包括罗克韦尔自动化公司的 DeviceNet 和 Honeywell Microswitch 公司的 SDS。它们的基础是 CAN（高速 ISO11898，低速 ISO11519）。CAN 出现于 20 世纪 80 年代，最初应用于汽车工业。许多自动化公司在 CAN 的基础上建立了自己的现场总线标准。

（3）数字信号串行线

这是最简单的现场总线，不提供应用层和用户层，如 Seriplex、Interbus-S 和 ASI 等。

6.2.2　几种典型的现场总线

国际电子技术委员会/国际标准协会(IEC/ISA)自1984年起着手现场总线标准的工作，但统一的标准至今仍未完成。各种协议标准合并的目的是为了达到国际上统一的总线标准，以实现各家产品的互操作性。

目前主要的现场总线协议有CAN、Lon Works、Profibus、FF、HART、DeviceNet等。

1. CAN总线系统

CAN是控制器局域网络(Controller Area Net)的缩写，是主要用于各种过程或设备监测及控制的一种网络。CAN最初是由德国的Bosch公司为汽车的监测和控制系统而设计的。由于现代汽车越来越多地采用电子控制装置来控制，如发动机定时、注油及复杂的加速刹车控制、抗锁死刹车系统等，因此其参数的监控需要交换大量的数据，传统方法很难解决数据的传输和共享问题，而采用CAN却能很好地解决。此外，CAN有卓越的网络特性和极高的可靠性，特别适合工业过程监控设备的互联，因此越来越受到工业界的重视，从而成为了几种实用的现场总线系统之一。

从CAN网络的物理结构上看，它属于总线型通信网络，如图6-24所示。它是一种专门用于工业自动化领域的网络，其物理特性及网络和协议特性更强调工业自动化的底层监测及控制，同时采用了最新技术和独特设计，使得可靠性及性能远高于现行的通信技术(如RS485和BITBUS)。

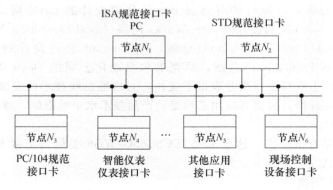

图6-24　基于CAN总线的测控网络典型系统示意

具体来讲，CAN总线系统具有如下的特性：

- 符合国际标准ISO11898规范的CAN总线规范2.0PART A和PART B；
- 以多主方式工作，即网络上任意一个节点均可以在任意时刻主动地向网络上的其他节点发送信息，而不分主从，因而通信方式灵活，可方便地构成多机备份系统；
- 网络上的节点可分成不同的优先级，可以满足不同的实时要求；
- 采用非破坏性总线裁决技术，当两个节点同时向网络传送信息时，优先级低的节点主动停止数据发送，而优先级高的节点可不受影响地继续传输数据，从而大大节省了总线冲突裁决的时间；
- 可以采用点对点、一点对多点及全局广播的方式传送和接收数据；
- 直接通信距离最远可达10 km(此时速率为5 kbps)；
- 通信速率最高可达1 Mbps(此时传输距离最长为40 m)；

- 网络上节点数实际可达 110 个；
- 采用短帧结构，每帧的有效字节数为 8，传输时间短，受干扰概率低，且具有较好的检错效果；
- 每帧信息都有 CRC 检验及其他检错措施，可保证极低的数据出错率；
- 通信介质采用双绞线，无特殊要求；
- 在发生严重故障时，节点具有自动关闭总线的功能，切断自己与总线的联系，以保证总线上其他操作不受影响；
- 采用 NRZ 编码和解码方式，并有位填充（插入）技术。

CAN 网络的通信及网络协议主要是由 CAN 控制器完成。CAN 控制器包含了所有控制 CAN 网络通信的单元和模块，包括接口管理逻辑、发送缓冲区、接受缓冲区、位流处理器、位定时逻辑、收发器控制逻辑、错误管理逻辑和控制器接口逻辑。CAN 控制器对外部微控制器 CPU 来说，是一个存储器映像的 I/O 设备，其控制段寄存器的内容包含控制寄存器、命令寄存器、状态寄存器、中断寄存器、接收代码寄存器、接收屏蔽寄存器、总线定时寄存器、输出控制寄存器和测试寄存器。

CAN 网络采用的是串行通信协议，因而可以非常有效地构成分布实时过程监测控制系统，具有很高的可靠性。CAN 通信协议分物理层、传送层和目标层 3 层。物理层规定了数据位传送过程中的电气特性；传送层规定了帧组织结构、总线仲裁机制和检错纠错方式；目标层负责确认发送和接收的信息，并为各种应用提供接口。

CAN 总线系统自诞生以来，以其独特的设计思想、良好的功能特性和极高的可靠性越来越受到工业界的青睐。随着国际标准的制定，CAN 总线已在汽车、火车、船舶、机器人、楼宇自动化、机械制造、数控机床、纺织、医疗器械、农用机械、传动、建筑、消防、传感器和自动化仪表领域得到了广泛应用，是具有较好发展前景的现场总线系统。

2. LonWorks 总线系统

LON 是 Local Operating Networks 的缩写，LonWorks 是美国 Echelon 公司推出的一种功能全面的测控网络，主要用于工厂及车间的环境、安全、保安、报警、电力、给水和管理控制等。目前，在国内主要用于电力控制和楼宇自动化等，同时在先进制造系统中也得到了广泛的应用。

由于 LonWorks 本身就是一个局域操作网，因而与一般的现场总线系统相比，具有更强的网络功能和兼容性，主要体现在它可以采用所有网络拓扑，网络结构灵活，可采用主从式、对等式和客户/服务器式等结构，不受通信介质的限制，网络协议开发性好。

LonWorks 的主要特性包括：

- 作为基本组成元件的 Neuron 芯片，它同时具备通信和控制功能，并且固化了 ISO/OSI 的全部 7 层通信协议，以及 34 种常见的 I/O 控制对象；
- 网络协议开放，对任何用户平等；
- 网络拓扑可以自由组合，除总线型结构外，可选择任意形式的网络拓扑结构；
- 可以使用所有已有的网络结构，包括主从式、对等式和客户/服务器式结构；
- 改善了网络通信冲突的 CSMA 检测方法，采用了 Predictive P-Persistent CSMA 技术，使得网络负载很重时不会导致网络通信瘫痪；
- 网络通信采用了面向对象的设计方法，引入了网络变量，使网络通信的设计简化为参数设置，这样既节省了设计工作量，又增加了通信的可靠性；
- 通信介质无限制，可在任何介质下通信，包括双绞线、电力线、光纤、同轴电缆、

射频电缆、红外线等;

- 通信帧的有效字节数为 0～288 字节;
- 通信速率可达 1.25 Mbps(此时有效距离为 130 m);
- 网络上的节点数可达 32 000 个;
- 直接通信距离可达 27 000 m(此时采用双绞线,速率为 78 kbps)。

Neuron 神经元芯片是 LonWorks 总线系统的核心单元,如图 6-25 所示。它由 3 个 8 位的 CPU 组成,分别完成不同的任务。其中 2 个 CPU 负责网络通信的协议支持,1 个 CPU 用于应用处理,执行用户编写的有关程序。Neuron 神经元芯片使用的编程语言是 Neuron C,是由 ANSI C 发展而来的,并对 ANSI C 进行了相应的删补。

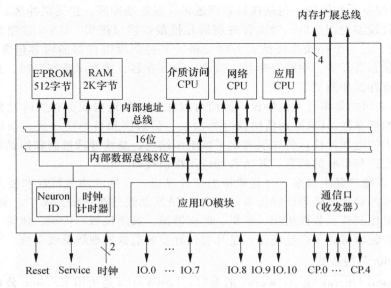

图 6-25　LonWorks 总线系统 Neuron 芯片功能框图

　　LonWorks 总线系统使用的通信协议是 LonTalk。它符合国际标准化组织 ISO 制定的开放系统互联 OSI 模型,并提供了 OSI 参考模型所定义的全部 7 层服务。LonTalk 协议定义的第 1 层和第 2 层由 Neuron 芯片中的第 1 个 CPU 完成,第 3～6 层的协议任务则由第 2 个 CPU 完成,第 7 层的应用工作则由第 3 个 CPU 完成。

　　LonWorks 总线系统自 1991 年推出以来,发展极为迅速。其在适应性上所具有的独特优势有效促进了系统的进一步研究、二次开发和实际应用。到 1995 年已有 2 500 家生产商使用并且安装了 200 多万个节点,充分说明了该总线系统的优势。

　　3. ProfiBus 总线系统

　　ProfiBus(Process Field Bus)总线系统是德国标准,针对不同的应用领域有多种形式。

　　符合德国标准 DIN19245 T1＋T2 和欧洲标准 PrEN50170 的 ProfiBus-FMS(Fielabus Message Specification)是 ProfiBus 总线系统在工业现场通信中应用最普遍的系统,它可以提供大量的通信服务,用以完成中等传输速度的循环和非循环通信任务,主要用于纺织工业、楼宇自动化、电气传动、传感器和执行器、可编程序控制器及低压开关设备等一般性的自动化控制。符合德国标准 DIN19245 T1＋T3 和欧洲标准 PrEN50170 的 ProfiBus-DP 是在 ProfiBus-FMS 的基础上对网络通信进行了优化后的产物,能够保证高速数据信息的通信工作，适用于自动控制系统和外围设备之间对时间有苛刻要求的通信场合，主要用于高速数据信息通信。符合德国标准 DIN19245 T4 和国际标准 IEC1158-2 的 ProfiBus-PA，是专门针对过程控制中对安全性和总线供电的要求而设计的，因而具有本征安全的传输特性，主要用于过程自动化。

ProfiBus 定义了连接底层（传感器和执行器层）到中间层（车间控制层）的各种数据设备的现场总线技术和功能特性。系统由主站和从站构成，属主从结构。主站能够控制总线，当主站得到总线控制权时，可以主动发送信息。从站为简单的外围设备，典型的从站为传感器、执行器和变送器。从站没有网络的控制权，仅对接收到的信息给予回答或当主站发出申请时发送回主站相应的信息。

ProfiBus 通信协议的基础是 ISO/OSI 的 7 层网络参考模型。ProfiBus-FMS 和 ProfiBus-DP 通信协议的基本层结构如图 6-26 所示。其中，ProfiBus-FMS 和 ProfiBus-DP 采用了相同的传输技术（第 1 层）和介质存取协议（第 2 层）。

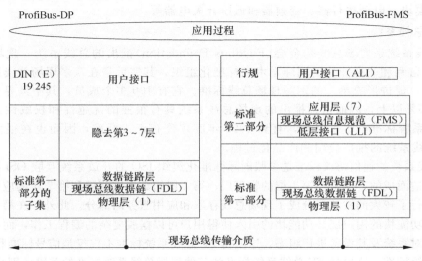

图 6-26 ProfiBus-FMS 和 ProfiBus-DP 网络协议结构

ProfiBus-FMS 略去了从第 3～6 层的内容，其必要的功能由低层接口（LLI）完成，而 LLI 是第 7 层的组成部分之一。第 7 层还包含了应用层协议并提供了强有力的通信服务。此外，ProfiBus-FMS 还提供了用户接口。在 ProfiBus-DP 中没有从第 3～7 层的内容。应用层第 7 层的省略是为了达到必要的工作要求，而直接数据链路映像（DDLM）为用户接口提供了第 2 层功能映像。用户接口中包含了用户可以调用的应用函数。

在第 1 层的传输技术中，ProfiBus 支持双绞线和光纤连接，并针对每种介质定义了唯一的介质存取协议。

第 2 层的介质存取协议包括令牌和混合介质存取方式。令牌方式使得享有令牌的站点可在一个事先规定好的时间内得到总线控制权。混合介质存取方式支持纯主从系统（单主站）、纯主站系统（多主站）和混合系统（多主多从）。因而当主站得到令牌后，允许这个主站在一定的时间内执行主站工作，它可依照与从站的关系表与所有从站通信，也可依照与其他主站的关系表与所有主站通信。

第 2 层还提供点到点及多点通信（广播及有选择的广播）模式。所谓广播是指主站向所有站点（主站和从站）发送信息但不要求回答的通信模式；而有选择的广播是指主站向一组站点

(主站和从站)发送信息但不要求回答的通信模式。

实际上，ProfiBus-FMS 和 ProfiBus-DP 能够在同一条总线上混合运行是 ProfiBus 的一个主要优点，因为这样能够同时使用 ProfiBus-DP 高速循环传送数据的功能和 ProfiBus-FMS 多种多样的通信服务功能。它可用于对系统响应时间要求不高的场合，而在同一台设备中同时执行 FMS 和 DP 也是可能的。

ProfiBus-PA 的主要特点是和 IEC 制定的现场总线标准有相同的传输层和应用层。对于用户来说，采用国际标准将减少系统的投资风险，保证系统的可互操作性和兼容性。此外，ProfiBus-PA 具备现场总线系统的主要特征，提供许多具体的功能模块。在电力、化工、冶金和制造等不同的场合都有不同的安全性能要求，需要使用不同的模块，即使使用相同的模块，对模块安全等级的要求也不同。

总之，ProfiBus 自 1989 年问世以来，已经在各个工业领域中，尤其是在过程自动化中得到了广泛的应用。目前，已能够提供品种齐全的 ProfiBus 产品，包括系统接口、分散式输入/输出模块、电动执行器、变频器和低压开关电器等。

4. FF 总线系统

FF 总线系统是现场总线基金会(Fieldbus Foundation)推出的总线系统。现场总线基金会是一个非营利和非商业化的国际学术和标准化组织，其宗旨是在众多现场总线系统相继出现的情况下，促进形成单一的国际现场总线标准。它有 100 多个成员，其中世界著名的企业和厂商占 95% 以上，因而由其推出的现场总线系统具有很强的优越性和权威性。但正是因为 FF 总线系统标准的过于完善，直到 1999 年底才公布正式标准，因而也在很大程度上影响了 FF 总线系统的推广应用和产品化过程。

FF 总线系统的通信协议标准是参照国际标准化组织 ISO 的开放系统互联 OSI 模型，并对其进行了改造而成的，保留了第 1 层的物理层、第 2 层的数据链路层和第 7 层的应用层，而且对应用层进行了较大的改动，分成了现场总线存取和应用服务两部分。此外，在第 7 层之上还增加了含有功能块的用户层。功能块的引入使得用户可以摆脱复杂的编程工作，而直接简单地使用功能块对系统及其设备进行组态。这使得 FF 总线系统标准不仅仅是信号标准和通信标准，更是一个系统标准，这也是 FF 总线系统标准和其他现场总线系统标准的关键区别。

FF 现场总线系统包含低速总线 H1 和高速总线 H2，以实现不同要求下的数据信息网络通信。这两种总线均支持总线或树形网络拓扑结构，并使用 Manchester 编码方式对数据进行编码传输。图 6-27 给出了由 H1 和 H2 组成的典型 FF 现场总线控制系统。

低速总线 H1 采用 31.25 kbps 的速率传输数据，标准最大传输距离为 1 900 m(无中继器)，最大可串接 4 台中继器。采用 H1 标准可以利用现有的有线电缆，并能满足本征安全要求，同时也可利用同一电缆向现场装置供电。在采用 H1 标准的情况下，同一电缆除用于电源供电外，还可连接 2~6 台现场装置，同时还能满足本征安全的要求；而不采用 H1 标准，使用单独的电缆向现场装置供电，则同一电缆可以连接多达 32 台现场装置，但此时不能保证本征安全。

高速总线 H2 采用 1 Mbps 或 2.5 Mbps 的通信速率传输数据。在通信速率为 1 Mbps 的情况下，最大传输距离可达 750 m；在通信速率为 2.5 Mbps 的情况下，最大传输距离可达 500 m。显然，H2 标准大大提高了数据传输速率，但不支持使用信号电缆线进行供电。

FF 总线系统中的装置可以是主站也可以是从站。主站有控制发送、接收数据的权力，从站仅有响应主站访问的权力。为实现对传送信号的发送和接收控制，FF 总线系统采用了令牌和查询通信方式为一体的技术。在同一个网络中可以有多个主站，但在初始化时只能有一个主站。

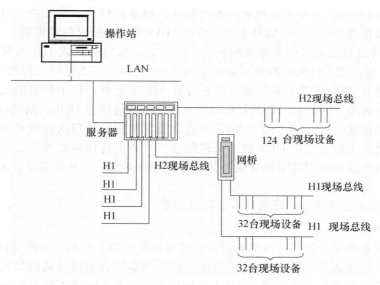

图 6-27 由 H1 和 H2 构成的典型 FF 现场总线控制系统

现场总线基金会除推出了 FF 总线系统标准外，为促进该系统的推广发展和产品应用，还推出了一套开发平台，其中的开发工具包括协议监控和诊断工具、总线分析器、仿真软件、数据描述软件工具、评测工具和性能测试工具。规范的现场总线标准和良好的开发环境，将有利于 FF 总线系统的推广发展和产品应用，最终将有利于新一代现场总线控制系统的发展。

5. HART

HART 是 Highway Addressable Remote Transducer 的缩写，最早由 Rosemount 公司开发并得到 80 多家著名仪表公司的支持，于 1993 年成立了 HART 的通信基金会。这种被称为可寻址远程传感高速通道的开放通信协议，其特点是在现有模拟信号传输线上实现数字通信，属于模拟系统向数字系统转变过程中工业过程控制的过渡性产品，因而在当前的过渡时期具有较强的市场竞争能力，得到了较好的发展。

HART 通信模型由 3 层组成：物理层、数据链路层和应用层。物理层采用 FSK (Frequency Shift Keying)技术在 4～20 mA 模拟信号上叠加一个频率信号，频率信号采用 Bell 202 国际标准。数据传输速率为 1 200 bps，逻辑"0"的信号频率为 2 200 Hz，逻辑"1"的频率为 1 200 Hz。数据链路层用于按 HART 通信协议规则建立 HART 信息格式，其信息构成包括开头码、显示终端、现场设备地址、字节数、现场设备状态、通信状态、数据、奇偶校验等。其数据字节结构为 1 个起始位、8 个数据位、1 个奇偶校验位和 1 个终止位。应用层的作用在于使 HART 指令付诸实现，即把通信状态转换成相应信息。它规定了一系列命令，按命令方式工作。它有 3 类命令，第一类为通用命令，这是所有设备理解、执行的命令；第二类为一般行为命令，它所提供的功能可以在许多现场设备（尽管不是全部）中实现，这类命令包括最常用的现场设备功能库；第三类为特殊设备命令，以便在某些设备中实现特殊功能，这类命令既可以在基金会中开放使用，又可以为开发此命令的公司所独有。在一个现场设备中，这 3 类命令通常会同时存在。

HART 不是真正的现场总线，而是从模拟控制系统向现场总线过渡的一块踏脚石。HART 是通过结构模拟与数据信号的混合协议来表现控制系统信息的。通过使用 HART，

传统的 4～20 mA(模拟)信号用来代表过程变量或控制输出信号。次要的变量、设备状态和设备配置数据都在该 4～20 mA 信号上通过使用 HART 数据协议得以传输。

HART 支持点对点主从应答方式和多点广播方式。按应答方式工作时数据更新速率为2～3 次/s,按广播方式工作时的数据更新速率为 3～4 次/s。它还可以支持两个通信主设备。总线上可挂设备数多达 15 个，每个现场设备可有 256 个变量，每个信息最大可包含 4 个变量。最大传输距离为 3 000 m。HART 采用统一的设备描述语言 DDL，现场设备开发商采用这种标准语言来描述设备特性，由 HART 基金会负责登记、管理这些设备描述并把它们编为设备描述字典，主设备运用 DDL 技术来理解这些设备的特性参数而不必为这些设备开发专用接口。但由于这种模拟数字混合信号制，导致难以开发出一种能满足各公司要求的通信接口芯片。

HART 能利用总线供电，可满足本安防爆要求。

6. DeviceNet

在现代控制系统中，不仅要求现场设备完成本地的控制、监视、诊断等任务，还要能通过网络与其他控制设备及 PLC 进行对等通信，因此现场设备多设计成内置智能式。基于这种需求，美国罗克韦尔自动化公司于 1994 年推出 DeviceNet 网络，实现低成本高性能的工业设备网络互联。

DeviceNet 是一种低成本的通信连接，它将工业设备连接到网络，从而省去了昂贵的硬件接线费用。DeviceNet 又是一种简单的网络解决方案，在提供多供货商同类部件间互换性的同时，减少了配线和安装工业自动化设备的成本和时间。DeviceNet 的直接互连性不仅改善了设备间的通信，同时提供了相当重要的设备级诊断功能，这是通过硬接线 I/O 接口难以实现的。

DeviceNet 是一个开放式网络标准，规范和协议都是开放的，厂商将设备连接到系统的时候，无须购买硬件、软件或许可权。任何人都能以少量的复制成本从开放式 DeviceNet 供货商协会(ODVA)获得 DeviceNet 规范。任何制造 DeviceNet 产品的公司都可加入 ODVA，并加入对 DeviceNet 规范进行增补的技术工作组。

DeviceNet 规范的购买者将得到一份不受限制的、真正免费的开发 DeviceNet 产品的许可。寻求开发帮助的公司可以通过任何渠道购买使其工作简易化的样本源代码、开发工具包和各种开发服务。关键的硬件可以从世界上最大的半导体供货商那里获得。

DeviceNet 具有如下特点：

1) DeviceNet 基于 CAN 总线技术，它可连接开关、光电传感器、阀组、电动机启动器、过程传感器、变频调速设备、固态过载保护装置、条形码阅读器、I/O 和人机界面等，传输速率为 125～500 kbps，每个网络的最大节点数是 64 个，干线长度为 100～500 m。

2) DeviceNet 使用的通信模式是生产者/客户(producer/consumer)模式，该模式允许网络上所有节点同时存取同一源数据，网络通信效率更高，采用多信道广播信息发送方式，每个客户可在同一时间接收生产者所发送的数据，网络利用率更高。生产者/客户模式与传统的"源/目的"通信模式相比，前者采用多信道广播式，网络节点同步化，网络效率高；后者采用应答式，如果要向多个设备传送信息，则需要对这些设备分别进行"呼""应"通信，即使是同一信息，也需要制造多个信息包，增加了网络的通信量，网络响应速度受限制，难以满足高速的、对时间要求苛求的实时控制。

3) 设备可互换性。各个销售商所生产的符合 DeviceNet 网络和行规标准的简单装置(如按钮、电动机启动器、光电传感器、限位开关等)都可以互换，为用户提供灵活性和可选择性。

4）DeviceNet 网络上的设备可以随时连接或断开，而不会影响网上其他设备的运行，方便维护和减少维修费用，也便于系统的扩充和改造。

5）DeviceNet 网络使设备安装比传统的 I/O 布线更加节省费用，尤其是当设备分布在几百米范围内时，更有利于降低布线安装成本。

6）利用 RS Network for DeviceNet 软件可方便地对网络上的设备进行配置、测试和管理。网络上的设备以图形方式显示工作状态，一目了然。

6.2.3 现场总线控制系统

1. 现场总线单元设备

现场总线系统的节点设备称为现场设备或现场仪表。节点设备的名称及功能由厂商确定，一般用于过程自动化并构成现场总线控制系统的基本设备分如下几类：

1）变送器。常用的现场总线变送单元有温度、压力、流量、物位和分析 5 大类，每类又有多个品种。与电动单元组合仪表的变送器不同，现场总线变送单元既有检测、变换和非线性补偿功能，同时还常嵌有 PID 控制和运算功能。

2）执行器。常用的现场总线执行单元有电动和气动两大类，每类又有多个品种。现场总线执行单元除具有驱动和执行的基本功能，以及内含调节阀输出特性补偿外，还嵌有 PID 控制和运算功能。另外，某些执行器还具有阀门特性自检验和自诊断功能。

3）服务器和网桥。例如用于 FF 现场总线系统的服务器和网桥。在 FF 的服务器下可连接 H1 和 H2 总线系统，而网桥用于 H1 和 H2 之间的连通。

4）辅助设备。指现场总线系统中的各种转换器、安全栅、总线电源和便携式编程器等。

5）监控设备。指供工程师对各种现场总线系统进行组态的设备和供操作员对工艺操作与监视的设备，以及用于系统建模、控制和优化调度的计算机工作站等。

这里所说的各种现场总线设备和仪表，除专门用于各种现场总线系统的网络设备、辅助设备和监控设备外，其他设备或仪表单元均是在原有的电动单元组合仪表的基础上发展而成的。该升级过程主要包括原有仪表单元的数字化或微机化，增加支持各种现场总线系统的接口卡以及编制支持该种现场总线系统通信协议的运行程序。

因此，不失一般性地，基于任何一种现场总线系统的、由现场总线变送单元和执行单元组成的网络系统可表示为如图 6-28 所示的结构。由于微计算机在仪表单元的应用，传统的检测单元和变送单元常常合二为一，即将传感器和变送单元集成在一起，共同完成相应的工作。所以，现场总线变送单元首先依靠传感器检测被测变量的信息，送入信号处理单元进行必要的转换或补偿，然后再由微计算机按内嵌的程序，根据现场总线网络所要求

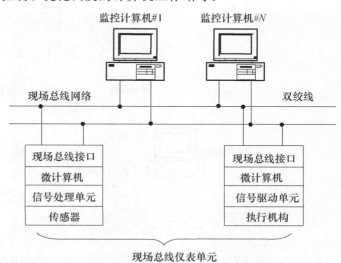

图 6-28　由现场总线仪表单元组成的网络系统

的通信协议实现信息的上传。现场总线执行单元则与变送单元的工作顺序正好相反，它由微计算机根据现场总线系统的网络通信协议从总线上获得所需的信息，经信号驱动单元的驱动后，交执行机构实施控制作用，以达到对被控变量的调节作用。

这里需要指出的是，这种分散到变送器和执行器中的 PID 控制，同样可以方便地组成诸如串级、比值和前馈等多回路控制系统。当然如控制系统中所采用的 PID 控制规律更复杂，或采用的是非 PID 控制规律时，嵌入式 PID 运算单元将难以胜任，一般可由位于现场总线网络上的监控计算机完成。

与现场总线变送单元和执行单元相对应，除以上所列的现场设备和现场仪表外，其他的传统仪表单元(如显示单元、记录单元和打印单元等)均可由相应的软件由网络上的监控计算机来完成。只有在有特殊要求的情况下，现场总线显示单元、记录单元和打印单元才被使用。

2. 现场总线控制系统结构

现场总线控制系统是在集散控制系统(DCS)的思想上，集成了新一代的网络技术而产生的。它将传统的仪表单元微计算机化，并用现场总线网络的方式代替了点对点的传统连接方式，从根本上改变了控制系统的结构和关联方式。

图 6-29 给出了 DDC、DCS 和 FCS 三种控制系统的典型结构图。由此可以看出，DCS 的出现解决了 DDC 控制和系统危险性过于集中的问题，同时伴随控制分散的过程，也使得控制算法得到了简化。但控制系统的接线仍然复杂且繁琐，危险性在一定程度上还是相对集中，尤其是现场控制单元的固有结构限制了 DCS 的灵活性，无法实现根据控制任务的需要对控制单元进行组态的功能。

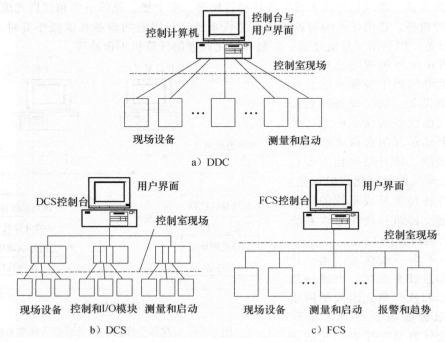

图 6-29 几种典型的控制系统结构比较

现场总线控制系统的出现则从根本上解决了控制系统接线的问题，采用双绞线即可将所有的现场总线仪表单元连接在一起。它一方面大大简化了接线，减少了不少系统成本，另一

方面还使控制系统的灵活组态得以实现。此外，在 FCS 中系统的危险性也降到了最低，在现场总线仪表单元出现故障时，可方便地启动备用单元；同时，此种结构的实现方式还可大大减少作为保证系统可靠性而配置的热备份设备的数量。

以 FF 现场总线系统为例，图 6-27 就是实现典型控制的现场总线控制系统的结构。从网络结构图中可以看到，基于 FF 现场总线系统的 FCS 将现场总线仪表单元分成两类。通信数据较多、通信速率要求较高的现场总线仪表单元直接连接在 H2 总线系统上；而其他数据通信要求较慢，或实时性要求不高的现场总线仪表单元则全部连接在 H1 总线系统上。由于每个 H1 总线系统所能够驱动的现场总线仪表单元有限，最多只有 32 台，因而多个 H1 总线系统还可通过网桥连接到 H2 总线系统上，以提高整体的通信速率，保证整个系统的实时性要求和控制需要。

LonWorks 总线系统的网络通信功能较强，能够支持多种现场总线系统和低层总线系统，因而由其组成的现场总线控制系统结构较为复杂，且实现的功能较全面。作为一个应用特例，图 6-30 给出的就是基于 LonWorks 总线系统实现控制调节作用，并通过 LonWorks 总线系统与其他现场总线系统相连接而形成的典型现场总线控制系统。其中符合 LonWorks 自身规范的现场总线仪表单元通过路由器连接到 LonWorks 总线网络上，而其他现场总线及底层总线，包括 ProfiBus 和 DeviceNet，则通过网关连接到 LonWorks 总线网络上。由于各种现场总线系统的通信速率各异，因而由此形成的控制系统实际上是一个混合网络控制系统。在该混合网络控制系统中，多种网段共存一体，而在每个网段上的通信速率各不相同。

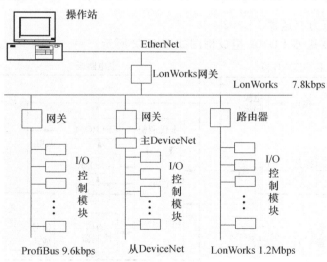

图 6-30 基于 LonWorks 的典型 FCS 结构图

6.2.4 现场总线控制系统应用举例

1. 现场总线控制系统中的智能传感器

现场总线智能传感器称为网络传感器，它包含数字传感器、网络接口和处理单元。数字传感器首先将被测量转换成数字量，再送给微控制器作数据处理，最后将测量结果传输给网络，以便实现各传感器之间、传感器与执行器之间的数据交换及资源共享。在更换传感器时无需进行标定和校准，可以做到"即插即用"。美国霍尼韦尔公司已开发出网络压力传感器的系列产品。

目前，用于现场总线控制系统中的智能传感器/变送器也称为现场总线仪表，其现场总线控制系统如图 6-31 所示。

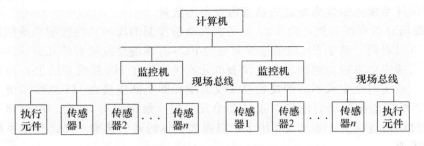

图 6-31 现场总线控制系统中的智能传感器

在这种现场总线控制系统中的现场设备，已经成为对单一量的自行测量、自行数据处理、自行分析判断及决策的控制系统。因此，许多控制功能已从控制室移至现场仪表，大量的过程检测与控制信息可以就地采集、就地处理、就地使用，在新的技术基础上实施就地控制。现场智能传感器/变送器将调控了的对象状态参量传输给控制室的上位计算机。上位机主要对其进行总体监督、协调、优化控制与管理，实现了彻底的分散控制。在这个局域的分散控制系统中的现场传感器/变送器是智能型的，并带有标准数字总线接口。随着自动控制系统的飞速发展，对智能型传感器/变送器的需求量将日益增大，对智能传感器的发展起到了推动作用。

（1）现场总线压力变送器 LD302

现场总线压力变送器 LD302 组成框图如图 6-32 所示。

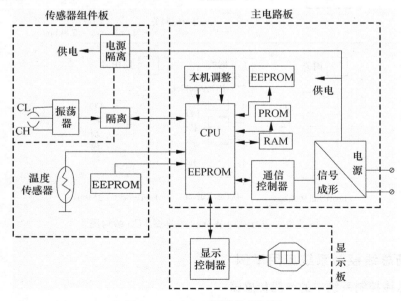

图 6-32 LD302 硬件构成框图

该压力变送器的主要特点如下：

1）传感器性能好，传感器组件板与主电路板具有互换性。电容式压力（差）传感器是一种运行可靠、性能优越并经受过现场长时间考验的传感器，其测量范围为 0～125Pa 至 0～

40MPa，精度在校准量程时为 0.1%，校准范围为从 URL（测量范围上限）到 URL/40（40 为量程比），压力传感器在不同温度时的 I/O 特性存储在同一组件板内的 EEPROM 中，可用于刻度变换、非线性自校正、温度补偿。因此，传感器组件板与主电路板之间具有互换性，大大方便了仪表的制造与现场的运行维护。

2）现场总线速率为 31.25kbps，总线电源为直流 9～32 V。

3）LD302 内装有 AI（输入）、PID（控制）、INTG（累加）、ISS（输入选择）、CHAR（信号特征描绘）和 ARTH（算术）等功能软件模块。选用不同功能模块可由压差或压力获得瞬时流量值或累计流量值、液位高度值或控制指令等。因此，各功能软件模块可由用户组态。各模块都有 I/O、安装参数和一个算法程序。各功能模块用一个标识符来表示，模块的 I/O 可用其他现场总线仪表从总线上读出，它们之间也能互相连接。其他现场总线仪表也能写入模拟的输入。

4）可互连。用户通过功能模块的连接，将多个现场仪表互连起来即能建立适合于某种控制参量所需的控制策略。

（2）3051 型智能压力变送器

3051 型智能压力变送器测量性能优越，可用于所有压力、液位与流量测量场合。测量精度为 ±0.075%，其稳定性可做到 5 年不需要调整传感器零点漂移。该智能压力变送器具有多种输出协议，标准为 4～20 mA，不定期有基于 HART 协议的数字信号。

3051 型智能压力变送器结构如图 6-33 所示。

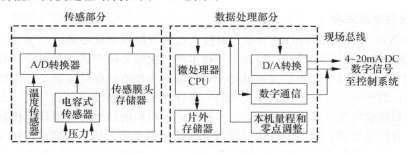

图 6-33　3051 型智能压力变送器结构框图

1）传感部分：由电容式传感器、用于对压力传感器进行温度补偿的温度传感器、A/D 转换器、保存传感器修正系数及传感器膜片参数的片外传感器膜头存储器组成。

2）数据处理部分：由微处理器、片外存储器、D/A 转换器、数字通信以及本机量程和零点调整部分组成。

微处理器要完成如下功能：修正传感器特性，设置量程，设置阻尼比，对传感器进行故障自诊断，设定工程单位，确定智能传感器与上位机的通信接口与通信格式。片外存储器用来存放传感器量程以及智能变送器组态参数。变送器的组态包含两部分内容：首先设定变送器的工作参数；其次将有关信息数据输入变送器，以便对变送器进行识别与物理描述。

数字通信模块遵循 HART 协议，被调制的频移键控信号叠加在 4～20 mA 模拟信号上，通过现场总线实现智能变送器与执行器之间以及智能变送器与上位机之间的通信。

2. FF 应用实例

迄今为止，艾默生公司生产的 FF 现场总线控制系统已成功地应用于化工、石油、冶金、矿山等多个行业，其经济效益明显。

例如美国阿拉斯加 West Sak ARCO 油田的 FCS 项目。West Sak ARCO 油田位于石油资源丰富的美国北部地区，自然条件十分恶劣，极端温度为 −45～21℃。在油田建设资金受限的情况下，决定采用现场总线技术，选择了一体化的现场总线方案。

该项目包括 29 台油井。DelatV 控制系统使用了 6 块 H1 现场总线接口卡，配备了 69 台 FF3051 压力变送器，38 台 FF FLQ800 执行器以及内置的设备管理系统。1997 年 11 月开始安装，同年 12 月 26 日投产运行，取得了很好的经济效益。

据统计，与传统的 DCS 相比，FF 现场总线的初步节省情况为：接线端子减少 84%；I/O 卡件数量减少 93%；控制仪表面板空间减少 70%；室内接线减少 98%；由于采用远程诊断，维护量减少 50%～80%；扩展油田所需组态时间减少 90%；节省电缆费用 69%。

除了效益明显外，由于技术人员在控制室内就能对现场设备的工作状态及故障进行诊断，大大减少了不必要的现场巡检，这在冬季严寒的气候中，意义尤其重大。

6.3 虚拟仪器

由于电子技术、计算机技术的高速发展及其在电子测量技术与仪器领域中的应用，新的测试理论、测试方法、测试领域及仪器结构不断出现，电子测量仪器的功能和作用也发生了质的变化，计算机处于核心地位，计算机软件技术和测试系统更紧密地结合成一个有机整体，仪器的结构概念和设计观点等发生了突破性的变化。出现了全新概念的仪器——虚拟仪器。

6.3.1 虚拟仪器的概述

1. 虚拟仪器的基本概念

虚拟仪器（Virtual Instrument，VI）是虚拟技术在仪器仪表领域中的一个重要应用，它是现代计算机技术（硬件、软件和总线技术）和仪器技术深层次结合的产物，是当今计算机辅助测试（CAT）领域的一项重要技术。虚拟仪器就是在以计算机为核心的硬件平台上，由用户设计定义具有虚拟面板，其测试功能由测试软件实现的一种计算机仪器系统，也就是说，虚拟仪器是利用计算机显示器模拟传统仪器控制面板，以多种形式输出检测结果；利用计算机软件实现信号数据的运算、分析和处理；利用 I/O 接口设备完成信号的采集、测量与调理，从而完成各种测试功能的一种计算机仪器系统。VI 以透明的方式把计算机资源（如微处理器、内存、显示器等）和仪器硬件（如 A/D 转换、D/A 转换、数字 I/O、定时器、信号调理等）的测量、控制能力结合在一起，通过软件实现对数据的分析处理与表达，如图 6-34 所示。

图 6-34　VI 内部功能划分

2. 虚拟仪器的构成

虚拟仪器由通用仪器硬件平台（简称硬件平台）和应用软件两个部分构成。

（1）虚拟仪器的硬件平台

虚拟仪器的硬件平台一般分为计算机硬件平台和测控功能硬件（I/O 接口设备）。计算机硬件平台可以是各种类型的计算机，如 PC、便携式计算机、工作站、嵌入式计算机等。计算机管理着虚拟仪器的硬件资源，是虚拟仪器的硬件支撑。计算机技术在显示、存储能力、处理性能、网络、总线标准等方面的发展，推动着虚拟仪器系统的发展。

I/O 接口设备主要完成被测输入信号的采集、放大、模数转换。不同的总线有其相应的 I/O 接口硬件设备，如利用 PC 总线的数据采集卡（DAQ）、GPIB 总线仪器、VXI 总线仪器模块、串口总线仪器等。

虚拟仪器的硬件构成有多种方案，如图 6-35 所示，通常采用以下几种。

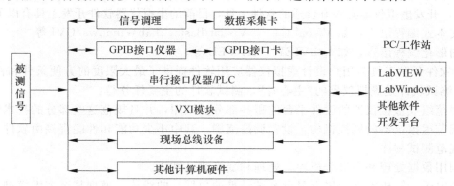

图 6-35 虚拟仪器的基本构成框图

1) 基于数据采集的虚拟仪器系统：这种方式借助于插入计算机内的数据采集卡与专用的软件如 Lab VIEW（或 LabWindows/CVI）相结合，通过 A/D 转换将模拟、数字信号采集到计算机进行分析、处理、显示等，并可通过 D/A 转换实现反馈控制。根据需要还可加入信号调理和实时 DSP 等硬件模块。这种系统采用 PCI 或 ISA 总线，将数据卡（DAQ）插入计算机的 PCI 或 ISA 插槽中。充分利用计算机的资源，大大增加了测试系统的灵活性和扩展性。利用 DAQ 可方便快速地组建基于计算机的仪器，实现"一机多型"和"一机多用"。该方式是构成 VI 最基本的方式，也是最廉价的方式。

2) 基于通用接口总线 GPIB 接口的仪器系统：GPIB（General Purpose Interface Bus）仪器系统的构成是迈向虚拟仪器的第一步，即利用 GPIB 接口卡将若干 GPIB 仪器连接起来，用计算机增强传统仪器的功能，组织大型柔性自动测试系统，技术易于升级，维护方便，仪器功能和面板自定义，开发和使用容易。它可高效灵活地完成各种不同规模的测试测量任务。利用 GPIB 技术，可由计算机实现对仪器的操作和控制，替代传统的人工操作方式，排除人为因素造成的测试测量误差。同时，由于可预先编制好测试程序，实现自动测试，提高了测试效率。

3) 基于 VXI 总线仪器实现虚拟仪器系统：VXI（VMEbus Extension for Instrumentation）总线为虚拟仪器系统提供了一个更为广阔的发展空间。VXI 总线是一种高速计算机总线——VME（Versa Module Eurocard）总线在仪器领域的扩展。由于其标准开放、传输速率高、数据吞吐能力强、定时和同步精确、模块化设计、结构紧凑、使用方便灵活，已越来越受到重视。它便于组织大规模、集成化系统，是仪器发展的一个方向。

4) 基于串行口或其他工业标准总线的系统：将某些串行口仪器和工业控制模块连接起来，组成实时监控系统。将带有 RS-232 总线接口的仪器作为 I/O 接口设备，通过 RS-232 串口总线与 PC 组成虚拟仪器系统，目前仍然是虚拟仪器的构成方式之一。当今，PC 已更多地采用了 USB 总线和 IEEEl394 总线。

值得提醒的是：目前较常用的虚拟仪器系统是数据采集系统、GPIB 控制系统、VXI 仪器系统以及这三者之间的任意组合。

（2）虚拟仪器的软件

虚拟仪器软件主要由两部分组成，即应用程序和I/O接口仪器驱动程序。其中应用程序主要包括实现虚拟面板功能的软件程序和定义测试功能的流程图软件程序两类；I/O接口仪器驱动程序主要完成特定外部硬件设备的扩展、驱动与通信。

虚拟仪器技术最核心的思想，就是利用计算机的硬件/软件资源，使本来需要硬件实现的技术软件化（虚拟化），以便最大限度地降低系统成本，增强系统的功能与灵活性。

为此，开发虚拟仪器必须有合适的软件工具，目前的虚拟仪器软件开发工具有以下两类：

1）文本式编程语言，如 Visual C++，Visual Basic，LabWindows/CVI 等。

2）图形化编程语言，如 LabVIEW，HPVEE 等。

这些软件开发工具为用户设计虚拟仪器应用软件提供了最大限度的方便条件和良好的开发环境。测试软件是虚拟仪器的"主心骨"，测试软件的主要任务是：

1）规范组成虚拟仪器的硬件平台的哪些部分被调用，并且规范这些部分的技术特性。

2）规范虚拟仪器的调控机构，设置调控范围，其中不少功能和性能直接由软件实现。

3）规范测试程序。

4）调用数据处理和高级分析库，处理和变换测试结果。

5）在电子计算机的显示屏上显示测试结果的数据、曲线族、模型甚至多维模型。

6）规范测试结果的信息存储、传送或记录。

3. 虚拟仪器的特点

虚拟仪器与传统仪器相比，具有以下特点。

1）传统仪器的面板只有一个，其表面布置着种类繁多的显示与操作元件。由此可能导致认读与操作错误。虚拟仪器与之不同，它可以通过在几个分面板上的操作来实现比较复杂的功能。虚拟仪器融合计算机强大的硬件资源，突破了传统仪器在数据处理、显示、存储等方面的限制，大大增强了传统仪器的功能。高性能处理器、高分辨率显示器、大容量硬盘等已成为虚拟仪器的标准配置。

2）在通用硬件平台确定后，由软件取代传统仪器中的硬件来完成仪器的功能。

3）仪器的功能可以由用户根据需要用软件自行定义，而不是由厂家事先定义，增加了系统灵活性。

4）仪器性能的改进和功能扩展只需要更新相关软件设计，而不需购买新的仪器，节省了物质资源。

5）研制周期较传统仪器大为缩短。

6）虚拟仪器是基于计算机的开放式标准体系结构，可与计算机同步发展，与网络及其周围设备互连。

6.3.2　虚拟仪器图形化语言 LabVIEW

LabVIEW（laboratory virtual instrument engineering workbench）是一种图形化的编程语言，被广泛地视为一个标准的数据采集和仪器控制软件。LabVIEW 功能强大、灵活，它集成了满足 GPIB，VXI，RS-232 和 RS-485 协议的硬件及数据采集卡通信的全部功能，还内置了能应用 TCP/IP，ActiveX 等软件标准的库函数，利用它可方便地搭建虚拟仪器，其图形化的界面使编程及使用过程十分生动有趣。

图形化的程序语言又称为"G"语言。使用这种语言编程时，基本上不写程序代码，取而代之的是流程图。它尽可能利用了技术人员、科学家和工程师所熟悉的术语、图标和概念。

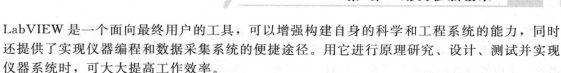

LabVIEW 是一个面向最终用户的工具，可以增强构建自身的科学和工程系统的能力，同时还提供了实现仪器编程和数据采集系统的便捷途径。用它进行原理研究、设计、测试并实现仪器系统时，可大大提高工作效率。

利用 LabVIEW 可产生独立运行的可执行文件，是一个真正的 32 位编译器。LabVIEW 还提供 Windows，UNIX，Linux，Macintosh 的多种版本。

1. LabVIEW 应用程序

所有的 LabVIEW 应用程序，即虚拟仪器，均包括前面板（front panel）、流程图（block diagram）以及图标/连接器（icon/connector）三部分。

（1）前面板

前面板是图形用户界面，也是 VI 的虚拟仪器面板，这一界面上有用户输入和显示输出两类对象，具体有开关、旋钮、图形以及其他控制（control）和显示对象（indicator）。图 6-36 是一个随机信号发生和显示的简单 VI 前面板，上面有一个显示对象，以曲线的方式显示了所产生的一系列随机数。还有一个控制对象——开关，可以启动和停止工作。当然，并非简单地画两个控制件就可以运行，在前面板后还有一个与之配套的流程图。

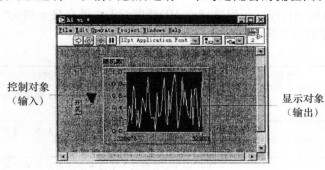

控制对象（输入）　　显示对象（输出）

图 6-36　随机信号发生器前面板

（2）流程图

流程图提供 VI 的图形化源程序。在流程图中对 VI 编程，以控制和操纵定义在前面板上的输入和输出功能。流程图中包括前面板上控制件的连线端子，还有一些前面板上没有，但编程必须有的，例如函数、结构和连线等。图 6-37 是与图 6-36 对应的流程图。可以看到流程图中包括了前面板上的开关和随机数显示器的连线端子，还有一个随机数发生器的函数及程序的循环结构。随机数发生器通过连线将产生的随机信号送到显示控件，为了使它持续工作下去，设置一个 while 循环，由开关控制这一循环的结束。

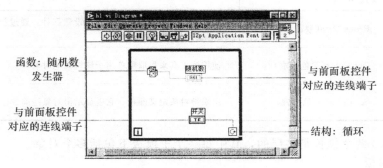

函数：随机数发生器　　与前面板控件对应的连线端子

与前面板控件对应的连线端子　　结构：循环

图 6-37　随机信号发生器流程图

将 VI 与标准仪器相比较，可看到前面板上的部件就是仪器面板上的部件，而流程图上的部件相当于仪器箱内的部件。在许多情况下，使用 VI 可以仿真标准仪器，不仅在屏幕上出现一个惟妙惟肖的标准仪器面板，而且其功能也与标准仪器相差无几。

图标/连接器：VI 具有层次化和结构化的特征。一个 VI 可以作为子程序，这里称为子 VI (subVI)，被其他 VI 调用。图标与连接器在这里相当于图形化的参数，详细情况稍后介绍。

2. LabVIEW 操作模板

在 LabvVIEW 的用户界面上，应特别注意它提供的操作模板，包括工具(tool)模板、控制(control)模板和功能(function)模板。这些模板集中反映了软件的功能与特征。

(1) 工具模板

该模板提供了各种用于创建、修改和调试 VI 程序的工具，可以在 Windows 菜单下选择 Show Tools Palerte 命令以显示该模板(见图 6-38)。当从模板内选择了任一种工具后，鼠标箭头就会变成该工具相应的形状。当从 Windows 菜单下选择了 Show Help Window 功能后，把工具模板内选定的任一种工具光标放在流程图程序的子程序(Sub VI)或图标上，就会显示相应的帮助信息。

图 6-38　工具模板

表 6-1 列出了常用的工具图标的名称及功能。

表 6-1　工具图标的名称及功能

序号	图标	名称	功能
1		Operate Value（操作值）	用于操作前面板的控制和显示。使用它向数字或字符串控制中键入值时，工具会变成标签工具
2		Position/Size/Select（选择）	用于选择、移动或改变对象的大小。当它用于改变对象的连框大小时，会变成相应形状
3		Edit Text（编辑文本）	用于输入标签文本或者创建自由标签。当创建自由标签时它会变成相应形状
4		Connect Wire（连线）	用于在流程图程序上连接对象。如果联机帮助的窗口被打开时，把该工具放在任一条连线上，就会显示相应的数据类型
5		Object Shortcut Menu（对象弹出式菜单）	用鼠标左键可以弹出对象的弹出式菜单
6		Scroll Windows（窗口漫游）	使用该工具就可以不用滚动条而在窗口中漫游
7		Set/Clear Breakpoint（断点设置/清除）	使用该工具在 VI 的流程图对象上设置断点
8		Probe Data（数据探针）	可在框图程序内的数据流线上设置探针。通过控针窗口来观察该数据流线上的数据变化状况
9		Get Color（颜色提取）	使用该工具来提取颜色用于编辑其他对象
10		Set Color（颜色设置）	用来给对象定义颜色。它也显示出对象的前景色和背景色

第 9 和第 10 两个模板是多层的，其中每一个子模板下包括多个对象。

(2) 控制模板

控制模板用来给前面板设置各种所需的输出显示对象和输入控制对象，每个图标代表一类子模板。可以用 Windows 菜单的 Show Controls Palette 功能打开它，也可以在前面板的空白处单击鼠标右键，以弹出控制模板。

控制模板如图 6-39 所示，它包括表 6-2 所示的一些子模板。

表 6-2 控制模板所含子模板的名称及功能

序号	图标	子模板名称	功能
1		Numeric(数值量)	数值的控制和显示，包含数字式、指针式显示表盘及各种输入框
2		Boolean(布尔量)	逻辑数值的控制和显示，包含各种布尔开关、按钮及指示灯等
3		String & Path(字符串和路径)	字符串和路径的控制和显示
4		Array Cluster(数组和簇)	数组和簇的控制和显示
5		List & Table(列表和表格)	列表和表格的控制和显示
6		Graph(图形显示)	显示数据结果的趋势图和曲线图
7		Ring & Enum(环与枚举)	环与枚举的控制和显示
8		I/O(输入/输出功能)	输入/输出功能与操作 OLE，ActiveX 的功能
9		Refnum	参考数
10		Digital Controls(数字控制)	数字控制
11		Classic Controls(经典控制)	经典控制，指以前版本软件的面板图标
12		ActiveX	用于 ActiveX 等功能
13		Decorations(装饰)	用于给前面板进行装饰的各种图形对象
14		Select a Controls(控制选择)	调用存储在文件中的控制和显示的接口
15		User Controls(用户控制)	用户自定义的控制和显示

（3）功能模板

功能模板是创建流程图程序的工具。该模板上的每一个顶层图标都表示一个子模板。若功能模板不出现，则可以用 Windows 菜单下的 Show Functions Palette 功能打开它，也可以在流程图程序窗口的空白处单击鼠标右键以弹出功能模板。

功能模板如图 6-40 所示，其子模块如表 6-3 所示（个别不常用的子模块未包含）。

图 6-39 控制模板

图 6-40 功能模板

表 6-3 功能模板常用子模板的名称及功能

序号	图标	子模板名称	功能
1		Structure(结构)	包括程序控制结构命令(例如循环控制等)及全局变量和局部变量
2		Numeric(数值运算)	包括各种常用的数值运算,还包括数制转换、三角函数、对数、复数等运算及各种数值常数
3		Boolean(布尔运算)	包括各种逻辑运算符及布尔常数
4		String(字符串运算)	包含各种字符串操作函数、数值与字符串之间的转换函数及字符(串)常数等
5		Array(数组)	包括数组运算函数、数组转换函数及常数数组等
6		Cluster(簇)	包括簇的处理函数及群常数等。这里的群相当于 C 语言中的结构
7		Comparison(比较)	包括各种比较运算函数,如大于、小于、等于
8		Time & Dialog(时间和对话框)	包括对话框窗口、时间和出错处理函数等
9		File I/O(文件输入/输出)	包括处理文件输入/输出的程序和函数
10		Data Acquisition(数据采集)	包括数据采集硬件的驱动及信号调理所需的各种功能模块
11		Waveform(波形)	各种波形处理工具
12		Analyze(分析)	信号发生、时域和频域分析功能模块,以及数学工具
13		Instrument I/O(仪器输入/输出)	包括 GPIB(488,488.2)、串行、VXI 仪器控制的程序和函数及 VISA 的操作功能函数
14		Motion & Vision(运动与景像)	—

（续）

序号	图标	子模板名称	功能
15	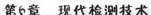	Mathematics(数学)	包括统计、曲线拟合、公式框节点等功能模块及数值微分、积分等数值计算工具模块
16		Communication(通信)	包括 TCP，DDE，ActiveX 和 OLE 等功能的处理模块
17		Application Control(应用控制)	包括动态调用 VI、标准可执行程序的功能函数
18		Graphics & Sound(图形与声音)	包括 3D、OpenGL、声音播放等功能模块；包括调用动态链接库和 CIN 节点等功能的处理模块
19		Tutorial(示教课程)	包括 LabVIEW 示教程序
20		Report Generation(文档生成)	—
21		Advanced(高级功能)	—
22		Select a VI(选择子 VI)	—
23		User Library(用户子 VI 库)	—

6.3.3　虚拟仪器的整体设计

虚拟仪器的设计方法和实现步骤与一般软件的设计方法和实现步骤基本相同，只不过虚拟仪器在设计时要考虑硬件部分，具体步骤如下：

1）确定所用仪器或设备的接口形式。如果仪器设备具有 RS-232 串行总线接口，则不用进行处理，直接用连线将仪器设备与计算机的 RS-232 串行接口连接即可；如果是 GPIB 接口，则需要额外配备一块 GPIB488 接口板，将接口板插入计算机的 ISA 插槽，建立起计算机与仪器设备之间的通信渠道；如果使用计算机来控制 VXI 总线设备，也需要配备一块 GPIB 接口卡，通过 GPIB 总线与 VXI 主机箱零槽模块通信，零槽模块的 GPIB-VXI 翻译器将 GPIB 的命令翻译成 VXI 命令并把各模块返回的数据以一定的格式传回主控计算机。由于计算机的 RS-232 串行接口有限，若仪器设备比较多，必要时应必须扩展计算机的 RS-232 接口。

2）确定所选择的接口卡是否具有设备驱动程序。接口卡的设备驱动程序是控制各种硬件接口的驱动程序，是连接主控计算机与仪器设备的纽带；如果有设备驱动程序，它适合于何种操作系统？如果没有，或者所带的设备驱动程序不符合用户所用的操作系统，用户就有必要针对所用接口卡编写设备驱动程序。

3）确定应用管理程序的编程语言。如果用户有专业的图形化编程软件，如 LabVIEW、LabWindows/CVI，那么就可以采用专业的图形化编程软件进行编程。如果没有此类软件，则可以采用通用编程语言，如 Visual C++、Visual Basic 或者 Delphi。

4）编写用户的应用程序。根据仪器的功能，确定软件采用的算法、处理分析方法和显示方式。

5）调试运行应用程序。用数据或仿真的方法验证仪器功能的正确性，调试并运行仪器。

从上面五个步骤可以看出，在计算机和仪器等硬件资源确定的情况下，对应不同的应用程序，就有不同的虚拟仪器。由此可见软件在虚拟仪器中的重要作用。

6.3.4 虚拟仪器应用设计举例

在此以用 LabVIEW 设计虚拟仪器为例介绍虚拟仪器的设计应用。

与传统的文本式程序设计一样，LabVIEW 也有控制流程图功能执行的部分，包括 Sequence、Case Statement、For Loop、While Loop，它们被图形化地描述成边界结构，与在传统的线形化程序中可以插入代码段一样，可以把图标放在 LabVIEW 图形结构的界限内部。

LabVIEW 用一个图形编辑器来产生最优化编辑代码，利用应用程序生成器，用户能够产生虚拟仪器，就像独立的可执行程序一样。具体设计步骤和方法如下。

1）建立方案。利用 LabVIEW 构建虚拟仪器，用户可以方便地建立其前面板接口。为了实现具体的功能，用户利用向导把流程图组合在一起。

2）建立前面板。从控制模块上选择所需对象，放在虚拟仪器的前面板上。控制模块上的对象包括数字显示、表头、压力计、热敏计外壳、表、图片等。图 6-41 所示是一个温度计程序的前面板。每一个前面板都伴有一个对应的使用图形编程语言编写的框图程序，它类似于一台仪器的内部电路，或是一个大型仪表系统中的各个独立的仪表单元。框图中的程序可以看成程序节点，如循环控制、事件控制和算术功能等。这些基本单元之间用连线连接，非常接近于实际物理仪器系统或电路系统中的"导线"，只不过这里的连线用于定义框图内的数据流方向。图 6-42 所示为温度计程序的框图程序。

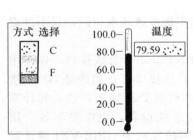

图 6-41　温度计程序前面板

图 6-42　温度计程序的框图程序

3）构建图形化的流程图。从功能模块上选择对象（用图标表示），并用线将它们连接起来以便数据进行传递。功能模块上的对象包括简单的数字运算、高级数据采集和分析方法，以及网络和输入/输出文件操作。

4）数据流程序设计。在 LabVIEW 中，软件的执行顺序由各模块中的数据流决定，用户还可以建立同步操作的流程图。LabVIEW 软件是一个多任务系统，具有多线程功能并可运行多个虚拟仪器。

5）模块化和层次化。任何虚拟仪器既能独立运行，又能用作其他虚拟仪器的一部分。用户可以创建自己的虚拟仪器图标，并设计由虚拟仪器构成的多层系统。

6）图形编辑器。LabVIEW 软件是唯一带有编辑器的图形化编程环境，并可以产生最优化的代码，其运行速度与编译 C 的速度相当。

1. 虚拟温度测试仪

（1）功能描述

1）建立一个定时采样的连续测量温度的 VI，在前面板上可即时显示采集温度（华氏），并在波形图指示器上进行温度显示。

2）采样时间、温度上限和下限值都可由用户选择设定，如果温度超过预定的上限和下限值，则 VI 点亮前面板温度过限指示灯。

3）采集和分析可由布尔开关控制。

4）可以显示温度的统计参数——温度均值、温度漂移和温度分布直方图。

（2）设计步骤

1）前面板设计。在前面板上放置相应的控件进行控件属性参数设置，标贴文字说明标签。为了表示温度分布，另增加一个图形控件 Graph，并标记为"Histogram"。

设计完成的前面板如图 6-43 所示。

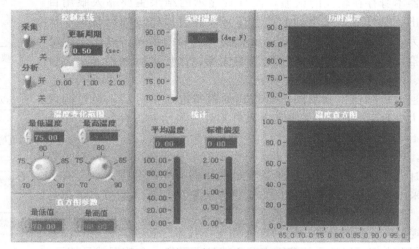

图 6-43　虚拟温度测试仪的前面板图

2）框图程序设计。在后面板编辑窗口使用工具模块中的相应工具，从功能模块中取出并放置好所需图标，它们是框图程序中的"节点"和"图框"。使用连线工具按数据流的方向将端口、节点、图框依次相连，实现数据从源头按规定的运行方式送到目的终点。

设计完毕的虚拟温度测试仪框图程序如图 6-44 所示。

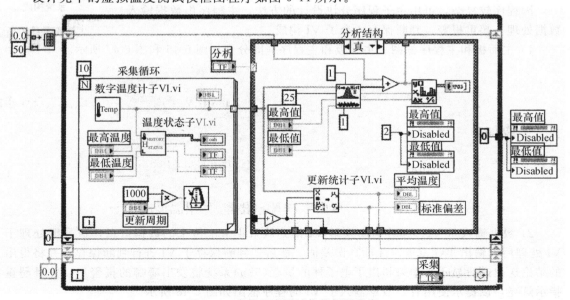

图 6-44　虚拟温度测试仪的框图程序

3）保存文件。在前面板窗口中执行 File→Save 操作，打开文件保存对话框，将文件命名为 Temperature measure. vi 并保存。

4）运行程序。在前面板窗口执行 Operate→Run 操作，运行虚拟仪器，如图 6-43 所示。

2. 虚拟电子秤

（1）虚拟电子秤系统组成

一定环境下测量重量的问题，在现实生活中的各个方面得到广泛的应用，而传统的测量仪器不仅仪器本身存在较大的误差，而且其显示的结果主要靠人眼用目测的方法读出，精度低，采集到的信息还必须通过操作员加以整理、计算，费时费力，因而结果往往与理论值有较大范围的出入。对比于传统仪器，用虚拟仪器测量有许多无法比拟的优点，比如进行远程采集、自动分析数据、网络共享、其他功能扩充等。

本系统通过传感器得到反映重量信息的模拟电压信号后，经过调理电路滤波放大处理后，经 VI 采集卡送入电脑处理显示并保存，其程序流程图如图 6-45 所示。

理论上，传感器上产生的信号不可避免地有一些干扰信号，而且采集卡采集数据时也有一定的误差，因此采集的数据与真实的数据多少会有一定的出入。采用多次测量求平均值的方法能够更好的接近真实值，可把它作为真实值。但实际应用中，尤其是在精度要求不高的情况下，没有必要进行这种大规模的资源的浪费，因为现在的测量技术已经相当先进，误差完全能够控制在人们可以接受的范围内，也就是说采集一个数据就足够了。因此在本设计中，共采集两组数据：一组为数组，处理后取平均值作为真实值；另一组则为一个数据，当作测量值处理，然后再对其求误差。

本系统量程为 5kg，相对误差≤0.01g。

（2）虚拟电子秤程序设计

因程序较复杂，可用主子程序分块设计的方法。主程序由数据输入、数据处理、超重报警、判断保存 4 个子 VI 构成。

1）主面板和主程序框图。主面板和主程序框图分别如图 6-46 和图 6-47 所示。

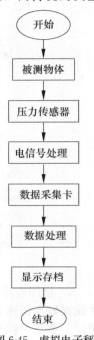

图 6-45 虚拟电子秤
系统构成

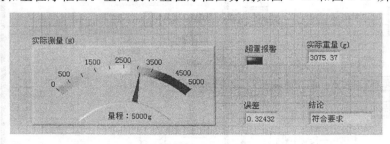

图 6-46 主程序面板图

2）数据输入子 VI。经数据输入子 VI 得到从采集卡上传来的数据信息，送数据处理子 VI 处理后，输出实际重量，并计算误差值。然后送判断保存子 VI 进行判断保存，并将得出的结论送出进行显示。如果超出了电子秤的量程（5kg）系统将发出嘟嘟的报警声，并且超重指示灯亮，以提示使用者。数据输入子 VI 的程序框图如图 6-48 所示。

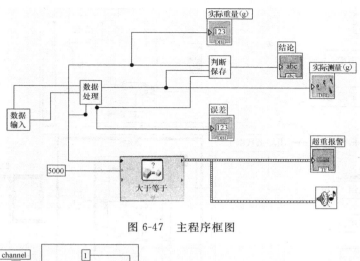

图 6-47　主程序框图

图 6-48　数据输入子 VI 程序框图

从数据采集卡上输入数据到 LabVIEW 仪器程序，输入的数据为一组采样数据和测量值。

3）数据处理子 VI。数据处理子 VI 的主要作用是将超过正常范围的数据用合理的数据代替，最后得出真实值，并与测量值比较，算出误差。产生超过正常范围数据的主要原因是由于传感器上产生的信号有一定的干扰，导致数据采集卡采集的数据有误差。多取些数据，然后取平均值，则可最大限度上与真实值接近，因此可把它作为真实值显示。如果是超过正常范围，可以设置一个上限和一个下限，若在其区域内则合理，否则用均值代替，然后根据重量 $y(g)$ 与电压 $x(v)$ 的关系 $y=25x$ 转换电压。数据处理子程序流程图如图 6-49 所示，数据处理子程序框图如图 6-50 所示。

4）判断保存子 VI。判断保存子 VI 的主要作用是采集程序运行的当前时间，得出的结论，并将这些和实际重量、测量重量、误差一起写入 c:\kg 文件中，如果输入误差大于 0.01，则判断为不符合要求，反之则合理。判断保存子 VI 的程序框图如图 6-51 所示。

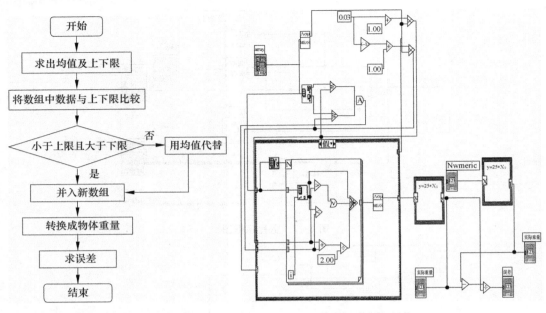

图 6-49　数据处理子程序流程图　　　　图 6-50　数据处理子程序方框图

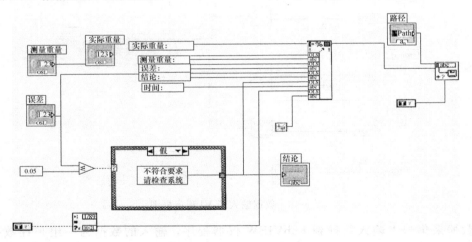

图 6-51　保存子 VI 的程序框图

主要函数说明如下：

Get date/time string：得到当前日期，并以字符串格式输出。

Format into string：其作用为将输入的数字转换成字符。

Write characters to file.vi：其作用为保存数据到 c:\kg。

习题与思考题

6-1　什么是智能传感器？传感器的智能化主要包括什么内容？

6-2　传感器智能化的途径有哪些？

6-3　微型传感器的特点是什么？

6-4 简述现场总线的定义及含义。

6-5 简述现场总线的体系结构。

6-6 在现场总线系统的发展过程中，主要有哪些代表性的总线系统？

6-7 现场总线系统的主要特征和优点有哪些？

6-8 简述虚拟仪器的构成及特点。

6-9 LabVIEW 应用程序由哪几部分组成？

第**7**章

自动检测系统的设计

7.1 自动检测系统设计原则及步骤

7.1.1 自动检测系统设计原则

自动检测系统主要用于对生产设备和工艺过程进行自动监视和自动保护，并且无论是传统的检测系统，还是自动检测系统，均包含一定的硬件系统和软件系统，但是根据检测任务不同，对检测系统的要求也不同，在设计、综合和配置检测系统时，应考虑以下要求。

1）性能稳定：即系统的各个环节具有时间稳定性。

2）精度符合要求：精度主要取决于传感器、信号调节采集器等模拟变换部件。

3）有足够的动态响应：现代检测中，高频信号成分迅速增加，要求系统必须具有足够的动态响应能力。

4）具有实时和事后数据处理能力：能在实验过程中处理数据，便于现场实时观察分析，及时判断实验对象的状态和性能。实时数据处理的目的是确保实验安全、加速实验进程和缩短实验周期。系统还必须有事后处理能力，待试验结束后能对全部数据做完整、详尽的分析。

5）具有开放性和兼容性：主要表现为检测设备的标准化。计算机和操作系统具有良好的开放性和兼容性。可以根据需要扩展系统硬件和软件，便于使用和维护。

基于以上要求，在设计自动检测系统时，应当遵循下述系列原则，以保证测量精度和满足所规定的使用性能要求。

1. 环节最少原则

组成自动检测系统的各个元件或单元通常称为环节。开环检测系统的相对误差为各个环节的相对误差之和，故环节愈多，误差愈大。因此在设计检测系统时，在满足检测要求的前提下，应尽量选用较少的环节。对于闭环测量系统，由于检测系统的误差主要取决于反馈回路，所以在设计此类检测系统时，应尽量减少反馈环节的数量。

2. 精度匹配原则

在对检测系统进行精度分析的基础上，根据各环节对系统精度影响程度的不同和实际可能，分别对各环节提出不同的精度要求和恰当的精度分配，做到恰到好处，这就是精度匹配原则。

3. 阻抗匹配原则

测量信息的传输是靠能量流进行的，因此，设计检测系统时的一条重要原则是要保证信息能量流最有效的传递。这个原则是由四端网络理论导出的，亦即检测系统中两个环节之间的输入阻抗与输出阻抗相匹配的原则。如果把信息传输通道中的前一个环节视为信号源，下一个环节视为负载，则可以用负载的输入阻抗 Z_L 对信号源的输出阻抗 Z_0 之比 $\alpha = |Z_L| / |Z_0|$ 来说明这两个环节之间的匹配程度。当 $\alpha = 1$ 或 $|Z_L| = |Z_0|$ 时，检测系统可以获得传送信息的最大传输效率。应当指出，在实际设计时为了照顾测量装置的其他性能，匹配程度 α 常常不得不偏离最佳值1，一般在 $3\sim5$ 范围内。

匹配程度 α 的大小决定了检测系统中两个环节之间的匹配方式。当 α 的数值较大，即负载的输入电阻较大时，负载与信号源之间应实现电压匹配；当 α 的数值较小，即负载的输入电阻较小时，两环节之间应实现电流匹配。当两个环节之间的输出电阻与输入电阻相同时，则取功率匹配，此时由信号源馈送给负载的信息功率最大。

4. 经济原则

在设计过程中，要处理好所要求的精度与仪表制造成本之间的矛盾。要尽量采用合理的结构与合理的工艺要求，恰当地进行各环节的灵敏度分配和误差分配，尽量以最少的环节、最低的成本建立起高精度的检测系统。在必要时，采用软件来取代硬件设备。可以降低成本、提高精度、拓展功能。

5. 标准化与通用性原则

为缩短研制周期，便于大批量生产和使用过程中的维修，在设计中应尽量采用已有的标准零部件，对新设计的零部件也要考虑到今后在其他方面可能使用的通用性问题。

7.1.2　自动检测系统的设计步骤

自动检测系统设计的一般步骤包括：自动检测系统的分析、系统总体方案的设计、系统硬件设计、系统软件设计、系统集成等。

1. 自动检测系统的分析

检测系统的分析是确定系统的功能、技术指标及设计任务，是设计检测系统总方向的重要阶段，主要是对要设计的系统运用系统论的观点和方法进行全面的分析和研究，以便明确对本设计课题提出了哪些要求和限制，了解被测对象的特点、所要求的技术指标和使用条件等。以下仅就几个主要方面作简要说明。

（1）首先明确检测系统必须实现的功能和需要完成的测量任务

这包括被测参数的定义和性质、被测量的数量、输入信号的通道数、测量结果的输出形式等。从能量的观点考虑，被测参数的性质可以分为两种，一种是压力、流量、液位、温度、电流之类直接与能源相关的有源参数；另一种是长度、浓度、电阻等与能源无直接关系的无源参数。在检测有源参数时，一般可直接利用被测对象本身的能源，但当被测对象本身不具有足够大的能量时，容易产生测量误差，这时必须注意选择适当的检测方法。在检测无源参数时，需要从外部供给必要的能源，而且通常采用零位法或比较法等检测方法。

（2）了解设计任务所规定的性能指标

为了明确设计目标，应当了解对于被测参数的测量精度、测量速度、极限变化范围和常用测量范围、分辨率、动态特性、误差等方面的要求，以及对于仪器仪表的检测效率、通用程度和可靠性等要求。

（3）了解测量系统的使用条件和应用环境

首先应当了解在规定的使用条件下，存在哪些影响被测参数的其他因素，以便在设计时设法消除其影响。在车间条件下使用的测量装置，一般应考虑到温度、湿度、电磁场等环境条件的影响，甚至考虑设置必要的防尘、防油、防水等密封装置及其他屏蔽措施。对于直接用于生产过程中的在线检测系统，在设计时还应考虑到现场安装条件、运行条件以及对信号输出形式（显示、记录、远传或报警等）的要求。

2. 自动检测系统总体方案的设计

在检测系统分析的基础上，明确设计目标之后，即可进行总体方案的构思与设计。所谓总体设计，是从总体角度出发对自动检测系统的带有全局性的重要问题进行全面考虑、分析、设计和计算。总体设计包括系统的控制方式选择、输入输出通道及外围设备的选择、系统结构等几个方面。

（1）确定系统的控制方式

自动检测系统的控制方式根据被测对象测试要求确定，其控制方式如果按照信号传输方

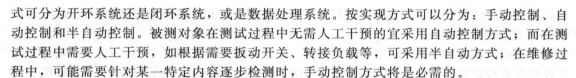

式可分为开环系统还是闭环系统，或是数据处理系统。按实现方式可以分为：手动控制、自动控制和半自动控制。被测对象在测试过程中无需人工干预的宜采用自动控制方式；而在测试过程中需要人工干预，如根据需要扳动开关、转接负载等，可采用半自动方式；在维修过程中，可能需要针对某一特定内容逐步检测时，手动控制方式将是必需的。

（2）输入、输出通道及外围设备的选择

自动检测系统中与计算机相连的输入输出通道，通常根据被测对象参数的多少来确定，并根据系统的规模及要求，配以适当的外围设备，如打印机、CRT、磁盘驱动器、绘图仪等。选择时应考虑以下一些问题：

1）被测对象参数的数量；

2）各输入、输出通道是串行操作还是并行操作；

3）各通道数据的传输速率；

4）各通道数据的字长及选择位数；

5）对显示、打印的要求。

（3）系统结构选择

自动检测系统结构设计需要综合考虑散热、电磁兼容性、防冲震、维护性等。创造使设备正常、可靠地工作的良好环境。具体要求如下：

1）充分贯彻标准化、通用化、系列化、模块化要求；

2）人机关系谐调，符合有关人机关系标准，使操作者操作方便、舒适、准确；

3）设备具有良好的维护性，需经常维修的单元必须具有良好的可拆性；

4）结构设计必须满足设备对强度要求，尽量减少重量，缩小体积；

5）尽量采用成熟技术，采用成熟、可靠的结构形式和零、部件；

6）造型协调、美观、大方、色彩宜人。

根据使用场地和用途的不同需求，可采用固定机柜式、移动方舱式和便携机箱式等多种结构形式。

（4）画出系统原理图

基于以上方案选择之后，要画出一个完整的自动检测系统原理框图；其中包括各种传感器、变送器、外围设备、输入输出通道及微型计算机。它是整个系统的总图，要求简单、清晰、明了。

3. 自动检测系统硬件的设计

（1）微型计算机的选择

微型计算机是自动检测系统的核心，对系统的功能、性能价格及研发周期等起着至关重要的作用。一般根据系统要求的硬件和软件功能选择计算机类型。为了加快设计速度，缩短研制周期，应尽可能采用熟悉的机型或利用现有系统进行改进。

目前自动化领域应用较广的计算机产品种类很多，常用的有 PC 和单片机两种。在选择时，首先应根据系统具体要求，确定是采用现成的微机系统或者是采用某种微控制器芯片研制专用系统。一般情况下，如果控制系统要求图形显示，并用软盘或硬盘存储数据，以及要求汉字库支持系统，那么可以选用现成的 PC；如果检测系统没有这类要求，则可以选用微控制器（单片机）芯片组成专用系统。单片机是将 CPU、RAM、ROM、I/O 接口、CTC 电路等集成在一个芯片上的超大规模集成电路，甚至在有些微控制器上，还集成了 A/D 转换器、D/A 转换器和模拟多路开关等，它实际上是一个完整的微型计算机系统。与多芯片组成的微机相比，其体积小、功耗低、价格便宜，且具有功能较全、研制周期短、可靠性高等优点，所以适合智能仪器仪表及小型测控系统使用。而大型测控系统应选择工业控制机 (PC) 或高档微机作主机。

自动检测系统的许多功能与主机的字长、寻址范围、指令功能、处理速度、中断能力及功耗都有着密切关系，因此，在选择时应根据系统功能要求选择最适合的微型计算机作为主机，提高整个系统的性能价格比。

(2) 检测元件的选择

在确定方案的同时，必须选择好被测参数的测量元件。如何根据具体的检测目的、检测对象及检测环境合理地选用传感器，是在进行某个量的测量时首先要解决的问题。当传感器确定之后，与之相配套的测量方法和测量设备也就可以确定了。测量结果的成败，在很大程度上取决于传感器的选用是否合理。传感器必须根据以下原则进行选择：

1) 灵敏度。传感器的灵敏度越高，可以感知的变化量越小，即被测量有微小变化，传感器即有较大的输出。但灵敏度越高，与测量信号无关的外界噪声也容易混入，并且噪声也会被放大。因此，对传感器往往要求有较大的信噪比。

2) 线性范围。任何传感器都有一定的线性范围，在线性范围内输出与输入成比例关系。线性范围越宽，则表明传感器的工作量程越大。

3) 响应特性。传感器的响应特性必须在所测频率范围内尽量保持不失真。实际传感器的响应总有一定延迟，但延迟时间越短越好。

4) 稳定性。传感器的稳定性是指经过长期使用以后，其输出特性不发生变化的性能。影响传感器稳定性的因素是时间与环境。为了保证稳定性，在选用传感器之前应对使用环境进行调查，以选择合适的传感器类型。

5) 精确度。传感器的精确度表示传感器的输出与被测量真值的对应程度。因为传感器处于检测系统的输入端，因此，传感器能否真实地反映被测量，对整个检测系统具有直接影响。然而，传感器的精确度也并非越高越好，因为还要考虑到经济性。传感器精确度愈高，价格越昂贵，因此应从实际出发来选择传感器。

总之，除了以上选用原则以外，还应尽可能兼顾结构简单、体积小、重量轻、价格便宜、易于维修和便于更换等条件。

(3) 模拟量输入通道的设计

1) 数据采集通道的结构形式。在自动检测系统中，选择何种结构形式采集数据，是进行模拟量输入通道设计中首先要考虑的问题。图 7-1 所示给出两种结构形式。

对比图 7-1 所示两种结构，图 7-1a 由于各参数是串行输入的，所以转换时间比较长。但它的最大优点是节省硬件开销。这是目前应用最多的一种模拟量输入通道结构形式。图 7-1b 中，每个模拟量输入通道都增加了一个 S/H。其目的是可以采用同一时刻的各个参数，以便进行比较。

2) A/D 转换器的选择。一般根据被测对象的实际要求选择 A/D 转换器。A/D 转换器的位数不仅决定采集电路所能转换的模拟电压动态范围，也很大程度影响采集电路的转换精度。因此，应根据对采集电路转换范围与转换精度两方面要求选择 A/D 转换器的位数。实际应用中，应在满足系统要求的前提下，尽量选用位数比较低的 A/D 转换器。

3) 采样/保持器的选择。为了保证 A/D 转换器的稳定输出，要求在 A/D 转换期间被转换的模拟信号保持不变，因此，在 A/D 转换器前必须加设采样/保持器。由于采样/保持器在保持阶段一直保持着采样阶段结束时刻的输入模拟信号的瞬时值，因此，A/D 转换器只要在采样/保持器的保持阶段内进行和完成 A/D 转换，就能得到准确稳定的数字输出。

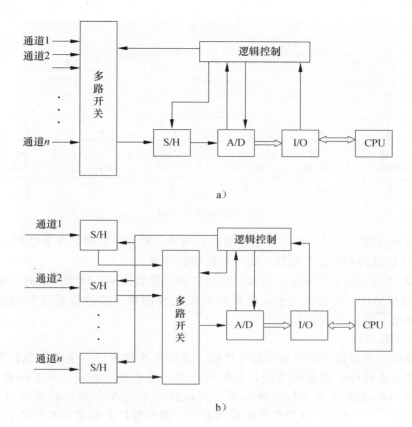

图 7-1 两种模拟量输入通道

目前，市场上除了有单独的多路模拟开关、采样/保持器、A/D 转换器等集成芯片外，也有把多路模拟开关和 A/D 转换器两者集成在一起的采集电路芯片，如 ADC0809，还有把多路模拟开关、采样/保持器和 A/D 转换器三者集成在一起的采集电路芯片，如 AD363、MAX1245/1246、MN715016 等。

（4）硬件调试

自动检测系统硬件电路可以先采用某种信号作为激励，然后通过检查电路能否得到预期的响应来验证电路是否正常。但是检测系统的硬件电路功能的调试没有相应的驱动程序很难实现。通常采用的方法是编制一些小的调试程序，分别对相应的各硬件单元电路的功能进行检查，而整个系统的硬件功能必须在硬件和软件设计完成之后才能进行。

4. 自动检测系统软件的设计

软件设计的质量直接关系到系统的正确使用和效率。软件的设计、开发、调试及维护常要花费巨大的精力和时间。一个好的软件应具有正确性、可靠性、可测试性、易使用性及易维护性等多方面的性能。

（1）软件的总体结构

当明确软件设计的总任务之后，即可进入软件总体结构设计。一般采用模块化结构，自顶向下把任务从上到下逐步细分，一直分到可以具体处理的基本单元为止，如图 7-2 所示。模块化的总体结构具有概念清楚、组合灵活、易于调试及连接等优点。

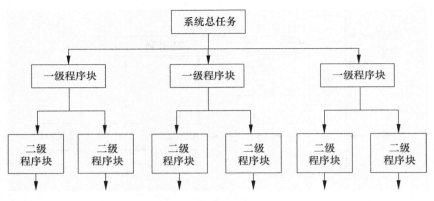

图 7-2 模块化结构

模块的划分有很大的灵活性，但也不能随意划分，划分时应遵循以下原则：

1）每个模块应具有独立的功能，能产生明确的结果。

2）模块之间应尽量相互独立，以限制模块之间的信息交换，便于模块的调试。

3）模块长度适中。若模块太长，分析和调试比较困难；若过短则模块的连接太复杂，信息交换太频繁，附加开销太大。

（2）软件开发平台

开发环境的任务是提供用户编写程序代码，编译和连接程序并生成可执行程序的环境。根据自动检测系统硬件组成形式不同，其软件开发环境也不尽相同。对于标准总线检测系统，只需选择一种高级语言进行编程，所以可以直接采用现有的商品程序开发环境，如LabVIEW、VC++、VB等，对于单片机检测系统，需要选择汇编语言或C语言进行开发。

（3）软件程序设计

软件程序设计是按照"自顶向下"的方法，不管检测仪器或系统的功能怎样复杂，分析设计工作都能有计划有步骤地进行。并且为了使程序便于编写、调试和排除错误，也为了便于检验和维护，总是设法把程序编写成一个个结构完整、相对独立的程序段，这就是所谓的一个程序模块。"自顶向下"的软件设计方法编写程序模块应遵守下列原则：

1）适当划分模块。对于每一个程序模块，应明确规定其输入、输出和模块的功能；

2）模块功能独立。一旦认定一部分问题能够归入一个模块之内，就不要再进一步设想如何来实现它，即不要纠缠细枝末节；

3）对每一个模块作出具体定义，包括解决某问题的算法、允许的输入输出值范围；

4）在模块中只有循环、顺序、分支三种基本程序结构；

5）可利用已有的成熟的程序模块。如加、减、乘、除、开方、延时程序、显示程序等。

（4）软件调试

为了验证编制出来的软件无错，需要花费大量的时间调试，有时调试工作量比编制软件本身所花费的时间还长。软件调试也是先按模块分别调试，直到每个模块的预定功能完全实现，然后再链接起来进行总调。自动检测系统的软件不同于一般的计算和管理软件，需要和硬件密切相关，因此只有在相应的硬件系统中进行调试才能最后证明其正确性。

（5）软件的运用、维护和改进

经过测试的软件仍然可能隐含错误。同时用户的要求也经常会发生变化。实际上，用户在仪表或整个系统未正式运行之前，往往并没有把所有的要求都提完全。当投运后，用户常

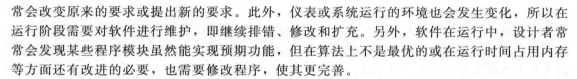

常会改变原来的要求或提出新的要求。此外，仪表或系统运行的环境也会发生变化，所以在运行阶段需要对软件进行维护，即继续排错、修改和扩充。另外，软件在运行中，设计者常常会发现某些程序模块虽然能实现预期功能，但在算法上不是最优的或在运行时间占用内存等方面还有改进的必要，也需要修改程序，使其更完善。

5. 系统集成

经过硬件、软件单独调试后，即可进入硬件、软件系统集成，即将硬件系统和软件系统集成在一起调试，找出硬件系统和软件系统之间不相匹配的地方，反复修改和调试，直至排除所有错误并达到设计要求。实验室调试工作完成以后，即可组装成机，移至现场进行运行和进一步调试。

7.2 检测系统中的抗干扰技术

来自于检测环境和其他复杂因素等，系统内外的干扰以某种渠道和方式进入检测系统，可使数据受干扰、检测结果误差加大、程序运行失常，严重时甚至使检测系统不能正常工作。因此，在设计检测系统时必须考虑各种干扰的影响，采取相关的抗干扰措施，以保证检测系统能最大限度地消除干扰对检测结果产生的影响。

7.2.1 检测系统中的干扰

1. 干扰的种类、噪声源及防护办法

在电子测量装置的电路中出现的无用信号称为噪声。当噪声电压影响电路正常工作时，该噪声电压就称为干扰电压。

噪声干扰来自于噪声干扰源，工业现场的干扰源形式繁多，经常是几个干扰源同时作用于检测装置，只有仔细地分析其形式及种类，才能提出有效的抗干扰措施。

（1）机械干扰

机械干扰是指机械振动或冲击使电子检测装置中的元件发生振动，改变了系统的电气参数，造成可逆或不可逆的影响。对机械干扰主要是用减振弹簧和减振橡胶来防护。

（2）化学及湿度干扰

化学物品如酸、碱、盐及其他腐蚀性气体侵入检测装置内部，腐蚀电气元件，产生电化学噪声。环境湿度增大，会使绝缘体的绝缘电阻下降，电介质的电介常数增大，电感线圈的Q值（电感线圈的品质因数）下降，金属材料生锈等。

在上述这种环境中工作的检测装置必须采取密封、浸漆、环氧树脂或硅橡胶封灌等措施来防护。

（3）热干扰

热量，特别是温度波动及不均匀温度场对检测装置的干扰主要体现在两个方面：

1）各种电子元件均有一定的温度系数，温度升高，电路参数会随之改变，引起误差。

2）接触热电动势。由于电子元件多由不同金属构成，当它们相互连接组成电路时，如果各点温度不均匀就不可避免地产生热电动势，它叠加在有用信号上就会引起测量误差。

对于热干扰，除了选用温度系数小的电子元件，在电路中采用适当的温度补偿措施外，还要注意降低仪器的环境温度，加强仪器内部散热，使前级敏感电路远离发热元件。另一防护办法是采用热屏蔽。所谓热屏蔽就是用导热性能良好的金属材料做成屏蔽罩，将敏感元件、前置电路包围起来，使罩内的温度场趋于均匀，有效地防止热电势的产生。

（4）固有噪声干扰

在电路中，电子元件本身产生的、具有随机性、宽频带的噪声称为固有噪声。最重要的固有噪声源是电阻热噪声、半导体散粒噪声和接触噪声。例如，电视机未接收信号时表现出的雪花干扰就是由固有噪声引起的。

（5）光的干扰

检测装置中的各种半导体元件对于光同样具有很强的敏感性。因为制造半导体的材料在光纤的作用下会形成电子空穴对，致使半导体器件产生电动势或使其电阻值发生变化，而影响测量结果。因此，半导体器件应封装在不透光的壳体内。对于具有光敏作用的元件，则应注意对光干扰的屏蔽。

（6）电、磁噪声干扰

在交通、工业生产中有大量的用电设备产生火花放电，在放电过程中，会向周围辐射出从低频到高频大功率的电磁波。无线电台、雷电等也会发射出功率强大的电磁波。上述这些电磁波可以通过电网，甚至直接辐射的形式传播到离这些噪声很远的检测装置中。在工频输电线路附近也存在强大的变电场和磁场，将对十分灵敏的检测装置造成干扰。

2. 干扰的传播

干扰源产生的干扰必须经过一定的传播途径才能进入检测系统。在实际中，从干扰源到被干扰检测系统的途径很多，寻找干扰源时必须具体问题具体分析。

（1）静电偶合

静电偶合又称电场耦合或电容耦合，它是由于各种导线之间、元件之间、线圈之间以及元件与地之间均存在着分布电容（也称寄生电容），使一个电路的电荷变化影响到另一个电路，从而干扰电压经分布电容通过静电感应耦合于有效信号。图 7-3 所示为静电偶合等效电路，U_1 表示静电干扰源输出电压，C_m 表示静电偶合的分布电容，Z_i 表示被干扰检测系统的等效输入阻抗，U_2 表示被干扰检测系统的静电偶合干扰电压。

（2）电磁耦合

电磁耦合又称互感耦合，它是由于两个电路之间存在互感，使一个电路的电流变化通过互感影响到另一个电路。例如，在检测系统内部线圈或变压器的漏磁是对邻近电路的一种很严重干扰；在检测系统外部当两根导线在较长一段区间平行架设时，也会产生电磁耦合干扰。在一般情况下，电磁耦合干扰可用如图 7-4 所示的等效电路表示，图中 I_1 表示噪声源电流，M 表示两个电路之间的互感系数，U_2 表示通过电磁耦合感应的干扰电压。

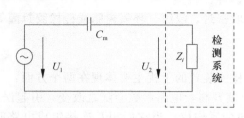

图 7-3　静电偶合等效电路

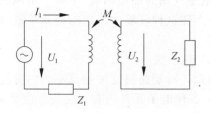

图 7-4　电磁耦合等效电路

（3）公共阻抗耦合

公共阻抗耦合的干扰是在同一系统的电路和电路之间、设备和设备之间总存在着公共阻抗。地线与地之间形成的阻抗为公共地阻抗。当一个电路中有电流流过时，通过共有阻抗便在另一个电路中产生干扰电压。在检测系统内部，各个电路往往共用一个直流电源，这时电

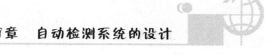
源内阻、电源线阻抗形成公共电源阻抗。当电流流经公共阻抗时，阻抗上的压降便成为噪声电压，如图 7-5 所示。

（4）漏电流耦合

漏电流耦合是由于绝缘不良，由流经绝缘电阻的漏电流所引起的噪声干扰。漏电流可以用图 7-6 所示等效电路表示，U_1 表示干扰源输出电压，R 表示漏阻抗，Z_i 表示被干扰检测系统的等效输入阻抗，U_2 表示被干扰检测系统的漏电流耦合干扰电压。

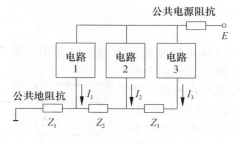

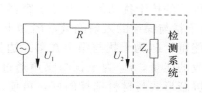

图 7-5 公共阻抗耦合等效电路   图 7-6 漏电流耦合等效电路

（5）辐射电磁场耦合

辐射电磁场通常来源于大功率高频电气设备、广播发射台、电视发射台等电能量交换频繁的地方。如果在辐射电磁场中放置一个导体，则在导体上产生正比于电场强度的感应电势。配电线特别是架空配电线都将在辐射电磁场中感应出干扰电势，并通过供电线路侵入检测系统的电子装置，造成干扰。

（6）传导耦合

在信号传输过程中，当导线经过具有噪声的环境时，有用信号就会被噪声污染，并经导线传送到检测系统而造成干扰。最典型的传导耦合就是噪声经电源线传到检测系统中。事实上，经电源线引入检测系统的干扰是非常广泛和严重的。

7.2.2 常用抗干扰技术

干扰的形成必须同时具备三项因素，即干扰源、干扰途径及对噪声敏感性较高的接收电路——检测装置的前级电路，三者的关系如图 7-7 所示。

图 7-7 形成干扰的三要素之间的关系

消除或减弱噪声干扰的方法可针对这三项因素，采取三方面的措施。

1）消除或抑制干扰源。积极的措施是消除干扰源，如使产生干扰的电气设备远离检测装置；将整流子电动机改为无刷电机；在继电器、接触器等设备上增加消弧措施等。

2）破坏干扰途径。对于以"路"的形式侵入的干扰，可采取诸如提高绝缘性能；采用隔离变压器、光耦合器等切断干扰途径；采用退耦、滤波等手段引导干扰信号的转移；改变接地形式消除共阻抗耦合的干扰途径等。对于以"场"的形式侵入的干扰，一般采取各种屏蔽措施，如静电屏蔽、磁屏蔽、电磁屏蔽等。

3）削弱接收回路对干扰的敏感性。高输入阻抗的电路比低输入阻抗的电路易受干扰，模拟电路比数字电路抗干扰能力差等。一个设计良好的检测装置应该具备对有用信号敏感，对干扰信号尽量不敏感的特性。

1. 屏蔽技术

屏蔽一般指的是电磁屏蔽。所谓电磁屏蔽,就是用电导率和磁导率高的材料制成封闭的容器,将受扰的电路置于该容器之中,从而抑制该容器外的干扰与噪声对容器内电路的影响。当然,也可以将产生干扰与噪声的电路置于该容器之中,从而减弱或消除其对外部电路的影响。屏蔽可以显著地减小静电(电容性)耦合和互感(电感性)耦合的作用,降低受扰电路的干扰与噪声的敏感度,因而在电路设计中被广泛采用。

(1) 屏蔽的原理

屏蔽的抗干扰功能基于屏蔽容器壳体对干扰与噪声信号的反射与吸收作用。图 7-8 中 P_1 为干扰与噪声的入射能量,P_1' 为干扰与噪声在第一边界面上的反射能量,P_2' 为干扰与噪声在第二边界面上被反射与在屏蔽层内被吸收的能量,P_2 为干扰与噪声透过第二边界面上的剩余能量。如果屏蔽形式与材料选择的好,可使由屏蔽容器外部进入其内部的干扰能量 P_2 明显小于 P_1,或者使屏蔽内部干扰源逸出到容器外面的干扰能量显著减小。

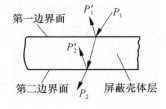

图 7-8　电磁屏蔽的作用

(2) 常用屏蔽技术

1) 静电屏蔽。在静电场中,密闭的空心导体内部无电力线,即内部各点等电位。静电屏蔽就是利用这个原理,以铜或铝等导电性良好的金属为材料,制作封闭的金属容器,并与地线连接,把需要屏蔽的电路置于其中,使外部干扰电场的电力线不影响其内部的电路,反之,内部电路产生的电力线也无法外逸去影响外电路。必须说明,作为静电屏蔽的容器器壁上允许有较小的孔洞(作为引线孔),它对屏蔽的影响不大。在电源变压器的一次侧和二次侧之间插入一个留有缝隙的导体,并将它接地也属于静电屏蔽,可以防止两绕组间的静电偶合。

2) 电磁屏蔽。电磁屏蔽也是采用导电良好的金属材料做屏蔽罩,利用电涡流原理,使高频干扰电磁场在屏蔽金属内产生电涡流,消耗干扰磁场的能量,并利用涡流磁场抵消高频干扰磁场,从而使电磁屏蔽层内部的电路免受高频电磁场的影响。

若将电磁屏蔽层接地,则同时兼有静电屏蔽作用。通常使用的铜质网状屏蔽电缆就能同时起电磁屏蔽和静电屏蔽的作用。

3) 低频磁屏蔽。在低频磁场中,电涡流作用不太明显,因此必须采用高导磁材料作屏蔽层,以便将低频干扰磁力线限制在磁阻很小的磁屏蔽层内部,使低频磁屏蔽层内部的电路免受低频磁场耦合干扰的影响。例如,仪器的铁皮外壳就起到低频磁屏蔽的作用。若进一步将其接地,又同时起静电磁屏蔽和电磁屏蔽作用。在干扰严重的地方常使用复合屏蔽电缆,其最外层是低磁导率、高饱和的铁磁材料,内层是高磁导率、低饱和的铁磁材料,最里层是铜质电磁屏蔽层,以便一步步地消耗干扰磁场的能量。在工业中常用的办法是将屏蔽线穿在铁质蛇皮管或普通铁管内,达到双重屏蔽的目的。

2. 接地技术

接地通常有两种含义:一是连接到系统基准地,二是连接到大地。

连接到系统基准地,是指各个电路部分通过低电阻导体与电气设备的金属底板或金属外壳实施的连接,而电气设备的金属底板或金属外壳并不连接到大地。

连接到大地,是指将电气设备的金属底板或金属外壳通过接地导体与大地连接。针对不同的情况和目的，可采用公共基准电位接地、抑制干扰接地、安全保护接地等方式。

（1）公共基准电位接地

测量与控制电路中的基准电位是各回路工作的参考电位，该参考电位通常选为电路中直接电源（当电路系统中的两个以上直流电源时则为其中一个直流电源）的零电压端。该参考电位与大地的连接方式有直接接地、悬浮接地、一点接地、多点接地等方式，可根据不同情况下组合采用，以达到所要求的目的。

1）直接接地。适用于大规模的或高速高频的电路系统。因为大规模的电路系统对地分布电容较大，只要合理地选择接地位置，直接接地可消除分布电容构成的公共阻抗耦合，有效地抑制噪声，并同时起到安全接地的作用。

2）悬浮接地（简称浮地）。悬浮接地是指各个电路部分通过低电阻导体与电气设备的金属底板或金属外壳连接，电气设备的金属底板或金属外壳是各回路工作的参考电位即零电平电位，但不连接到大地。悬浮接地的优点是不受大地电流的影响，内部器件不会因高电压感应而击穿。

3）一点接地。一点接地有串联式（干线式）接地和并联式（放射式）接地两种方式。串联式接地如图 7-9a 所示，构成简单而易于采用，但电路中 1、2、3 各个部分接地的总电阻不同。当 R_1、R_2、R_3 较大或接地电流较大时，各部分电路接地点的电平差异显著，影响弱信号电路的正常工作。并联式接地如图 7-9b 所示，各部分电路的接地电阻相互独立，不会产生公共阻抗干扰，但接地线长而多，经济性差。另外，当用于高频场合时，接地线间分布电容的耦合比较突出，而且当地线的长度是信号 1/4 波长的奇数倍时还会向外产生电磁辐射干扰。

4）多点接地。为降低接地线长度，减小高频时的接地阻抗，可采用多点接地的方式。多点接地方式如图 7-10 所示，各个部分电路都有独立的接地连接，连接阻抗分别为 Z_1、Z_2、Z_3。

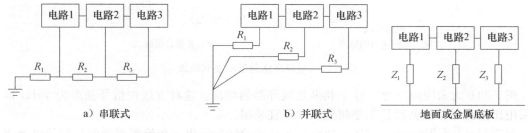

a）串联式　　　　　　　　b）并联式　　　　　　　地面或金属底板

图 7-9　一点接地方式　　　　　　　　　　图 7-10　多点接地方式

如果 Z_1 用金属导体构成，Z_2、Z_3 用电容器构成，对低频电路来说仍然是一点接地方式，而对高频电路来说则是多点接地方式，从而可适应电路宽频带工作的要求。

如果 Z_1 用金属导体构成，Z_2、Z_3 用电感器构成，对低频电路来说是多点接地方式，而对高频电路来说则是一点接地方式，既能在低频时实现各部分的统一基准电位和保护接地，又可避免接地回路闭合而引入高频干扰。

（2）抑制干扰接地

电气设备中的某些部分与大地连接，可起到抑制干扰与噪声的作用。如大功率电路的接地可减小电路对其他电路的电磁冲击与噪声干扰，屏蔽壳体、屏蔽网罩或屏蔽隔板的接地可避免电荷积聚引起的静电效应，提高抑制干扰的效果等。

抑制干扰接地从具体连接方式上讲，有部分接地和全部接地、一点接地与多点接地、直接接地与悬浮接地等类型。到底哪一种方式最适合，由于分布与寄生参数难以确定，常常无法用理论分析估计选择哪一种方式。因此，最好做一些模拟试验，以便设计制造时参考。

实际中，有时可采用一种接地方式，有时则要同时采用几种接地方式，应根据不同情况采用不同方式。

（3）安全保护接地

当电气设备的绝缘因机械损伤、过电压等原因被损坏，或无损坏但处于强电磁环境时，电气设备的金属外壳、操作手柄等部分会出现相当高的对地电压，危及操作维修人员的安全。

将电气设备的金属底板或金属外壳与大地连接，可消除触电危险。在进行安全接地连接时，要保证较小的接地电阻和可靠的连接方式，防止日久失效。另外要坚持独立接地，即将接地线通过专门的低阻导线与近处的大地连接。

3. 隔离技术

在测控电路系统中，尽管从各方面加以注意，但由于分布参数无法完全控制，常常会形成如图7-11a所示的寄生环路（特别是地环路），从而引入电磁耦合干扰。为此，在有些情况下，要采取隔离技术，以切断可能形成的环路，提高电路系统的抗干扰性能。

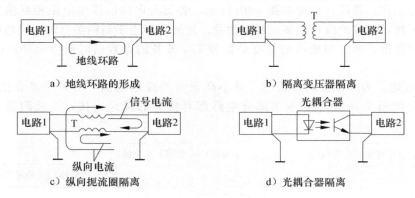

图 7-11　地线环路的形成及其隔离

图7-11b为采用隔离变压器 T 切断地线环路的情况。这种方法在信号频率为 50Hz 以上时采用比较合适，在低频特别是超低频时不宜采用。

图7-11c为采用纵向扼流圈 T 切断地线环路的情况。由于扼流圈对低频信号的电流阻抗小，对纵向的噪声电流却呈现很高的阻抗，故在信号频率较低及超低频时采用比较合适。

图7-11d为采用光电耦合器切断地线环路的情况。利用光耦合，将两个电路的电气连接隔开，两个电路用不同的电源供电，有各自的地电位基准，二者相互独立而不会造成干扰。

4. 滤波器

滤波器是一种只允许某一频带信号通过或阻止某一频带信号通过的电路，是抑制噪声干扰的最有效手段之一，能抑制经导线传导耦合到电路中的噪声干扰。

（1）交流电源进线的对称滤波器

任何使用交流电源的检测装置，噪声会经电源线传导耦合到测量电路中去。为了抑制这种噪声干扰，在交流电源进线端子间加装滤波器，如图7-12所示。其中，图7-12a为线间电压滤波器，图7-12b为线间电压和对地电压滤波器，图7-12c为简化的线间电压和对地电压

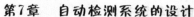

滤波器。这种高频干扰电压对称滤波器，对于抑制中波段的高频噪声干扰是很有效的。图 7-13为低频干扰电压滤波器电路，此电路对抑制因电源波形失真而含有较多高次谐波的干扰 很有效。

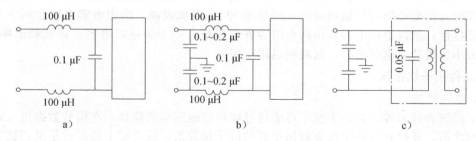

图 7-12 高频干扰电压对称滤波器

（2）直流电源输出的滤波器

直流电源往往是检测装置中几个电路公用的。为了减弱公用电源内阻在电路之间形成的 噪声耦合，对直流电源输出需加高低频成分的滤波器，如图 7-14 所示。

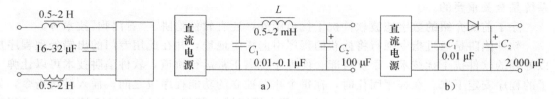

图 7-13 低频干扰电压滤波电路   图 7-14 高、低频干扰电压滤波器

（3）退耦滤波器

当一个直流电源对几个电路同时供电时，为了避免通过电源内阻造成几个电路之间互相 干扰，应在每个电路的直流电源与地线之间加装退耦滤波器，如图 7-15 所示。图 7-15a 是 RC 退耦滤波器示意图，图 7-15b 是 LC 退耦滤波器的示意图。应注意，LC 滤波器有一个谐 振频率，其值为

$$f_r = \frac{1}{2\pi\sqrt{LC}}$$

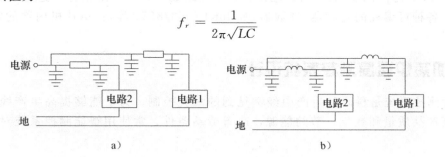

图 7-15 电源退耦滤波器

在这个谐振频率 f_r 上，经滤波器传输过去的信号，比没有滤波器时还要大。因此，必 须将这个谐振频率取在电路的通频带之外。在谐振频率 f_r 下滤波器的增益与阻尼系数 ξ 成 反比。LC 滤波器的阻尼系数为

$$\xi = \frac{R}{2}\sqrt{\frac{C}{L}}$$

式中，R 是电感线圈的有效电阻。

为了把谐振时的增益限制在 2 dB 以下，应取 $\xi > 0.5$。

对于一台多级放大器，各放大器之间会通过电源的内阻抗产生耦合干扰。因此，多级放大器的级间及供电必须进行退耦滤波，可采用 RC 退耦滤波器。由于电解电容在频率较高时呈现电感特性，所以退耦电容常由两个电容并联组成。一个为电解电容，起低频退耦作用；另一个为小容量的非电解电容，起高频退耦作用。

5. 软件抗干扰措施

（1）软件滤波

由于经济和技术等因素，干扰不可能通过硬件措施完全消除掉，在信号数据进入计算机正式使用之前，经过软件抗干扰会取得更好的抗干扰效果。软件抗干扰通常是采用数字滤波方法。

（2）系统软件抗干扰措施

干扰不仅影响检测系统的硬件，而且对其软件系统也会形成破坏。如造成系统的程序弹飞、进入死循环或死机状态，使系统无法正常工作。因此，软件的抗干扰设计对计算机检测系统是至关重要的。

除了前面介绍的数字滤波软件抗干扰措施外，还有软件陷阱、"看门狗"技术等。

软件陷阱是通过指令强行将捕获的程序引向指定地址，并在此用专门的出错处理程序加以处理的软件抗干扰技术。干扰可能会使程序脱离正常运行轨道，软件陷阱技术可以让弹飞了的程序安定下来。在程序固化时，在每个相对独立的功能程序段之间，插入转跳指令，如 LJMP 0000H，将程序存储器（EPROM）后部未用区域全部用 LJMP 0000H 填满，一旦程序"跑飞"进入该区域，自动完成软件复位。将 LJMP 0000H 改为 LJMP ERROR（故障处理程序），可实现"无扰动"复位。

"Watchdog"俗称看门狗，即监控定时器，是计算机检测系统中普遍采用的抗干扰和可靠性措施之一。"Watchdog"有多种用法，其主要的应用则是用于因干扰引起的系统程序弹飞的出错检测和自动恢复。它实质上是一个可由 CPU 复位的定时器，原则上由定时器以及与 CPU 之间的适当的输入/输出接口电路组成，如振荡器加上可复位的计数器构成的定时；各种可编程的定时器/计数器（如 Intel 8253/8254 等）；单片机内部的定时器/计数器等。

7.3 加热炉温度测控系统设计

温度测控系统是科研和生产中经常见到的一类控制。为了能够提高生产线的工作效率，提高产品质量和数量，节约能源，改善劳动条件，常使用智能测控系统对炉窑进行控制。

7.3.1 温度测控系统的设计要求与组成

1. 温度测控系统的设计要求

1）该系统被控对象为用燃烧天然气加热的 8 座退火炉，设置 8 路模拟量输入通道和 8 路模拟量输出通道。

2）能够进行恒温控制，也能按照一定的升温曲线控制，温度测量范围为 $0 \sim 1\,000\,℃$。

3）采用达林算法，可以实现滞后一阶系统没有超调量或有很少超调量。

4）采用 4 位 LED 数码管显示，一位显示通道数，三位显示温度。

5）具有超限报警功能。超限时，将发出声光报警信号。

6）有掉电保护功能，以防止在突发掉电事故时，能及时地保护重要的系统参数不丢失。

7）具有 16 个键码，10 个数字键，6 个功能键。

2. 温度测控系统的组成与工作原理

加热炉温度测控系统如图 7-16 所示。系统由主机、输入通道、输出通道、键盘、显示器及报警装置组成。

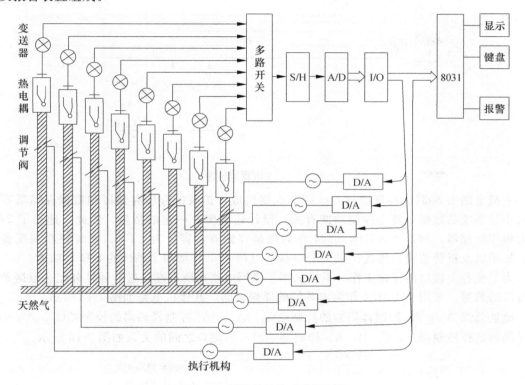

图 7-16 退火炉温控系统原理图

测控系统工作原理：被测参数温度值由热电偶测量后得到毫伏信号，经变送器转换成 0～5 V 电压信号；由多路开关把 8 座退火炉的温度测量信号分时地送到采样/保持器和 A/D 转换器，进行模拟/数字转换；转换后的数字量通过 I/O 接口传入到控制器。在 CPU 中进行数据处理（数字滤波，标度变换和数字控制计算）后，一方面送去显示，并判断是否需要报警；另一方面与给定值进行比较，然后根据偏差值进行控制计算。控制器输出经 D/A 转换器转换成 4～20 mA 电流信号，以带动电动执行机构动作。当采样值大于给定值时，把天然气阀门关小，反之将开大阀门。这样，通过控制进入退火炉的天然气流量，达到控制温度的目的。

7.3.2 温度测控系统的硬件电路

1. 主机电路

按照设计要求，可选用指令丰富、中断能力强的 MCS-51 单片机（8031）作为主机电路的核心器件。由 8031 组成的主电路如图 7-17 所示。

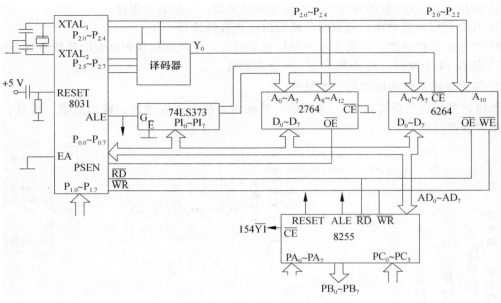

图 7-17　主电路系统图

　　主机电路由 8031、存储器和 I/O 接口电路组成，扩展的程序存储器和数据存储器容量的大小与系统的数据处理与控制功能有关，设计还要留有一定的裕量。因此，选用了 2764 作为程序存储器，容量为 8 KB，6264 作为数据存储器，容量为 8 KB。系统还必须配备键盘、显示以及报警装置，因此扩展了 I/O 接口电路 8255，增加了系统的 I/O 口功能。

　　为了使各个接口能正常工作，系统采用了译码电路对所有端口进行地址分配。根据系统中接口的数量，采用 74LS154 作为本系统的译码电路。其接口电路如图 7-18 所示。

　　地址总线 A_{15}，A_{14} 控制译码器的控制端 $\overline{G_1}$。A_{13}，A_{12} 控制译码器的控制端 $\overline{G_2}$。$A_{11} \sim A_8$ 接译码器选择控制端 D，C，B，A。译码器输出与各端口之间的关系如图 7-18 所示。

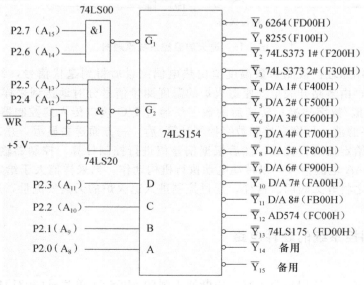

图 7-18　译码接口电路

2. 检测元件及温度变送器

根据退火炉的温度测量范围为0～1 000℃，检测元件选用镍铬－镍铝热电偶（分度号为K），其对应输出信号为0～41.264 3 mV。温度变送器选用集成一体化变送器，在0～1 010℃时对应输出为0～5 V。根据要求本系统使用12位A/D转换器，因此，采样分辨度为1 010/4 096≈0.25℃/LSB。其温度-数字量对照见表7-1。

表7-1　温度-数字量对照表

温度/℃	0	100	200	300	400	500	600	700	800	900	1 010
热电偶输出/mV	0	4.10	8.14	12.21	16.40	20.65	24.90	29.13	33.29	37.33	41.66
变送器输出/V	0	0.49	0.98	1.47	1.97	2.48	2.99	3.50	4.00	4.48	5.00
A/D输出/H	000	191	322	4B3	64E	7F0	991	B33	CCD	E56	FFF

3. A/D转换器及数据采样

系统采用12位A/D转换器AD574与8031的接口电路，如图7-19所示。

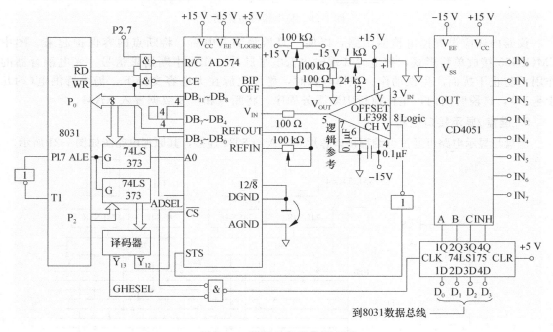

图7-19　数据采集系统原理图

由8031数据总线经74LS175控制多路开关的选择控制端C，B，A以及禁止锁存端INH，选择一路被测参数通过CD4051，送到采样/保持器的输入端。采样/保持器的工作状态由A/D转换器的转换结束标志STS的状态控制。当A/D转换正在进行时，STS输出高电平，经反相后，变为低电平，送到S/H的逻辑控制端，使S/H处于保持状态，此时A/D转换器开始转换。转换后的数字量由8031的数据总线分两次读到CPU寄存器。

转换结束后，STS由高电平变为低电平，反相后呈高电平，因而使S/H进入采样状态。

4. 掉电检测电路

如图7-20所示，掉电保护功能的实现有两种方案：1）选用E^2ROM，将重要数据置于其中；2）加接备用电池。稳压电源和备用电池分别通过二极管接于存储器的U_{cc}端，当稳压电源电压大于备用电池电压时，电池不供电；当稳压电源掉电时，备用电池工作。

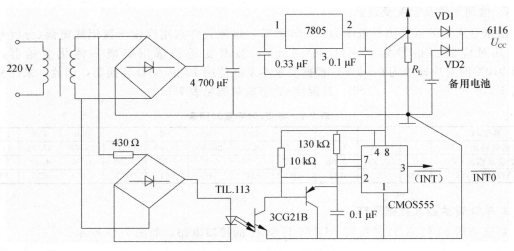

图 7-20　掉电检测电路图

　　仪器内还应设置掉电检测电路，以便一旦检测到失电后，将断点内容保护起来。图中 CMOS555 接成单稳形式，掉电时 3 端输出低电平脉冲，作为中断请求信号。光电耦合器的作用是防止干扰而产生误动作。在掉电瞬时，稳压电源在大电容支持下，仍维持供电（约几十毫秒），这段时间内，主机执行中断服务程序，将断点和重要数据置入 RAM。

5. 键盘/显示接口电路

　　键盘与显示电路可通过可编程接口芯片 8255A 与 8031 连接，其原理电路图如图 7-21 所示。

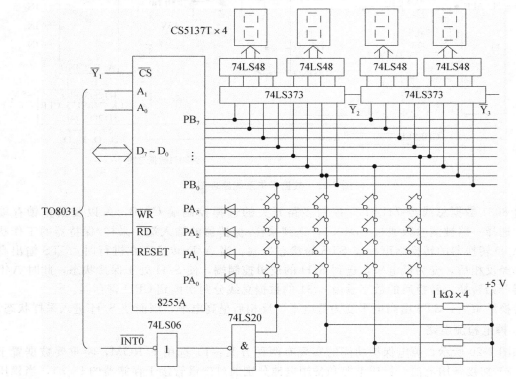

图 7-21　键盘/显示接口电路

为了使系统能够直观地显示其温度变化，系统设置了4位LED显示器。设显示缓冲单元位28 H和29 H；其显示器第一位显示通道号；第2～4位显示温度，最大为999℃。为了便于操作，显示方法设计成两种方式：1）自动循环显示，在这种方式下，计算机可自动地把采样的1#～8#退火炉的温度不间断地依次进行显示；2）定点显示，即操作人员可随时任意查看某一座退火炉的温度，且两种显示方式可任意切换。由图7-21看出，系统采用的是以74LS373作为锁存器的静态显示方法。74LS48为共阴极译码/驱动器，LED数码管采用的是CS5137T，8255A作为显示接口。

为了便于完成系统参数设置、显示方式选择、自动/手动安排，以及系统的启动和停止，系统设置了一个4×4矩阵键盘，其中，0～9为数字键，A～F为功能键。由图7-21可知，键盘接口采用8255A的PA_3～PA_0为行扫描接口，从B口的PB_3～PB_0读入列值，该系统键盘处理为中断方式。因此，8255A的B口工作在两种方式下：在显示状态下为输出方式；在键盘中断服务程序处理过程中为输入方式。

6. 报警电路

为了保证系统安全、可靠的运行，系统设计了报警电路，如图7-22所示。

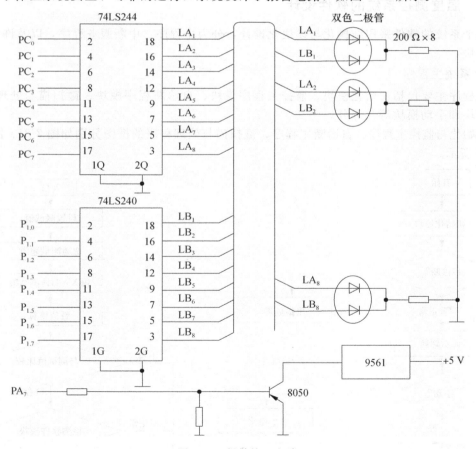

图7-22　报警接口电路

本系统选用的是声光报警电路，采用双色发光二极管进行安全显示，用8255A的PA7驱动晶体管8050，控制语音芯片9561带动喇叭发音，实现声音报警的目的。

双色发光二极管进行显示报警时，当 LA_i 为高电平，而 LB_i 为低电平时，发光二极管显示绿色；反之，当 LA_i 为低电平，而 LB_i 为高电平时，发光二极管显示红色；若两者均为高电平时，显示黄色。系统每个发光二极管指示一座退火炉，温度正常时显示绿色，高于上限值时显示红色，低于下限值时显示黄色。显示颜色的控制分别由 8255A 的 C 口和 8031 的 P1 口来实现。

7. D/A 转换电路

该系统还设有 8 路 D/A 转换电路，分别将处理器输出给各路的控制量转换成模拟量，送至对应的执行机构。A/D 转换器选用 8 路、双缓冲的 DAC0832，输出为 4～20 mA 电流信号。其中一路 D/A 转换电路如图 7-23 所示，其他 7 路类同。

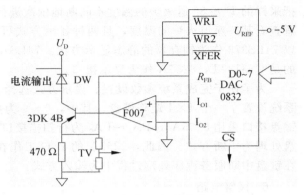

图 7-23　部分 D/A 转换电路图

7.3.3　温度测控系统的软件设计

整个系统的软件采用结构化与模块化设计，分为主程序、中断服务程序，以及许多功能独立模块。

1. 系统主程序

主程序主要包括初始化模块、监控主程序模块、自诊断程序模块、键扫描与处理模块、显示模块和手动模块等几部分。

初始化与监控主程序、自诊断主程序、键扫描与处理程序的框图分别如图 7-24、图 7-25、图 7-26 所示。

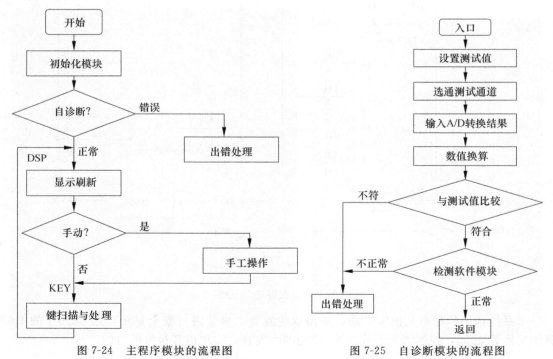

图 7-24　主程序模块的流程图　　　　图 7-25　自诊断模块的流程图

　　系统上电复位之后，单片机首先进入系统的初始化模块，该模块的主要任务是设置堆栈指针、初始化 RAM 工作区及通道地址、设置中断和开中断等，模块流程如图 7-27 所示。由于本系统通道比较多，而且采样数据为 12 位（双字节），加上一些给定值，如温度上、下限报警给定值，控制曲线设定值等，所占内存单元较多，因此，该系统将同时使用内部 RAM 及外部 RAM。本系统的采样周期为 5 s，对于这样长的定时时间只用一个定时器是不够用的。因此，采用两个定时器串联的方法，即设 T_0 为定时方式 1，定时的时间间隔为 100 ms，时钟频率选 6 MHz。代入公式 $T=(2^{16}-X)\times12\times1/f_{osc}$，可得出 T_0 应装入的时间常数 X＝3 CB0H，可分别装入 TH_0 和 TL_0。设 T_1 为计数方式 2，计数值为 50（即 32 H）。为了能对 T_0 定时中断次数进行比较，用 P1.7 引脚通过一个反相器接到 T_1 引脚。当定时时间到，将 P1.7 反相后，加到 T_1 引脚作为计数脉冲，需要定时两次才能构成一个完整的计数脉冲。因此，设 T_1 的计数值为 25，因此 T_1 的计数常数为 231（E7H）。这样，当计数器 T_1 计数满后，即可产生 5 s 中断申请。

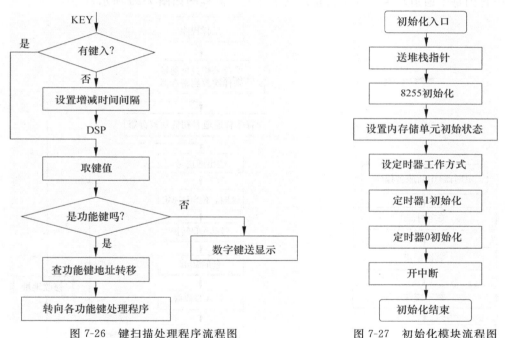

图 7-26　键扫描处理程序流程图　　　　　　图 7-27　初始化模块流程图

　　然后程序进入自诊断模块，在该模块中，先由程序自身设置一个测试数据，由 D/A 转换器转换成模拟量输出，在将多路开关、放大器和 A/D 转换器转换成数字量后送入 CPU，CPU 把得到的数据与原来设定的数据相比较，如两者的差距在允许范围之内，表明自诊断正常，程序可以进行；否则出错，表明仪器工作不正常，发出警告，等待及时处理。如诊断正常，程序进入显示模块，进行动态测量数据的刷新显示。然后程序判断是否进行手动操作，手动操作是在仪器部分功能失灵时人工干预的一种操作功能。如不进行手动操作，则进入键扫描与处理模块，等待接受按键并进行相应处理，然后回到显示模块的入口，程序周而复始地循环进行下去。

　　在键盘扫描和处理程序中，程序首先判断是否有键键入，如果有键键入，则求键值。然后判断被按下的键是数字键还是功能键。如果是数字键，则送显示缓冲区，供显示；如果是功能键，即转到相应的功能键处理程序，完成功能操作。

2. 定时采样处理中断服务程序

定时器采样处理中断服务程序即 5s 定时中断服务程序，主要包括：数据采集、数字滤波、标度变换、报警处理、显示通道号及温度、直接数字控制计算和控制输出等。其流程图如图 7-28 所示。

本程序的基本思想是 8 个通道按功能模块逐个地处理。如先采样全部数据，再完成各个通道的数字滤波等等，直到控制输出。所以采用模块设计方法，即每一个功能设计成一个模块。这样让程序一是比较简单，二是采集数据存放、处理均比较方便。因此，在中断服务程序中，只需按顺序调用各功能模块子程序即可。下面介绍几个常用的模块。

（1）数据采集模块

数据采集程序的主要任务是巡回检测 8 个退火炉的温度参数，并把它们存放在外部 RAM 指定单元。巡回检测的方法是先把 8 个通道各采样一次，然后再采样第二次、第三次……直到每个通道均采样 5 次为止。其采样程序流程图如图 7-29 所示。

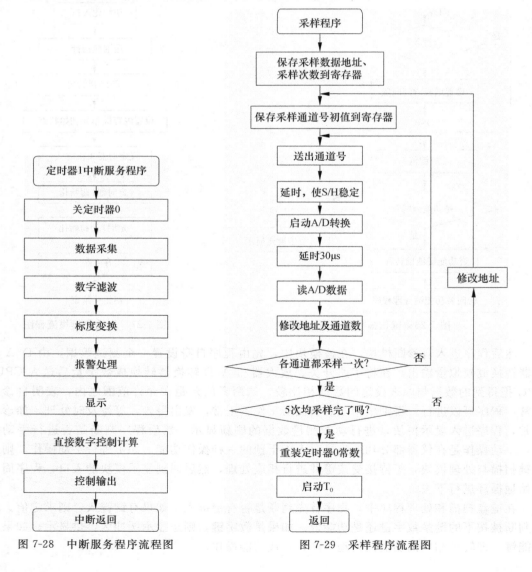

图 7-28　中断服务程序流程图　　　　图 7-29　采样程序流程图

（2）报警处理模块

其报警程序流程图如图 7-30 所示。该程序基本思想是：设 8 座退火炉上、下限报警值分别与检测值比较，并将相应的报警标志位置位。

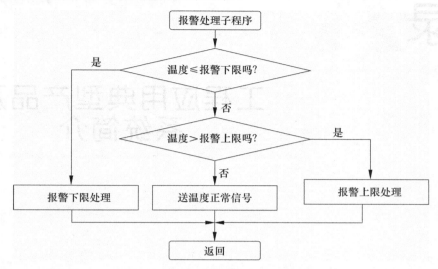

图 7-30 温度报警处理程序流程图

其他一些程序，如数字滤波、标度变换、线性化处理、数字控制器以及掉电保护等程序，编写方式类似，读者可自行编写，这里就不再赘述。

习题与思考题

7-1 简述检测系统设计原则。

7-2 软件设计包括哪几个环节？模块化设计的好处是什么？

7-3 自动检测系统的设计大致要经历哪几个阶段？试对各阶段内容作简要叙述。

7-4 常见的噪声干扰有哪几种？如何防护？

7-5 屏蔽原理是什么？屏蔽有几种类型？各起什么作用？

7-6 接地有几种类型？各起什么作用？

7-7 在一热电动势放大电路的输入端，测得热电动势为 10 mV，串模干扰信号电压有效值为 1 mV。

（1）求施加在该输入端信号的信噪比。

（2）要采取什么措施才能提高加在该放大器输入端的信噪比？

附录 A

工程应用典型产品及系统简介

A.1 变送隔离器件

A.1.1 H060S-103 智能型温度变送器

H060S-103 智能型温度变送器是由翰司纬仪表公司研制的智能型变送器件,其外形如图 A-1 所示。

1. 产品性能

输入单通道或双通道热电偶、热电阻信号,变送输出隔离的单路或双路线性的电流或电压信号,可提高输入、输出、电源之间的电气隔离性能。输入、输出、电源端子可插拔,信号类型可编程。

液晶显示输入、输出信号类型和输入、输出测量值。

2. 产品特点

1) 液晶显示窗放大镜设计,双行四位显示,浮点小数,显示更加直观清晰。

2) 编程接口在前面板上,手持编程器或计算机 U 口编程,直接向模块供电,模块无须供电即可编程,编程方便。

3) 智能化设计,数字化调校,无电位器,自动点校准。

图 A-1 H060S-103 智能型温度变送器外形图

3. 基本参数

1) 传输精度:$< \pm 0.2\% \times FS$。

2) 输出负载能力:$< 300\ \Omega(4 \sim 20\ mA)$
$> 1\ M\Omega(1 \sim 5\ V)$

3) 温度漂移:$< 50 \times 10^{-6}/℃$。

4) 介电强度(输入/输出/通信/电源之间):不小于 1 500 VDC,不小于 2 000 VAC。

5) 绝缘电阻(电源/输入/输出/通信之间):不小于 100 MΩ。

6) 显示分辨率:±末位 1 个字。

7) 冷端温度补偿准确度:±1℃(预热时间 30 min)。

8) 测量热电阻允许的引线电阻:$\leqslant 15\ \Omega$。

9) 环境温度:$-20 \sim +60℃$。

10) 相对湿度:$< 90\% RH$。

11) 供电电源:AC95-265 V DC18-32 V。

12) 电源功率:$\leqslant 1.8\ W$。

4. 选型方法

H060S-103 智能温度变送器型谱见表 A-1。

表 A-1 H060S-103 智能温度变送器型谱表

型谱						说明
H060S-103	□	□	□	□	□	智能型温度变送器
输入通道	A					单路输入
	D					双路输入
第一输出		1				4～20 mA
		2				1～5 V
		3				0～10 mA

（续）

型谱			说明
第一输出	4		0～5 V
	5		0～10 V
	6		0～20 mA
第二输出	N		无第二输出
	1		4～20 mA
	2		1～5 V
	3		0～10 mA
	4		0～5 V
	5		0～10 V
	6		0～20 mA
通信、报警功能	N		无通信报警功能
	T1		RS4B5 通信
	T2		RS232 通信
	A1		报警继电器输出（单输出）
	A2		报警继电器输出（双输出）
供电方式		A	交流 220 V
		D	直流 24 V

1）输入信号类型：

热电偶：R、S、B、K、E、J、T、N、W、L、U。

热电阻：Pt100、Cu100、Cu50、BA1、BA2。

输入、输出类型可编程设置，其他输入、输出类型另行特殊定制。

2）具有通信或报警功能的产品最多可选择一路电流或电压输出加通信或两路报警输出，其上限或下限报警方式可由编程器修改，默认为常开点输出，常闭需定制。

3）通信或报警功能不能共存，只能选其一。

5. 接线图

单通道、双通道热电阻、热电偶输入，单/双输出，单/双报警接线图分别如图 A-2 所示。

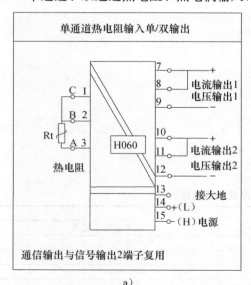
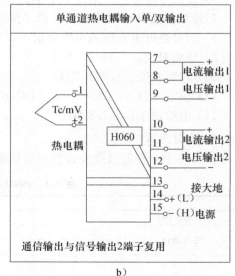

a)   b)

图 A-2　H060S-103 智能型温度变送器接线图

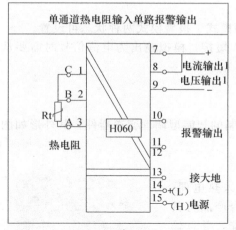

c)

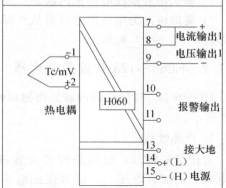

d)

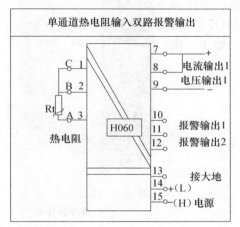

e)

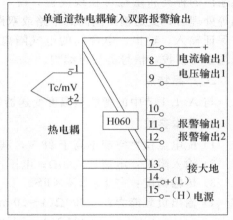

f)

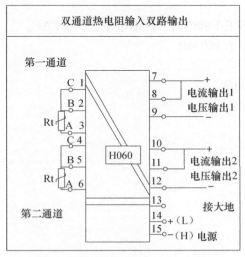

g)

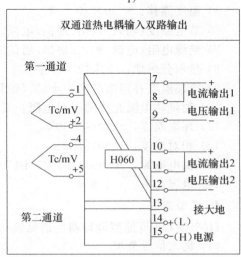

h)

图 A-2 （续）

6. 说明

1) 输入信号断线时的输出状态：输出状态有跟随模式、报警模式两种状态可设置。

2) 模拟输出为电压信号时需从外部将 7-8、10-11 短接，模拟输出为电流信号时需要从外部将 7-8、10-11 断开。

A.1.2　H060S-123 智能型调理器

H060S-123 智能型调理器是由翰司纬仪表公司研制的智能型调理变送器件，其外形如图 A-3 所示。

1. 产品性能

万用信号输入，通过编程器设置可使本产品输入热电偶、热电阻、电流、电压、二线制供配电等信号，同一台产品可具备温度变送器、隔离器、配电器、毫伏变送器等功能，并且输入输出的种类和量程可在线设置。输入的信号经运算、干扰抑制等处理后，变送输出隔离的单路或双路线性电流或电压信号，并保证输入、输出、电源间的电气隔离性能。输入、输出、电源端子可插拔，信号类型可编程。

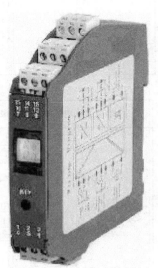

图 A-3　H060S-123 智能
型调理器外形图

2. 产品特点

与 A.1.1 节中的智能型温度变送器的相同。

3. 基本参数

1) 配电点位：空载不高于 28 V，满载不低于 22 V。

2) 输入阻抗：电流：$\leqslant 60\Omega$；电压：$\geqslant 1 M\Omega$。

3) 传输精度：$< \pm 0.2\% \times FS$。

4) 输出负载能力：$<300\Omega(4\sim20\ mA)$
$\qquad\qquad\qquad >1M\Omega(1\sim5\ V)$

5) 温度漂移：$<50\times10^{-6}/℃$。

6) 节电强度(输入/输出/通信/电源之间)：不小于 1 500 VDC，不小于 2 000 VAC。

7) 绝缘电阻(电源/输入/输出/通信之间)：不小于 100MΩ。

8) 显示分辨率：±末位 1 个字。

9) 冷端温度补偿准确度：±1℃(预热时间 30 min)。

10) 测量热电阻允许的引线电阻：≤15Ω。

11) 环境温度：−20～+60℃。

12) 相对湿度：<90%RH。

13) 供电电源：AC95−265 V　DC18～32 V。

14) 电源功率：≤1.8 W。

4. 选型方法

H060S-123 智能型调理器型谱见表 A-2。

(1) 输入信号类型

直流电流：0～10 mA、4～20 mA、0～20 mA

直流电压：0～5 V、1～5 V、0～10 V

热电偶：R、S、B、K、E、J、T、N、W、L、U

热电阻：Pt100、Cu100、Cu50、BA1、BA2、G

（2）输出信号类型

直流电流：0～10 mA、4～20 mA、0～20 mA

直流电压：0～5 V、1～5 V、0～10 V

表 A-2　H060S-123 智能型调理器型谱表

型描					说明
H060S-123	☐	☐	☐	☐	智能型调理器
输入通道	A				单通道
第一输出		1			4～20 mA
		2			1～5 V
		3			0～10 mA
		4			0～5 V
		5			0～10 V
		6			0～20 mA
第二输出			N		无第二输出
			1		4～20 mA
			2		1～5 V
			3		0～10 mA
			4		0～5 V
			5		0～10 V
			6		0～20 mA
通信功能				N	无通信功能
				T1	RS485
				T2	RS232
供电方式				A	交流 220 V
				D	直流 24 V

5. 接线图

输入分别为热电阻、热电偶、电流、电压、两线制、三线制变送器时，H060S-123 智能型调理器的接线图如图 A-4 所示。

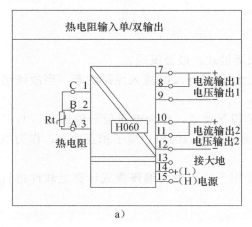

a)

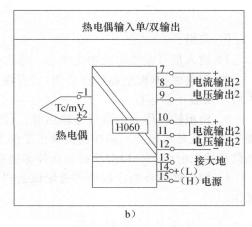

b)

图 A-4　H060S-123 智能型调理器的接线图

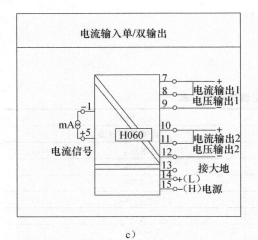

c)

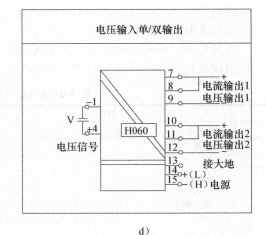

d)

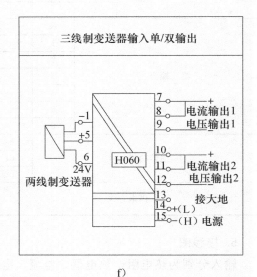

e)

f)

图 A-4 （续）

6. 说明

1）输入信号断线时的输出状态：输出状态有跟随模式、报警模式。

2）配电保护（配电器特有功能）：当输入端电流大于 30 mA 时进入保护状态，当故障消失后，仪表正常运行。

3）模拟输出作为电流信号输出时，（7）（8）端子相互独立，作为电压信号输出时（7）（8）端子必须从外部短接。同样模拟输出工作为电流信号输出时（10）（11）端子相互独立，作为电压信号输出时（10）（11）端子必须从外部短接。

4）如需修改参数或校准可选配该公司提供的专用手持式中文编程器或计算机软件进行操作。

A.1.3 GDB-F 频率变送器

GDB-F 系列频率变送器是由山东力创科技有限公司研制的变送器件，该系列产品可实现 0～100 kHz 范围内各量程的频率信号转为模拟量信号；输入可为 1 路或 2 路频率信号，通过隔离变换及 CPU 处理后，转换为 1 路或 2 路的 0/4～20 mA 或 0/1～5 V 标准直流信号输出；同时产品的输入、输出、电源三端隔离，产品具有高精度、高隔离、可靠性强等特点。该产品采用 DIN 导轨卡装式结构，插拔式端子接线，安装、维护方便，适用于各种工控监测系统等，可广泛应用于电力、通信、铁路、矿山、冶金、交通、仪表等行业。GDB-F 频率变送器外形如图 A-5 所示。

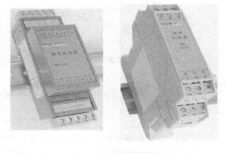

图 A-5　GDB-F 频率变送器外形图

1. 产品选型及参数表

GDB-F 系列频率传感器/变送器型谱见表 A-3，其型号及参数见表 A-4。

表 A-3　GDB-F 系列频率传感器/变送器型谱表

型号						说明
GDB	-□	□	□	□	□	□
产品类型	F						频率变送器
线制代号		1					单路输入
		2					2 路输入
结构类型			U1				10Pin 端子接线，35mmDIN 卡轨安装；116×30×48
			U4				4×3Pin 端子接线，35mmDIN 卡轨安装；100×114×17.5
输入类型				5			交流或脉冲信号
输出类型					1		电流 Iz：4～20 mA
					2		电流 Iz：0～20 mA
					3		电流 Iz：0～10 mA
					4		电压 Vz：1～5 V
					5		电压 Vz：0～10 V
					6		电压 Vz：0～5 V
辅助电源						3	单电源三隔离

表 A-4　GDB 系列频率变送器型号及参数表（在标准条件下测试）

产品型号	输出类型 x	精度等级	负载能力	温漂/($\times 10^{-6}$/℃)	结构形式	电源	工作温度/℃	输入频率标称值/Hz	输入电压范围
GDB-F1U15x3	1～6	0.2	5 mA/6 V	50	U1	+24 V	-10～60	45～55、40～60、50、60、100、200、500、1 k、2 k、5 k、10 k、20 k、50 k、100 k 等可选	5 V、12 V、24 V、60 V、10 V、220 V、500 V、各量程
GDB-F1U45x3	1～6	0.2	5 mA/6 V	50	U4	+24 V	-10～60		
GDB-F2U45x3	1～6	0.2	5 mA/6 V	50	U4	+24 V	-10～60		

注：1. 输出信号类型 x 代码含义请参见选型表相关内容。
　　2. 输入频率范围可 0～100 kHz 区间任意组合；输入电压范围 0～500 V 可选。

2. 端子定义图

GDB-F 系列频率传感器/变送器端子定义如图 A-6 所示。

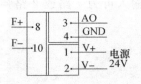
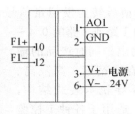
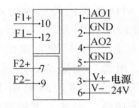

a）GDB-F1U1频率变送器　　　b）GDB-F1U4频率变送器　　　c）GDB-F2U4双路频率变送器

图 A-6　GDB-F 系列频率变送器端子定义及接线示意图

注：1. 实际端子定义及接线请参照产品侧面标签所示，以实际产品标签为准。

　　2. 变送器的电源、信号输入、信号输出三端隔离。

3. 主要技术指标

1）输入信号：交流正弦波或脉冲方波。

2）输入电压幅度范围：30％～120％电压标称值。

3）输入阻抗≥1kΩ/V。

4）短时输入过载能力：2 倍标称输入电压，可持续 1s。

5）输入规格：

- 输入频率标称值（Hz）：45～55、40～60、50、60、100、200、500、1k、2k、5k、10k、20k、50k、100k 等各量程可选。

- 输入电压范围：5 V、12 V、24 V、60 V、100 V、220 V、500 V 各量程。

6）输出规格：0～20 mA、4～20 mA、0～5 V、1～5 V、0～10 V 等标准直流信号；具体规格见产品标签。

7）输出负载能力：5 mA/6 V。

8）输出纹波：≤10 mV（有效值，输出负载为 200 Ω 时）。

9）精度：±0.2％FS。

10）响应时间：≤300 ms。

11）隔离耐压：2 500 VDC，1 min。

12）环境温度：−10～+60℃。

13）温度漂移：≤50×10^{-6}（−10～+60℃范围内）。

14）辅助电源：12 或 24 VDC±10％；具体规格见产品标签。

15）电源消耗电流：≤50 mA。

4. 注意事项

1）注意产品标签上的辅助电源信息，变送器的辅助电源等级和极性不可接错，否则将损坏变送器。

2）变送器为一体化结构，不可拆卸，同时应避免碰撞和跌落。

3）变送器在有强磁干扰的环境中使用时，请注意输入线的屏蔽，输出信号线应尽可能短。集中安装时，最小安装间隔不应小于 10 mm。

4）只能使用变送器的有效接线端，其他端子可能与变送器内部电路有连接，不能另图他用。

5）当输入量超过额定值时，输出量会被限制在最大约 1.2 倍额定输出值上。

6）该系列变送器内部未设置防雷击电路，当变送器输入、输出馈线暴露于室外恶劣气候环境之中时，应注意采取防雷措施。

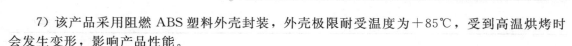

7) 该产品采用阻燃 ABS 塑料外壳封装，外壳极限耐受温度为＋85℃，受到高温烘烤时会发生变形，影响产品性能。

5. 输入、输出特性曲线

GDB-F 频率变送器的输入、输出特性曲线如图 A-7 和图 A-8 所示。

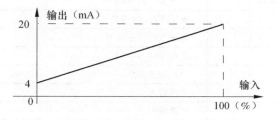

图 A-7 4～20 mA 输出特性曲线（电压、电流）

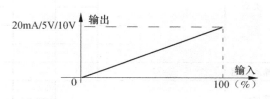

图 A-8 0～20 mA/5 V/10 V 输出特性曲线（电压、电流）

A.1.4 GDB-TR 热电阻信号隔离器

GDB-TR 热电阻信号隔离器是由山东力创科技有限公司研制的信号隔离器件，该系列产品采用 16 位高精度 AD 采集和数据处理技术、专业 MCU 控制器、非线性处理算法、特制隔离变送模块，隔离测量各型号的热电阻温度信号，并将其变换为 1 路或多路的 0/4～20 mA 或 0/1～5V 标准直流信号输出。具有高精度、高隔离、低功耗、低漂移、温度范围宽、抗干扰能力强等特点。

此类变送器的三端（输入端、输出端和电源）之间相互隔离，它们所有连接在输入端、输出端或电源上的组件皆不会相互干扰。

采用此类隔离模块，可同时解决现场多路信号的干扰问题，亦可将一路信号分配为相同或不同的多路相互隔离的信号，以实现多种设备同时采集、处理、输入信号，并有效为客户节省空间和成本。

该产品采用 DIN 导轨卡装式结构，插拔式端子接线，安装、维护方便，可广泛应用于电力、通信、铁路、矿山、冶金、交通、仪表等行业。其外形如图 A-9 所示。

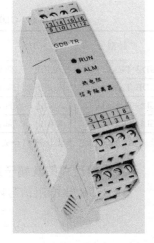

图 A-9 GDB-TR 热电阻信号隔离器外形图

1. 产品选型及参数表

GDB-TR 系列热电阻信号隔离/分配器型谱见表 A-5，其型号及参数表见表 A-6。

表 A-5 GDB-TR 系列热电阻信号隔离/分配器型谱表

	型号						说明
GDB	—□	□	□	□	□	□	□	
产品类型	TR						热电阻信号隔离/分配器
输入信号类型		1					CU50（－20℃～100℃）
		2					CU100（0～100℃）
		3					PT100（－100～500℃）
		4					PT500（－100～500℃）
		5					PT1000（－100～500℃）
		8					用户特定参数

(续)

型号				说明
输出信号类型		1		电流 Iz：4～20 mA
		2		电流 Iz：0～20 mA
		3		电流 Iz：0～10 mA
		4		电压 Vz：1～5 V
		5		电压 Vz：0～10 V
		6		电压 Vz：0～5 V
		8		用户特定参数
输入通道		1		单路输入
输出通道			1	单路输出
			2	双路隔离输出
结构类型			U5	4×4 Pin 端子接线，35 mmDIN 卡轨安装：100×114×22.5
			U5L	4×4 Pin 端子接线，35 mmDIN 卡轨安装：100×92×22.5
辅助电源			3	单电源三隔

表 A-6　GDB-TR 热电阻信号隔离器型号及参数表(在标准条件下测试)

产品型号	功能	输入标称值	输出标称值	精度等级	响应时间	负载能力	温漂/(PPM/℃)	结构形式	电源/V	工作温度/℃
GDB-TRxx11U53	1 入 1 出，三隔离	x：1～5	x：1～6	0.5/0.2	300	5 mA/6 V	150	U5	+24	−10～60
GDB-TRxx12U53	1 入 2 出，三隔离	x：1～5	x：1～6	0.5/0.2	300	5 mA/6 V	150	U5	+24	−10～60
GDB-TRxx11U5L3	1 入 1 出，三隔离	x：1～5	x：1～6	0.5/0.2	300	5 mA/6 V	150	U5L	+24	−10～60
GDB-TRxx12U5L3	1 入 2 出，三隔离	x：1～5	x：1～6	0.5/0.2	300	5 mA/6 V	150	U5L	+24	−10～60

注：输出信号类型 x 代码含义请参见选型表相关内容。

2. 外形尺寸图及端子定义图

GDB-TR 热电阻信号隔离器端子定义如图 A-10 所示。

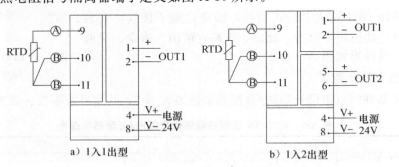

a) 1入1出型　　　　　　　　b) 1入2出型

图 A-10　GDB-TR 热电阻信号隔离器接线示意图

注：1. 如图，热电阻信号从 9、10、11 端输入，若现场热电阻与隔离器的距离很近，可用 2 线连接与 9、10 端子间，将 10 与 11 端子短接。

　　2. V＋为辅助电源正端，V—为辅助电源地。

　　3. 隔离器输入、输出、电源间相互隔离。

3. 主要技术指标

1) 输入信号与规格：CU50、CU100、PT100、PT500、PT1 000 等可选；具体温度范

围规格见产品标签。

2）精度等级：0~5/10 V 输出型±0.2%FS，0/4~20 mA 输出型±0.5%FS。

3）输出规格：0~20 mA、4~20 mA、0~5 V、1~5 V、0~10 V 等标准直流信号；具体规格见产品标签。

4）输出负载能力：电压输出型 5 mA；电流输出型≤350Ω。

5）输出纹波：≤10 mV（有效值，额定输出负载时）。

6）响应时间：≤300 ms。

7）隔离耐压：1 500 VDC，1 min。（电源输入、输出间）。

8）环境温度：−10~+60℃。

9）温度漂移：≤150×10^{-6}（−10~+60℃范围内）。

10）辅助电源：24 VDC±10%；具体规格见产品标签。

11）电源消耗电流：≤40 mA/60mA。

4. 注意事项

GDB-TR 热电阻信号隔离器的使用注意事项与 GDB-F 频率变送器的使用注意事项相同。

A.2 流量检测仪表

A.2.1 H050 多孔流量计

H050 多孔流量计是由翰司纬仪表公司研制的新型流量计，它是在传统节流装置的基础上改进而来的，孔板结构如图 A-11 所示。传统节流装置只是一个流体通孔，而 H050 多孔流量计设有多个流通孔，同时具有流体节流取压和标准流场整形的双重功能。几乎适用于所有流体测量，是传统差压式流体测量技术的又一次飞跃。它是一种非常可靠的节能型计量仪表，是传统节流装置的一种理想代替品。多孔流量计能解决各种工况企业在特殊工艺上对直管段要求限制的计量点使用，适用于蒸汽、天然气、空气、氮气、氢气、氨气、有机气体、双向流气体、液体测量。

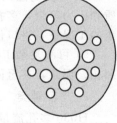

图 A-11 多孔流量计
孔板结构图

1. 产品特点

1）线性度高、重复性好。多孔流量传感器具有多孔对称结构特点，又有大量的检测数据表明多孔流量传感器能对流场进行平衡，减少了涡流，降低了振动和信号噪声，流场稳定性大大提高，使线性度比孔板提升了 5~10 倍，重复性达到 0.15%，从其综合性能来看，多孔流量计具有高端流量计性能，可以用于贸易计量。

2）直管段要求低。由于多孔流量传感器能使流场稳定，且压力恢复比传统节流装置快两倍，大大降低了对直管段的要求，其前后直管段一般为前 3D 后 1D，节省了大量直管段，尤其是特殊、昂贵的材料的管道。多孔流量计和标准节流装置直管段分别如图 A-12a 和图A-12b所示。

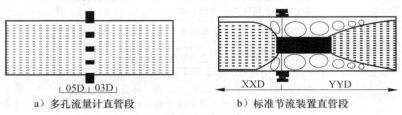

|05D|03D|　　　　XXD　　　YYD

a）多孔流量计直管段　　　　　b）标准节流装置直管段

图 A-12 多孔流量计和标准节流装置直管段

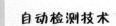

3）永久压力损失低。由于多空对称的平衡设计，减少了紊流剪切力和涡流的形成，降低了动能的损失，多孔流量计与标准节流装置的压力损失曲线如图 A-13 所示，由图可以看出在同样的测量工况下，比传统节流装置减少了 2.5 倍的永久压力损失，从而节省了相当大的运动能量成本，是一种节能型仪表。

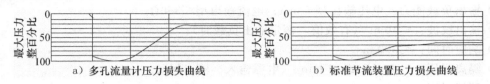

a）多孔流量计压力损失曲线　　　　b）标准节流装置压力损失曲线

图 A-13　多孔流量计和标准节流装置压力损失曲线

4）不宜堵。多孔对称的平衡设计，减少了紊流剪切力和涡流的形成，从而大大降低了滞留死区的形成，保证混合气体可以顺利通过多个节流孔，不宜堵塞可长期使用。

5）可直接替换传统节流装置。多孔流量传感器具有与传统节流装置安装尺寸相同的使用方法和外形，因此可以直接进行替换，不需要任何配管的变化和相关仪表的更改，很适合于工况企业能源计量点的改造，便于更换老式节流装置改为多孔流量计。

6）流量测量范围宽。实验结果表明：多孔流量计的最小雷诺数可低于 200，最大雷诺数大于 7×10^6；β 值可选 0.25～0.90。

7）长期稳定性好。由于多孔流量计紊流剪切力的明显减少，大幅度降低了介质与节流孔的直接摩擦，使其 β 值可以长期保持不变，整个仪表无可动部件，因此可以保持长期稳定。

8）可测高温高压介质。与传统节流装置一样，工作温度和压力取决于管道和法兰的材质和压力等级，多孔流量计工作温度可达 850℃，工作压力可达 42 MPa。在这种高温、高压的工况下，进口仪表和带温压补偿仪表都无法满足时，多孔流量计可以满足。

9）可测复杂工况介质。由于特殊的结构设计，使其具有特殊的性能，它可以进行气液两相、泥浆、甚至固体颗粒测量，多孔流量计可测双向流。

2. 产品种类

H050 多孔流量计产品种类见表 A-7。

表 A-7　H050 多孔流量计产品种类

1	管道式	DN15-DN800，带精密管道、取压装置和本体法兰，法兰与管道同材质，多孔传感器位于正中央，左右对称，可双向测量。适合各种工作情况下各种介质的精密测量，精度高，安装简单，维护方便	
2	对夹式	DN15-DN80，整体加工，多孔型传感器和取压装置 DN100-DN600，半整体加工，带多孔传感器和专用取压装置；DN700-DN3000，对夹法兰带取压装置、多孔传感器。多孔传感器处于结构中央，左右对称，可双向测量。适合各种工况下各种介质的精密测量，精度高，安装简单，维护方便	
3	焊接式	DN15-DN600，含精密测量管道、取压装置和多孔传感器；传感器放在正中央，左右对称，可双向测量 适合高温高压场合，直接焊接到工艺管道上	
4	双法兰式	DN50-DN1 000，法兰与管道同材质，双法兰取压，分普通双法兰、衬四氟、保温夹套三种款式。适用于黏稠、有毒，强腐蚀等需要隔离测量的液体、脏污及粉尘气体，需要保温的特殊场合	

3. 产品选型

产品型号各部分含义如图 A-14 所示。

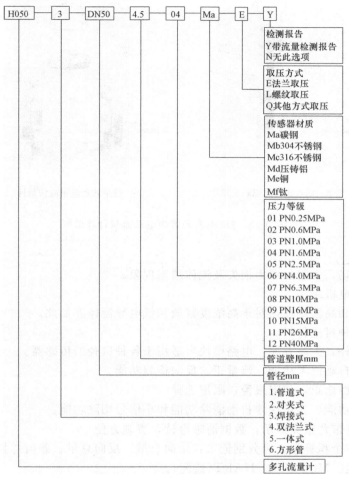

图 A-14　产品型号说明图

选型举例：

H050-1-50-4.5-04-Ma-E-Y 表示多孔流量计，管段式传感器，管径为 50 mm，管道壁厚 4.5 mm，压力等级 PN1.6，传感器材质为碳钢，传感器取压方式为法兰取压，出厂时带流量检测报告。

A.2.2　H056 系列智能电磁流量计

H056 系列智能电磁流量计是由翰司纬仪表公司研制的一种智能新型流量计，它采用自诊断及抑制噪声功能设计，现场不受工况及各种杂散干扰信号影响，历经严格的现场考验和测试而仍能保持稳定的运行性能，可广泛地应用于化工、环保、轻纺、冶金、矿山、医药、造纸、给排水、食品、制糖、酿造等工业技术和管理部门。

智能电磁流量计除可测量一般液体的流量外，还可测量液固两相流、高黏度液流及盐类、强酸、强碱液流的体积流量。其结构类型分为插入式和管道式两种，外形图如图 A-15 所示。

a）插入式智能电磁流量计　　　　　　b）管道式智能电磁流量计

图 A-15　H056 系列智能电磁流量计外形图

1. 产品特点

1）不破坏流场，无附加压力损失及流体堵塞现象。

2）高可靠性电极结构。

3）快速响应和高稳定性，对于高浓度浆液和低电导流体亦如此。

4）可采用多种衬里材料。

5）模块化设计，拆装方便，电路模块可适用于各种口径的传感器。

6）空管检测自动回零功能，流量正、反向检测功能。

7）多段非线性修正，超限报警，阻尼选择。

8）零位切除功能、零位误差自动清除功能和小信号切除功能。

9）宽温 LCD 带背景光显示，数据清晰可读，直观方便。

10）内部有三个积算器，可分别记录：正向总量、反向总量、差值总量。

11）网络功能：MODBUS、HART（选配）。

2. 主要技术参数

H056 智能电磁流量计的主要技术参数见表 A-8。

表 A-8　H056 智能电磁流量计的主要技术参数

	仪表口径	DN10-2800				
机械数据	法兰连接	符合 ISO7005-1 和 ANSIB6.5. DIN 标准（HG20593-97 标准）				
	工作压力	4.0 MPa	2.5 MPa	1.6 MPa	1.0 MPa	0.6 MPa　高于上述压力作为变形产品，可以定制
	环境温度	−40～＋60℃				
	绝缘等级	E				
	防护等级	IP65 防喷水型 IP68 潜水型				
	材料	测量管		电极		其他
		不锈钢 1Gr18Ni9Ti		标准：不锈钢 1Gr18Ni9Ti		哈氏合金 C、哈氏合金 B、钛、钽、铂（包覆）
	衬里	氯丁橡胶、聚乙烯、氯乙烯、一偏二氯乙烯、丙乙烯、聚四氟乙烯（PTFE）、聚全氟乙丙烯（FEP）、尼龙 1010、陶瓷				
	法兰	钢				
	外壳	钢板喷漆				

（续）

电气参数	励磁方式	1/16 工频(方式 1)、1/20 工频(方式 2)、1/25 工频(方式 3)	
	输入信号	来自传感器，与流量成正比	
	被测介质电导率	≥10 μs/cm	
	量程范围设定	通过按键设定最大流量	
	标准电信号输出	0～10 mA、4～20 mADC	
	数字频率输出	0～5 000 Hz	
	报警输出	ALMH——上限报警	ALML——下限报警
	电源电压	交流 85～250 V　45～63 HZ	直流 24 VDC(18～36VDC)
	功耗	≤20 W	
	防爆标志	Exmiad IICT4 md(ib)IIBT4	
测量精度	满量程流速 V≥.5 m/s 时	在 50%～100%流量之间为±0.3%FS	在 0%～50%流量之间为±0.5%FS
	满量程流速 V<0.5 m/s 时	在 0.3～0.5 m/s 流速之间为±0.3%FS	在 0～0.3 m/s 流速之间为±0.5%FS
	温度影响量	≤0.1%/10℃	
	再现性	满量程的 0.2%	
	电源电压影响量防护等级	≤0.2%/10%	

3. 工作原理

H056 智能电磁流量计的工作原理是以法拉第电磁感应定律为基础，利用电磁信号传感器对流量进行电信号检测转换，并通过电路处理单元对电磁信号传感器的输出信号进行处理、运算、显示。

当管道中导电液体通过电磁流量计时，被测液体在磁场中作切割磁力线运动，导体中即产生感应电压，如图 A-16 所示。

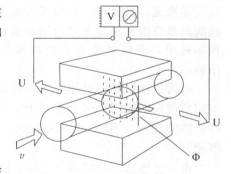

感应电压为 $U=KBvD$

式中，K 为仪表常数；

B 为磁感应强度；

v 为测量管截面内的平均流速；

D 为测量管内径。

测量流量时，电磁信号传感器中由于引入低频励磁电流，而在流体流动的管道截面上产生一个具有一定强

图 A-16　电磁流量计测量原理图

度的磁场，流体垂直于流动方向流过该磁场，使得导电性液体的流动感应出一个与平均流速成正比的电压，其感应电压信号通过固定在测量管管壁上的两个与液体直接接触的电极检测出，该信号通过电路处理单元进行放大、采样及抗干扰等处理后，获得与流量值呈良好线性关系的标准直流信号(4～20 mA)，同时，通过专用微型计算机及所建立的运算模型对信号进行再处理，实现精确地显示和各种准确的动作。

4. 流量计的选型应考虑要素

1) 传感器的标称口径(DN)，可从产品说明书的相关表格中查到。插入式传感器口径范围在 150～2 000 mm 内。口径选择方法相同；应保证当管道内介质实际最大流速小于

0.4 m/s时，适当缩小传感器口径。

2）电极材料名称，应选用耐介质腐蚀的金属作电极材料。

3）测量管衬里材料名称，按介质的腐蚀性、介质温度磨损性要求选择衬里材料。

4）传感器最高工作压力。

5）防爆等级。

6）防护等级。

7）接地环。

8）是否分离型，以及所需长度（若无说明，出厂按 10 m 配线）。

5. 流量计安装要求

传感器可以在运行管道的任何位置安装，优先选择垂直式安装，水平或倾斜安装时，两只电极的轴线必须处于水平位置。

流体流动方向必须与流向标记的箭头方向一致。

无论流体流动与否，测量管内必须始终充满液体，不允许有空管现象。

不应有铁磁性物质紧靠流量计。

传感器上游管段 5 DN（传感器内径）距离内不应有扰流件。挡板、阀门、弯头等应安装在至少距离传感器下游 2 DN 处，如图 A-17 所示。

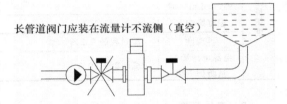

长管道阀门应装在流量计不流侧（真空）

泵流量计不要装在泵的吸入侧（真空）

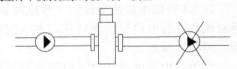

图 A-17　扰流件安装

安装时要保证密封件、接地环与传感器的测量管处于同心位置，避免发生旋涡流。

在搬运、吊装时，切忌用管或棒插入传感器的测量管内或用绳索穿过测量管吊装，避免损坏衬里，而应将绳索套在测量管的颈部处吊装。

对污染性严重的被测介质，传感器宜安装在前后带切断阀门的旁路管道上，以便在不中断流体的情况下用机械方法清洗。如图 A-18 所示。

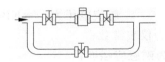

图 A-18　安装旁路管道

由于传感器测量管内的衬里对撞击、压力和真空比较敏感，因此传感器的安装位置应尽可能选择在不会发生真空的地方，由此推理，传感器不应装在管线的最高位置。

衬里的翻边面不应有损伤或被切掉，在搬运和安装时应妥善保护。根据订货要求配套提供的不锈钢接地环或防护板，安装时不要拆除。

由于过大的压力会使得衬里变形，因此在安装时，法兰螺栓不可任意强烈拧紧，而应该使用力矩扳手。

传感器的接地点必须是独立的，其他电气设备不允许连接到同一地线上。接地电阻应小于 10Ω。

传感器通常可直接安装在金属管道上而不需考虑接地措施。当附近有较强电磁干扰源时，应采取接地措施，如图 A-19 所示。

传感器安装塑料管道或内壁绝缘的管道上时，在传感器的出口和入口安装接地环，使测量接地与液体接通，如图 A-20 所示。

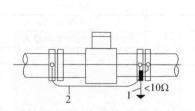

图 A-19　金属管道接地

1—测量接地；2—接地导线(16 mm² 铜线)

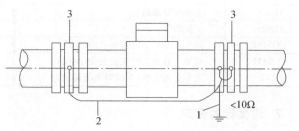

图 A-20　塑料或内壁绝缘管道接地

1—测量接地；2—接地导线(16 mm² 铜线)；3—接地环

传感器安装在阴极保护管道上，带有电蚀保护的管道通常里外绝缘，以使液体对地无导电性接地，如图 A-21 所示。

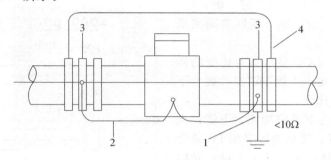

图 A-21　阴极保护导管接地

1—测量接地；2—接地导线(16 mm² 铜线)；3—接地环；4—连接导线(16 mm² 铜线)

对于分离型的电磁流量计，电路处理单元的外部连接线均采用屏蔽电缆。传感器接线时，应将信号线穿过锥形橡胶垫圈，以保证接线盒入口的密封性。接线方式如图 A-22 所示。

对于一体化的电磁流量计，传感器与电路处理单元的连接线在流量计内部已接好，无须用户连接。

流量计适用电源 220 VAC，50 Hz 或 24 VDC。输出 4～20 mA。与二次表连接，建议采用 RVVP3×28/0.15 屏蔽电缆。

6. 流量计接线与标示

H056 智能流量计接线端子如图 A-23 所示，各端子标示内容见表 A-9。

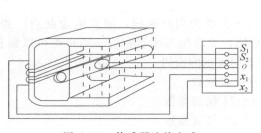

图 A-22　传感器连接方式

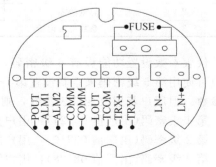

图 A-23　接线端子图

表 A-9　H056 智能电磁流量计端子

POUT	双向流量频率(脉冲)输出	TCOM	232 通信地
ALM1	上限报警输出	TRX+	通信输入
ALM2	下限报警输出	TRX−	通信输入
COMM	频率、脉冲、电流公共端(地线)	LN+	220 V 电源输入
COMM	频率、脉冲、电流公共端(地线)	LN−	220 V 电源输入
IOUT	流量电流输出(两线制电流输出)		

7. 流量计的设定

仪表上电时，自动进入测量状态。仪表自动完成各测量功能并显示相应的测量数据。在参数设置状态下，用户使用四个面板键完成仪表参数设置。流量计面板如图 A-24 所示。

(1) 按键功能

1) 自动测量状态下各键功能。上键：循环选择屏幕下行显示内容；复合键＋确认键：进入参数设置状态；确认键：返回自动测量状态。

在测量状态下，LCD 显示器对比度的调节方法，通过"复合键＋上键"或"复合键＋下键"来调节合适的对比度。

2) 参数设置状态下各键功能。下键：光标处数字减 1；上键：光标处数字加 1；复合键＋下键：光标左移；复合键＋上键：光标右移；确认键：进入/推出子菜单；连续按下两秒钟确认键：在任意状态，返回自动测量状态。

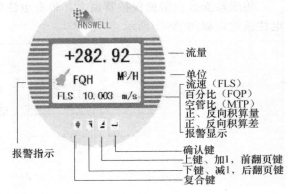

图 A-24　流量计面板

要进行仪表参数设定或修改，必须使仪表从测量状态进入参数设置状态。在测量状态下，按一下"复合键＋确认键"，仪表进入到功能选择画面"参数设置"，然后按确认建进入输入密码状态，"00000"状态，输入密码进入按一下"复合键＋确认键"进入参数设置画面。

(2) 参数设置功能及功能键操作

按"复合键＋确认键"进入功能选择画面，在此画面里共有 3 项功能可选择，见表 A-10。

表 A-10　流量计参数设置功能表

参数编号	功能内容	说明
1	参数设置	选择此功能，可进入参数设置画面
2	总量清零	选择此功能，可进行仪表总量清零操作
3	系数更改记录	选择此功能，可进行查看流量系数修改记录

仪表参数设置功能设有 6 级密码，其中，1～5 级为用户密码，第 6 级为制造厂密码。用户可使用第 5 级密码来重新设置第 1～4 级密码。无论使用哪级密码。用户均可以察看仪表参数。但用户若想改变仪表参数，则要使用不同级别的密码。

第 1 级密码(出厂值 00521)：用户只能查看仪表参数。

第 2 级密码(出厂值 03210)：用户能改变 1～24 仪表参数。

第 3 级密码(出厂值 06108)：用户能改变 1～25 仪表参数。

第 4 级密码(出厂值 07206)：用户能改变 1～29 仪表参数。

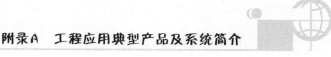

第 5 级密码(固定值):用户能改变 1~52 仪表参数。

(3)自诊断功能

除了电源和硬件电路故障处,应用中出现的故障均能正确给出报警信息。这些信息在显示屏上提示。在测量状态下,仪表自动显示出故障内容如下:

FQH——流量上限报警;FQL——流量下限报警;FGP 流体空管报警;SYS——系统励磁报警。

注:1. 使用"复合键"时,应先按下复合键再同时按住"上键"或"下键"。

2. 在参数设置状态下,3min 内没有按键操作,仪表自动返回测量状态。

A.2.3 LCR-U 超声波热能表

LCR-U 超声波热能表是山东力创智能仪表有限公司针对我国采暖系统,采用超声波原理设计的一款新型冷热计量产品,其外形如图 A-25 所示。该产品采用超声波测流技术,不仅完全消除了管道内杂质对表的影响,而且全电子测量避免了机械磨损,极大拓宽了其适用范围,保证长期使用计量准确,具有使用寿命长、准确度高等特点。

1. 原理、基本组成及特点

(1)原理及组成

LCR-U 超声波热能表用于热水作为传热媒介的采暖系统,计量热水通过进水管和回水管所释放(或吸收)热量的计量器具。该产品主要由超声波流量传感器、配对温度传感器和计算器组成。配对温度传感器测量进水与回水的温度,超声波流量传感器测量流经管道的热水流量,此两项数据被采集后送至计算器计算出用户使用的热量,并进行存储、显示或远传。适

图 A-25 LCR-U 超声波热能表外形图

用范围:住宅、楼宇、区域供热站、中央空调等集中供暖/制冷系统。

(2)主要功能

1)冷/热量计量及显示;

2)供、回水温度、温差测量及显示;

3)流量测量及显示;

4)累计流量计量及显示;

5)运行时间记录及显示;

6)电源状态自动监测;

7)故障状态记录、查询及显示;

8)数据存储及查询。

(3)主要特点

1)可冷/热计量,满足 2、3 级计量精度;

2)采用超声测流技术,不受磁场干扰,无机械转动部件,无磨损,可靠性高,维护量小;

3)采用直管结构,压损小,不堵塞,适合我国供暖水质;

4)低始动流量,高准确度;

5)低功耗设计,电池寿命 6 年以上;

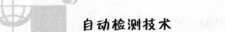

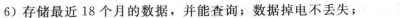

6）存储最近 18 个月的数据，并能查询；数据掉电不丢失；

7）（温度、流量、电池）自诊断功能，防止失热损失；

8）表头可垂直翻盖、水平旋转，方便读数和抄表；

9）全新防护技术，防护等级 IP65；

10）具有光电、RS485 接口、M-BUS 接口、脉冲接口，方便功能扩展和组网抄表；

11）可水平、垂直方向安装，进/回水管道任选，方便施工。

2. 主要技术参数

LCR-U 系列超声波热能表的主要技术参数见表 A-11。

表 A-11　LCR-U 超声波热能表主要技术参数

公称口径 DN		15	20	25	32	40	50
流量特性	常用流量　m³/h	1.5	2.5	3.5	6	10	15
	最小流量　m³/h	0.03	0.05	0.07	0.12	0.2	0.6
	最大流量　m³/h	3	5	7	12	20	30
	工作压力　/MPa	1.6（最大）					
	压力损失　/kPa	≤25（常用流量）					
	流量计形式	超声波管道					
温度特性	温度范围　/℃	4～95					
	温差范围　/k	3～90					
	分辨率　/℃	0.01					
计算器	显示位数	8 位					
电源	供电方式	内置高能锂电池					
	工作寿命　/年	≥6					
	最大静态电流/μA	10					
	最大工作电流/μA	40					
计算准确度		2 级、3 级					
工作温度	工作环境/℃	−25～+55					
	储存及运输	B 类					
防护等级		1P67					
安装位置		进水管、回水管					
安装形式		管螺纹连接					

3. 通信接口说明

表 A-12、表 A-13 和表 A-14 分别为脉冲输出接线说明，RS-485 通信接线说明，以及 MBUS 通信接线说明。

表 A-12　脉冲输出接线说明表

序号	线色	定义	电源选择	脉冲宽度	脉冲当量
1	红	电源正	+5 V □	60 ms □	0.01 kWh □
2	绿	脉冲输出	+24 V □	150 ms □	0.1 kWh □
3	灰	电源地		250 ms □	1 kWh □

表 A-13　RS-485 通信接线说明表

序号	线色	定义	备注
1	红	电源+5 V	
2	绿	DATA−	B−
3	灰	DATA+	A+
4	棕	电源地	

表 A-14　MBUS 通信接线说明

序号	线色	定义	备注
1	红	BUSL1	
2	绿	空	
3	灰	BUSL2	
4	棕	空	

4. 操作说明

LCR-U 超声波热能表面板上有一个按钮,控制液晶显示屏(LCD)进行不同数据的显示。在通常情况下 LCD 关闭不显,当按动按钮后,LCD 开始进入正常显示状态。首先显示累积热量值,此后每按一次按钮,LCD 显示一项数据,显示内容依次为进水温度、回水温度、进回水温差、流量、累积流量、当前日期和累计工作时间(以小时为单位)。

当 LCD 处于正常显示状态时(LCD 有显示),若 1 min 内没有任何操作,则显示屏重新关闭,整机处于省电模式中。

1) 计量数据显示见表 A-15。

表 A-15　计量数据显示一览表

显示次序		数据名称	显示标志	显示图案
常态		无显示		
按键	1	累积热量	热量	XXXXXX.XX　kWh
	2(注)	累计冷量	冷量	XXXXXX.XX　kWh
	3	进水温度	进水	XX.XX　℃
	4	回水温度	回水	XX.XX　℃
	5	进、回水温差	温差	XXX.XX　℃
	6	瞬时流量	流量	XX.XXX　m³/h
	7	累积流量	流量	XXXXXX.XX　m³
	8	当前日期		XX－XX－XX(年－月－日)
	9	累计工作时间	计时	XXXXXX　h
	10	累计热量(检定用)	热量　检定	XXXXX.XXX　kWh
	11	累计流量(检定用)	流量　检定	XXXXXX.XX　L
	12	室内温度		XXX.XX　℃
1分钟无按键		显示关闭		

2) 故障信息查询见表 A-16。

表 A-16　故障信息查询一览表

显示次序		数据名称	显示标志	显示图案	故障表示
按键	3	进水温度传感器故障	进水	XX－XX－XX(年－月－日)	XX－XX－XX 为进水温度测量故障发生时间
		在此屏长按 5 s 可故障查询	进水	Error	查询温度故障信息
			进水	XX－XX－XX(年－月－日)	故障发生时间
			进水	XXXXXX.XX kWh	故障发生时的累计热量
			冷量(注)(冷量表)	XXXXXX.XX kWh	故障发生时的累计冷量
	4	回水温度传感器故障	回水	XX－XX－XX(年－月－日)	XX－XX－XX 为回水温度测量故障发生时间
	5	任一温度传感器故障	温差	XX－XX－XX(年－月－日)	XX－XX－XX 为温差测量故障发生时间
	6	流量传感器故障	流量	XX－XX－XX(年－月－日)	XX－XX－XX 为流量测量故障发生时间
		在此屏长按 5 s 可故障查询	流量	Error	查询流量故障信息
			流量	XX－XX－XX(年－月－日)	故障发生时间
			流量	XXXXXX.XX kWh	故障发生时的累积热量
			冷量(注)(冷量表)	XXXXXX.XX kWh	故障发生时的累计冷量
1分钟无按键		显示关闭			

3) 历史数据查询见表 A-17。

表 A-17 历史数据查询一览表

显示次序		数据名称	显示标志	显示图案	信息表示
按键	1	在此屏长按 3 s 可查询历史数据		XX－XX－XX（序号－年－月）	历史数据的序号及年月日期
				XXXXXX.XX kWh	XX 年 XX 月的热量
				XXXXXX.XX m³	XX 年 XX 月的流量
		注：继续按键可查询至前 18 个月的历史数据			
1 分钟无按键		显示关闭			

5. 安装使用说明

1）安装示意图如图 A-26 所示。

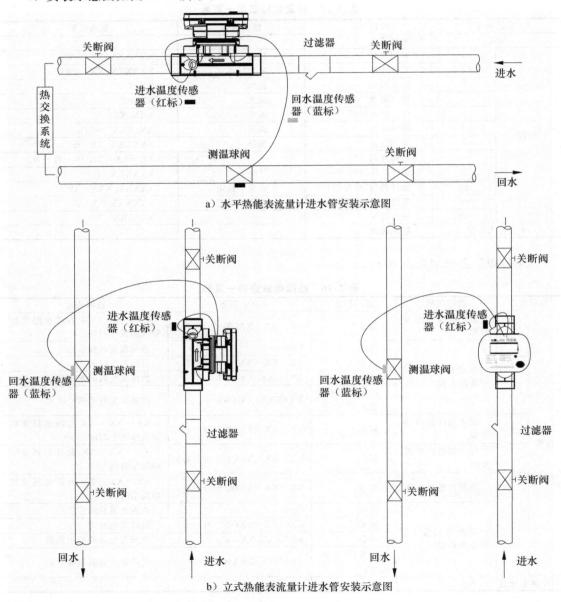

a）水平热能表流量计进水管安装示意图

b）立式热能表流量计进水管安装示意图

图 A-26 LCR-U 超声波热能表安装示意图

2）温度传感器安装如图 A-27 所示，球阀结构如图 A-28 所示。

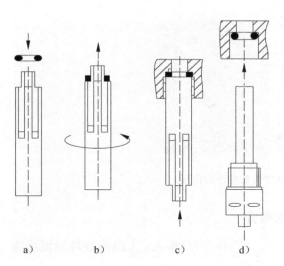

图 A-27　O 型圈装入方式

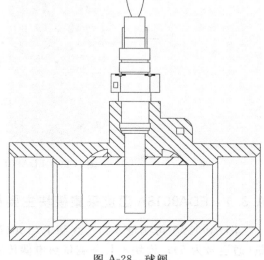

图 A-28　球阀

3）热能表安装注意事项：

- 热能表安装前必须清洗管道。
- 热能表属于比较贵重精密仪表，拿起放下时必须小心，禁止提拽表头、传感器线；禁止挤压测温探头；严禁靠近较高温度热源如电气焊，防止电池爆炸伤人及损坏仪表。
- 热能表安装后要保证正常运行时超声波管段内充满水。
- 热能表安装时要避免旋涡流（产生于空间弯头）、脉动流（由泵引起）、气泡（管道的上端）。
- 热能表的表体上箭头所指的方向为水流方向，不得装反。
- 热能表出厂默认进水管安装，如果需要安装在回水管上，必须在订货时明确注明。
- 热能表的前端必须装有相应口径的过滤器。
- 热能表的两端必须装有相应口径的阀门，并且其能够与热能表分离，主要便于热能表在使用过程中的维护和维修。
- 热能表的安装应预留出的必需的直管段，表前应留 10 DN、表后应留 5 DN 的直管段（多流束表可相应减小前后直管段长度）。
- 热能表的温度传感器共有两只（进水和回水），安装时应将红色标签的温度传感器安装在进水管上，将蓝色标签的温度传感器安装在回水管上；温度探头的安装位置应处于管道截面的中心。
- 温度传感器标准线长为 1.5 m，如果安装时出现特殊情况也可根据实际长度对其加长，但必须在订货前通知厂家，不得随意增、减温度传感器的引线。
- 安装完毕，应在热能表进口连接螺母与热能表之间、测温球阀与铂电阻之间打铅封。

A.3　EDA9018A 温度采集模块

EDA9018A 温度采集模块是山东力创科技公司研制的与热电阻配套使用，对温度检测信息进行处理、变送、通信并且有报警功能的集成模块器件，其外形如图 A-29 所示。

图 A-29　EDA9018A 温度采集模块外形图

A.3.1　EDA9018A 温度采集模块主要性能简介

EDA9018A 可测量 5 路二线制 PT100（PT500，PT1000 等）输入；1 路内置环境温度测量（通道号为 5）；模块不具备测量热电偶传感器的功能。

EDA9018A 同时具有 2 路继电器输出，（温度上下限报警，可设置为按任一路报警或无报警，报警值可设置）；其中继电器输出 0（J0C，J0K）代表温度上限报警输出，继电器输出 1（J1C，J1K）代表温度下限报警输出。

EDA9018A 模块可广泛应用于各种工业控制与测量系统中。它能测量 PT100，PT500，PT1000。其输出为 RS485 总线方式，支持的通信规约有 3 种：MODBUS-RTU、ASCII 码、十六进制 LC-04 协议，3 种协议可同时识别使用，无须配置；其 ASCII 码指令集兼容于 NuDAM，ADAM 等模块，可与其他厂家的控制模块挂在同一 RS485 总线上，便于计算机编程。

其功能与技术指标如下。

1) 温度信号输入：5 路独立的温度信号输入；16 位 A/D 采样，对输入信号顺序进行放大与 AD 转换；6 通道循环测量，每通道 0.15 s。

2) 隔离：信号输入与通信接口输出之间隔离，隔离电压 1000 V DC。DATA$^+$、DATA$^-$、VCC、GND 为输出端，与 GND 端共地；5 路测量信号输入共地端为 AGND 端子。

3) 通信输出：

- 接口：RS485 接口，二线制，±15 kV ESD 保护。
- 协议：MODBUS-RTU、ASCII 码、十六进制 LC-04 协议，3 种协议可同时识别使用，无须配置。
- 速率：1 200、2 400、4 800、9 600、19 200bps，可由软件设定。
- 模块地址：01H～FFH 可软件设定，00H 为广播地址。

4) 继电器输出：继电器输出 0（J0C、J0K）代表温度上限报警输出，继电器输出 1（J1C、J1K）代表温度下限报警输出，输出触点容量：5A/250VAC；5A/30VDC。

5) 测量精度：0.5 级，温度分辨率 0.1℃。

6) 量程：—50～300℃。

7) 模块电源：+8～30 V DC；功耗：典型电流消耗＜110mA。

8) 工作环境：工作温度：—20～70℃；相对湿度：—5%～95% 不结露。

9) 安装方式：DIN 导轨卡装，体积：122mm×70mm×43mm。

A.3.2 EDA9018A 温度采集模块引脚定义及功能框图

1) EDA9018A 温度采集模块引脚定义见表 A-18。

表 A-18 EDA9018A 温度采集模块引脚定义表

引脚号	名 称	描 述	备 注
1	I4+	第 4 路模拟量输入正	
2	I4-	第 4 路模拟量输入负	
3	J0C	第 0 路开关量输出触点 2	温度上限报警输出
4	J0K	第 0 路开关量输出触点 1（常开）	
5	J1C	第 1 路开关量输出触点 2	温度下限报警输出
6	J1K	第 1 路开关量输出触点 1（常开）	
7	DATA+	RS485 接口信号正极	
8	DATA-	RS485 接口信号负极	
9	VCC	电源正，+8～30 V(DC)	
10	GND	电源负，地	
11	AGND	模拟输入地	
12	I0+	第 0 路模拟量输入正	
13	I0-	第 0 路模拟量输入负	
14	I1+	第 1 路模拟量输入正	
15	I1-	第 1 路模拟量输入负	
16	I2+	第 2 路模拟量输入正	
17	I2-	第 2 路模拟量输入负	
18	I3+	第 3 路模拟量输入正	
19	I3-	第 3 路模拟量输入负	
20	AGND	模拟输入地	

注：对于 LED 指示灯，模块正常运行状态下闪烁，通信发数时灭。

2) EDA9018A 温度采集模块功能和原理框图如图 A-30 所示。

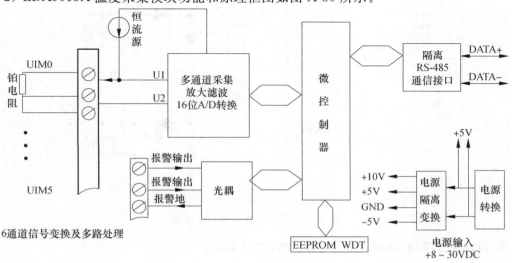

图 A-30 EDA9018A 温度采集模块原理框图

A.3.3 EDA9018A 温度采集模块硬件实现

1. 恒流源(Xtr115 芯片实现)

恒流源 Xtr115 技术参数：电源 10V，限流电阻 0.5MΩ，电路组成如图 A-31 所示。

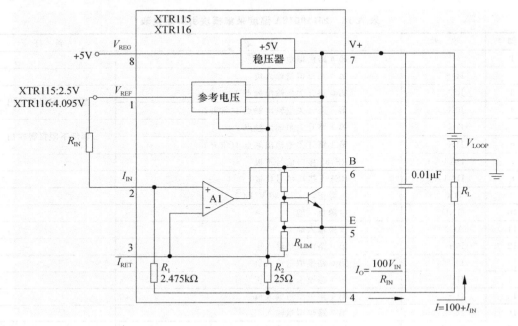

图 A-31　恒流源电路

2. 芯片工作电源＋10V 和－5V(74HC04 芯片实现)

芯片工作电源振荡电路参数如图 A-32 所示。

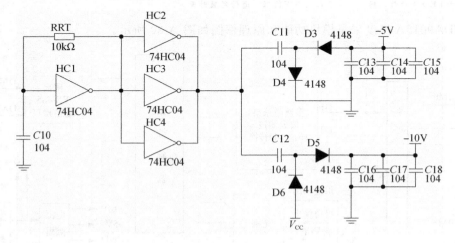

图 A-32　芯片工作电源振荡电路

3. 数据采集模块(光耦 181 和 2 片 4051 芯片实现)

数据采集模块电路如图 A-33 所示。

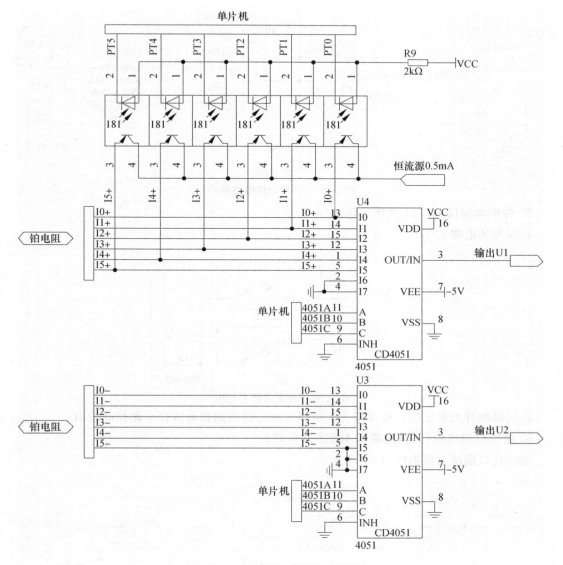

图 A-33　数据采集模块电路图

恒流源通过单片机控制光耦切换输出到每一路，与地构成回路。对于 4051 只测量电压值。

4. 数据处理模块(2 片放大器和 1 个 AD 实现)

数据处理模块电路如图 A-34 所示。

数据处理对输入电压放大和 A/D 转换，技术参数如下。

1)计算公式：$U_{\text{out}} = \dfrac{R3}{R2}(U1 - 2 \times U2)$。

2)铂电阻 $\dfrac{R3}{R2} = 2$ 倍，即在测量热电偶时，$\dfrac{R3}{R2} \geqslant 30$ 倍。

3)16 位 AD 是 I^2C 总线结构，内部自增益调节。

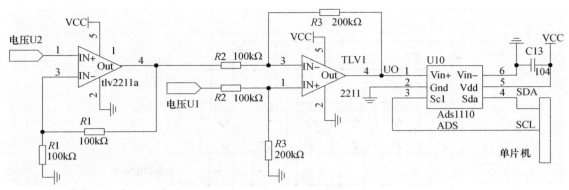

图 A-34　数据处理模块电路

5. 控制模块(2片181光耦实现)

控制模块电路如图 A-35 所示。

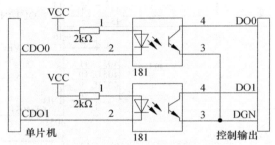

图 A-35　控制模块电路图

控制模块开关量输出,处理报警。可以按指定路控制报警或任一路控制输出。

6. 通信接口模块(光耦隔离和485芯片实现)

通信接口模块电路如图 A-36 所示。

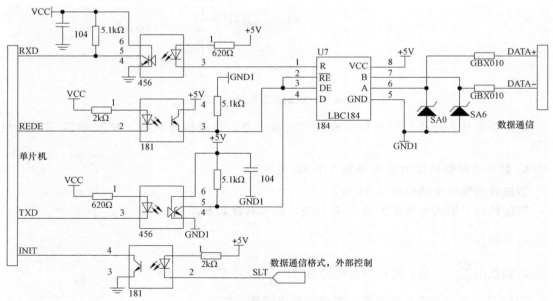

图 A-36　通信接口模块电路图

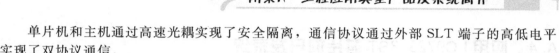

单片机和主机通过高速光耦实现了安全隔离，通信协议通过外部 SLT 端子的高低电平实现了双协议通信。

A.3.4 EDA9018A 温度采集模块典型应用简介

三线制：铂电阻一端接 I^+，另一端两根线分别接到 I^- 端和 AGND。三线制接法应用于同规格和同长度的导线，其中一线用做补偿电阻。

两线制：近距离时，导线电阻较小，可以使用两线制接法。铂电阻一端接 I^+，另一端接 AGND，但 I^- 端必须和 AGND 短接。

其具体应用接线如图 A-37 所示。

EDA9018A 温度采集模块可测量 5 路三线制 PT100（PT500，PT1000）输入；1 路内置环境温度测量（通道号为 5），铂电阻可以为 PT100、PT500、TP1000 任意选择。

EDA9018A 同时具有 2 路继电器输出（温度上下限报警，可设置为按任一路报警或无报警），继电器输出 0（J0C、J0K）代表温度上限报警输出，继电器输出 1（J1C、J1K）代表温度下限报警输出。

EDA9018A 温度采集模块可广泛应用于各种工业控制与测量系统中。其输出为 RS485 总线方式。支持的通信规约有 3 种：MODBUS-RTU、ASCII 码、十六进制 LC-04 协议，3 种协议可同时识别使用，无须配置；其

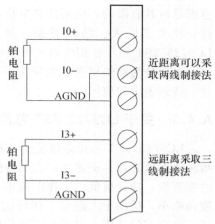

图 A-37 热电阻接线图

ASCII 码指令集兼容于 NuDAM、ADAM 等模块，可与其他厂家的控制模块挂在同一 RS485 总线上，便于计算机编程，使你轻松地构建自己的测控系统。

将主计算机串口接转换器 EDA485TZ(RS-232/RS-485)，转换器输出 DATA$^+$ 端和所有模块的 DATA$^+$ 端连接，DATA$^-$ 端和所有模块的 DATA$^-$ 端连接，并在两终端接入匹配电阻（距离较近时，也可不用），接入电源。通过 EDA 系列模块应用软件，便可开始测量。EDA9018A 温度采集模块能连接到所有计算机和终端并与之通信。

EDA9018A 温度采集模块出厂时，都已经过校准，且模块地址为 01 号，波特率为 9600 bps。模块地址从 1—255(01H—FFH) 随意设定；波特率有 1200 bps、2400 bps、4800 bps、9600 bps、19200 bps 五种可使用。模块地址与波特率修改后，其值存于 EEPROM 中。

RS485 网络：最多可将 64 个 EDA 系列模块挂于同一 RS485 总线上，但通过采用 RS485 中继器，可将多达 255 个模块连接到同一网络上，最大通信距离达 1200 m。主计算机通过 EDA485TZ(RS232/RS485) 转换器用一个 COM 通信端口连接到 RS485 网络。

配置：将 EDA 系列模块安装入网络前，须对其配置，将模块的波特率与网络的波特率设为一致，地址无冲突（与网络已有模块的地址不重叠）。配置一个模块应有：EDA485TZ 转换器，带 RS232 通信口计算机和 EDA 系列模块软件。通过 EDA 系列模块应用软件可最容易地进行配置，也可根据指令集进行配置。

数据采集：将模块正确连接，主机发读数据命令，模块便将采集的数据回送主机。

ASCII 码协议下的数据输出：格式为一位符号位、5 位数据位和一个小数点。在 ASCII 码格式下，输出测量值乘 100 为实际测量值。在其他协议时，输出测量值除以 100 即为实际测量值。

A.4　应用 LC9723.3ST 芯片的开发系统

目前在工业生产中供水、供气、各种液体流量计量方面，以及民用计量仪表中，如电子类水表、供暖热量表、煤气表都应用大量的叶轮式流量计。不论哪种流量计，它的流量曲线，首先是相同的，但各种流量计的不同流量点不是线性分布的，各点的连线，称其为流量曲线。不论是国外进口仪表，还是国产的均如此。所以在实际应用中都要进行校正，对于一些宽量程比的流量计来说更是必需的。通过改进机械结构的方法来修正流量曲线，其效果和范围是极其有限的，应用计算机技术，可取得比较好的效果，但是通用性差，并且成本比较高、技术难度大、结构复杂、故障率高。针对上述问题，山东力创科技公司研制的LC9723.3ST 芯片在相应的应用领域中提供了更有效、更简捷、更方便的解决方法。

主要分为在热量表上的应用，在电子水表上的应用，在煤气表上的应用，在各种流量计、转速表上的应用。

A.4.1　关于 LC9723.3ST 芯片

LC9723.3ST 芯片是以发明专利"幅度频率变化差异比较式采样器"为基础设计的高性能指标传感器芯片，该芯片构成的传感器是非接触式采样，采样器频率为超声波段，具有良好的穿透性，功耗极低，工作电流小于 $7\,\mu A$；适用于特别要求微功耗的应用场合；受环境温度影响小，适用于大温差工作环境；精度高，抗干扰性能优良，适合环境条件差的应用领域；具有存储功能，自带数字通信接口与通信协议，应用方便，误码率低，可以与高、中、低各种档次的 MCU、通用 PC 计算机实现通信，并且具有优良传输能力，智能化程度高。

应用 LC9723.3ST 芯片，构成微功耗流量传感器可以直接应用于热量表、智能水表、煤气表、燃料加油机等多种智能仪表，还可直接应用于流量计量和无线传输功能的流量计，并是上述智能仪表的关键器件，尤其是在热量表的应用方面，具有重要的实际应用和推广的价值。

1. 基本原理

LC9723.3ST 芯片可以分为模拟部分和数字部分两个部分，其功能框图如图 A-38 所示。图中，OSC、DDEC、采样参考电压基准、幅度跟随和比较器为模拟部分，POR(Power On Reset)为上电复位，32 位数字单元是数字部分。数字部分和模拟部分互相独立，分别具有各自的电源和地端口。

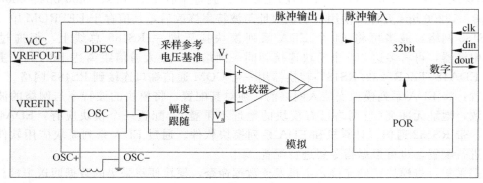

图 A-38　LC9723.3ST 原理框图

（1）模拟部分

DDEC 模块产生整个 Analog Core 所用的稳压电源。振荡器输出幅度和电压随传感器的状态变化而变化。金属靠近，OSC 幅度减小，频率增加。无金属靠近时，采样参考电压基准源输出电压 V_f 小于幅度跟随器输出电压 V_a，则 pulseout 输出低电平；金属靠近时，V_f 大于 V_a，则 pulseout 输出高电平，从而检出金属靠近和远离两种状态。其工作原理示意图如图 A-39 所示。

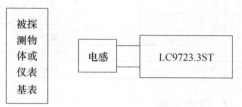

图 A-39　LC9723.3ST 工作原理示意图

（2）数字部分

LC9723.3ST 芯片的数字部分主要是完成计数与通信功能。对金属片进出探测区域内的次数进行计数，并同步存入 32 位计数器；MCU 与本芯片通信时，MCU 发送指令，先将计数器中的数据拷贝到寄存器中，再发送指令读取寄存器中的数据。不需要通信时，数字部分进入静态省电模式。在需要测量瞬时流速时，只要定时读取 LC9723.3ST 中的数据，即可容易得到瞬时流速。

LC9723.3ST 芯片有内供电工作方式和外供电工作方式，能实现两种供电方式之间的无缝隙连接，以方便通信（如：智能仪表的远程抄表）。

具有微功耗、小信号、低电压＋宽电压、耐大温差、高标准度和高可靠性特性。

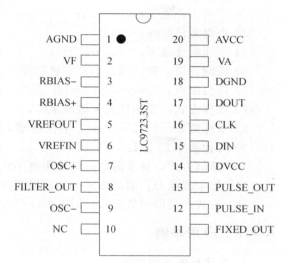

图 A-40　LC9723.3ST 芯片引脚分布图

2. 引脚分布及功能

LC9723.3ST 芯片的引脚分布如图 A-40 所示，其引脚功能见表 A-19。

表 A-19　LC9723.3ST 芯片引脚功能表

引脚	标示	管脚类型	功能描述
1	AGND	G	模拟地
2	VF	O	采样参考电压基准，外接电阻到 OSC—
3	RBIAS—	G	内部比较器的偏置电流基准独立接地端
4	RBIAS+	O	内部比较器的偏置电流基准，片外接电阻到 RBIAS—，电阻选取范围为 20～22 MΩ，增加该电阻可以在一定程度上减小芯片整体功耗，推荐使用电阻为 20 MΩ
5	VREFOUT	P	片内参考电压输出，不许接与本芯片内部电路无关的电路
6	VREFIN	I	振荡器参考电压输入，通过片外电阻或直接连到 VREFOUT 上
7	OSC+	O	振荡器信号输出，外接电感一端
8	FILTER_OUT	O	滤波脉冲输出
9	OSC—	G	振荡器专用接地端，外接电感另一端
10	NC	—	未用
11	FIXED_OUT	O	固定宽度（约 20 μs）脉冲输出
12	PULSE_IN	I	数字部分脉冲输入
13	PULSE_OUT	O	脉冲输出
14	DVCC	P	数字电源
15	DIN	I	通信指令输入

（续）

引脚	标示	管脚类型	功能描述
16	CLK	I	通信 clk 输入
17	DOUT	O	通信数据输出
18	DGND	G	数字地
19	VA	O	振荡器幅度跟随电压
20	AVCC	P	模拟电源，单电源供电

3. 技术指标

1）工作电压：DC 2.0～5.5 V；

2）平均工作电流：5～7 μA；

3）上电复位时间：3 ms；

4）工作温度范围：－25～125℃；

5）探测物质：铜、铁、铝、不锈钢等；

6）探测距离：3 mm < d < 7 mm；

7）采样方式：非接触式无磁性采样；

8）采样频率：1～1 500 Hz，采样精度 1/10 000；

9）时钟频率 32 kHz～4 MHz；

10）通信方式，异步通信；传输距离 100 m；信号模式，电平信号；

11）抗干扰能力：满足相关应用领域现行芯片电磁兼容标准；

12）正式产品的封装形式：MSOP8，TSSOP14，TSSOP16，体积小，方便应用。

A.4.2 应用举例

1. 在热量表上的应用

热量表工作原理是比较简单的，概括地讲就是通过流量传感器测量出热水的流量，计算出热水的体积，再计算出相应的质量；由温度传感器测量出相应的温度；最后计算出相应热量。另外可根据不同的要求，在热量表上增加一些相应的通信接口等。

目前热量表应用存在的问题重点仍然集中在流量的采集与流量曲线参数校正上，除相当一部分仍采用有磁传感器外，少部分采用无磁方案。有磁流量传感器存在着许多弊端，目前正在逐步采用无磁流量传感器。但是不论哪种传感器对基表流量曲线的校正还是相当麻烦和困难的，在编程中的难度也相当大，一般情况下，其效果也比较差，其功耗与可靠性均达不到理想的效果，同时制造难度和成本大大增加。

应用 LC9723.3ST 芯片解决上述问题就变得非常简单。LC9723-IC 芯片采样器实现无磁采样，正确反映叶轮转动圈数，其数字电路部分包括 32 位计数器、32 位寄存器、控制器、通信接口，并自带通信协议，时钟频率在 32 kHz～4 MHz 范围内均可选择。工作原理是计数器实时记录采样器产生的流量脉冲，需要读取传感器数据时，只需上位单片机给传感器芯片送入外接 CLOCK，并发出指令，即 COPY 和 READ 命令，此时传感器芯片在几毫秒或几十微秒内把数据传给单片机，单片机停掉此 CLOCK，传感器芯片数字部分进入静态模式，功耗仅几个纳安，由单片机处理取回的数据。

单片机向传感器芯片发出 COPY 指令时，是将计数器内的数据复制到寄存器中，在纳秒级的时间内完成，并有触发沿时间保护，此过程不影响计数器的正常计数；在发出 READ 命令时单片机将寄存器中的数据取回，并送入相应的通信接口，此操作不影响计数器的正常工作，与单片机通信时不影响传感器正常采样与计数。

应用 LC9723.3ST 传感器，单片机只要定时与传感器通信读取数据，即可得到流量计的瞬时流量，同时根据基表各流量点的当量（或叫流量系数），就可以修正成准确值。把每次瞬时流量累计即可得到累计流量，因此在热量表上均可以实现流量曲线的校正功能。如图 A-41 所示。

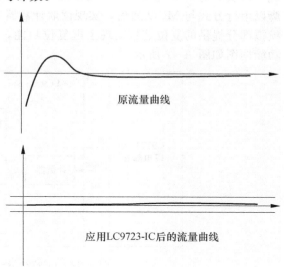

由此可以得出应用 LC9723.3ST 芯片后可以使流量计的精度大大提高，并且量程比大为拓宽。另外，对于单片机的选型面也大大拓宽，而不仅限于微功耗的几种单片机。单片机已实现间歇工作，即分时工作模式。在热量表上除测量温度、计算热量外，其他时间均可进入休眠模式，工休比可达到 1/50～1/100，降低功耗效果十分显著。在 LC9723.3ST 芯片上

图 A-41　应用 LC9723.3ST 后的流量曲线

有一个 potential_impulse_out 管脚输出电平脉冲信号，以解决无流量时单片机长时间休眠的唤醒。这种做法可以使热量表平均总功耗达到小于 $20\,\mu A$ 功耗指标。

应用 LC9723.3ST 芯片解决热量测量中的问题，可采取对原来热量测量系统升级的方式加以改造，即原来的温度测量方法不变，将流量测量改为 LC9723.3ST 芯片工作模式。

2. LC9723.3ST 芯片在电子水表上的应用

电子水表其种类比较多，主要有各类卡式表、电子计量式水表、GPRS 电子式远传水表等。目前的采样方式多为干簧管式，以及少量的霍尔元件，在其功能上均不满足流量校正的功能。特别是现在的技术要求上，要求必须对流量曲线进行修正。应用 LC9723.3ST 芯片可相对较为容易的做到，其方法与热量表流量测量方法完全相同。其他部分包括控制阀门、通信部件不变。

3. LC9723.3ST 芯片在煤气表上的应用

LC9723.3ST 芯片在煤气表上的应用，与电子水表上的应用极其类似，唯一不同的是，流量曲线不同。其防爆问题上，LC9723.3ST 芯片是不接触煤气气体的，由于 LC9723.3ST 芯片本身就是微功耗、低电压的，并且完全密封后与单片机放在一个防爆壳体里面的，应用非常简便，而且具有高可靠性。

4. LC9723.3ST 芯片在各种流量计、转速表上的应用

LC9723.3ST 芯片在各种流量计上应用更为方便，参照上面的方法，对其流量曲线进行校正即可。其意义在于可以大大提高量程比，并且其基表计量精度大幅度提高。

对于 LC9723.3ST 芯片在转速表上的应用是最简单的，只需定时通信，读取测量数据。

总之，应用 LC9723.3ST 芯片在各类流量计上除精巧地实现其微功耗及其他一系列的优点外，更重要的是，可大大拓宽量程比，大幅提高计量精度。

A.4.3　编程要点

LC9723.3ST 数字部分由控制器模块、指令接收模块、数据发送模块和计数器模块组

成，可实时对由 LC9723.3ST 模拟部分产生的脉冲信号（上升沿）进行计数，并通过 3 个引脚以串行方式与 MCU 通信，实现读取计数器结果、计数器清零及误码重读功能。电路通过模拟部分提供的复位信号实现上电复位功能，LC9723.3ST 内置 32 位计数器和寄存器。其功能框图如图 A-42 所示。

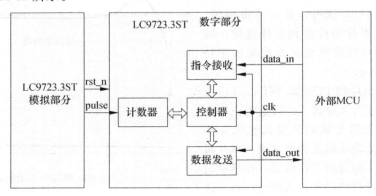

图 A-42　LC9723.3ST 数字部分功能框图

　　输入信号 pulse 由 LC9723.3ST 模拟部分提供，与计数器模块连接，计数器在 pulse 信号上升沿进行计数。

　　输入信号 rst_n 由 LC9723.3ST 模拟部分提供，对全部模块进行复位，低电平有效。

　　输入信号 clk 由外部 MCU 提供，与控制器模块、指令接收模块和数据发送模块连接，为电路提供时钟信号，上升沿触发。

　　输入信号 data_in 由外部 MCU 提供，与指令接收模块连接，对电路工作状态进行控制，串行接受指令。

　　输出信号 data_in 由数据发送模块提供，与外部 MCU 输入端口连接，串行发送数据。

A.5　KJ216 顶板动态（矿压）监测系统

　　在各类煤矿事故中，顶板事故仍居前位。随着矿井生产能力的提高、开采强度的增大和向深部开采转移，顶板安全等问题越来越凸现，主要体现在三个方面：一是以锚杆支护为主要形式的巷道稳定性，现有的支护参数到底有多大的安全系数，需要监测手段进行评估及潜在的危险性预测。二是超前支承压力影响范围多大，压力集中程度多高，支承压力高峰位置在何处，支承压力前移速度是多少等，这些与超前支护和冲击地压密切相关因素的监测问题。三是回采工作面支护稳定性和安全性。回采工作面支架工作状态怎样，支护是否满足控制顶板的要求，来压时对目前支护系统有多大影响等。我国几乎所有的煤矿都面临开采顶板安全问题，而这些问题往往由于局限于相对落后的监测手段和信息处理技术而得不到有效解决。KJ216 煤矿顶板压力监测系统是基于以太网平台建立的可实现全矿井在线监测的综合监测系统。该系统利用矿区或矿井已经建立的计算机网络平台，将各生产矿井顶板动态监测系统组成矿务局级监测网络，实现矿压监测的自动化和信息共享。

A.5.1　煤矿顶板安全监测系统结构与组成

　　煤矿顶板安全网络监测系统是以山东省尤洛卡自动化仪表有限公司研制的"KJ216 煤矿顶板动态监测系统"为基础组建开发的。其主要特点是采用两级总线树型结构，每个采区可

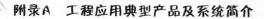

构建相对独立的监测子系统。系统通信部分以时分制数字基带传输为主要通信形式。数据传输兼容电话线、单模光纤、以太环网三种通信方式。

系统组成（从功能上）由工作面支架工作阻力监测、围岩离层运动监测、锚杆载荷应力监测、煤岩支撑应力监测四个组成部分。

1. 系统的监测功能组成

监测系统由井下和井上两大部分组成，如图 A-43 所示。监测系统有 4 个不同监测功能的子系统，4 个监测子系统从功能上加以区分，硬件结构使用统一的总线地址编码，系统的实际布置上分站可以混合排列，监测服务器通过通信协议区分数据类型。井上监测服务器（计算机）可接入矿区局域网络，支持网络在线监测和信息共享。

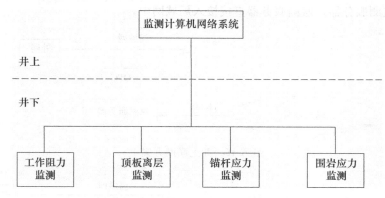

图 A-43 煤矿顶板安全监测系统功能组成示意图

2. 井上监测信息与报警网络

井上监测信息与报警网络如图 A-44 所示，包括：数据接收单元、监测服务器、矿井办公局域网和客户端、GPRS 数据收发单元和图文短信手机用户群。

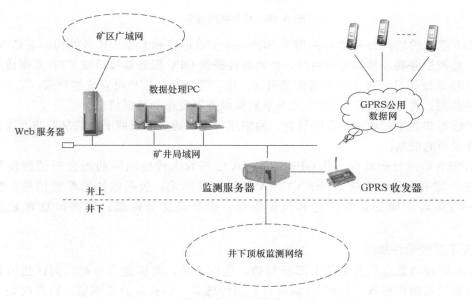

图 A-44 顶板安全监测系统井上部分组成图

　　井下监测网络通过井下的监测主站接入矿井工业以太环网交换机或电话通信电缆将数据传送到井上。当使用工业以太环网时，传输数据选用主站的 RJ45 接口并将主站设置成 NPORT（以太网联网服务器）模式。当选用电话通信线路时将主站配置成 RDS（基带差分传输）通信模式。

　　监测系统接入矿井以太环网时，监测服务器须接入环网段，监测服务器配置了双网口。监测服务器接入局域网的方式有两种，第一种方式通过微软公司提供 OPC 接口连接到局域网（外网），如图 A-45 所示，局域网的客户端和 Web 服务器可安装 C/S 和 B/S 版监测软件，通过操作系统底层链接获取矿井环网（内网）的监测数据。另一种方式是将通信接口接入到矿井环网内，如图 A-46 所示，通信接口内置 NPORT 模块，通过 NPORT 模块转化为 RS-232/485 接口信号连接到监测服务器，监测服务器直接接入局域网中。

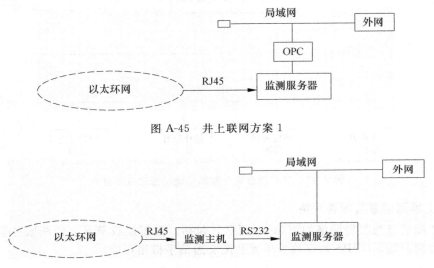

图 A-45　井上联网方案 1

图 A-46　井上联网方案 2

　　KJ216 系统的监测分析软件采用了 SQL sever 数据库和 C/S＋B/S 结构，支持 Web 模式访问。监测服务器连接到监控内网，监测软件提供 OPC 服务器接口或 FTP 数据传送方式（符合 KJ95 系统标准）接入办公自动化网络。生产管理网络用户可安装客户端（C/S）实现在线实时监测。管理层用户以 IE 方式共享监测服务器发布的数据信息。

　　对于已经建立了局域网平台的场合，网络用户可以通过局域网平台共享监测系统服务器 B/S 软件发布的信息。

　　CMPSES 监测分析软件支持 GPRS/CDMA 公用数据传输网络的图文短信群发信息和报警功能。监测服务器连接 GPRS/CDMA 数据接发单元，根据软件的配置信息，授权的手机用户可接收不同的数据信息和报警服务。报警信息分两级：预警信息和紧急报警信息。

　　3. 井下部分硬件组成

　　KJ216 顶板动态监测系统井下部分包括：通信主站、测区通信分站、测区压力监测分机、顶板离层监测传感器、锚杆/锚索应力监测传感器、钻孔应力传感器，以及防爆型供电电源和通信电缆组成，如图 A-47 和图 A-48 所示。

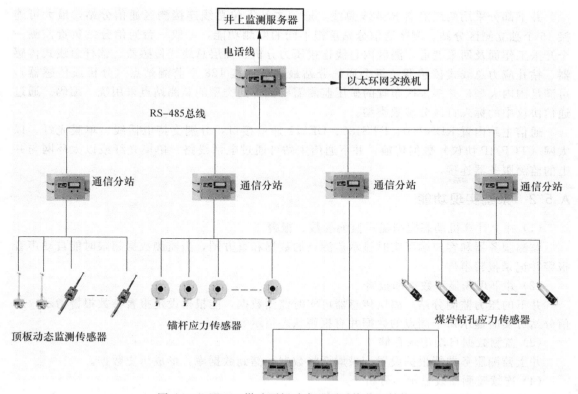

图 A-47　KJ216 煤矿顶板动态监测系统井下结构图

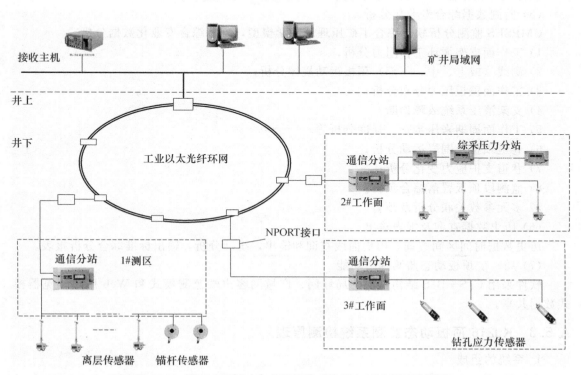

图 A-48　KJ216 顶板动态监测报警系统以太环网联网结构图

井下部分采用两级隔离 RS485 总线，通信主站下位总线连接测区通信分站，最大可连接 16 个独立测区分站。测区通信分站承担不同的监测功能，一般一台通信分站负责监测一个开采工作面及回采巷道，测区内总线连接压力分机、离层总线式传感器、锚杆总线式传感器、钻孔应力总线式传感器。每个通信分站最大可连接 128 个监测站点（分机或传感器），可满足国内大型矿井多采区布置的矿压监测需要。不同类型的监测站点采用统一编码。通过通信协议中的标志符区分参数类型。

通信主站内置 RDS-100、PTS485、DE311 通信接口，分别支持电话线、单膜光纤、以太网（TCP/IP 协议）数据传输。井下通信主站可通过电话线路、单模光纤或以太环网与井上的监测服务器连接。

A.5.2 系统实现功能

（1）井上计算机动态模拟显示监测参数、报警

监测服务器和客户端可实时显示监测点的数据和直方图，当监测数据超限时能自动声音报警并记录报警事件。

（2）井下现场显示数据和报警

井下的压力监测分站、离层传感器可实时监测数据，能根据设定报警参数报警指示，通信分站可实时显示每个测点的数据并有报警状态指示。

（3）监测数据自动记录存储

井上监测服务器能根据设置记录周期将数据存储到数据库，形成历史数据。

（4）连续监测曲线显示、分析

软件支持服务器端和客户端的历史曲线和测线加权数据分析。

（5）监测数据综合专业化分析

CMPSES 监测分析软件综合了矿压理论数学模型，支持综合专业化数据分析。

1）工作面支架循环工作阻力分析；

2）测线（或上、中、下部）顶板运动规律分析；

3）工作面顶板压力分布分析；

4）支架液压系统故障诊断；

5）工作面周期来压步距、强度分析等；

6）巷道顶板及围岩运动分析；

7）巷道支护应力变化分析；

8）监测段顶板冒落综合预警；

9）多元参数关联分析及预警。

（6）历史数据查询及报表输出

历史数据时间区间查询，历史曲线查询和输出，统计分析，输出标准综合分析报表。

（7）局、矿顶板动态监测网络功能

软件采用 C/S＋B/S 结构，支持局域网、广域网客户端监测模式和 Web 用户浏览器模式数据共享。

A.5.3 KJ216 顶板动态监测系统检测原理

1. 系统的组成

由计算机、防雷器、KJ216-J 矿用数据通信接口等及其他必要设备组成，如图 A-49

所示。

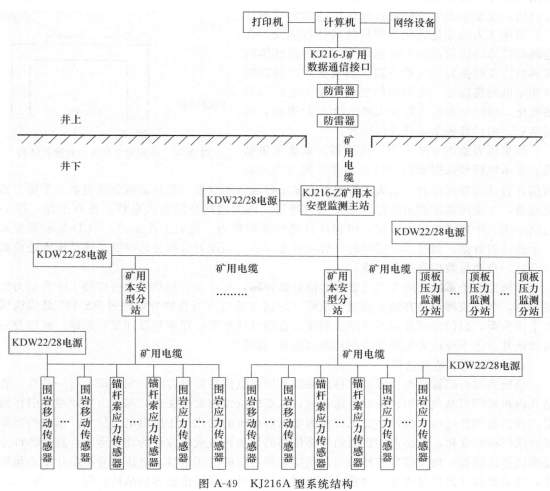

图 A-49　KJ216A 型系统结构

2. 系统供电电源

与系统配套提供的供电电源为 KDW22、KDW28 两种隔爆兼本安型电源。KDW22 为普通非延时型供电电源，KDW28 为带后备延时的供电电源。对于经常性短时停电的使用场合，采用 KDW28 电源供电。KDW28 电源内置免维护电池，它与其他充电电池的特性一样，新电池在使用时需经 2～3 个充电循环才能达到额定输出容量，长期浮充电造成的电池记忆效应可能会使延时输出变短。

3. 矿压参数的检测方法

（1）工作阻力监测及工作过程

工作面顶板支护的基本手段是液压支架或单体液压支柱，乳化液为压力传递介质，支架或支柱对顶板的支撑能力称为支护阻力，支护阻力反映了顶板对支护设备的作用强度，顶板的压力作用可通过支架或支柱内腔的介质压力显现出来。液压压力的测量是很经典的测量方式，方法也很多，本系统采用了电阻应变式测量方法实现。

测量支架或支柱液体压力的电阻应变式压力传感器，是由一带有液压腔的金属圆柱体及

电阻应变片、测量电桥等部分组成，如图 A-50 所示。金属圆柱体的液压腔与支架液压腔是连通的，支架压力的变化通过液体传递给金属圆柱体，液体压力的变化转化为圆柱体的弹性应变。在金属圆柱体的圆顶部粘贴电阻应变片，将圆柱体圆顶部的应变转换为应变片电阻值的变化，再通过电桥测量电路将应变片电阻值的变化转换为电压信号的变化，经过运算放大器放大输出给 A/D 电路，经转换后，由计算机采集并进行处理。

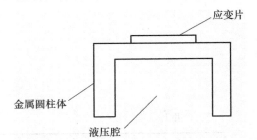

图 A-50 电阻应变片压力传感器结构

综采压力监测分站采用了传感器、数据采集电路、显示电路和数据通信接口一体化，能自动采集数据并自动判断初撑力、最大工作阻力，显示各通道的数据。每台监测分站包含三个压力监测通道，支架的高压腔由管路连接到压力通道。压力监测分站在供电状态独立工作，每 1s 监测一次三个通道的压力数据，由程序自动判断初撑力、最大工作阻力，LCD 显示器显示三个通道的数据，通过面板控制键可启动背光显示。当压力监测分站收到总线请求发送数据指令时，自动将数据发送到总线。

综采监测子系统使用专用的数据通信分站控制，每台通信分站最大可巡测 128 台压力监测分站，每台监测分站有独立的地址编码，通信分站与压力监测分站通过 RS-485 总线构成上下位关系，通信分站按编码顺序巡测压力监测分站数据，存储并循环显示数据。通信分站可诊断并显示下位压力监测的工作状态（正常/故障）。

(2) 顶板离层监测过程

顶板离层传感器是电位器式位移传感器采用基点位移测量方法，在顶板上打一钻孔，在钻孔内布置两组基点，当顶板发生运动时，基点的位置也发生变化，基点由钢丝绳牵引传感器内的机械部件运动，将位移变化转换为电位器电压的变化，传递出电压信号。基点的运动属直线位移的变化，传感器的机械结构将位移的运动转换成角位移的旋转运动，旋转部件连接角位移传感器，角位移传感器输出与角度比例对应的电压信号。电压信号被单片机采集转换，显示数据并通过总线接口将数据发送到上位分站。离层传感器的结构如图 A-51 所示。

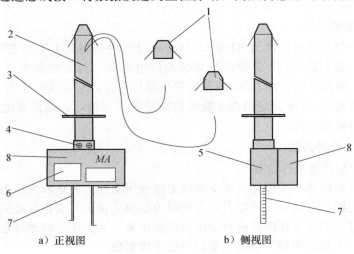

a) 正视图　　　　　　　　b) 侧视图

图 A-51 离层传感器结构图

1—锚爪（基点）；2—固定管；3—托盘；4—钢丝绳紧固螺丝；5—壳体；6—铭牌；7—刻度尺；8—变送器

离层传感器采用顶板钻孔安装，钻孔的直径 Φ27～29 mm，两个基点分别安装在不同的深度，基点的安装深度由用户根据现场条件确定。安装方法如图 A-52 所示。

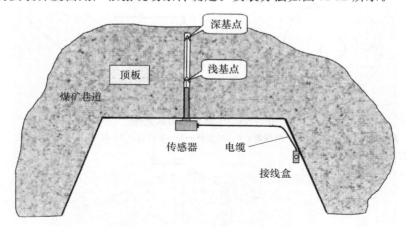

图 A-52　离层传感器安装示意图

安装时应注意尽量避开淋水处。其安装步骤为：

1）在顶板上打钻孔，一般用风动锚杆钻机打孔，打孔钻头选 Φ28 mm 为宜。

2）用安装杆将 A、B 两个基点的锚爪推到所需的深度。

3）将传感器的固定管推入钻孔，分别拉紧两个基点的钢丝绳并用紧固螺钉固定。

4）将信号线与总线接线盒连接。

5）接通电源后，用 FCH32/0.2 矿用本安型手持采集器进行设置，将传感器进行校零。

离层监测传感器采用一体化设计，在通电状态独立工作，自动采样周期为1s，可通过上位通信分站或编码器设置传感器的参数。传感器由 CPU 控制监测顶板位移参数，矿灯照射时通过 LED 显示器显示数据，当监测数据超过设置的报警值时产生声光报警指示。传感器内置总线接口连接到 RS-485 总线，传感器收到总线请求发送数据指令时，自动将数据发送到总线。

离层监测传感器上位连接到综合数据通信分站，每台综合数据通信分站最大可连接 128 台顶板离层传感器（或 64 台离层传感器＋64 台锚杆应力传感器），每台离层传感器有唯一的地址编码，通信分站按地址编码顺序巡测各离层传感器的数据，循环显示各测点的数据。通信分站可诊断并显示下位压力监测的工作状态（正常/故障）。

（3）锚杆应力监测

端头锚固金属锚杆的承载应力反映为锚杆螺栓与托盘的作用力，将一个带有通孔的载荷应力传感器安装在锚杆的螺母与托盘之间即可测量出锚杆的受力，锚杆应力并非锚杆的锚固力，锚杆应力反映了锚杆对顶板的支护能力。

锚杆应力传感器也采用了电阻应变载荷测量方法，首先设计一个弹性元件，当力作用到弹性元件上时，弹性体产生形变，在弹性体筒壁上 90°等分粘贴有 4 个电阻应变片，4 个电阻应变片组成一个电阻全桥，当筒壁受力产生形变时，电桥失去原有的平衡输出一个不平衡电压，电压信号经放大器放大后再经过 A/D 转换，由单片机采集，通过接口输出到上位通信分站。锚杆应力传感器结构如图 A-53 所示。

锚杆应力传感器采用穿孔固定安装，穿孔直径 Φ25 mm，导向盘的穿孔直径依锚杆的直径确定。锚杆传感器安装在锚杆的托盘和紧固螺母之间，传感器安装时要注意居中，偏离中心安装时会造成一定的测量误差。安装方法如图 A-54 所示。

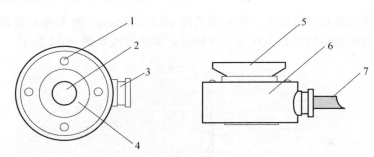

图 A-53　传感器结构示意图

1—紧固螺钉；2—穿孔；3—出线嘴；4—应变体；5—导向盘；6—外壳；7—信号电缆

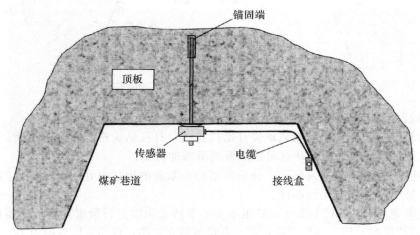

图 A-54　锚杆传感器安装示意图

安装步骤为：

1）先放入托盘，将传感器穿入锚杆中，保持传感器居中，旋紧锚杆的紧固螺母。

2）将锚杆传感器的输出信号电缆按信号顺序接入到三通接线盒。

锚杆传感器配套总线变送器工作，固定设置变送器编码。传感器输出标准的电压信号，变送器由 CPU 控制监测传感器输出信号。传感器内置总线接口连接到 RS-485 总线，传感器收到总线请求发送数据指令时，自动将数据发送到总线。

锚杆监测传感器变送器上位连接到综合数据通信分站，每台综合数据通信分站最大可连接 128 台锚杆应力传感器变送器（或 64 台离层传感器＋64 台锚杆应力传感器），每台变送器有唯一的地址编码，通信分站按地址编码顺序巡测各锚杆传感器变送器的数据，循环显示各测点的数据。通信分站可诊断并显示下位锚杆应力监测传感器、变送器的工作状态（正常/故障）。

（4）钻孔应力监测

钻孔应力监测是一种力的测量，准确地说是压力的测量。钻孔应力的测量方法可以间接测量煤岩深部的局部作用应力，并作为分析采场应力分布和运动的重要依据。

具体实现方法是设计了一个压力形变转换弹性部件——弹性体，压力作用到弹性体的工作膜上，使弹性体的工作膜产生形变，工作膜上粘贴有应变计（圆膜片），应变计电桥失去平衡，输出微信号电压。

煤岩支撑应力监测传感器又称钻孔应力传感器，其结构如图 A-55 所示。钻孔应力传感器配套总线变送器工作，固定设置变送器编码，传感器输出标准的电压信号。变送器由

CPU 控制监测传感器输出信号，变送器内置总线接口连接到 RS-485 总线，变送器收到总线请求发送数据指令时，自动将数据发送到总线。

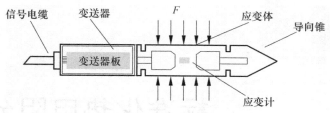

图 A-55　钻孔应力传感器结构示意图

钻孔应力监测传感器变送器上位连接到数据通信分站，每台综合数据通信分站最大可连接 64 台钻孔应力传感器变送器，通信分站按地址编码顺序巡测各钻孔应力传感器变送器的数据，循环显示各测点的数据。通信分站可诊断并显示下位钻孔应力监测传感器、变送器的工作状态（正常/故障）。

（5）采空区充填体应力监测

充填体应力传感器采用标准电压信号输出，考虑到使用的环境，与变送器集散式连接，每个传感器使用一条通信线路连接到变送器，变送器与通信分站总线连接，变送器固定设置编码，变送器内置总线接口连接到 RS-485 总线，变送器收到总线请求发送数据指令时，自动将数据发送到总线。

充填体应力监测传感器、变送器上位连接到数据通信分站，每台综合数据通信分站最大可连接 64 台充填体应力传感器变送器，通信分站按地址编码顺序巡测各钻孔应力传感器变送器的数据，循环显示各测点的数据。通信分站可诊断并显示下位充填体应力监测传感器、变送器的工作状态（正常/故障）。

4. 数据传输与处理

（1）井下数据通信系统

通信主站与多台通信分站构成上下位主从关系，主站与分站之间通过一级总线连接。通信分站固定设置地址编码，主站依次巡测每个分站，分站接收巡测指令后，将分站已经存储的数据帧发送到通信主站。通信主站将每次巡测的数据通过主传输系统发送到井上接收主机。主传输系统有三种接口：方式 1，RDS-100 有线电缆通信方式（电话线）；方式 2，单模光纤专线通信方式；方式 3，符合 TCP/IP 协议的以太环网通信方式。以上传送方式均支持串行异步透明传送。

（2）井上接收及数据处理系统

接收主机用以上三种方式之一接收到井下传送的数据，容错后直接发送到监测服务器，监测服务器安装 CMPSES 监测分析软件，将数据存储到数据库，并根据用户的要求进行不同的数据分析和报警。

局域网用户可安装或下载客户端软件，实现在线同步监测。若监测局域网 Web 服务器，可安装 B/S 监测软件，局域网或互联网用户可通过浏览器方式共享监测信息。

用户若选择了电话线或光纤通信方式，井下的数据信号通过 RDS-100 或光纤收发器接入到接收主机，接收主机将接收到的数据发送到监测服务器串口接收。若用户选择了以太环网通信方式，监测主站可通过内置 NPORT 接口接入环网，监测服务器可通过内部以太网卡（RJ-45）接入环网中，监测服务器直接从环网读取数据。

附录 B

标准化热电阻分度表

表 B-1 Pt100 铂热电阻分度表（ZB Y301-85）

（$R_0=100.00$，$-200\sim850℃$的电阻对照表）

温度/℃	-100	-0	温度/℃	0	100	200	300	400	500	600	700	800	温度/℃
-0	60.25	100.00	0	100.00	138.50	175.84	212.02	247.04	280.90	313.59	345.13	375.51	0
-10	56.19	96.09	10	103.90	142.29	179.51	215.57	250.48	284.22	316.80	348.22	378.48	10
-20	52.11	92.16	20	107.79	146.06	183.17	219.12	253.90	287.53	319.99	351.30	381.45	20
-30	48.00	88.22	30	111.67	149.82	186.82	222.65	257.32	290.83	323.18	354.37	384.40	30
-40	43.87	84.27	40	115.54	153.58	190.45	226.17	260.72	294.11	326.35	357.42	387.34	40
-50	39.71	80.31	50	119.40	157.31	194.07	229.67	264.11	297.39	329.51	360.47	390.26	50
-60	35.53	76.33	60	123.24	161.04	197.69	233.17	267.49	300.65	332.66	363.50		60
-70	31.32	72.33	60	127.07	164.76	201.29	236.65	270.86	303.91	335.79	366.52		70
-80	27.08	68.33	80	130.89	168.46	204.88	240.13	274.22	307.15	338.92	369.53		80
-90	22.80	64.30	90	134.70	172.16	208.45	243.59	277.56	310.38	342.03	372.52		90
-100	18.49	60.25	100	138.50	175.84	212.02	247.04	280.90	313.59	345.13	375.51		100
温度/℃	-100	-0	温度/℃	0	100	200	300	400	500	600	700	800	温度/℃

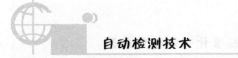

表 B-2　Cu100 铜热电阻分度表（JJG 229—87）

（$R_0 = 100.00\Omega$，$-50 \sim 150℃$的电阻对照）

℃	0	1	2	3	4	5	6	7	8	9
−50	78.49	—	—	—	—	—	—	—	—	—
−40	82.80	82.36	81.94	81.50	81.08	80.64	80.20	79.78	79.34	78.92
−30	87.10	86.68	86.24	85.82	85.38	84.96	84.54	84.10	83.66	83.22
−20	91.40	90.98	90.54	90.12	89.68	89.26	88.82	88.40	87.96	87.54
−10	95.70	95.28	94.84	94.42	93.98	93.56	93.12	92.70	92.36	91.84
−0	100.00	99.56	99.14	98.70	98.28	97.84	97.42	97.00	96.56	96.14
0	100.42	100.00	100.86	101.28	101.72	102.14	102.56	103.00	103.42	103.66
10	104.28	104.72	105.14	105.56	106.00	106.42	106.86	107.28	107.72	108.14
20	108.56	109.00	109.42	109.84	110.28	110.70	111.14	111.56	112.00	112.42
30	112.84	113.28	113.70	114.14	114.56	114.98	115.42	115.84	116.26	116.70
40	117.12	117.56	117.98	118.40	118.84	119.26	119.70	120.12	120.54	120.98
50	121.40	121.84	122.26	122.68	123.12	123.54	123.96	124.40	124.82	125.26
60	125.68	126.10	126.54	126.96	127.40	127.82	128.24	128.68	129.10	129.52
70	129.96	130.38	130.82	131.24	131.66	132.10	132.52	132.96	133.38	133.80
80	134.24	134.66	135.08	135.52	135.94	136.38	136.80	137.24	137.66	138.08
90	138.52	138.94	139.36	139.80	140.22	140.66	141.08	140.52	141.94	142.36
100	142.80	143.22	143.66	144.08	144.50	144.94	145.36	145.80	146.22	146.66
110	147.08	147.50	147.94	148.36	148.80	149.22	149.66	150.08	150.52	150.94
120	151.36	151.80	152.22	152.68	153.08	153.52	153.94	154.38	154.80	155.24
130	155.66	156.10	156.52	156.96	157.38	157.82	158.24	158.68	159.10	159.54
140	159.96	160.40	160.82	161.26	161.68	162.12	162.54	162.98	163.40	163.84
150	164.27	—	—	—	—	—	—	—	—	—

表 B-3　Cu50 铜热电阻分度表（JJG 229—87）

（$R_0 = 50.00\Omega$，$-50 \sim 150℃$的电阻对照）

℃	0	1	2	3	4	5	6	7	8	9
−50	39.24	—	—	—	—	—	—	—	—	—
−40	41.40	41.18	40.97	40.75	40.54	40.32	40.10	39.89	39.67	39.46
−30	43.55	43.34	43.12	42.91	42.69	42.48	42.27	42.05	41.83	41.61
−20	45.70	45.49	45.27	45.06	44.84	44.63	44.41	44.20	43.93	43.72
−10	47.85	47.64	47.42	49.21	46.99	46.78	46.56	46.35	46.13	45.97
−0	50.00	49.78	49.57	49.35	49.14	48.92	48.71	48.50	48.28	48.07
0	50.00	50.21	50.43	50.64	50.86	51.07	51.28	51.50	51.71	51.93
10	52.14	52.36	52.57	52.78	53.00	53.21	53.43	53.64	53.86	54.07
20	54.28	54.50	54.71	54.92	55.14	55.35	55.57	55.73	56.00	56.21
30	56.42	56.64	56.85	57.07	57.28	57.49	57.71	57.92	58.14	58.35
40	58.56	58.78	58.99	59.20	59.42	59.63	59.85	60.06	60.27	60.49
50	60.70	60.92	61.13	61.34	61.56	61.77	61.98	62.20	62.41	62.62
60	62.84	63.05	63.27	63.48	63.70	63.91	64.12	64.34	64.55	64.76
70	64.98	65.19	65.41	65.62	65.83	66.05	66.26	66.48	66.69	66.90
80	67.12	67.33	67.54	67.76	67.97	68.19	68.40	68.62	68.83	69.04
90	69.26	69.47	69.68	69.90	70.11	70.33	70.54	70.76	70.97	71.18
100	71.40	71.61	71.83	72.04	72.25	72.47	72.68	72.90	73.11	73.33
110	73.54	73.75	73.97	74.19	74.40	74.61	74.83	75.04	75.26	75.47
120	75.68	75.90	76.11	76.33	76.54	76.76	76.97	77.19	77.40	77.62
130	77.83	78.05	78.26	78.48	78.69	78.91	79.12	79.34	79.55	79.77
140	79.98	80.20	80.41	80.63	80.84	81.05	81.27	81.49	81.70	81.92
150	82.13	—	—	—	—	—	—	—	—	—

附录 C

标准化热电偶分度表

表 C-1　铂铑 10—铂热电偶分度表（S 型）

（参考端温度为 0℃）分度号 S

测量端温度/℃	0	1	2	3	4	5	6	7	8	9
	热电动势/mV									
0	0.000	0.005	0.011	0.016	0.022	0.028	0.033	0.039	0.044	0.050
10	0.056	0.061	0.067	0.073	0.078	0.084	0.090	0.096	0.102	0.107
20	0.113	0.119	0.125	0.131	0.137	0.143	0.149	0.155	0.161	0.167
30	0.173	0.179	0.185	0.191	0.198	0.204	0.210	0.216	0.222	0.229
40	0.235	0.241	0.247	0.254	0.260	0.266	0.273	0.279	0.286	0.292
50	0.299	0.305	0.312	0.318	0.325	0.331	0.338	0.344	0.351	0.357
60	0.364	0.371	0.347	0.384	0.391	0.397	0.404	0.411	0.418	0.425
70	0.431	0.438	0.455	0.452	0.459	0.466	0.473	0.479	0.486	0.493
80	0.500	0.507	0.514	0.521	0.528	0.535	0.543	0.550	0.557	0.564
90	0.571	0.578	0.585	0.593	0.600	0.607	0.614	0.621	0.629	0.636
100	0.643	0.651	0.658	0.665	0.673	0.680	0.687	0.694	0.702	0.709
110	0.717	0.724	0.732	0.789	0.747	0.754	0.762	0.769	0.777	0.784
120	0.792	0.800	0.807	0.815	0.823	0.830	0.838	0.845	0.853	0.861
130	0.869	0.876	0.884	0.892	0.900	0.907	0.915	0.923	0.931	0.939
140	0.946	0.954	0.962	0.970	0.978	0.986	0.994	1.002	1.009	1.017
150	1.025	1.033	1.041	1.049	1.057	1.065	1.073	1.081	1.089	1.097
160	1.106	1.114	1.122	1.130	1.138	1.146	1.154	1.162	1.170	1.179
170	1.187	1.195	1.203	1.211	1.220	1.228	1.236	1.244	1.253	1.261
180	1.269	1.277	1.286	1.294	1.302	1.311	1.319	1.327	1.336	1.344
190	1.352	1.361	1.369	1.377	1.386	1.394	1.403	1.411	1.419	1.428
200	1.436	1.445	1.453	1.462	1.470	1.479	1.487	1.496	1.504	1.513
210	1.521	1.530	1.538	1.547	1.555	1.564	1.573	1.581	1.590	1.598
220	1.607	1.615	1.624	1.633	1.641	1.650	1.659	1.667	1.676	1.685
230	1.693	1.702	1.710	1.710	1.728	1.736	1.745	1.754	1.763	1.771
240	1.780	1.788	1.797	1.805	1.814	1.823	1.832	1.840	1.849	1.858
250	1.867	1.876	1.884	1.893	1.902	1.911	1.920	1.929	1.937	1.946
260	1.955	1.964	1.973	1.982	1.991	2.000	2.008	2.017	2.026	2.035
270	2.044	2.053	2.062	2.071	2.080	2.089	2.089	2.107	2.116	2.125
280	2.134	2.143	2.152	2.161	2.170	2.179	2.188	2.197	2.206	2.215
290	2.224	2.233	2.242	2.251	2.260	2.270	2.279	2.288	2.297	2.306
300	2.315	2.324	2.333	2.342	2.352	2.361	2.370	2.379	2.388	2.397
310	2.407	2.416	2.425	2.434	2.443	2.452	2.462	2.471	2.480	2.489
320	2.498	2.508	2.517	2.526	2.535	2.545	2.554	2.563	2.572	2.582
330	2.591	2.600	2.609	2.619	2.628	2.637	2.647	2.656	2.665	2.675
340	2.684	2.693	2.703	2.712	2.721	2.730	2.740	2.749	2.759	2.768
350	2.777	2.787	2.796	2.805	2.815	2.824	2.833	2.843	2.852	2.862
360	2.871	2.880	2.890	2.899	2.909	2.918	2.937	2.928	2.946	2.956
370	2.965	2.975	2.984	2.994	3.003	3.013	3.022	3.031	3.041	3.050
380	3.060	3.069	3.079	3.088	3.098	3.107	3.117	3.126	3.136	3.145
390	3.155	3.164	3.174	3.183	3.193	3.202	3.212	3.221	3.231	3.240
400	3.250	3.260	3.269	3.279	3.288	3.298	3.307	3.317	3.326	3.336
410	3.346	3.355	3.365	3.374	3.384	3.393	3.403	3.413	3.422	3.432
420	3.441	3.451	3.461	3.470	3.480	3.489	3.499	3.509	3.518	3.528
430	3.538	3.547	3.557	3.566	3.576	3.586	3.595	3.605	3.615	3.624
440	3.634	3.644	3.653	3.663	3.673	3.682	3.692	3.702	3.711	3.721

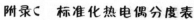

（续）

测量端温度/℃	0	1	2	3	4	5	6	7	8	9
	热电动势/mV									
450	3.731	3.740	3.750	3.760	3.770	3.779	3.789	3.799	3.808	3.818
460	3.828	3.833	3.847	3.857	3.867	3.877	3.886	3.896	3.906	3.916
470	3.925	3.935	3.945	3.955	3.964	3.974	3.984	3.994	4.003	4.013
480	4.023	4.033	4.043	4.052	4.062	4.072	4.082	4.092	4.102	4.111
490	4.121	4.131	4.141	4.151	4.161	4.170	4.180	4.190	4.200	4.210
500	4.220	4.229	4.239	4.249	4.259	4.269	4.279	4.289	4.299	4.309
510	4.318	4.328	4.338	4.348	4.358	4.368	4.378	4.388	4.398	4.408
520	4.418	4.427	4.437	4.447	4.457	4.467	4.477	4.487	4.497	4.507
530	4.517	4.527	4.537	4.547	4.557	4.567	4.577	4.587	4.597	4.607
540	4.617	4.627	4.637	4.647	4.657	4.667	4.677	4.687	4.697	4.707
550	4.717	4.727	4.737	4.747	4.757	4.767	4.777	4.787	4.797	4.807
560	4.817	4.827	4.838	4.848	4.858	4.868	4.878	4.888	4.898	4.908
570	4.918	4.928	4.938	4.949	4.959	4.969	4.979	4.989	4.999	5.009
580	5.019	5.030	5.040	5.050	5.060	5.070	5.080	5.090	5.101	5.111
590	5.121	5.131	5.141	5.151	5.162	5.172	5.182	5.192	5.202	5.212
600	5.222	5.232	5.242	5.252	5.263	5.273	5.283	5.293	5.304	5.314
610	5.324	5.334	5.344	5.355	5.365	5.375	5.386	5.396	5.406	5.416
620	5.427	5.437	5.447	5.457	5.468	5.478	5.488	5.499	5.509	5.519
630	5.530	5.540	5.550	5.561	5.571	5.581	5.591	5.602	5.612	5.622
640	5.633	5.643	5.653	5.664	5.674	5.684	5.695	5.705	5.715	5.725
650	5.735	5.745	5.756	5.766	5.776	5.787	5.797	5.808	5.818	5.828
660	5.839	5.849	5.859	5.870	5.880	5.891	5.901	5.911	5.922	5.932
670	5.943	5.953	5.964	5.974	5.984	5.995	6.005	6.016	6.026	6.036
680	6.046	6.056	6.067	6.077	6.088	6.098	6.109	6.119	6.130	6.140
690	6.151	6.161	6.172	6.182	6.193	6.203	6.214	6.224	6.235	6.245
700	6.256	6.266	6.277	6.287	6.298	6.308	6.319	6.329	6.340	6.351
710	6.361	6.372	6.382	6.392	6.402	6.413	6.424	6.434	6.445	6.455
720	6.466	6.476	6.487	6.498	6.508	6.519	6.529	6.540	6.551	6.561
730	6.572	6.583	6.593	6.604	6.614	6.624	6.635	6.645	6.656	6.667
740	6.677	6.688	6.699	6.709	6.720	6.731	6.741	6.752	6.763	6.773
750	6.784	6.795	6.805	6.816	6.827	6.838	6.848	6.859	6.870	6.880
760	6.891	6.902	6.913	6.923	6.934	6.945	6.956	6.966	6.977	6.988
770	6.999	7.009	7.020	7.031	7.041	7.051	7.062	7.073	7.084	7.095
780	7.105	7.116	7.127	7.138	7.149	7.159	7.170	7.181	7.192	7.203
790	7.213	7.224	7.235	7.246	7.257	7.268	7.279	7.289	7.300	7.311
800	7.322	7.333	7.344	7.355	7.365	7.376	7.387	7.397	7.408	7.419
810	7.430	7.441	7.452	7.462	7.473	7.484	7.495	7.506	7.517	7.528
820	7.539	7.550	7.561	7.572	7.583	7.594	7.605	7.615	7.626	7.637
830	7.648	7.659	7.670	7.681	7.692	7.703	7.714	7.724	7.735	7.746
840	7.757	7.768	7.779	7.790	7.801	7.812	7.823	7.834	7.845	7.856
850	7.867	7.878	7.889	7.901	7.912	7.923	7.934	7.945	7.956	7.967
860	7.978	7.989	8.000	8.011	8.022	8.033	8.043	8.054	8.066	8.077
870	8.088	8.099	8.110	8.121	8.132	8.143	8.154	8.166	8.177	8.188
880	8.199	8.210	8.221	8.232	8.244	8.255	8.266	8.277	8.288	8.299
890	8.310	8.322	8.333	8.344	8.355	8.366	8.377	8.388	8.399	8.410

（续）

测量端 温度/℃	0	1	2	3	4	5	6	7	8	9
	热电动势/mV									
900	8.421	8.433	8.444	8.455	8.466	8.477	8.489	8.500	8.511	8.522
910	8.534	8.545	8.556	8.567	8.579	8.590	8.601	8.612	8.624	8.635
920	8.646	8.657	8.668	8.679	8.690	8.702	8.713	8.724	8.735	8.747
930	8.758	8.769	8.781	8.792	8.803	8.815	8.826	8.837	8.849	8.860
940	8.871	8.883	8.894	8.905	8.917	8.928	8.939	8.951	8.962	8.974
950	8.985	9.996	9.007	9.018	9.029	9.041	9.052	9.064	9.075	9.086
960	9.098	9.109	9.121	9.123	9.144	9.155	9.160	9.178	9.189	9.201
970	9.212	9.223	9.235	9.247	9.258	9.269	9.281	9.292	9.303	9.314
980	9.326	9.337	9.349	9.360	9.372	9.383	9.395	9.406	9.418	9.429
990	9.441	9.452	9.464	9.475	9.487	9.498	9.510	9.521	9.533	9.545
1 000	9.556	9.568	9.579	9.591	9.602	9.613	9.624	9.636	9.648	9.659
1 010	9.671	9.682	9.694	9.705	9.717	9.729	9.740	9.752	9.764	9.775
1 020	9.787	9.798	9.810	9.882	9.833	9.845	9.856	9.868	9.880	9.891
1 030	9.902	9.914	9.925	9.937	9.949	9.960	9.972	9.984	9.995	10.007
1 040	10.019	10.030	10.042	10.054	10.066	10.077	10.089	10.101	10.112	10.124

注：根据"国际实用温标—1968"修正。

表 C-2　镍铬－镍硅（镍铝）热电偶分度表（K 型）

（参考端温度为 0℃）分度号 K

测量端 温度/℃	0	1	2	3	4	5	6	7	8	9
	热电动势（毫伏）									
−50	−1.86									
−40	−1.50	−1.54	−1.57	−1.60	−1.64	−1.68	−1.72	−1.75	−1.79	−1.82
−30	−1.14	−1.18	−1.21	−1.25	−1.28	−1.32	−1.36	−1.40	−1.43	−1.46
−20	−0.77	−0.81	−0.84	−0.88	−0.92	−0.96	−0.99	−1.03	−1.07	−1.10
−10	−0.39	−0.43	−0.47	−0.51	−0.55	−0.59	−0.62	−0.66	−0.70	−0.74
−0	−0.00	−0.04	−0.08	−0.12	−0.16	−0.20	−0.23	−0.27	−0.31	−0.35
+0	0.00	0.04	0.08	0.12	0.16	0.20	0.24	0.28	0.32	0.36
10	0.40	0.44	0.48	0.52	0.56	0.60	0.64	0.68	0.72	0.76
20	0.80	0.84	0.88	0.92	0.96	1.00	1.04	1.08	1.12	1.16
30	1.20	1.24	1.28	1.32	1.36	1.41	1.45	1.49	1.53	1.57
40	1.61	1.65	1.69	1.73	1.77	1.82	1.86	1.90	1.94	1.98
50	2.02	2.06	2.10	2.14	2.18	2.23	2.27	2.31	2.35	2.39
60	2.43	2.47	2.51	2.56	2.60	2.64	2.68	2.72	2.77	2.81
70	2.85	2.89	2.93	2.97	3.01	3.06	3.10	3.14	3.18	3.22
80	3.26	3.30	3.34	3.39	3.43	3.47	3.51	3.55	3.60	3.64
90	3.68	3.72	3.76	3.81	3.85	3.89	3.93	3.97	4.02	4.06
100	4.10	4.14	4.18	4.22	4.26	4.31	4.35	4.39	4.43	4.47
110	4.51	4.55	4.59	4.63	4.67	4.72	4.76	4.80	4.84	4.88
120	4.92	4.96	5.00	5.04	5.08	5.13	5.17	5.21	4.25	5.29
130	5.33	5.37	5.41	5.45	5.49	5.53	5.57	5.61	5.65	5.69
140	5.73	5.77	5.81	5.85	5.89	5.93	5.97	6.01	6.05	6.09
150	6.13	6.17	6.21	6.25	6.29	6.33	6.37	6.41	6.45	6.49
160	6.53	6.57	6.61	6.65	6.59	6.73	6.77	6.81	6.85	6.89
170	6.93	6.97	7.01	7.05	7.09	7.13	7.17	7.21	7.25	7.29

（续）

测量端温度/℃	0	1	2	3	4	5	6	7	8	9
	热电动势（毫伏）									
180	7.33	7.37	7.41	7.45	7.49	7.53	7.57	7.61	7.65	7.69
190	7.73	7.77	7.81	7.85	7.89	7.93	7.97	8.01	8.05	8.09
200	8.13	8.17	8.21	8.25	8.29	8.33	8.37	8.41	8.45	8.49
210	8.53	8.57	8.61	8.65	8.69	8.73	8.77	8.81	8.85	8.89
220	8.93	8.97	9.01	9.06	9.09	9.14	9.18	9.22	9.26	9.30
230	9.34	9.38	9.42	9.46	9.50	9.54	9.58	9.62	9.66	9.70
240	9.74	9.78	9.82	9.86	9.90	9.95	9.99	10.03	10.07	10.11
250	10.15	10.19	10.23	10.27	10.31	10.35	10.40	10.44	10.48	10.52
260	10.56	10.60	10.64	10.68	10.72	10.77	10.81	10.85	10.89	10.93
270	10.97	11.01	11.05	11.09	11.13	11.18	11.22	11.26	11.30	11.34
280	11.38	11.42	11.46	11.51	11.55	11.59	11.63	11.67	11.72	11.76
290	11.80	11.84	11.88	11.92	11.96	12.01	12.05	12.09	12.13	12.17
300	12.21	12.25	12.29	12.33	12.37	12.42	12.46	12.50	12.54	12.58
310	12.62	12.66	12.70	12.75	12.79	12.83	12.87	12.91	12.96	13.00
320	13.04	13.08	13.12	13.16	13.20	13.25	13.29	13.33	13.37	13.41
330	13.45	13.49	13.53	13.58	13.62	13.06	13.70	13.74	13.79	13.83
340	13.87	13.91	13.95	14.00	14.04	14.08	14.12	14.16	14.21	14.25
350	14.30	14.34	14.38	14.43	14.47	14.51	14.55	14.59	14.64	14.68
360	14.72	14.76	14.80	14.85	14.89	14.93	14.97	15.01	15.06	15.10
370	15.14	15.18	15.22	15.27	15.31	15.35	15.39	15.43	15.48	15.52
380	15.56	15.60	15.64	15.69	15.73	15.77	15.81	15.85	15.90	15.94
390	15.99	16.02	16.06	16.11	16.15	16.19	16.23	16.27	16.32	16.36
400	16.40	16.44	16.49	16.53	16.57	16.06	16.66	16.70	16.74	16.79
410	16.83	16.87	16.91	16.96	17.00	17.04	17.08	17.12	17.17	17.21
420	17.25	17.29	17.33	17.38	17.42	17.46	17.50	17.54	17.59	17.63
430	17.67	17.71	17.75	17.79	17.84	17.88	17.92	17.96	18.01	18.05
440	18.09	18.13	18.17	18.22	18.26	18.30	18.34	18.38	18.43	18.47
450	18.51	18.55	18.60	18.64	18.68	18.73	18.77	18.81	18.85	18.90
460	18.94	18.98	19.03	19.07	19.11	19.16	19.20	19.24	19.28	19.33
470	19.37	19.41	19.45	19.50	19.54	19.53	19.62	19.66	19.71	19.75
480	19.79	19.83	19.88	19.92	19.96	20.01	20.05	20.09	20.13	20.18
490	20.22	20.26	20.31	20.35	20.39	20.44	20.48	20.52	20.56	20.61
500	20.65	20.69	20.74	20.78	20.82	20.87	20.91	20.95	20.99	21.04
510	21.08	21.12	21.16	21.21	21.25	21.29	21.33	21.37	21.42	21.46
520	21.50	21.54	21.59	21.63	21.67	21.72	21.76	21.80	21.84	21.89
530	21.93	21.97	22.01	22.06	22.10	22.14	22.18	22.22	22.27	22.31
540	22.35	22.39	22.44	22.48	22.52	22.57	22.61	22.65	22.69	22.74
550	22.78	22.82	22.87	22.91	22.95	23.00	23.04	23.08	23.12	23.17
560	23.21	23.25	23.29	23.34	23.38	23.42	23.46	23.50	23.55	23.59
570	23.63	23.67	23.71	23.75	23.79	23.84	23.88	23.92	23.96	24.01
580	24.05	24.09	24.14	24.18	24.22	24.27	24.31	24.35	24.39	24.44
590	24.48	24.52	24.56	24.61	24.65	24.69	24.73	24.77	24.82	24.86

（续）

测量端 温度/℃	0	1	2	3	4	5	6	7	8	9
	热电动势（毫伏）									
600	24.90	24.94	24.99	25.03	25.07	25.12	25.15	25.19	25.23	25.27
610	25.32	25.37	25.41	25.46	25.50	25.54	25.58	25.62	25.67	25.71
620	25.75	25.79	25.84	25.88	25.92	25.97	26.01	26.05	26.09	26.14
630	26.18	26.22	26.26	26.31	26.35	26.39	26.43	26.47	26.52	26.56
640	26.60	26.64	26.69	26.73	26.77	26.82	26.86	26.90	26.94	26.99
650	27.03	27.07	27.11	27.16	27.20	27.24	27.28	27.32	27.37	27.41
660	27.45	27.49	27.53	27.57	27.62	27.66	27.70	27.74	27.79	27.83
670	27.87	27.91	27.95	28.00	28.04	28.08	28.12	28.16	28.21	28.25
680	28.29	28.33	28.38	28.42	28.46	28.50	28.54	28.58	28.62	28.67
690	28.71	28.75	28.79	28.84	28.88	28.92	28.96	29.00	29.05	29.09
700	29.13	29.17	29.21	29.26	29.30	29.34	29.38	29.42	29.47	29.51
710	29.55	29.59	29.63	29.68	29.72	29.76	29.80	29.84	29.89	29.93
720	29.97	30.01	30.05	30.10	30.14	30.18	30.22	30.26	30.31	30.35
730	30.39	30.43	30.47	30.52	30.56	30.60	30.64	30.68	30.73	30.77
740	30.81	30.85	30.89	30.93	30.97	31.02	31.06	31.10	31.14	31.18
750	31.22	31.26	31.30	31.35	31.39	31.43	31.47	31.51	31.56	31.60
760	31.64	31.68	31.72	31.77	31.81	31.85	31.89	31.93	31.98	32.02
770	32.06	32.10	32.14	32.18	32.22	32.26	32.30	32.34	32.38	32.42
780	32.46	32.50	32.54	32.59	32.63	32.67	32.71	32.75	32.80	32.84
790	32.87	32.91	32.95	33.00	33.04	33.09	33.13	33.17	33.21	32.25
800	33.29	33.33	33.37	33.41	33.45	33.49	33.53	33.57	33.61	33.65
810	33.69	33.73	33.77	33.81	33.85	33.90	33.94	33.98	34.02	34.06
820	34.10	34.14	34.18	34.22	34.26	34.30	34.34	34.38	34.42	34.46
830	34.51	34.54	34.58	34.62	34.66	34.71	34.75	34.79	34.83	34.87
840	34.91	34.95	34.99	35.03	35.07	35.11	35.16	35.20	35.24	35.28
850	35.32	35.36	35.40	35.44	35.48	35.52	35.56	35.60	35.64	35.68
860	35.72	35.76	35.80	35.84	35.88	35.93	35.97	36.01	36.05	36.09
870	36.13	36.17	36.21	36.25	36.29	36.33	36.37	36.41	36.45	36.49
880	36.53	36.57	36.61	36.65	36.69	36.73	36.77	36.81	36.85	36.89
890	36.93	36.97	37.01	37.05	37.09	37.13	37.17	37.21	37.25	37.29
900	37.33	37.37	37.41	37.45	37.49	37.53	37.57	37.61	37.65	37.69
910	37.73	37.77	37.81	37.85	37.89	37.93	37.97	38.01	38.05	38.09
920	33.13	38.17	38.21	38.25	38.29	38.23	38.37	38.41	38.45	38.49
930	38.53	38.57	28.61	38.65	38.09	38.73	38.77	38.81	38.85	38.89
940	38.93	38.97	39.01	39.05	39.09	39.13	39.16	39.20	39.24	39.28
950	39.32	39.36	39.40	39.44	39.48	39.52	39.56	39.60	39.64	39.68
960	39.72	39.76	39.80	39.83	39.87	39.91	39.94	39.98	40.02	40.06
970	40.10	40.14	40.18	40.22	40.26	40.30	40.33	40.37	40.41	40.45
980	40.49	40.53	40.57	40.61	40.65	40.09	40.72	40.76	40.80	40.84
990	40.88	40.92	40.96	41.00	41.04	41.08	41.11	41.15	41.19	41.23
1 000	41.27	41.31	41.35	41.30	41.43	41.47	41.50	41.54	41.58	41.62
1 010	41.66	41.70	41.74	41.77	41.81	41.85	41.89	41.93	41.96	42.00

（续）

测量端温度/℃	0	1	2	3	4	5	6	7	8	9
	热电动势（毫伏）									
1 020	42.04	42.08	42.12	42.16	42.20	42.24	42.27	42.31	42.35	42.39
1 030	42.43	42.47	42.51	42.55	42.59	42.63	42.66	42.70	42.74	42.78
1 040	42.83	42.87	42.90	42.93	42.97	43.01	43.05	43.09	43.13	43.17
1 050	43.21	43.25	43.29	43.32	43.35	43.39	43.43	43.47	43.51	43.55
1 060	43.59	43.63	43.67	43.69	43.73	43.77	43.81	43.85	43.89	43.93
1 070	43.97	44.01	44.05	44.08	44.11	44.15	44.19	44.22	44.26	44.30
1 080	44.34	44.38	44.42	44.45	44.49	44.53	44.57	44.61	44.84	44.68
1 090	44.72	44.76	44.80	44.83	44.87	44.91	44.95	44.99	45.02	45.06
1 100	45.10	45.14	45.18	45.21	45.25	45.29	45.33	45.37	45.40	45.44
1 110	45.48	45.52	45.55	45.59	45.63	45.67	45.70	45.74	45.78	45.81
1 120	45.85	45.89	45.93	45.96	46.00	46.04	46.08	46.12	46.15	46.19
1 130	46.23	46.27	46.30	46.34	46.38	46.42	46.45	46.49	46.53	46.56
1 140	46.60	46.64	46.67	46.71	46.75	46.79	46.82	46.86	46.90	46.93
1 150	46.97	47.01	47.04	47.08	47.12	47.16	47.19	47.23	47.27	47.30
1 160	47.34	47.38	47.41	47.45	47.49	47.53	47.56	47.60	47.64	47.67
1 170	47.71	47.75	47.78	47.82	47.86	47.90	47.93	47.97	48.01	48.04
1 180	48.08	48.12	48.15	48.19	48.22	48.26	48.30	48.33	48.37	48.40
1 190	48.44	48.48	48.51	48.55	48.59	48.63	48.66	48.70	48.74	48.77
1 200	48.81	48.85	48.88	48.92	48.95	48.99	49.03	49.06	49.10	49.13
1 210	49.17	49.21	49.24	49.28	49.31	49.35	49.39	49.42	49.46	49.49
1 220	49.53	49.57	49.60	49.64	49.67	49.71	49.75	49.78	49.82	49.85
1 230	49.89	49.93	49.96	50.00	50.03	50.07	50.11	50.14	50.18	50.21
1 240	50.26	50.29	50.32	50.36	50.39	50.43	50.47	50.50	50.54	50.59
1 250	50.61	50.65	50.68	50.72	50.75	50.79	50.83	50.86	50.90	50.93
1 260	50.96	51.00	51.03	51.07	51.10	51.14	51.18	51.21	51.25	51.28
1 270	50.32	51.35	51.39	51.43	51.46	51.50	51.54	51.57	51.61	51.64
1 280	51.67	51.71	51.74	51.78	51.81	51.85	51.88	51.92	51.95	51.99
1 290	52.02	52.06	52.09	52.13	52.16	52.20	52.23	52.27	52.30	52.33
1 300	52.37									

注：根据"国际实用温标—1968"修正。

参 考 文 献

[1] 刘传玺，冯文旭．自动检测技术 [M]．徐州：中国矿业大学出版社，2001.

[2] 侯国章．测试与传感器技术 [M]．哈尔滨：哈尔滨工业大学出版社，1998.

[3] 祝诗平．传感器与检测技术 [M]．北京：北京工业大学出版社，2006.

[4] 王俊峰，孟会启．现代传感器应用技术 [M]．北京：机械工业出版社，2006.

[5] 何希才，薛永毅．传感器及其应用实例 [M]．北京：机械工业出版社，2004.

[6] 孙运旺．传感器技术与应用 [M]．杭州：浙江大学出版社，2006.

[7] 刘传玺，齐秀丽．机电一体化技术基础及应用 [M]．济南：山东大学出版社，2001.

[8] 余瑞芬．传感器原理 [M]．北京：航空工业出版社，1995.

[9] 方佩敏．新编传感器原理．应用．电路详解 [M]．北京：电子工业出版社，1994.

[10] 吉野新冶．传感器电路设计手册 [M]．北京：中国计量出版社，1989.

[11] 丁天怀，李庆祥．测量控制与仪器仪表现代系统集成技术 [M]．北京：清华大学出版社，2005.

[12] 刘君华．现代检测技术与测试系统设计 [M]．西安：西安交通大学出版社，1999.

[13] 王伯雄．测试技术基础 [M]．北京：清华大学出版社，2003.

[14] 周杏鹏，等．现代检测技术 [M]．北京：高等教育出版社，2004.

[15] 刘君华．智能传感器系统 [M]．西安：西安电子科技大学出版社，1999.

[16] 张靖，刘少强．检测技术与系统设计 [M]．北京：中国电力出版社，2002.

[17] 戚新波．检测技术与智能仪器 [M]．北京：电子工业出版社，2005.

[18] 徐科军．传感器与检测技术 [M]．北京：电子工业出版社，2005.

[19] 黄智伟．全国大学生电子设计竞赛电路设计 [M]．北京：北京航空航天大学出版社，2006.

[20] 陈守仁．自动检测技术（下册）[M]．北京：机械工业出版社，1982.

[21] 樊尚春，乔少杰．检测技术与系统 [M]．北京：北京航空航天大学出版社，2005.

[22] 孙传友，翁惠辉．现代检测技术及仪表 [M]．北京：高等教育出版社，2006.

[23] 潘新民，王燕芳．微型计算机控制技术 [M]．北京：电子工业出版社，2005.

[24] 贾民平，张洪亭，周剑英．测试技术 [M]．北京：高等教育出版社，2001.

[25] 周航慈，朱兆优，李跃忠．智能仪器原理与设计 [M]．北京：北京航空航天大学出版社，2005.

[26] 李军，贺庆之．检测技术及仪表 [M]．北京：轻工业出版社，1989.

[27] 戴焯．传感与检测技术 [M]．武汉：武汉理工大学出版社，2004.

[28] 马西秦．自动检测技术 [M]．北京：机械工业出版社，2000.

[29] 朱名铨．机电工程智能检测技术与系统 [M]．北京：高等教育出版社，2002.

[30] 梁森，等．自动检测与转换技术 [M]．北京：机械工业出版社，2004.

[31] 杨乐平，李海涛，杨磊．LabVIEW 程序设计与应用 [M]．2 版．北京：电子工业出版社，2005.

[32] 徐群，等．基于霍尔元件的布匹长度自动记录与控制仪 [J]．自动化仪表，2005，26（4）.

[33] 石成英，等．电感式微位移测量仪的设计与实现 [J]．自动化仪表，2005，26（3）.

[34] 刘红丽，张秀菊，等．传感与检测技术 [M]．北京：国防工业出版社，2007.

[35] 周润景，郝晓霞．传感与检测技术 [M]．北京：电子工业出版社，2009.

［36］余成波．传感器与自动检测技术［M］．2版．北京：高等教育出版社，2009．

［37］宋文绪，杨帆．传感器与检测技术［M］．2版．北京：高等教育出版社，2009．

［38］马修水．传感器与检测技术［M］．杭州：浙江大学出版社，2009．

［39］张凤登．现场总线技术与应用［M］．北京：科学出版社，2008．

［40］王纪坤，李学哲．机电一体化系统设计［M］．北京：国防工业出版社，2013．

［41］张毅，等．自动检测技术及仪表控制系统［M］．北京：化学工业出版社，2012．

［42］王卫兵，等．传感器技术及其应用实例［M］．北京：机械工业出版社，2013．

［43］徐科军．电气测试技术［M］．3版．北京：电子工业出版社，2013．

［44］付华，等．智能仪器［M］．北京：电子工业出版社，2013．